Office办公无忧

数据建模与数据分析

基于Power Query 与Power Pivot

李锐 ◎ 著

机械工业出版社
CHINA MACHINE PRESS

图书在版编目（CIP）数据

数据建模与数据分析：基于 Power Query 与 Power Pivot / 李锐著 . -- 北京：机械工业出版社，2025.9.
（Office 办公无忧）. -- ISBN 978-7-111-79040-2

Ⅰ . TP274

中国国家版本馆 CIP 数据核字第 20257NV191 号

机械工业出版社（北京市百万庄大街 22 号　邮政编码 100037）

策划编辑：高婧雅　　　　　　　　　责任编辑：高婧雅
责任校对：杜丹丹　李可意　景飞　　责任印制：张　博
北京铭成印刷有限公司印刷
2025 年 9 月第 1 版第 1 次印刷
186mm×240mm · 22.75 印张 · 522 千字
标准书号：ISBN 978-7-111-79040-2
定价：99.00 元

电话服务　　　　　　　　　　　网络服务
客服电话：010-88361066　　　　机　工　官　网：www.cmpbook.com
　　　　　010-88379833　　　　机　工　官　博：weibo.com/cmp1952
　　　　　010-68326294　　　　金　书　网：www.golden-book.com
封底无防伪标均为盗版　　　　　机工教育服务网：www.cmpedu.com

Preface 前言

在数据爆炸式增长的时代，Excel 早已超越了简单的电子表格工具，成为企业数据管理与分析的核心平台。无论是整合多源异构数据、构建自动化分析模型，还是通过可视化洞察驱动业务决策，Excel 的 Power Query 和 Power Pivot 功能都在不断重塑高效办公的边界。

或许有人会问，在 AI 大模型技术蓬勃发展的今天，为何仍需掌握看似传统的 Excel 工具？原因在于：大模型的落地效能始终依赖于高质量、结构化的数据输入，而 Power Query 的数据清洗能力与 Power Pivot 的建模逻辑恰恰是构建数据基石的底层能力；同时，当 AI 生成的分析结论需要验证、调试或与企业实际场景结合时，Excel 的透明计算流程和灵活交互性能为业务人员提供不可替代的"数据控制权"。在技术浪潮迭代中，唯有掌握工具本质逻辑的人，才能真正驾驭 AI 时代的"智能杠杆"。

然而，许多用户尽管熟悉基础操作，却在面对复杂数据清洗、多表关联建模、动态 DAX（Data Analysis Expressions，数据分析表达式）计算时举步维艰，甚至陷入"功能零散学不透，需求复杂难落地"的困境。

为何要写作本书

本书的诞生源于对传统学习资源的深入调研。市面上的多数资源往往存在如下两大短板。

1）**短板 1**：重功能罗列，轻实战串联，孤立地讲解工具操作，缺乏从数据导入到建模分析的全链路场景化设计。

2）**短板 2**：缺体系思维，难应对变化，未构建起"工具+逻辑+业务"三位一体的知识框架，导致读者在面对动态需求时仍束手无策。

凭借 23 年的 Excel 实战经验与 16 年的培训教学沉淀，笔者以"场景驱动、体系赋能"为核心驱动，依托企业级实景案例，系统拆解 Power Query 与 Power Pivot 核心技术。从数据清洗到DAX高阶计算，从多表合并到动态看板搭建，本书可助力读者打通"功能学习→逻辑构建→业务落地"的全流程，实现从"会用工具"到"用好工具"的跨越。

管理大师彼得·德鲁克曾说："效率是正确地做事，效益是做正确的事。"在数据领域，本书将助你二者兼得，既掌握高效处理数据的"术"，又习得以业务为导向的"道"。

读者对象

本书适合所有渴望通过Excel实现数据自动化与深度分析的职场人士阅读，尤其建议以下人群阅读。

1）**数据分析师**：需快速完成多源数据整合、建模与动态指标计算。

2）**财务/运营人员**：希望自动化处理报表合并、数据清洗与多维度分析工作。

3）**企业管理者**：需通过数据看板实时监控业务状况，驱动科学决策。

4）**Excel进阶用户**：已掌握基础功能，亟待突破Power Query与Power Pivot高级应用的瓶颈。

5）**学生与自学者**：欲构建企业级数据分析能力，提升职场竞争力。

无论你是希望告别重复劳动，还是追求用数据创造业务价值，本书都将成为你的实战指南。

本书特色

1. 从场景出发，破解企业级痛点

本书围绕"数据分散、流程低效、分析静态"这三大痛点设计了完整的解决方案。例如，第7章介绍如何通过Power Query一键合并多表，第13章讲解如何使用DAX时间智能函数实现动态同比分析，第15章介绍如何通过模块化组件构建可复用的数据看板模板，直击业务核心需求。

2. 体系化知识框架，强化逻辑思维

本书以"数据准备→清洗转换→建模计算→数据可视化"为主线，层层递进。例如，第2章详细讲解了数据清洗过程常见的5大高频问题，第9章剖析了数据建模的两大核心要求，第11～13章由浅入深地解析了DAX函数体系，助力读者建立结构化思维。

3. 对比延伸，启发最优解

本书在关键技术上横向对比了不同方案的优劣。例如，第6章介绍了使用Power Query合并查询数据时的6种连接方式的适用场景，第9章对比了计算列与度量值的6种显著区别，

第 13 章阐述了 FILTER 与 CALCULATE 函数的协同策略，助力读者灵活选型。

4. 专注实战，拒绝纸上谈兵

本书在技术讲解环节配备企业级案例，如第 15 章的销售数据多维度透视分析看板、第 14 章的产品利润分析模型以及商品退款率动态预警模型。同时，本书提供配套素材与分步注释，确保读者"学完即用，用即生效"。

5. 与时俱进，兼容多版本生态

本书基于 Excel 2024 最新版本编写，同步兼容 Office 365 与早期多个版本。此外，本书还提供了 Office 官方正版插件安装指南与学习资源，帮助读者扫清环境配置障碍。

如何阅读本书

本书分为四大部分，以逐层攻克数据建模与分析的核心挑战，具体如下。

1）**第 1 部分　数据准备与清洗（第 1～4 章）**，首先介绍自助式数据分析的六大应用场景（第 1 章），然后详细讲解 Power Query 在数据清洗、表格结构管理以及数据转换方面的全流程操作（第 2～4 章），为后续分析工作奠定了规范的数据基础。

2）**第 2 部分　数据整合与高级查询（第 5～7 章）**，深入探讨数据管理（第 5 章）、数据查询（第 6 章）以及多表合并技术（第 7 章），涵盖同一工作簿内、跨文件、跨文件夹的自动化模板设计，并通过 M 函数实现动态路径管理，以应对数据源变更带来的复杂性。

3）**第 3 部分　数据建模与 DAX 实战（第 8～14 章）**，首先分析 Power Pivot 在数据加载（第 8 章）、数据建模（第 9 章）以及数据模型的管理与优化（第 10 章）方面的应用，然后系统讲解了 DAX 函数体系（第 11～13 章），并进阶至 VAR 变量、通用日期表构建等数据模型的改进与完善技术（第 14 章），从而打造高效的数据建模、计算与分析引擎。

4）**第 4 部分　综合案例：看板搭建（第 15 章）**，通过企业级销售分析的全景案例串联多表合并、动态度量值、交互图表与 KPI 看板设计，完整呈现了从原始数据到决策支持的落地闭环。

本书学习建议如下。

1）建议按章节顺序学习，逐步构建知识体系。

2）每章均提供配套素材，建议同步操作，并通过案例深化理解。

3）掌握核心技能后，可针对痛点灵活跳转至相关章节，以快速解决你关心的业务问题。

翻开本书，你将告别零散的知识碎片，开启从"数据处理工具人"到"数据决策架构师"的蜕变之旅。

配套资源与支持

1. 素材获取

关注微信服务号"跟李锐学 Excel",回复关键词"2502",即可下载本书所有示例文件与赠送的资源。

2. 视频课程

在网易云课堂搜索"跟李锐学 Excel",或通过微信服务号底部的菜单进入"知识店铺",可系统学习函数公式、数据管理、行业应用、商务图表、数据透视等方向的视频课程。

3. 百万让利(限时福利)

为庆祝新书上市,现特推出"百万让利"计划!前 2 万名购书读者凭付款截图联系小助手,即可领取价值 50 元的无门槛代金券(可叠加使用),并从李锐主讲的 35 套视频课程中任选一套学习(部分课程使用代金券后仅需 0 元)。只需一本书的价格,即可获得"纸质教材+案例文件+视频课程"三重知识礼包,性价比超高。(注意:百万让利=50 元 × 20 000 人)

注意 所有视频均为永久有效的高清录播课,含配套课件,支持在手机和计算机等多端设备上学习,购课后可随时回看、复习。

4. 勘误与支持

在阅读本书的过程中,如果你发现有需要订正之处或者其他修改建议,请发送邮件至 7484201@qq.com。如果你在学习中遇到问题,可通过微信服务号菜单选择"已购课程→联系小助手"进行一对一咨询。

致谢

本书的顺利完成离不开众多支持者的无私帮助。首先,我要向 10 万余名付费学员致以最诚挚的感谢,你们宝贵的实践反馈和真实痛点为本书案例的设计提供了清晰的方向,使内容更加贴近实际需求。其次,我要感谢机械工业出版社相关工作人员的辛勤付出,你们以专业的视角和细致的修改建议优化了本书的结构,让行文更加清晰易懂,助力读者轻松获取知识。

此外,我还要感谢家人的关怀与陪伴。在枯燥的编写过程中,是你们的理解与支持,让我能够心无旁骛地总结经验、倾注心血,最终完成本书的写作。最后,我要向所有在数据领域深耕的同行者致敬,愿本书能为你们的职业之路增添一份助力,共同推动数据行业的发展。

李 锐

Contents 目录

前言

第1部分 数据准备与清洗

第1章 自助式数据分析概述 2

1.1 自助式数据分析的实现途径与价值剖析 2
1.2 自助式数据分析的六大应用场景 3
  1.2.1 整合多源异构数据 4
  1.2.2 快速处理各种数据统计进程 5
  1.2.3 多报表关联数据查询与分析 7
  1.2.4 可视化展示结果 8
  1.2.5 交互式响应需求 9
  1.2.6 多视角多维度动态综合分析 12
1.3 Power Query 13
1.4 Power Pivot 16

第2章 使用 Power Query 进行数据清洗 19

2.1 快速清洗空行 19
2.2 快速清洗错误值 21
2.3 快速删除重复值 23
2.4 快速删除多余空格 25
2.5 快速清除非打印字符 26

第3章 使用 Power Query 进行行列及表格结构管理 30

3.1 删除或保留行记录 30
3.2 删除或保留列字段 34
3.3 按要求排列数据 37
3.4 按要求筛选数据 39
3.5 将报表进行行列转置 43
3.6 将报表进行反转行展示 45
3.7 移动报表中的列数据 47
3.8 转换报表结构 49

第 4 章 使用 Power Query 进行数据转换 ································ 55

4.1 配置数据类型 ································ 55
- 4.1.1 修改数据类型及显示格式 ······ 55
- 4.1.2 定义列数据类型 ························ 58
- 4.1.3 自动检测数据类型的配置方式 ··· 60
- 4.1.4 查询数据类型转换的可行性 ··· 62

4.2 转换数据格式 ································ 63
- 4.2.1 自动转换英文大小写 ············ 63
- 4.2.2 给数据添加前缀和后缀 ········ 64

4.3 智能填充 ·· 68
- 4.3.1 智能填充合并单元格 ············ 68
- 4.3.2 智能填充月份和星期 ············ 71
- 4.3.3 智能填充条件列 ···················· 73
- 4.3.4 智能填充索引列和自定义列 ··· 76

第 2 部分 数据整合与高级查询

第 5 章 使用 Power Query 进行数据管理 ································ 80

5.1 数据拆分 ·· 80
- 5.1.1 按分隔符拆分 ························ 80
- 5.1.2 按字符数拆分 ························ 82
- 5.1.3 将一行拆分为多行 ················ 85

5.2 数据分组 ·· 87
- 5.2.1 数据分组统计 ························ 87
- 5.2.2 非重复计数统计 ···················· 89
- 5.2.3 多级分组统计 ························ 91

5.3 透视列与逆透视列 ························ 94
- 5.3.1 原理及区别 ···························· 94
- 5.3.2 使用透视列功能转换数据 ···· 95
- 5.3.3 按复杂条件转换数据 ············ 96
- 5.3.4 使用逆透视列功能转换数据 ··· 98

第 6 章 使用 Power Query 进行数据查询 ································ 101

6.1 追加查询数据 ······························ 101
- 6.1.1 两表数据追加查询 ·············· 101
- 6.1.2 多表数据追加查询 ·············· 107

6.2 合并查询数据 ······························ 110
- 6.2.1 左外部连接 ·························· 110
- 6.2.2 右外部连接 ·························· 114
- 6.2.3 全外部连接 ·························· 119
- 6.2.4 内部连接 ······························ 123
- 6.2.5 左反连接 ······························ 126
- 6.2.6 右反连接 ······························ 130

第 7 章 使用 Power Query 进行多表合并及 M 高级查询 ············ 134

7.1 合并同一工作簿文件内的多个工作表 ·· 134
- 7.1.1 制作可一键刷新结果的多表合并模板 ···························· 134
- 7.1.2 仅将多表合并结果上载回 Excel ···························· 136
- 7.1.3 新增工作表时完善多表合并模板 ···························· 139
- 7.1.4 新增字段时完善多表合并模板 ···························· 145

7.1.5 文件存放路径变更时完善多表合并模板……150

7.2 合并不同工作簿文件内的多个工作表……154

7.2.1 合并方法的差异……154

7.2.2 制作跨工作簿文件的多表合并模板……155

7.2.3 新增字段时完善多表合并模板……157

7.2.4 文件存放路径变更时完善多表合并模板……157

7.3 使用 M 高级查询制作多表合并模板……159

7.3.1 自动提取数据源动态路径……159

7.3.2 利用自定义名称存放数据源动态路径……159

7.3.3 在 Power Query 编辑器中导入数据源……159

7.3.4 使用 M 高级查询制作多表合并模板……161

7.4 合并文件夹内多个工作簿文件的数据……163

7.4.1 制作能够一键刷新结果的多文件合并模板……164

7.4.2 文件新增字段时完善多文件合并模板……172

7.4.3 文件夹路径变更时完善多文件合并模板……172

7.5 使用 M 高级查询快速制作多工作簿文件合并模板……175

7.6 合并文件夹内多工作簿中的多工作表数据……177

7.7 跨文件夹合并多工作簿中的多工作表数据……178

第 3 部分 数据建模与 DAX 实战

第 8 章 使用 Power Pivot 进行数据加载……180

8.1 从数据库加载数据……180

8.2 从 Excel 文件加载数据……182

8.3 从文本文件加载数据……184

8.4 从剪贴板加载数据……186

8.5 将表格添加到数据模型中……187

8.6 添加 Power Query 的上载结果……188

8.7 添加数据透视表的数据源……189

第 9 章 使用 Power Pivot 进行数据建模……191

9.1 两大核心要求……191

9.2 创建数据模型的方法……192

9.3 一对多关系的数据模型……195

9.4 与 Excel 环境对比……198

9.5 计算列……201

9.6 度量值……202

9.7 计算列与度量值的功能对比……206

第 10 章 使用 Power Pivot 对数据模型进行管理与优化 ... 208

10.1 数据刷新 ... 208
10.2 连接管理 ... 209
10.3 表间关系管理 ... 211
10.4 度量值管理 ... 213
10.5 降低内存占用 ... 215
10.6 提升计算效率 ... 218

第 11 章 DAX 必知必会 ... 221

11.1 DAX 功能简介 ... 221
11.2 DAX 的常用术语 ... 222
11.3 DAX 的数据类型 ... 224
11.4 DAX 运算符 ... 225
11.5 DAX 的语法要求 ... 226
11.6 DAX 与 Excel 公式的 8 种显著区别 ... 227

第 12 章 基于 DAX 的逻辑、聚合与数据处理 ... 229

12.1 常用的 DAX 逻辑函数 ... 229
    12.1.1 IF 函数：按条件自动返回结果 ... 229
    12.1.2 SWITCH 函数：按多条件判断结果 ... 230
    12.1.3 IFERROR 函数：自动容错显示 ... 232
12.2 常用的 DAX 聚合函数 ... 233
    12.2.1 SUM 函数：统计某列数值的总和 ... 234
    12.2.2 SUMX 函数：对表中每一行的计算表达式进行求和 ... 235
    12.2.3 SUM 函数与 SUMX 函数的对比 ... 236
    12.2.4 COUNTROWS 函数：计算指定表中的行数 ... 236
    12.2.5 DISTINCTCOUNT 函数：统计列中非重复值的数量 ... 237
12.3 常用的 DAX 文本函数 ... 238
    12.3.1 FIND 函数：查找特定值在文本字符串中的位置 ... 239
    12.3.2 SEARCH 函数：查找特定值在文本字符串中的位置 ... 240
    12.3.3 REPLACE 函数：按字符长度替换文本 ... 242
    12.3.4 SUBSTITUTE 函数：按指定值替换文本 ... 243
    12.3.5 FORMAT 函数：按指定格式转换数据 ... 244
12.4 常用的 DAX 数学函数 ... 249
    12.4.1 INT 函数：向下舍入到最接近的整数 ... 249
    12.4.2 MOD 函数：返回数字除以除数后的余数 ... 249
    12.4.3 ROUND 函数：将数值四舍五入 ... 250
    12.4.4 ROUNDUP 函数：按远离 0 的方向舍入数字 ... 251
    12.4.5 ROUNDDOWN 函数：按趋向 0 的方向舍入数字 ... 252

12.4.6　DIVIDE 函数：自动屏蔽除数为 0 的错误值·········253
12.5　常用的 DAX 日期和时间函数·····254
　12.5.1　WEEKDAY 函数：返回日期对应的星期序号·········254
　12.5.2　EDATE 函数：返回指定月份数之前或之后的日期·····255
　12.5.3　EOMONTH 函数：返回指定月份数之前或之后的月末日期·········257
　12.5.4　YEARFRAC 函数：精确计算两个日期之间的年数间隔·········258

第 13 章　智能计算与深度分析：DAX 高阶函数应用·········261

13.1　常用的 DAX 筛选器函数·····261
　13.1.1　FILTER 函数：按条件筛选表中的行·········261
　13.1.2　EVALUATE 函数：返回表达式结果·········264
　13.1.3　CALCULATE 函数：按条件进行筛选计算·········267
　13.1.4　ALL 函数：清除筛选条件并返回表中所有行·········269
　13.1.5　EARLIER 函数：处理嵌套行上下文·········271
13.2　常用的 DAX 时间智能函数·····272
　13.2.1　TOTALMTD 函数：计算月累计值·········273
　13.2.2　TOTALQTD 函数：计算季度累计值·········276

　13.2.3　TOTALYTD 函数：计算年度累计值·········277
　13.2.4　SAMEPERIODLASTYEAR 函数：返回去年同期值·········278
　13.2.5　DATEADD 函数：按指定单位智能偏移日期·········280
13.3　常用的 DAX 关系函数·····282
　13.3.1　RELATED 函数：实现多对一查询匹配·········283
　13.3.2　RELATEDTABLE 函数：实现一对多查询匹配·········285
13.4　常用的 DAX 表操作函数·····286
　13.4.1　DISTINCT 函数：删除重复值并返回唯一值·········287
　13.4.2　VALUES 函数：获取唯一值列表或基于上下文返回相关行表·········288
　13.4.3　VALUES 函数与 DISTINCT 函数的区别·········290
　13.4.4　SUMMARIZE 函数：按条件进行分类汇总·········292
　13.4.5　SUMMARIZECOLUMNS 函数：生成汇总表·········295

第 14 章　使用 Power Pivot 对数据模型进行改进与完善·········299

14.1　使用 VAR 变量改进 DAX 表达式·····299
　14.1.1　VAR 变量概述·········299
　14.1.2　实例解析·········300
14.2　使用 ADDCOLUMNS 函数改进表结构·········303

14.3 使用 DAX 查询自动构建通用的日期表 ································ 304
14.4 使用 SELECTCOLUMNS 函数重组表结构 ································ 306
14.5 使用计算表集中化管理度量值 ································ 308
    14.5.1 计算表概述 ······················ 309
    14.5.2 实例解析 ·························· 309

第 4 部分　综合案例：看板搭建

第 15 章　数据建模与数据分析案例 ·· 314

15.1 案例说明 ································ 314
15.2 使用 Power Query 实现分散数据源的多表合并 ············· 317
15.3 使用 Power Pivot 进行数据建模并计算度量值 ···················· 321
    15.3.1 将订单表和目标表导入数据模型 ··············· 321
    15.3.2 创建空白计算表 ·············· 321
    15.3.3 创建通用日期表 ·············· 322
    15.3.4 创建用于交互选择月份的筛选条件表 ··············· 325
    15.3.5 根据业务需求创建表间关系 ··························· 327
    15.3.6 按照业务需求创建度量值 ····· 328
15.4 使用 DAX 查询动态生成目标数据计算表 ··············· 330
    15.4.1 生成条件月销表 ············· 330
    15.4.2 生成条件排名表 ············· 331
15.5 创建动态图表 ························ 331
    15.5.1 创建数据看板并插入选择器 ··························· 332
    15.5.2 为选择器设置动态数据源 ····· 333
    15.5.3 将选择器与数据模型进行关联 ······················· 334
    15.5.4 创建日销售趋势图和销售业绩排名图 ············· 335
15.6 计算关键指标和制作数据汇总表 ································ 339
15.7 创建部门对比图和销售占比图 ······················· 341
    15.7.1 各部门目标销售额与实际销售额对比图 ········· 341
    15.7.2 各部门销售贡献占比图 ······· 342
15.8 制作大字 KPI 并组装数据看板 ································ 344
    15.8.1 设计数据看板的布局架构 ····························· 344
    15.8.2 制作醒目大字 KPI 和图标 ··························· 345
    15.8.3 调取部门 KPI 汇总表数据 ··························· 348
    15.8.4 规范看板标题与图表命名 ····························· 349
    15.8.5 组装数据看板并进行视觉美化 ······················· 351
15.9 获取更多学习资料的方法 ·········· 352

第 1 部分 *Part 1*

数据准备与清洗

- 第 1 章 自助式数据分析概述
- 第 2 章 使用 Power Query 进行数据清洗
- 第 3 章 使用 Power Query 进行行列及表格结构管理
- 第 4 章 使用 Power Query 进行数据转换

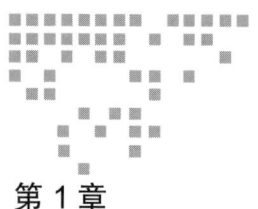

第 1 章
自助式数据分析概述

在当今数据爆炸式增长的时代，企业每天都会产生海量的业务数据。但超过 80% 的企业数据从未得到真正的分析与利用。即使 AI 技术高速发展，也因其依赖规范的结构化数据输入和可靠的迭代分析模型，而难以直接应对企业真实场景中的挑战——原始数据往往分散在异构系统中，且充斥着大量需要人工干预的脏数据。

自助式数据分析正是解决这些痛点的革命性方案。通过建立科学的数据模型，工作人员可以将分散的销售数据、财务数据、运营数据整合成统一的"数据大脑"；借助自助分析工具，业务人员无须编程就能快速完成复杂分析，让数据真正成为企业的核心资产。更关键的是，这套方案能让数据分析效率提升 10 倍以上，让决策响应速度从"天"缩短到"分钟"级，让企业在激烈的市场竞争中始终快人一步。

本章将揭秘如何通过 Excel+Power BI（Business Intelligence，商业智能）系列工具实现这一变革。你将惊喜地发现：原来只需安装两个免费插件（Power BI 的 Power Query 和 Power Pivot），就能将普通的 Excel 升级为强大的商业智能平台。无须复杂编程、无须高昂投入，只需简单安装和加载，即可实现多源数据整合、自动化计算、交互式可视化分析。无论你是数据分析新手，还是业务部门的负责人，抑或资金有限的中小企业，Excel+Power BI 都将是你数字化转型的最佳起点。

1.1 自助式数据分析的实现途径与价值剖析

随着商业环境的日趋复杂和数据量的指数级增长，传统数据分析模式正面临着响应迟缓、成本高昂等挑战。自助式数据分析以其敏捷性、易用性和高效性，正在重塑企业的决策方式。本节将介绍自主式数据分析的实现途径和价值。

1. Excel+Power BI：让自助式数据分析触手可及

Excel 与 Power BI 的黄金组合为企业打造了快捷高效、简单易用的自助式分析平台，完美实现了数据应用的"技术民主化"理念。这套解决方案具有以下核心特征。

1）非专业人员自主掌控完整分析流程：从数据获取、清洗建模到可视化呈现，整个过程无须 IT 人员介入。

2）专业级分析"平民化"：通过直观的拖拽式操作界面，非技术人员也能产出专业分析成果。

3）多软件无缝衔接：Excel 强大的数据处理能力与 Power BI 的智能可视化功能完美互补。

2. 自助式数据分析的三大核心价值

（1）技术普惠化
- 零代码操作界面，打破技术壁垒。
- 内置智能向导，辅助非专业人员完成复杂分析。
- 可视化建模让数据处理过程直观易懂。

（2）敏捷响应能力
- 实时调整分析维度和指标，响应业务变化。
- 使用动态报表实现"所想即所得"的分析体验。
- 分析模型可根据实际情况进行快速迭代和优化。

（3）组织数据赋能
- 将数据能力下沉至业务一线。
- 培养全员的数据思维，提升数据素养。
- 缩短从数据到决策的价值转化路径。

这套方案不仅降低了企业的技术采购成本，更重要的是通过赋予非专业人员自主分析能力，显著提升了组织的业务响应速度和决策质量，助力企业在数字化转型中构建可持续的竞争优势。

为了让读者更直观地理解自助式数据分析的价值，本书精心准备了 6 个典型应用场景的实战案例。这些案例通过图文并茂的方式生动展示了自助式数据分析在不同业务场景下的实际应用，帮助读者突破纯文字理解的局限，全方位感受其强大的分析能力、便捷性和高效性。

1.2 自助式数据分析的六大应用场景

本节将介绍自助式数据分析的六大应用场景，包括整合多源异构数据、快速处理各种数据统计进程、多报表关联数据查询与分析、可视化展示结果、交互式响应需求以及多视角多维度动态综合分析，帮助用户轻松实现数据价值的挖掘与呈现。

1.2.1 整合多源异构数据

快速整合分散的多个数据源是开展数据管理工作的前提和基础。很多企业都存在数据零散、类型多样、来源多渠道等问题，如销售数据在 CRM（Customer Relationship Management，客户关系管理系统）系统中，财务数据在 ERP（Enterprise Resource Planning，企业资源计划）系统中，运营数据在各类业务平台中。这种数据孤岛现象严重阻碍了企业的整体数据分析效率。利用 Excel+Power BI 创建自助式数据分析模型后，可以利用 Power Query 将分散、异构的多源数据快速整合到一个 Excel 文件中，通过创建数据模型，实现多表关联及跨系统匹配数据，便于后续的数据统计和分析。具体而言，体现在如下 3 方面。

（1）支持整合多种零散数据

无论是分布在多表格区域、多工作表，还是多工作簿文件中的数据，均可借助 Power Query 快速整合至一个 Excel 文件中，如图 1-1 所示。

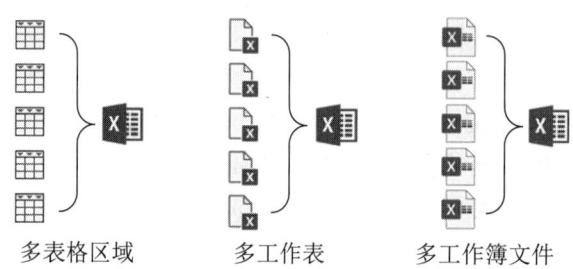

图 1-1　支持整合多种零散数据

（2）支持多种来源渠道

无论数据源是 Excel 文件、SQL 数据库、Access 数据库、TXT/CSV 文件，还是 Internet 网站上的数据，都可以用 Power Query 导入并加载至 Excel 表格中，如图 1-2 所示。

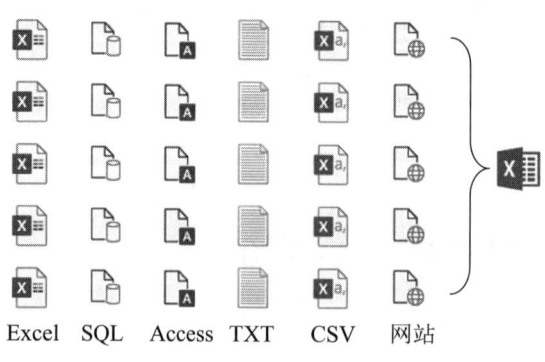

图 1-2　支持多种来源渠道

（3）支持结果同步更新

当数据源内容发生变更或数据记录出现增减变动时，合并结果只需一键刷新即可，省去了中间环节的烦琐操作步骤，让结果随时与数据源保持同步更新，避免重复劳作，极大地提升了工作效率。

1.2.2　快速处理各种数据统计进程

快速处理各种数据统计进程是顺利开展数据管理工作的必要保障。如图 1-3 所示，当在工作中遇到大量数据（数万条）需要按照多种条件进行统计时，对处理数据的速度和统计结果的准确性都提出了更高要求。

面对这种较复杂的统计问题，与其分别按照条件逐步筛选、提取、计算数据，不如将需求涉及的条件添加为下拉菜单（即交互按钮）。添加下拉菜单后的效果如图 1-4 所示。

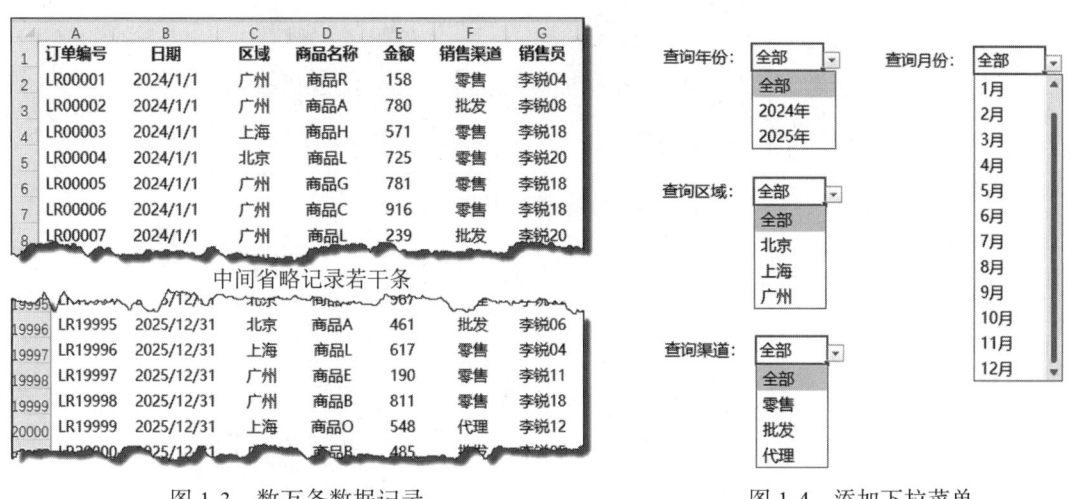

图 1-3　数万条数据记录　　　　　　图 1-4　添加下拉菜单

当用户单击交互按钮时，会自动弹出下拉菜单。用户选择所需条件后，即可驱动报表自行查询到相应的数据统计结果。

根据用户选择的条件，利用 Excel 函数进行建模并实现自动计算，使用户能够自助式完成数据统计与分析工作。例如，使用下拉菜单筛选"2025 年"的数据后，生成的报表如图 1-5 所示。

当用户的需求改变时，仅需单击交互按钮即可从下拉菜单的列表中重新选择条件，报表就会自动更新，从而实现"傻瓜式"自助数据分析。例如，使用下拉菜单筛选"2025 年"和"5 月"的数据后，报表的自动更新结果如图 1-6 所示。

利用 Excel 下拉菜单与函数公式构建模型，可以快速处理各种数据统计进程，助力用户实现自助式数据分析。该方法操作直观、灵活便捷、集约高效。

图 1-5 自助式数据统计与分析

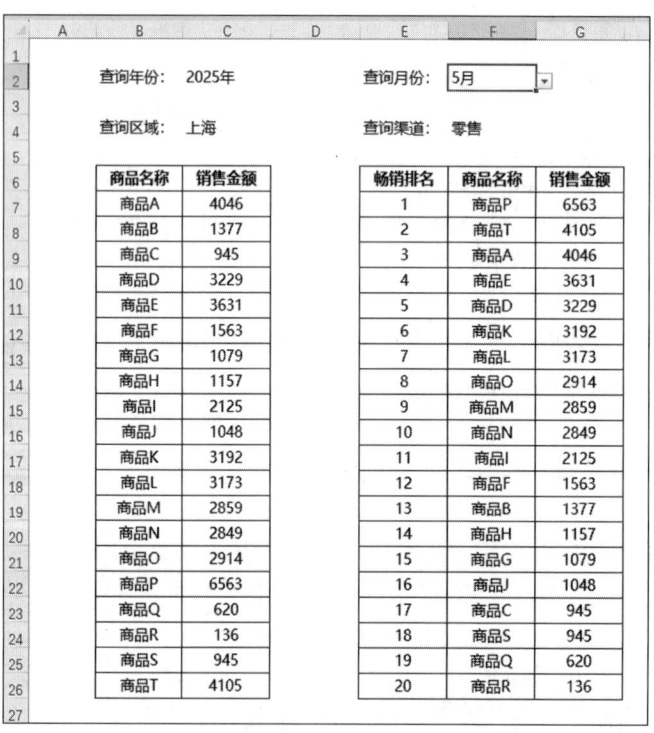

图 1-6 更改条件后报表的自动更新结果

1.2.3 多报表关联数据查询与分析

在多源数据环境下进行报表关联查询与分析，已成为现代企业数据管理和商业智能应用领域的核心需求。在实际业务场景中，跨部门、多维度数据的整合分析往往面临数据分散、口径不一等挑战，这类问题长期制约着企业的数据分析效率。通过 Excel 与 Power BI 的协同应用，我们能够构建一套完整的解决方案，帮助业务人员高效攻克这些数据整合难题。

例如，某制造企业需要综合产品销量、定价及成本数据来计算利润并进行利润率分析。其中成本核算尤为复杂，涉及不同产品的原材料配比方案及其动态变化，而且这些基础数据分别来自采购、市场、研发和销售等多个业务部门，各数据源均保持独立更新。相关报表如图 1-7 所示。

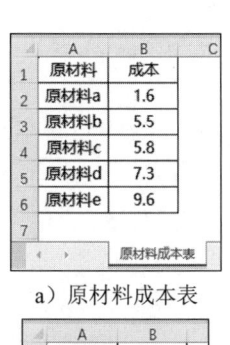

a）原材料成本表

b）产品定价表

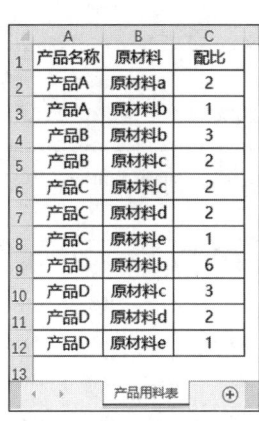

c）产品用料表

d）产品销量表

图 1-7　数据源涉及多张报表

这种典型的跨系统数据整合需求，恰恰展现了多报表关联分析的重要价值。

1）原材料成本表：由采购部提供并负责更新。
2）产品定价表：由市场部提供并负责更新。
3）产品用料表：由研发部提供并负责更新。
4）产品销量表：由销售部提供并负责更新。

针对此类多源数据整合问题，业界存在多种解决方案，其中最具性价比的方法是借助 Power Pivot 数据模型实现高效处理。该方案的核心思路是，将分散的各数据源表统一导入 Power Pivot，通过智能建立表间关联关系，构建完整的数据桥梁，从而实现跨表数据的无缝整合与分析。在数据模型中创建表间关系的结果如图 1-8 所示。

之后，按照计算需求在 Power Pivot 中计算列和度量值，并利用超级数据透视表来完成数据查询和分析。设置完成后的多表透视结果如图1-9所示。

该数据模型具有显著优势：一方面，通过建立多表关联关系，它能有效整合来自不同业务系统的分散数据，彻底解决跨表查询的难题；另一方面，当底层数据发生增减变动时，只需执行简单的刷新操作，即可实现分析结果的实时同步更新。这种智能化的数据处理机制不仅大幅提升了分析效率，还让原本复杂的数据整合工作变得简单易行，显著降低了企业数据查询与分析的技术门槛。

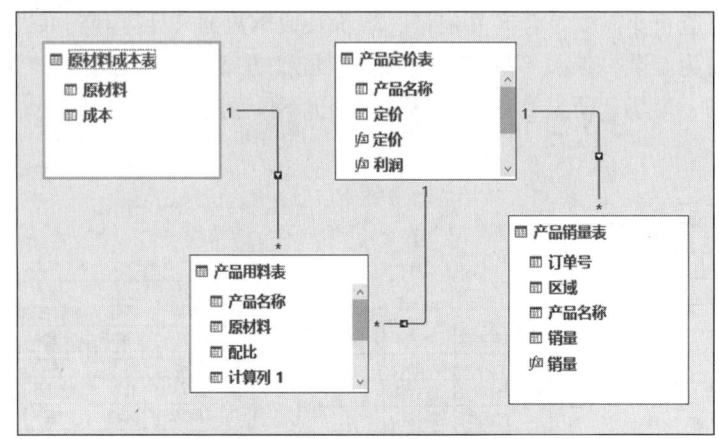

图1-8　在数据模型中创建表间关系的结果

产品名称	成本	定价	销量	金额	利润	利润率
产品A	8.7	9.9	219	2168.1	262.8	12.12%
产品B	28.1	39	261	10179	2844.9	27.95%
产品C	35.8	49	327	16023	4316.4	26.94%
产品D	74.6	129	64	8256	3481.6	42.17%
总计	147.2	226.9	871	36626.1	10905.7	29.78%

图1-9　Power Pivot多表透视结果

1.2.4　可视化展示结果

通过可视化报告进行专业展示，不仅能够使分析结果更加直观易懂，还能提升报告的整体专业度和视觉表现力，显著增强决策建议的说服力。

在实际制作报告时，建议采用多维度的展示策略：基础数据采用结构化表格进行呈现，分析结论辅以精炼的文字说明，而核心洞察则通过专业的Excel商务图表进行可视化表达。这种"图表为主、图文结合"的呈现方式能够充分发挥"一图胜千言"的优势，让复杂的数据分析结果以最有效的方式传递给受众。

工作常用的对比分析、趋势分析以及结构分析需求都可以通过可视化报告进行展示，如图1-10所示。

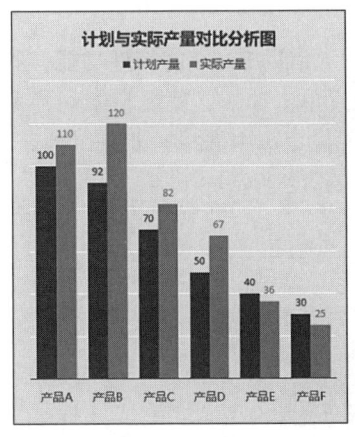 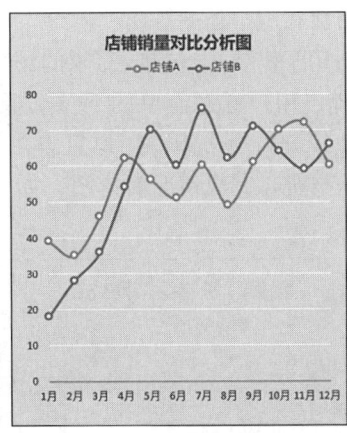 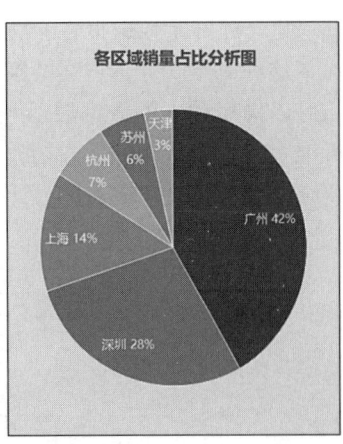

a）对比分析　　　　　　　　b）趋势分析　　　　　　　　c）结构分析

图 1-10　对比分析、趋势分析以及结构分析图

　　Excel 图表可视化不仅可满足常用可视化需求，还可以解决各种专业领域的分析需求，如质量问题分布及关键原因分析图、项目利润对比盈亏分析、员工考核达标率分析图等，如图 1-11 所示。

　　Excel 提供了多种图表可视化选项，用户可以根据自己的分析需求选择最合适的图表类型。

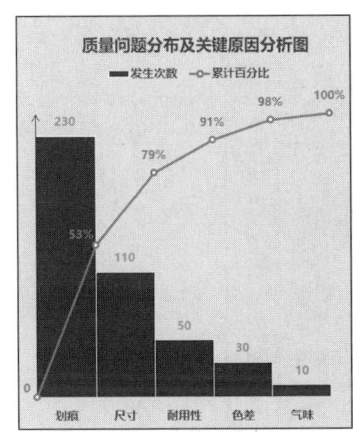 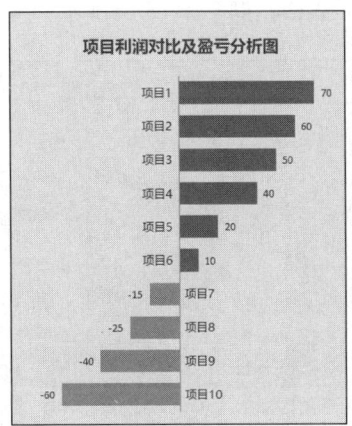 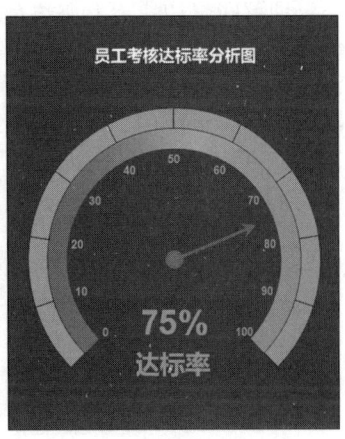

a）质量问题分布及关键原因分析图　　b）项目利润对比盈亏分析　　c）员工考核达标率分析图

图 1-11　Excel 数据可视化分析图

1.2.5　交互式响应需求

　　在数据分析结果的展示环节，交互式功能的应用能够有效满足不同用户的个性化查看需求。借助"所见即所得"的交互设计，即使是缺乏专业背景的用户也能轻松获取所需信

息，显著提升了数据报告的易用性和用户体验。

这种交互式分析方案特别适用于需要现场响应需求的场景。借助Excel的控件功能，我们可以构建动态的数据展示系统：用户通过简单的下拉选择或单击操作，就能自主切换分析维度和视角。例如，在销售业绩分析报告中，用户只需在下拉菜单中选择"北京"地区，系统即可实时呈现该地区的计划与实际完成情况对比图，如图1-12所示。

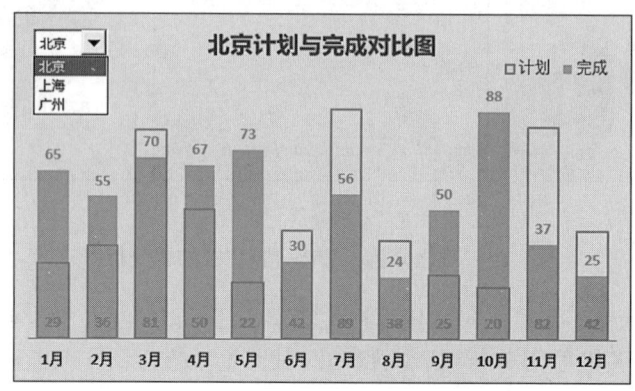

图1-12　计划与完成情况对比图

当用户想切换查看区域时，仅需单击控件选择"上海"地区，Excel图表的标题及数据展示即可同步切换为上海的对应数据，如图1-13所示。

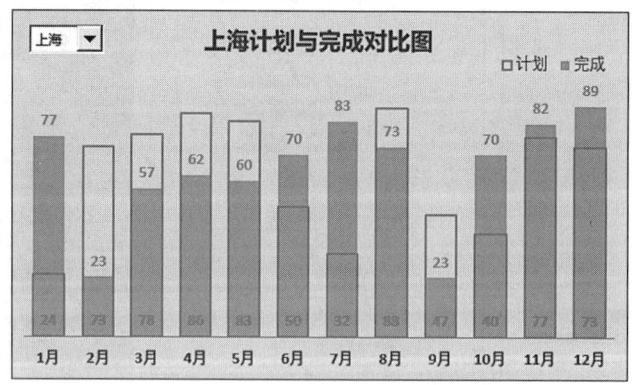

图1-13　切换为"上海"后的计划与完成情况对比图

当用户需要多维度查看数据分析结果时，可以在Excel中插入多个控件联动展示数据。如果是在汇报现场且切换展示的要求较多、较频繁，还可以利用VBA+动态图表的方式实现，无须鼠标单击，仅需将鼠标悬浮滑过，即可动态展示对应数据的多图联动效果。

例如，在员工绩效综合考核场景中，员工数量较多，且右侧的三项明细绩效指标图表需要与左侧的综合绩效图表进行联动显示，这时可以将鼠标悬浮（无须单击）在某位员工上方轻轻滑过，即可展示该员工的多图联动效果，如图1-14所示。

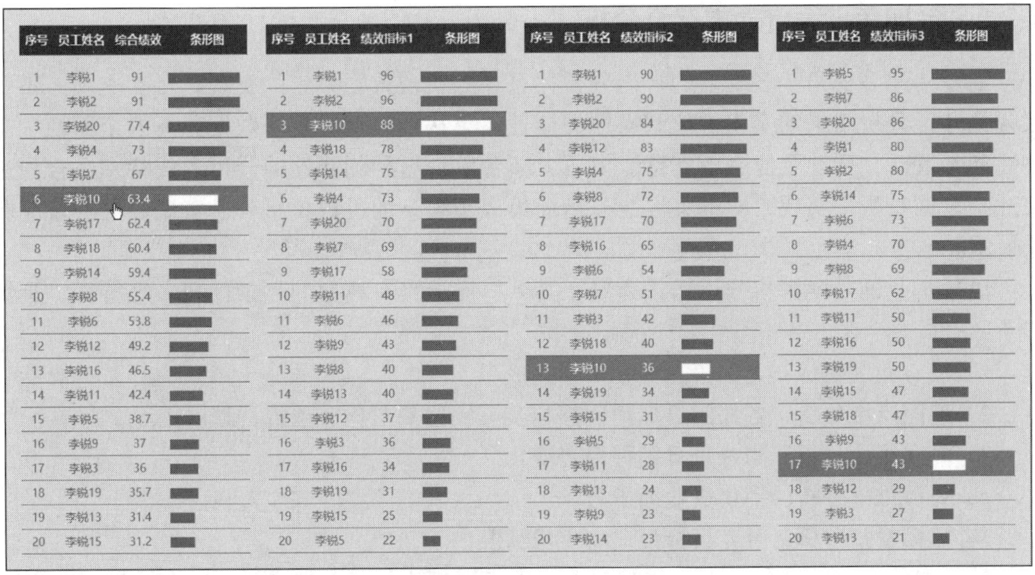

序号	员工姓名	综合绩效	条形图	序号	员工姓名	绩效指标1	条形图	序号	员工姓名	绩效指标2	条形图	序号	员工姓名	绩效指标3	条形图
1	李锐1	91		1	李锐1	96		1	李锐1	90		1	李锐5	95	
2	李锐2	91		2	李锐2	96		2	李锐2	90		2	李锐7	86	
3	李锐20	77.4		3	李锐10	88		3	李锐20	84		3	李锐20	86	
4	李锐4	73		4	李锐18	78		4	李锐12	83		4	李锐1	80	
5	李锐7	67		5	李锐14	75		5	李锐4	75		5	李锐2	80	
6	李锐10	63.4		6	李锐4	73		6	李锐8	72		6	李锐14	75	
7	李锐17	62.4		7	李锐20	70		7	李锐17	70		7	李锐6	73	
8	李锐18	60.4		8	李锐7	69		8	李锐16	65		8	李锐4	70	
9	李锐14	59.4		9	李锐17	58		9	李锐6	54		9	李锐8	69	
10	李锐8	55.4		10	李锐11	48		10	李锐7	51		10	李锐17	62	
11	李锐6	53.8		11	李锐6	46		11	李锐3	42		11	李锐11	50	
12	李锐12	49.2		12	李锐9	43		12	李锐18	40		12	李锐16	50	
13	李锐16	46.5		13	李锐8	40		13	李锐10	36		13	李锐19	50	
14	李锐11	42.4		14	李锐13	40		14	李锐19	34		14	李锐15	47	
15	李锐5	38.7		15	李锐12	37		15	李锐15	31		15	李锐18	47	
16	李锐9	37		16	李锐3	36		16	李锐5	29		16	李锐9	43	
17	李锐3	36		17	李锐16	34		17	李锐11	28		17	李锐10	43	
18	李锐19	35.7		18	李锐19	31		18	李锐13	24		18	李锐12	29	
19	李锐13	31.4		19	李锐15	25		19	李锐9	23		19	李锐3	27	
20	李锐15	31.2		20	李锐5	22		20	李锐14	23		20	李锐13	21	

图 1-14　VBA 捕捉鼠标悬浮驱动员工绩效多图联动展示

即使将鼠标从左侧的综合绩效区移动到右侧的明细绩效指标区（如从左侧第一列的李锐 10 移动到右侧第 3 列的李锐 12），也可以同样实现鼠标悬浮滑过即可轻松驱动多图展示的效果，如图 1-15 所示。

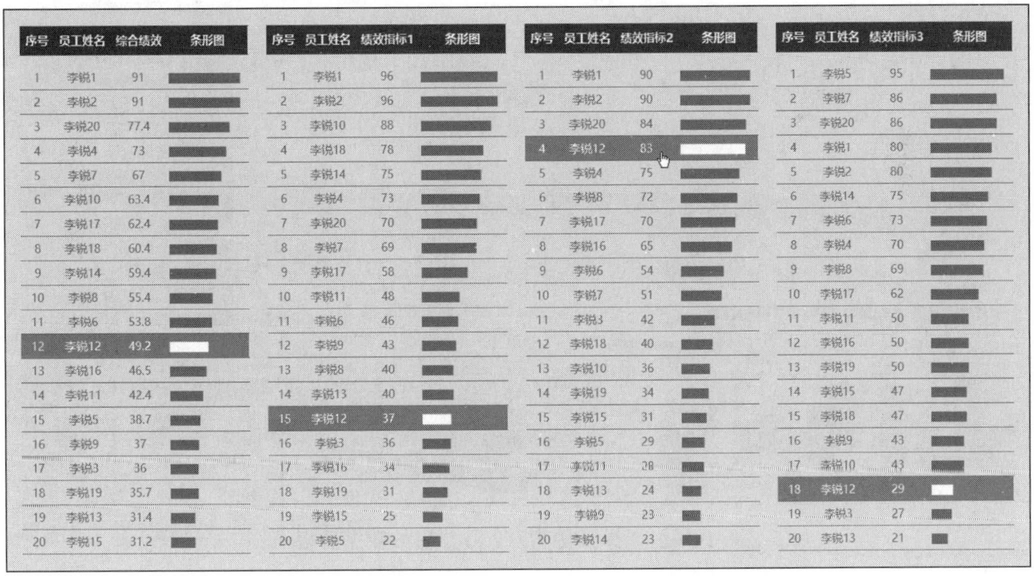

序号	员工姓名	综合绩效	条形图	序号	员工姓名	绩效指标1	条形图	序号	员工姓名	绩效指标2	条形图	序号	员工姓名	绩效指标3	条形图
1	李锐1	91		1	李锐1	96		1	李锐1	90		1	李锐5	95	
2	李锐2	91		2	李锐2	96		2	李锐2	90		2	李锐7	86	
3	李锐20	77.4		3	李锐10	88		3	李锐20	84		3	李锐20	86	
4	李锐4	73		4	李锐18	78		4	李锐12	83		4	李锐1	80	
5	李锐7	67		5	李锐14	75		5	李锐4	75		5	李锐2	80	
6	李锐10	63.4		6	李锐4	73		6	李锐8	72		6	李锐14	75	
7	李锐17	62.4		7	李锐20	70		7	李锐17	70		7	李锐6	73	
8	李锐18	60.4		8	李锐7	69		8	李锐16	65		8	李锐4	70	
9	李锐14	59.4		9	李锐17	58		9	李锐6	54		9	李锐8	69	
10	李锐8	55.4		10	李锐11	48		10	李锐7	51		10	李锐17	62	
11	李锐6	53.8		11	李锐6	46		11	李锐3	42		11	李锐11	50	
12	李锐12	49.2		12	李锐9	43		12	李锐18	40		12	李锐16	50	
13	李锐16	46.5		13	李锐8	40		13	李锐10	36		13	李锐19	50	
14	李锐11	42.4		14	李锐13	40		14	李锐19	34		14	李锐15	47	
15	李锐5	38.7		15	李锐12	37		15	李锐15	31		15	李锐18	47	
16	李锐9	37		16	李锐3	36		16	李锐5	29		16	李锐9	43	
17	李锐3	36		17	李锐16	34		17	李锐11	28		17	李锐10	43	
18	李锐19	35.7		18	李锐19	31		18	李锐13	24		18	李锐12	29	
19	李锐13	31.4		19	李锐15	25		19	李锐9	23		19	李锐3	27	
20	李锐15	31.2		20	李锐5	22		20	李锐14	23		20	李锐13	21	

图 1-15　鼠标悬浮跨区域驱动员工绩效多图联动展示

通过这种方式创建的数据报表和 Excel 图表可以帮助用户便捷地从多个视角出发，多维度地对数据进行统计并展示，自助式完成数据分析与数据可视化。

1.2.6 多视角多维度动态综合分析

通过构建多视角、多维度的智能分析体系，并实现数据报告的交互式自动更新，不仅大幅提升了分析结果的实用价值和操作便捷性，更从根本上增强了数据分析的全面性、完整性和时效性，推动企业决策支持能力迈上新台阶。这种创新性的分析方式特别适合通过交互式数据看板来实现，即将关键业务指标集成于统一的可视化平台，实现数据的智能联动展示。

以某企业的月度销售分析场景为例，其分析需求具有典型的复杂性和多维特征，具体如下。

1）核心业绩指标：月销售总额、目标达成率。
2）部门维度分析：各部门目标销售额与实际销售额对比、销售贡献占比。
3）时间维度分析：当月每日销售趋势变化。
4）人员维度分析：销售员业绩排名。
5）目标管理分析：月度目标设定与完成情况。

针对如此多元的分析需求，交互式数据看板展现出了显著优势。用户仅需通过简单的月份选择（如选择"2月"），系统即可智能联动更新所有关联指标的可视化呈现效果，如图1-16所示。

图1-16 选择月份为"2月"时的数据看板

该数据看板的功能包括以下4点。
1）核心KPI指标的实时刷新。
2）各部门销售额对比图表的动态调整。
3）销售趋势曲线的自动重绘。

4）人员排名数据的即时排序。

这种"一次配置、智能联动"的分析模式不仅大幅提升了分析效率，更确保了各维度数据的一致性，为企业管理者提供了真正意义上的"一站式"决策支持平台。

当用户选择其他月份时，数据看板中的所有指标都可以同步更新，帮助用户实现自助式数据分析与可视化。例如，将数据看板的"选择月份"切换至"3月"后，显示效果如图1-17所示。

图1-17 选择月份为"3月"时的数据看板

这些从多视角、多维度自助式交互展示数据分析结果并自动更新的效果都是利用Excel+Power BI实现的，无须额外安装其他软件。仅需在Office软件安装成功后，在Excel默认设置的基础上进行一些配置和加载设置就能顺利使用Power BI的功能。

在Excel中内置的Power BI核心组件包括Power Query和Power Pivot，下面介绍它们的功能与安装方式。

1.3 Power Query

本节将首先分析Power Query的功能，之后介绍它的3种安装方式。

1. 功能

Power Query的核心功能具体如下。

（1）数据获取

Power Query提供了大量的数据连接器，能够满足用户多样化的数据获取需求，帮助用户连接各种数据源，使用户可以对任何规模的任何数据源轻松快速地进行查询和处理。

（2）数据转换

Power Query 编辑器能够自动记录用户操作的步骤，并在编辑器右侧自动创建可供查看、编辑或回溯的指针式日志列表，帮助用户更加轻松且高效地实现任何数据处理需求，如转换、筛选、清洗、排序、合并、拆分、查询、分组、替换文本、逆透视等。

（3）数据整合

Power Query 以 M 语言（一种功能强大的数据查询语言）作为其内部处理器，用户在 Power Query 编辑器中的所有操作都会自动转换为所需的 M 公式。当遇到一些复杂的处理需求，无法通过界面的菜单功能以最佳方式完成时，Power Query 支持用户使用 M 公式在高级编辑器中自由定制代码，或者在自动转换好的 M 公式基础上根据需要进行微调和修改，从而满足更加复杂的数据清洗、转换及整合需求。

2. 安装方式

根据计算机中 Office 办公软件版本的不同，Power Query 有以下 3 种安装方式。

（1）安装方式 1

计算机中已安装 Office 2016 专业版或者 2016 以上的更高级版本：Excel 2016 专业版或者 2016 以上的更高级版本中已经内置了 Power Query 的所有功能。用户可单击"数据"选项卡下的"获取数据"按钮导入数据源，也可选择"启动 Power Query 编辑器"来加载数据，如图 1-18 所示。

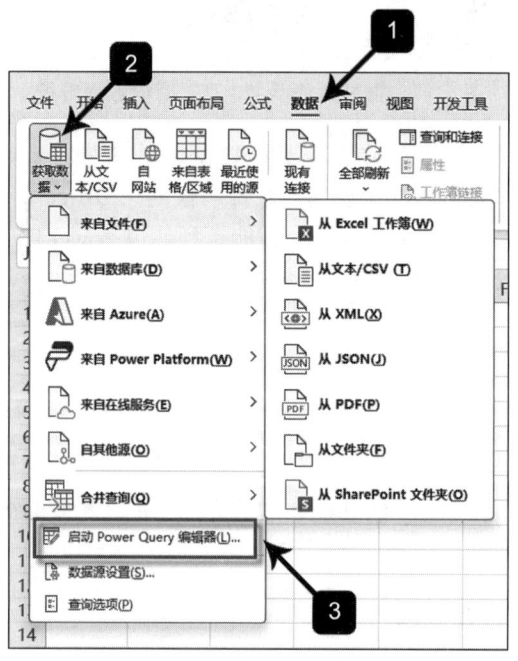

图 1-18　Power Query 编辑器界面

> **注意** Office 家庭版和学生版中的 Power Query 在使用某些数据库功能时会受到限制，建议安装 Office 专业版或专业增强版。

（2）安装方式 2

计算机中安装的是 Office 2013 或者 Office 2010 版本：这两种版本的 Excel 中并没有内置 Power Query 插件，用户需要安装 Power Query 插件，安装成功后会在 Excel 功能区新增对应的 Power Query 菜单选项卡。

Power Query 插件的微软官方下载地址为 https://www.microsoft.com/zh-cn/download/details.aspx?id=39379。进入页面后，用户可根据计算机操作系统的位数（64 位或 32 位）选择对应的程序安装包进行下载，如图 1-19 所示。

（3）安装方式 3

计算机中安装的是 Office 2007 版本或更早期的 Office 版本：Office 的早期版本无法加载或安装 Power Query 插件，建议读者安装更高级的 Office 版本。推荐安装 Office 365 订阅版或 Office 2024 正式版（2024 年 10 月微软发布的最新版本，微软官方称其为 5 年长期稳定版）。

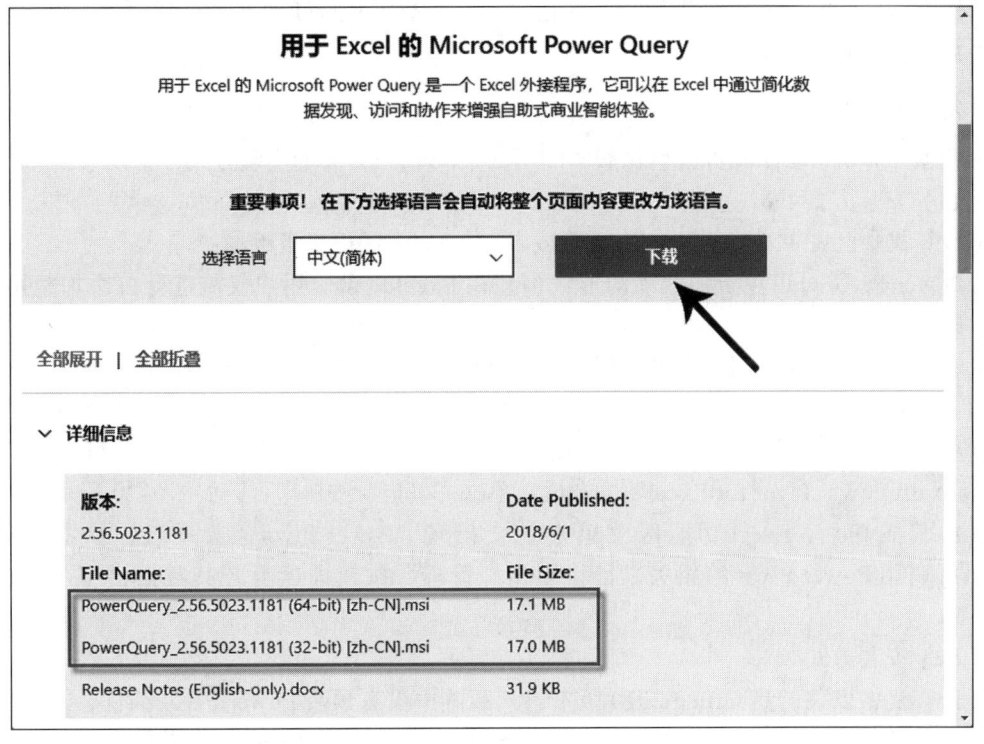

图 1-19　Power Query 插件的下载页面

1.4 Power Pivot

本节将首先分析 Power Pivot 的功能，之后介绍它的 3 种安装方式。

1. 功能

Power Pivot 的主要功能具体如下。

（1）数据建模

Power Pivot 支持在不同数据源的数据之间建立关系，创建复杂的数据模型。用户可以使用数据透视表和数据透视图等 Excel 数据可视化对象来显示在数据模型中嵌入或引用的 Power Pivot 数据。此外，用户还可以创建计算列和度量值，使用切片器进行动态数据过滤和统计，以便快捷、深入地分析数据，从而做出更明智的决策。

（2）数据透视

Power Pivot 的数据模型管理器突破了 Excel 中的行数和列数限制，支持导入百万行以上的数据，可以集成来自不同数据源的数据并全面处理所有数据。

（3）数据分析

Power Pivot 中的数据由在 Excel 内部运行的 VertiPaq 内存分析引擎进行提取和处理。VertiPaq 引擎使用先进的压缩算法，显著减少了数据在内存中的占用空间。同时，VertiPaq 引擎还能够在内存中直接处理数据，并通过多线程技术并行处理多个查询请求，进一步提升了数据处理的速度和效率。

2. 安装方式

根据计算机中 Office 办公软件版本的不同，Power Pivot 的安装方式分为以下 3 种。

（1）安装方式 1

计算机中已安装 Office 2013 专业版或者 2013 以上的更高级版本：

Power Pivot 可以免费加载项的形式预装在 Excel 内部。用户仅需进行首次加载操作，以后即可直接使用。

首次加载的步骤如下：单击"文件"选项卡下的"选项"命令，在弹出的"Excel 选项"界面中单击左侧导航栏中的"加载项"选项，在右侧"管理"下拉框中选择"COM 加载项"，然后单击下方的"转到"按钮。在弹出的"COM 加载项"对话框的列表中勾选"Microsoft Power Pivot for Excel"复选框，单击"确定"按钮即可，如图 1-20 所示。

加载成功后，Excel 功能区菜单中就会出现"Power Pivot"选项卡。单击此选项卡即可调用 Power Pivot 的相关功能，单击"管理"按钮即可打开其数据模型界面，如图 1-21 所示。

（2）安装方式 2

计算机中安装的是 Office 2010 版本：该版本中没有预装 Power Pivot 插件，需要单独下载并安装，安装成功后会在 Excel 功能区新增对应的 Power Pivot 菜单选项卡。

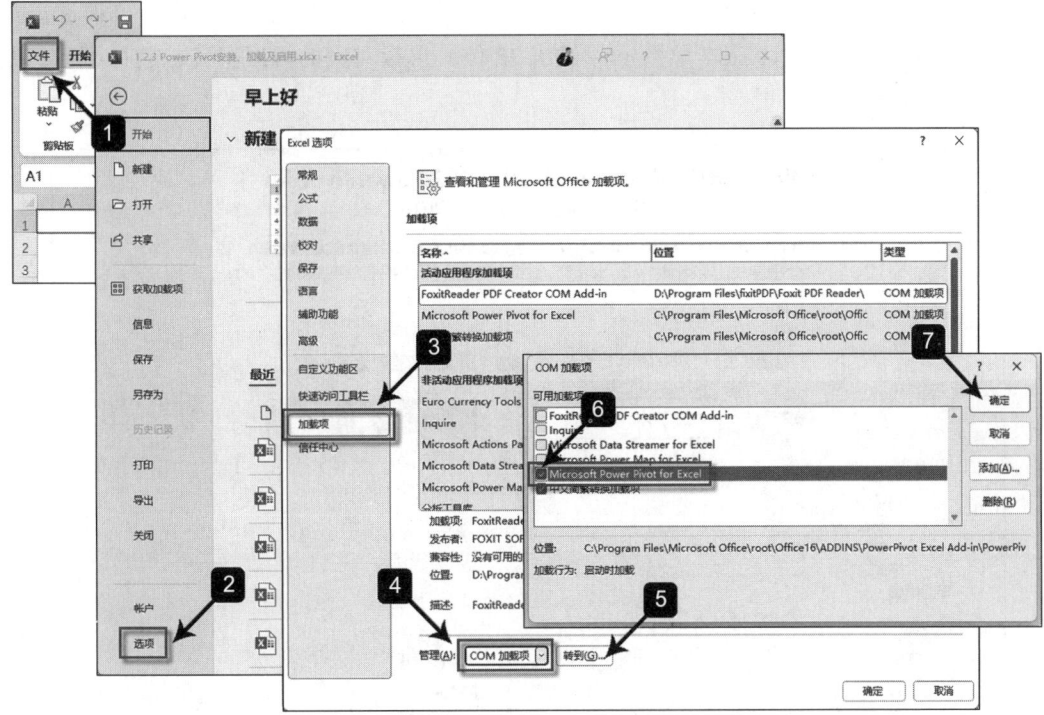

图 1-20　首次加载 Power Pivot 的步骤

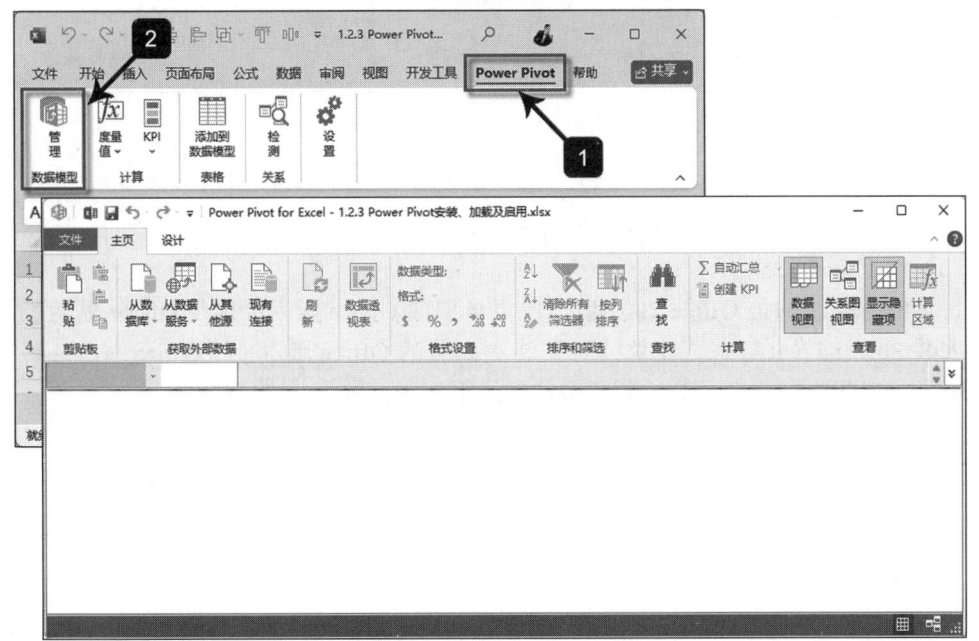

图 1-21　打开 Power Pivot 的数据模型界面

用户可在 Power Pivot 插件的微软官方网站进行下载。进入页面后，用户可根据计算机中已安装的 Office 2010 版本位数（64 位或 32 位）选择对应的程序安装包进行下载，如图 1-22 所示。

图 1-22　Power Pivot 的下载页面

如果计算机中已安装 Excel 的 32 位版，则必须使用 Power Pivot 的 32 位（x86）版；如果已安装 Excel 的 64 位版，则必须使用 Power Pivot 的 64 位版。

（3）安装方式 3

计算机中安装的是 Office 2007 版本或更早期的 Office 版本：这些 Office 早期版本不支持安装 Power Pivot 插件，建议读者安装更高级的 Office 版本（如 Office 365 订阅版或 Office 2024 正式版），从而可以直接免费加载使用 Power Pivot 的丰富功能。

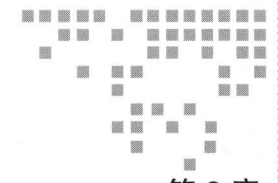

第 2 章 Chapter 2

使用 Power Query 进行数据清洗

Power Query 的数据清洗功能非常强大，能够将不同来源的数据转换为标准化的格式和结构，从而有效提升数据质量，使其满足规范化要求。通过 Power Query 的高效清洗能力，用户可以批量处理数据中的空行、错误值，剔除重复值和多余空格，并清除非打印字符等干扰因素。

2.1 快速清洗空行

如何快速清洗数据源中的空行呢？让我们来看一个示例。如图 2-1 所示，某企业的订单记录表中包含若干空行，工作人员希望批量清除这些空行。这种需求可以利用 Power Query 的数据清洗功能轻松实现。

图 2-1 某企业的订单记录表中包含若干空行

利用 Power Query 快速清洗数据源中空行的具体操作步骤如下。

1）选中数据源中的任意单元格（如 A1 单元格），单击"数据"选项卡下的"来自表格/区域"按钮；在弹出的"创建表"对话框中将 Excel 自动引用的区域扩大至完整表格区域（如 A1：D28 区域），然后单击"确定"按钮，将数据源导入 Power Query 编辑器，如图 2-2 所示。

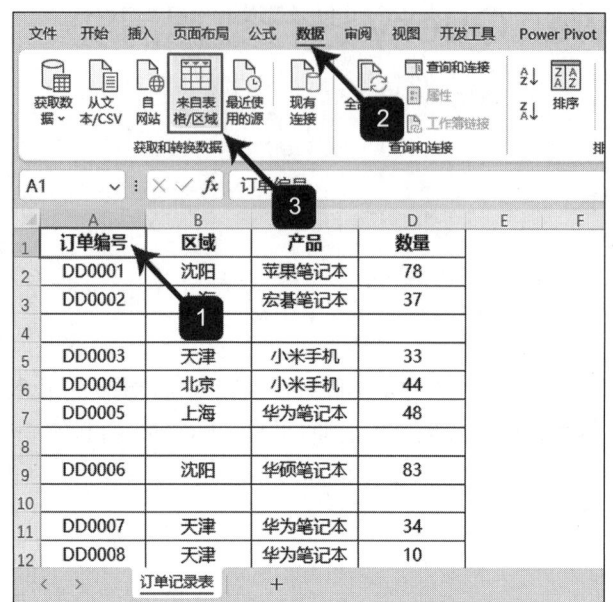
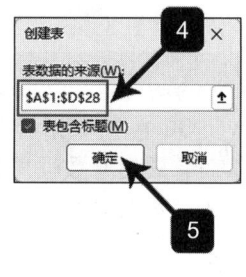

图 2-2　将完整的数据源导入 Power Query 编辑器

2）在 Power Query 编辑器中，单击"订单编号"列标选中整列，然后依次单击"删除行"→"删除空行"按钮，即可批量清除所有空行，如图 2-3 所示。

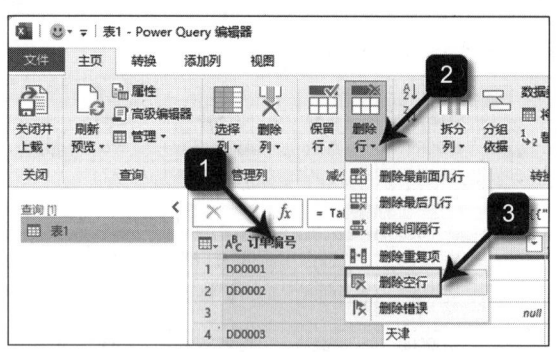

图 2-3　在 Power Query 编辑器中删除空行

3）检查结果无误后，单击"关闭并上载"按钮，将 Power Query 编辑器中的结果上载回 Excel 工作表，如图 2-4 所示。

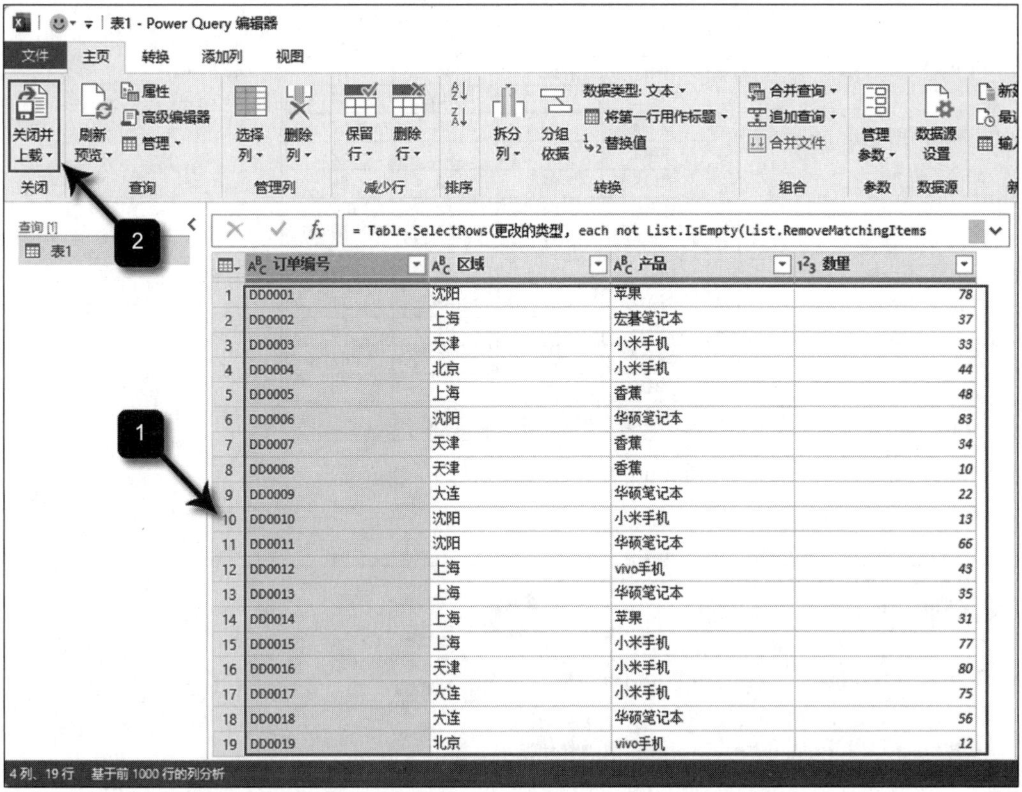

图 2-4　检查结果并上载回 Excel 工作表

4）上载完成后，在 Excel 工作表中即可显示删除空行后的数据源，显示效果如图 2-5 所示。

2.2　快速清洗错误值

如何快速清洗数据源中的错误值呢？让我们来看一个示例。如图 2-6 所示，某学校的学生成绩表中包含若干错误值，工作人员希望批量清除这些包含错误值的记录行。这种需求可以利用 Power Query 的数据清洗功能轻松实现。

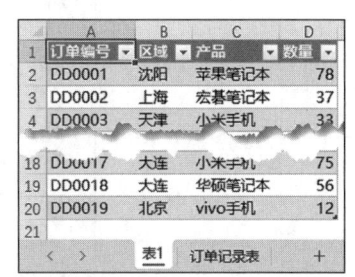

图 2-5　删除空行后的数据源

利用 Power Query 快速清洗数据源中错误值的具体操作步骤如下。

1）将数据源导入 Power Query；在 Power Query 编辑器中单击首列列标（如"姓名"），按住 Shift 键不松开，单击最后一列的列标（如"英语"），以批量选中所有列；在 Power Query 的菜单功能区中依次单击"删除行"→"删除错误"按钮，即可批量清除包含错误值的记录行，如图 2-7 所示。

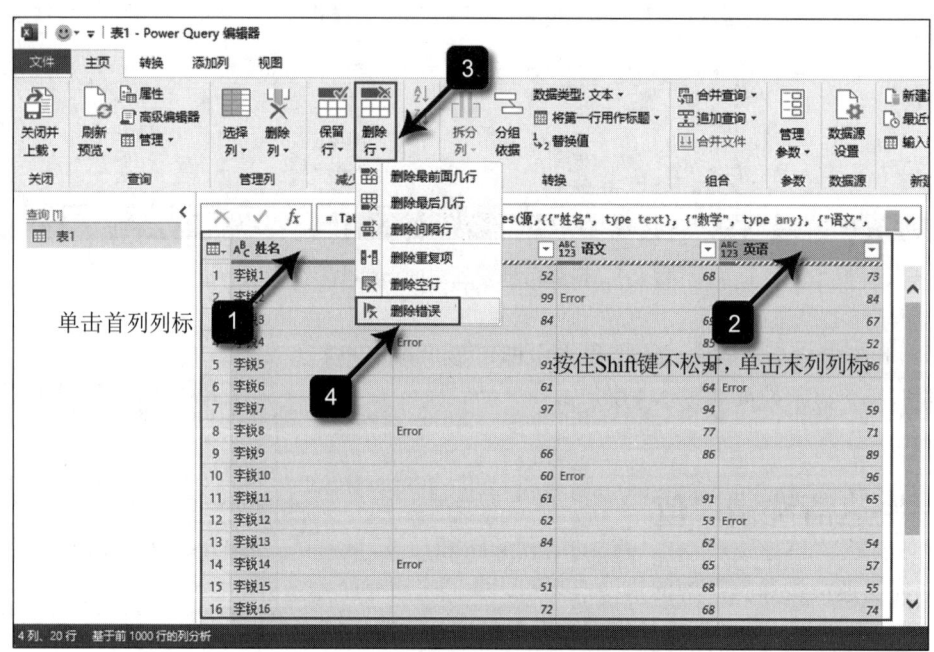

图 2-6　包含若干错误值的学生成绩表

图 2-7　在 Power Query 编辑器中删除包含错误值的记录行

2）在 Power Query 编辑器中检查结果无误后，将结果上载回 Excel 工作表，如图 2-8 所示。

3）从 Power Query 编辑器上载回 Excel 工作表的数据已经没有任何错误值了，显示效果如图 2-9 所示。

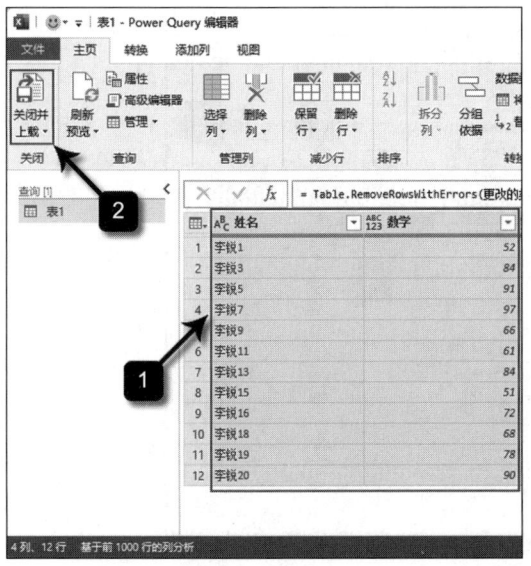

图 2-8　检查结果并上载回 Excel 工作表

图 2-9　删除错误值后的数据源

2.3　快速删除重复值

如何快速删除重复值呢？让我们来看一个示例。如图 2-10 所示，某公司的会议签到表中可能包含重复签到记录（"姓名"和"部门"同时重复），工作人员希望批量清除这些包含重复值的记录行。这种需求可以利用 Power Query 的数据清洗功能轻松实现。

利用 Power Query 快速删除数据源中重复值的具体操作步骤如下。

1）将"会议签到表"导入到 Power Query 编辑器，按住 Shift 键不松开，分别单击"姓名"列标和"部门"列标，以同时选中这两列字段；在 Power Query 的菜单功能区中，单击"删除行"命令下的"删除重复项"按钮，即可批量删除"姓名"和"部门"同时重复的记录行，如图 2-11 所示。

图 2-10　某公司的会议签到表中包含重复值

2）经过检查可以发现，Power Query 编辑器中"签到时间"的格式变为小数了，所以需要将该值设置为时间格式，操作步骤如下：单击"签到时间"字段左侧的扩展按钮，在展开的下拉菜单中单击"时间"选项，将"签到时间"的数据格式调整为时间格式，如图 2-12 所示。

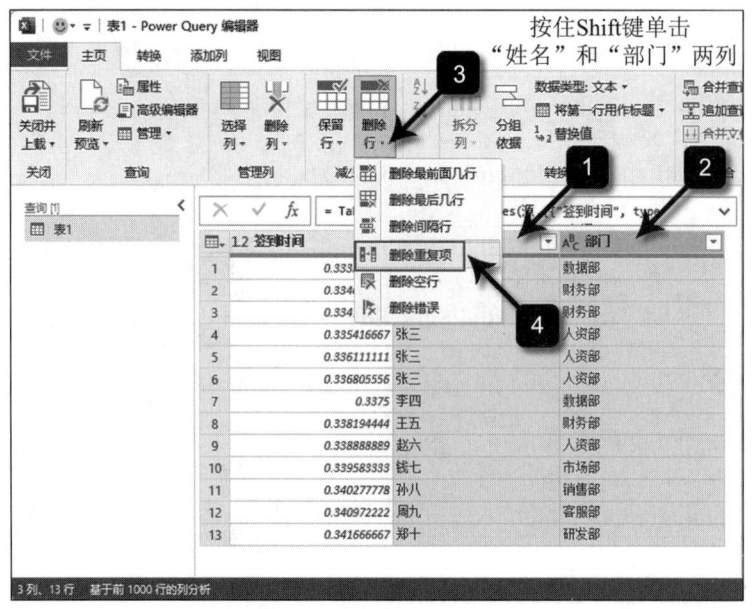

图 2-11　在 Power Query 编辑器中删除包含重复值的记录行

3）在 Power Query 编辑器中检查结果无误后,单击"关闭并上载"按钮,将结果上载回 Excel 工作表,如图 2-13 所示。

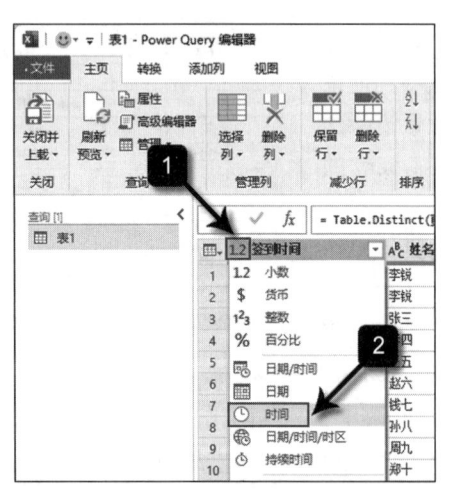
图 2-12　设置"签到时间"列为时间格式

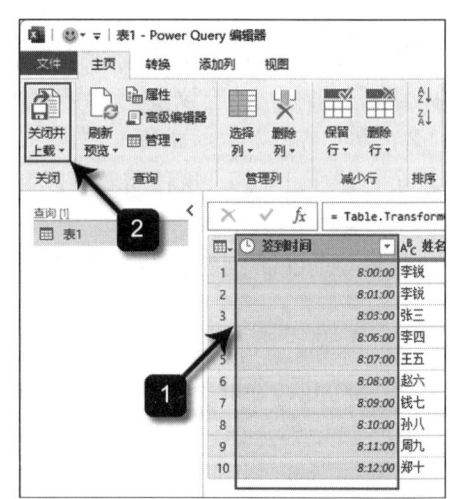
图 2-13　检查结果无误后上载回 Excel 工作表

4）上载回 Excel 工作表的"表 1"中已经清除了重复签到记录,显示效果如图 2-14 所示。

Power Query 的数据清洗功能不仅适用于当前数据源,还能在数据源更新时通过一键刷新 Excel 报表来保持数据同步。例如，如果"会议签到表"中增加了新的签到记录，只需在"表 1"中刷新数据，Power Query 就会自动对"会议签到表"进行数据清洗，并返回删除重复记录后的结果。这也是我们在实际工作中应该优先采用的报表模式，因为它可以让 Power Query 一次性解决问题，避免重复的无效工作。

图 2-14 上载回 Excel 工作表中的数据不含重复记录

2.4 快速删除多余空格

如何快速删除表格中的多余空格呢？让我们来看一个示例。如图 2-15 所示，某工作人员经常需要处理包含空格的数据。为了避免每次手动删除空格的重复操作，工作人员希望利用 Power Query 的数据清洗功能删除表格中的多余空格，一劳永逸地解决问题。

使用 Power Query 快速删除多余空格的具体操作步骤如下。

1）将数据源导入 Power Query 编辑器；单击列标题选中整列数据，然后单击"转换"组中的"替换值"按钮；弹出"替换值"对话框后，在"要查找的值"输入框中输入一个空格，保持"替换为"输入框为空状态；单击"确定"按钮，即可将所有空格批量替换为空，相当于执行了删除空格的操作，如图 2-16 所示。

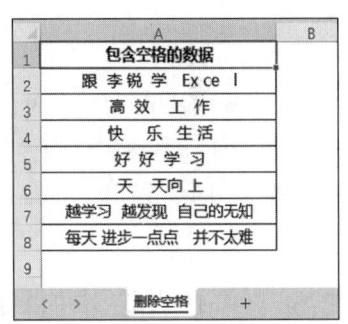

图 2-15 包含空格的数据

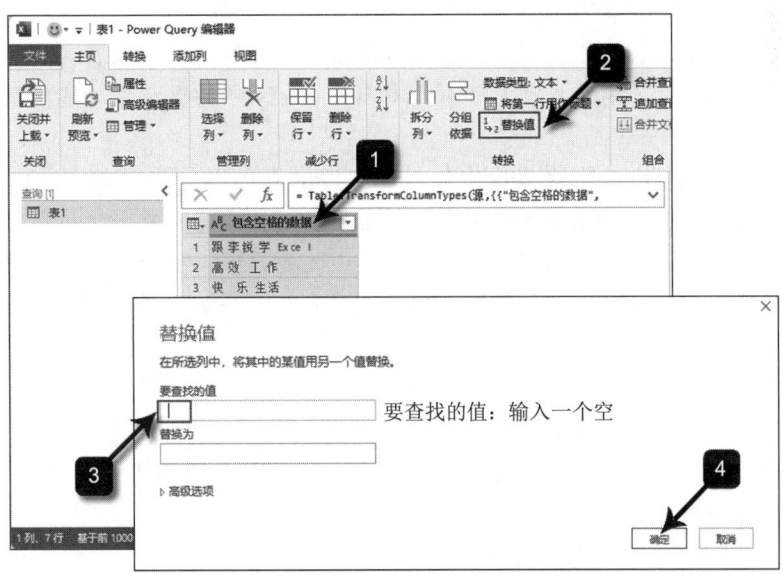

图 2-16 在 Power Query 编辑器中将空格替换为空

2）在 Power Query 编辑器中检查处理结果无误后，单击"关闭并上载"按钮，将 Power Query 的处理结果上载回 Excel 工作表，如图 2-17 所示。

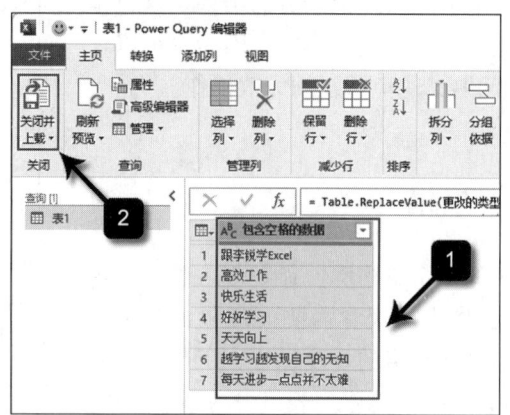

图 2-17　检查结果无误后上载回 Excel 工作表

3）如图 2-18 所示，可以看到，Excel 工作表的"表 1"中已经不包含任何空格了。即使后续工作中数据源中新增了包含空格的数据，用户只需刷新"表 1"即可一键清除多余空格。

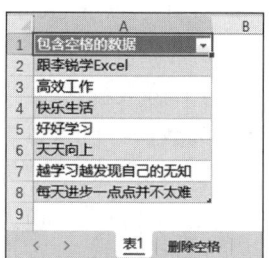

图 2-18　上载回 Excel 工作表的数据已不含空格

2.5　快速清除非打印字符

如何快速清除表格中的非打印字符呢？让我们来看一个示例。如图 2-19 所示，某公司的系统为了满足特定格式需求，会在系统导出表的数据前面插入非打印字符，这种非打印字符是一种占位制表符。为了保证后续数据提取和计算的准确性，工作人员希望利用 Power Query 的数据清洗功能批量删除这些非打印字符。

使用 Power Query 快速删除表格中非打印字符的具体操作步骤如下：将数据源导入 Power Query 编辑器后，Power Query 会根据原始数据的内容自动将导入的数据更改为适合的数据类型。此示例中系统导出表中的数据会被更改为日期类型。因为日期格式的数据本质上是数值，所以 Power Query 在将数据更改为日期格式的同时自动清除了制表符前缀，显示效果如图 2-20 所示。

这种清除制表符的方法有点取巧，仅限于能自动转换为数值类型的数据源，不适用于文本数据。为了让读者掌握更实用的数据清洗技术，下面介绍一种适用范围更广的技术，让 Power Query 能够不受数据类型的限制清除非打印字符，具体操作步骤如下。

1）在 Power Query 编辑器中单击字段名称前面的扩展按钮，在展开的下拉列表中单击"文本"选项，在弹出的"更改列类型"对话框中单击"替换当前转换"按钮，如图 2-21 所示。

第 2 章　使用 Power Query 进行数据清洗　❖　27

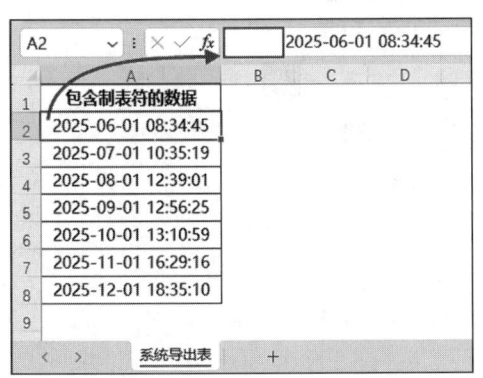

图 2-19　系统导出表中包含制表符

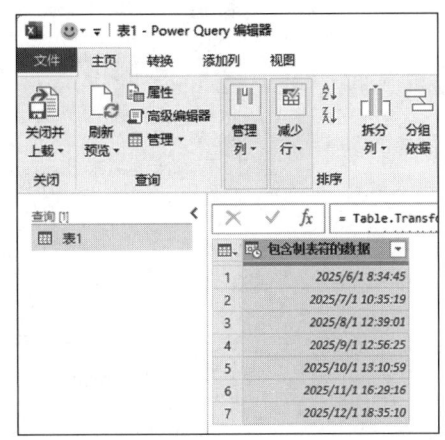

图 2-20　更改日期格式时自动清除了制表符前缀

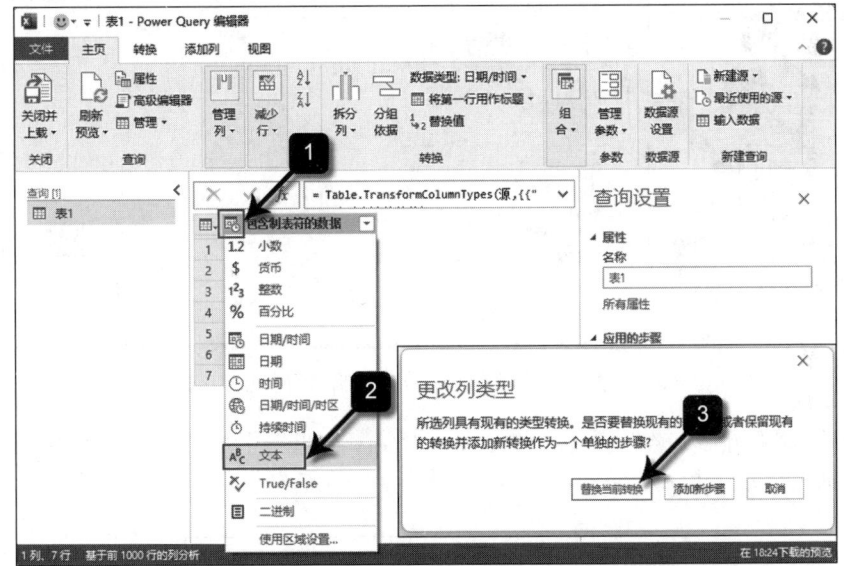

图 2-21　将数据类型设置为文本格式

将数据强制转为文本格式是为了调出"替换值"功能中的高级选项，以便使用特殊字符替换功能来清除非打印字符。

2）选中包含制表符的数据，单击"替换值"按钮，如图 2-22 所示。

3）在弹出的"替换值"对话框中单击"高级选项"按钮，勾选"使用特殊字符替换"复选框；单击"插入特殊字符"下拉菜单，选择"制表符"选项后，Power Query 会自动在"要查找的值"输入框中填充"#(tab)"；保持"替换为"输入框为空，单击"确定"按钮，即可将所有制表符替换为空，相当于批量删除了所有制表符，如图 2-23 所示。

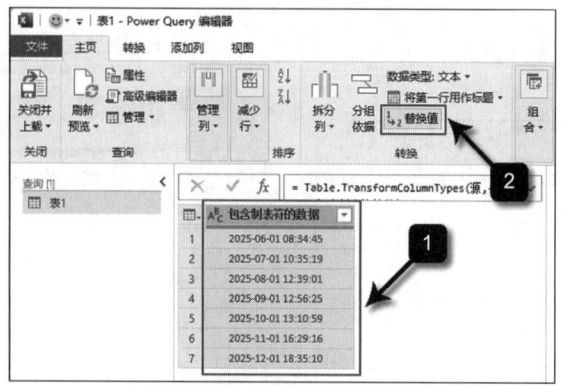

图 2-22　在 Power Query 编辑器中执行"替换值"功能

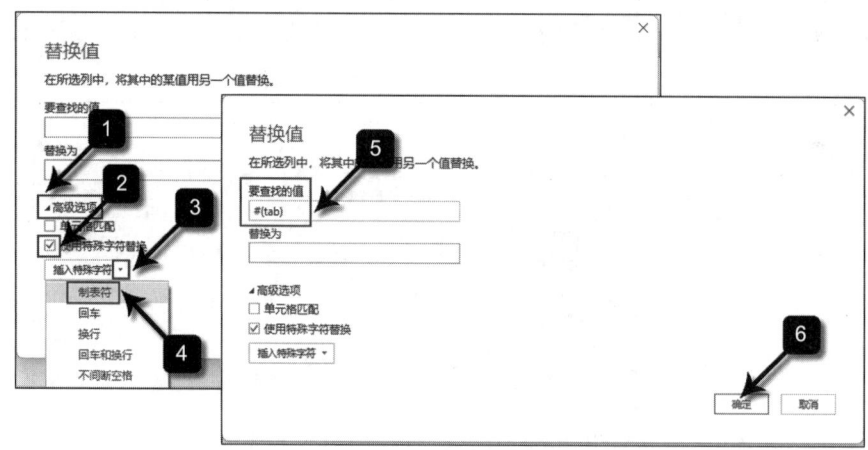

图 2-23　利用高级选项功能将制表符替换为空

4）单击"关闭并上载"按钮，将 Power Query 编辑器中的结果上载回 Excel 工作表，如图 2-24 所示。

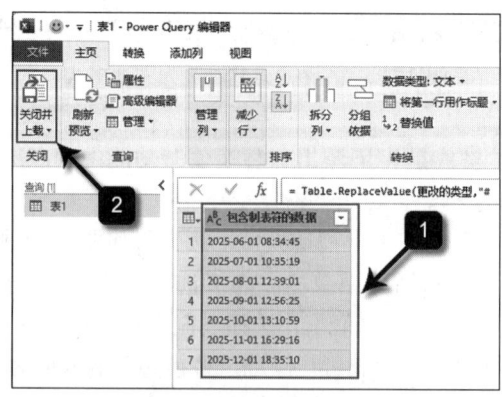

图 2-24　将 Power Query 编辑器中的结果上载回 Excel 工作表

5)上载回 Excel 工作表的数据已经不包含任何制表符,显示效果如图 2-25 所示。

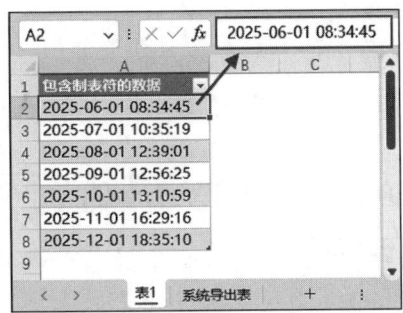

图 2-25　上载回 Excel 工作表的数据已不含制表符

利用 Power Query 文本替换的高级选项功能不仅可以删除制表符,还可以删除换行符和不间断空格等非打印字符。

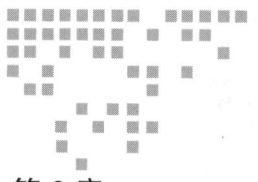

第 3 章

使用 Power Query 进行行列及表格结构管理

Power Query 提供了强大的行列及表格管理功能，用户可以通过直观的可视化操作界面轻松实现报表数据的行列调整和结构优化。无论是处理简单的数据表格，还是应对复杂的报表样式，Power Query 都能帮助用户快速完成数据整理，为后续的数据分析和业务决策提供可靠的基础支持。

3.1 删除或保留行记录

如何删除或保留 Excel 报表的行记录呢？让我们来看一个示例。某公司的团购记录表中包含表头及表尾说明，如图 3-1 所示。

为了方便后续的数据统计和计算，工作人员希望删除表头及表尾的说明行，同时保留中间的团购记录行。这种需求可以利用 Power Query 的数据清洗功能轻松实现，具体操作步骤如下。

1）选中数据源中任意单元格（如 A3 单元格），单击"数据"选项卡下的"来自表格/区域"按钮，在弹出的"创建表"对话框中检查 Excel 自动引用的区域是否包含完整的数据源；因为此示例中首行为表头说明，所以不必勾选"表包含标题"复选框；检查引用区域完整无误后，单击"确定"按钮，将数据源导入 Power Query 编辑器，如图 3-2 所示。

2）通过观察可以发现表头说明行占据两行，表尾说明行占据一行，这些表头和表尾说明都是需要删除的。在 Power Query 编辑器中依次单击"删除行"→"删除最前面几行"按钮，在弹出的"删除最前面几行"对话框中的"行数"输入框中输入 2，然后单击"确定"按钮，即可批量删除表头的说明行，如图 3-3 所示。

第 3 章 使用 Power Query 进行行列及表格结构管理 ❖ 31

图 3-1 团购记录表中包含表头及表尾说明

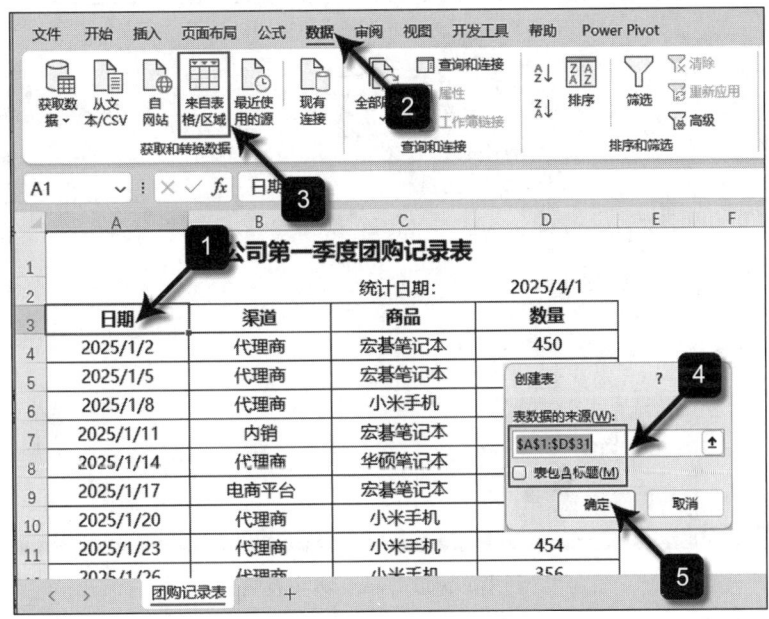

图 3-2 将数据源导入 Power Query 编辑器

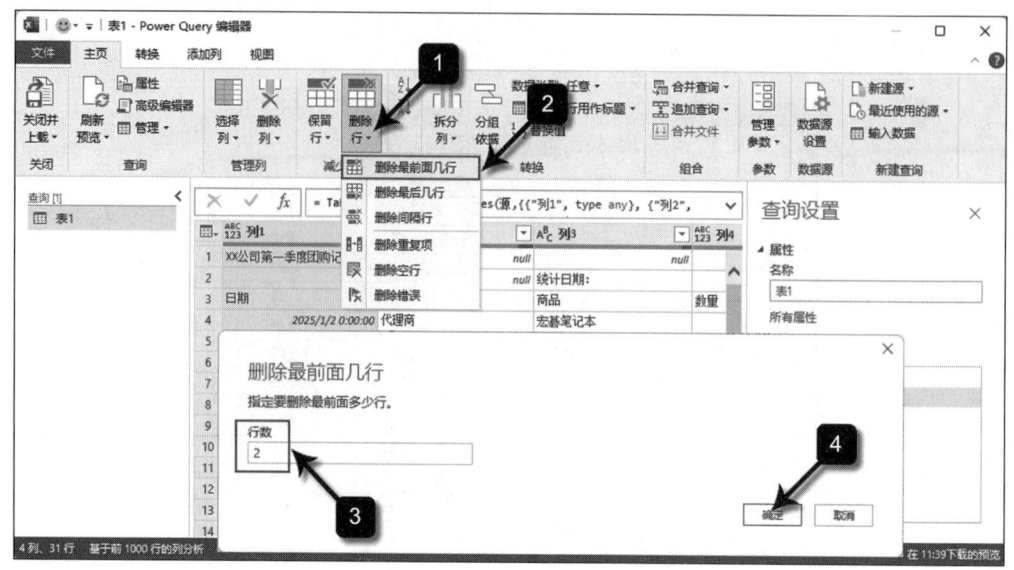

图 3-3　利用 Power Query 删除表头说明行

3）下面删除表尾的说明行。在 Power Query 编辑器中依次单击"删除行"→"删除最后几行"按钮，在弹出的"删除最后几行"对话框的"行数"输入框中输入 1，然后单击"确定"按钮，即可批量删除表尾的说明行，如图 3-4 所示。

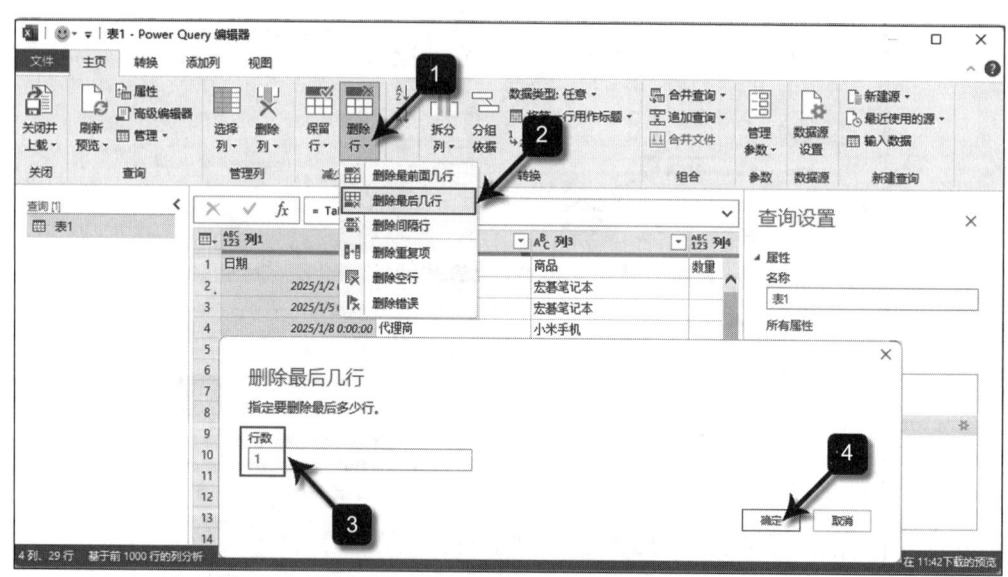

图 3-4　利用 Power Query 删除表尾说明行

4）删除表头和表尾行后，这时候的表格是没有标题行的，所以需要为表格指定标题行，方法为单击"将第一行用作标题"按钮，如图 3-5 所示。

第 3 章　使用 Power Query 进行行列及表格结构管理　❖　33

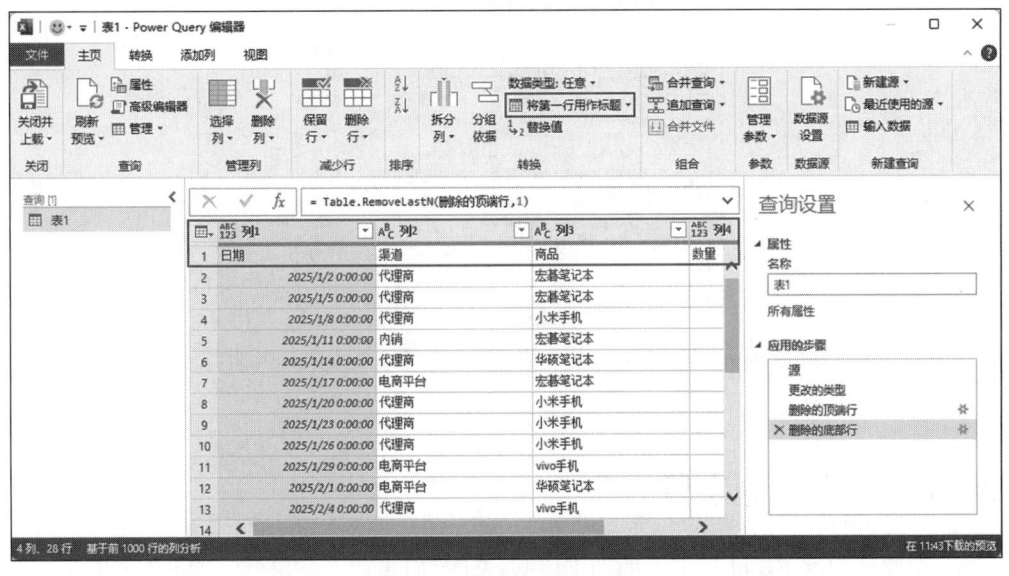

图 3-5　将第一行用作标题行

5）然后检查表格，确认无误后单击"关闭并上载"按钮，将 Power Query 编辑器中的结果上载回 Excel 工作表，如图 3-6 所示。

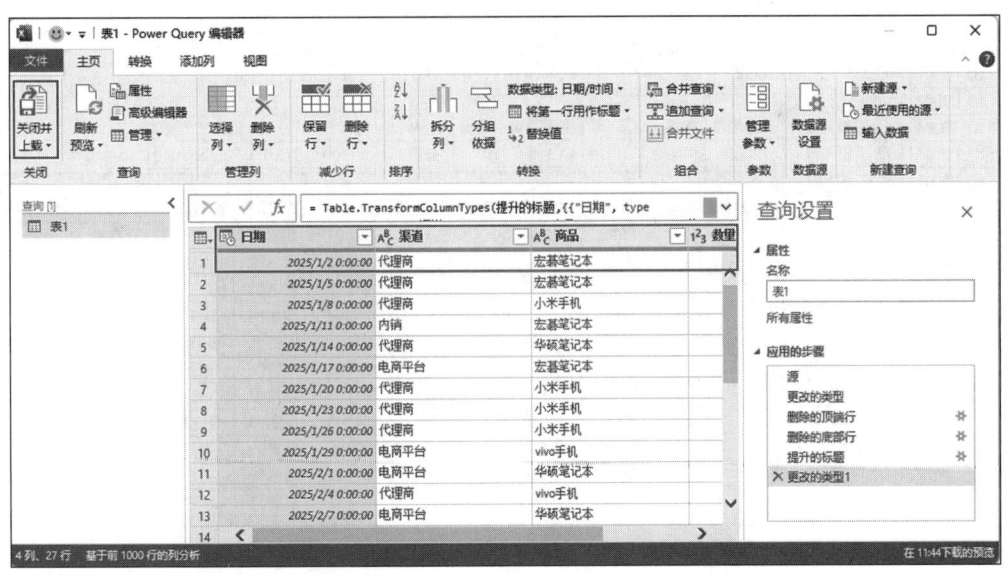

图 3-6　将 Power Query 编辑器中的结果上载回 Excel 工作表

6）上载回 Excel 工作表的"表 1"中已经不包含表头及表尾说明行，显示效果如图 3-7 所示。

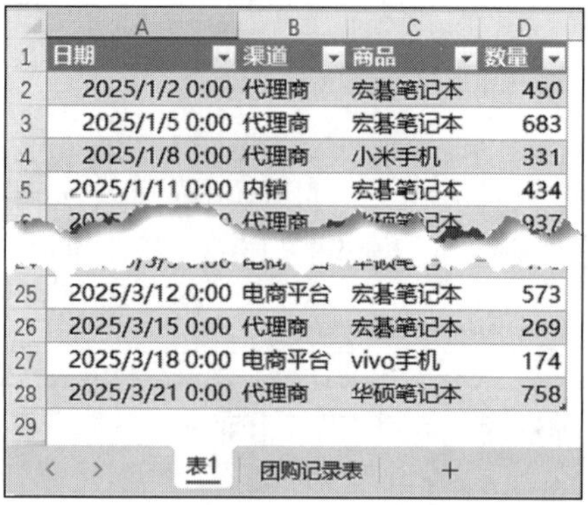

	A	B	C	D
1	日期	渠道	商品	数量
2	2025/1/2 0:00	代理商	宏碁笔记本	450
3	2025/1/5 0:00	代理商	宏碁笔记本	683
4	2025/1/8 0:00	代理商	小米手机	331
5	2025/1/11 0:00	内销	宏碁笔记本	434
25	2025/3/12 0:00	电商平台	宏碁笔记本	573
26	2025/3/15 0:00	代理商	宏碁笔记本	269
27	2025/3/18 0:00	电商平台	vivo手机	174
28	2025/3/21 0:00	代理商	华硕笔记本	758

图 3-7　上载回 Excel 的表格已经不包含表头及表尾说明行

3.2　删除或保留列字段

如何删除或保留 Excel 报表中的列字段呢？让我们来看一个示例。如图 3-8 所示，由某公司订单系统导出的销售信息表中包含订单信息、买家信息、商品信息、金额信息、物流信息以及订单状态等。工作人员需要从中提取订单的物流信息，以便进行针对性分析，优化物流管理。这种需求可以利用 Power Query 的数据清洗功能轻松实现。

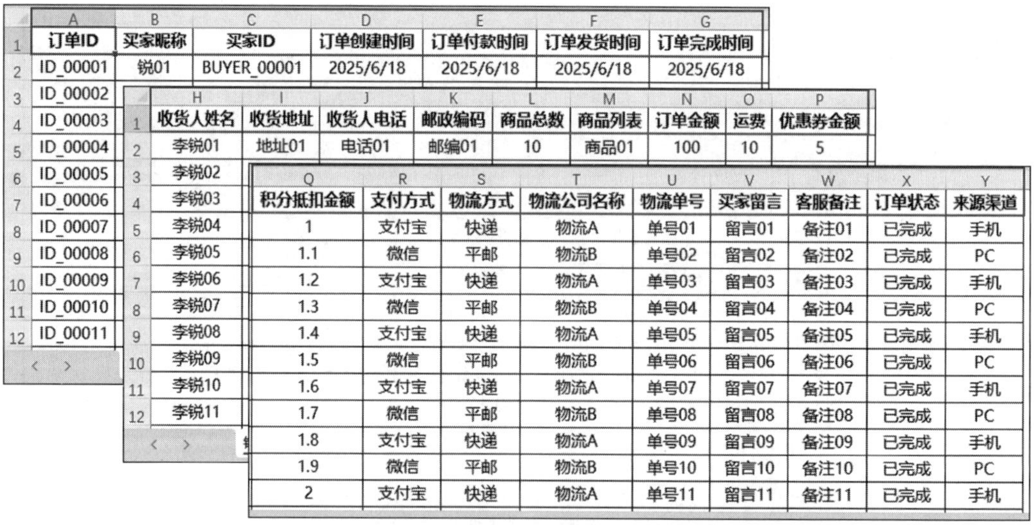

	A	B	C	D	E	F	G
1	订单ID	买家昵称	买家ID	订单创建时间	订单付款时间	订单发货时间	订单完成时间
2	ID_00001	锐01	BUYER_00001	2025/6/18	2025/6/18	2025/6/18	2025/6/18
3	ID_00002						
4	ID_00003						
5	ID_00004						
6	ID_00005						
7	ID_00006						
8	ID_00007						
9	ID_00008						
10	ID_00009						
11	ID_00010						
12	ID_00011						

	H	I	J	K	L	M	N	O	P
1	收货人姓名	收货地址	收货人电话	邮政编码	商品总数	商品列表	订单金额	运费	优惠券金额
2	李锐01	地址01	电话01	邮编01	10	商品01	100	10	5
3	李锐02								
4	李锐03								
5	李锐04								
6	李锐05								
7	李锐06								
8	李锐07								
9	李锐08								
10	李锐09								
11	李锐10								
12	李锐11								

Q	R	S	T	U	V	W	X	Y
积分抵扣金额	支付方式	物流方式	物流公司名称	物流单号	买家留言	客服备注	订单状态	来源渠道
1	支付宝	快递	物流A	单号01	留言01	备注01	已完成	手机
1.1	微信	平邮	物流B	单号02	留言02	备注02	已完成	PC
1.2	支付宝	快递	物流A	单号03	留言03	备注03	已完成	手机
1.3	微信	平邮	物流B	单号04	留言04	备注04	已完成	PC
1.4	支付宝	快递	物流A	单号05	留言05	备注05	已完成	手机
1.5	微信	平邮	物流B	单号06	留言06	备注06	已完成	PC
1.6	支付宝	快递	物流A	单号07	留言07	备注07	已完成	手机
1.7	微信	平邮	物流B	单号08	留言08	备注08	已完成	PC
1.8	支付宝	快递	物流A	单号09	留言09	备注09	已完成	手机
1.9	微信	平邮	物流B	单号10	留言10	备注10	已完成	PC
2	支付宝	快递	物流A	单号11	留言11	备注11	已完成	手机

图 3-8　某公司的订单系统导出的销售信息表

利用 Power Query 从数据源中删除或保留列字段的具体操作步骤如下。

1）先将数据源导入 Power Query 编辑器，如图 3-9 所示，然后根据需要从表格中选择需要的列数据。

第 3 章 使用 Power Query 进行行列及表格结构管理 ❖ 35

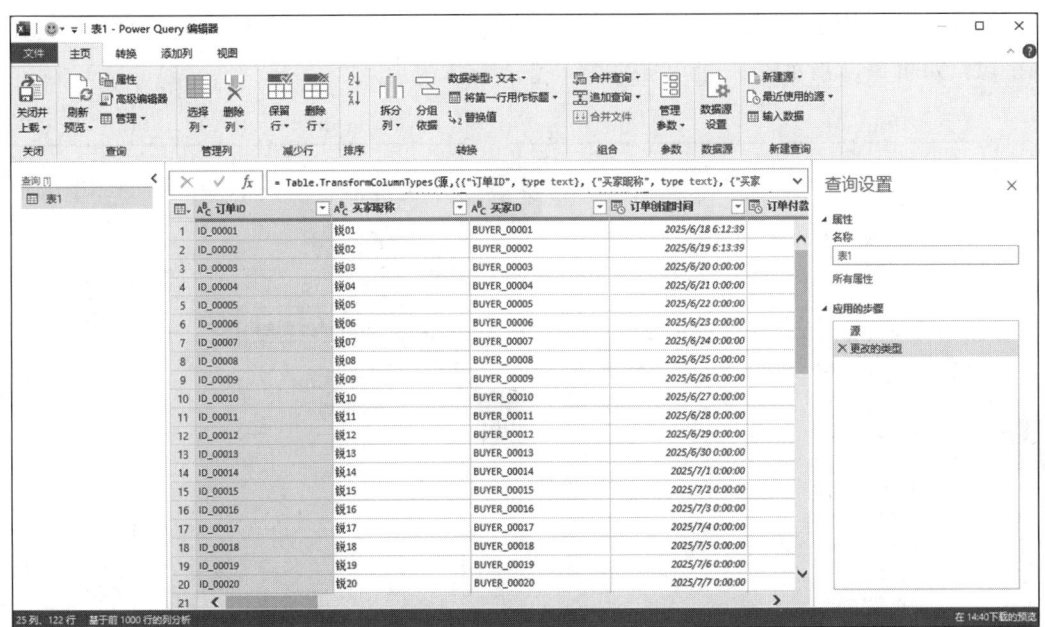

图 3-9 将销售信息表导入 Power Query 编辑器

2）单击"选择列"按钮，在弹出的"选择列"页面中清除"选择所有列"的勾选状态，如图 3-10 所示。这步操作的作用是清空表格中所有列字段的勾选状态，然后根据用户要求勾选需要的列数据。

图 3-10 清空表格中所有列字段的勾选状态

3）因为需要提取订单的物流信息，所以先勾选"订单"字段，再勾选包含物流信息的列字段，如图 3-11 所示。

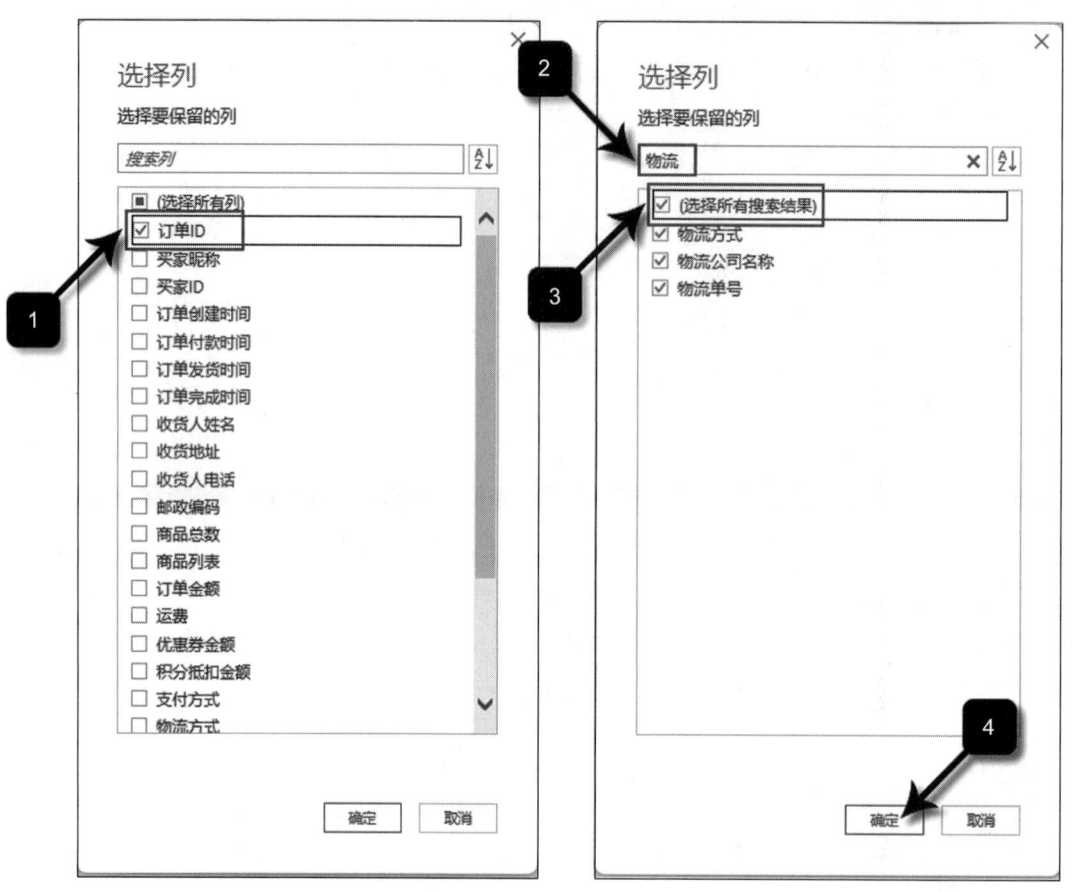

图 3-11　勾选订单以及包含物流信息的列字段

4）此示例中的表格字段名称命名规范，可以在顶部的"搜索列"输入框中输入"物流"并按 Enter 键，即可批量勾选以下 3 个包含物流信息的列字段："物流方式""物流公司名称"和"物流单号"；当所有需要的列字段都处于勾选状态后，单击"确定"按钮，这时 Power Query 编辑器中仅保留勾选过的列字段数据，其余列全部被删除。

通过在"选择列"的搜索框中输入关键词来批量勾选相关字段的操作，不会清空之前的历史勾选状态。Power Query 支持用户进行多次搜索，可按不同的关键词分批选择需要的列字段，直至达到工作目的。

5）检查无误后，将结果上载回 Excel 工作表，如图 3-12 所示。

6）上载回 Excel 工作表的"表 1"仅从"销售信息表"中提取了所需订单的相关物流信息，如图 3-13 所示。当数据源更新时，一键刷新"表 1"更新结果。

第 3 章 使用 Power Query 进行行列及表格结构管理 ❖ 37

图 3-12 检查结果并上载回 Excel 工作表

图 3-13 上载回 Excel 的表格仅包含订单物流信息

3.3 按要求排列数据

如何利用 Power Query 按要求排列 Excel 报表中的数据呢？让我们来看一个示例。如图 3-14 所示，某学校的学生成绩表中包含所有学生的数学、语文和英语成绩。现要求按照数学、语文和英语的三级权重顺序，从高到低分进行降序排序，即首先根据数学成绩进行降序排列；当出现相同的数学成绩时，再根据语文成绩降序排列；当数学和语文成绩都相同时，再根据英语成绩降序排列数据。这种需求可以利用 Power Query 的数据清洗功能轻松实现。

利用 Power Query 按要求排列数据的具体操作步骤如下。

1）将学生成绩表导入到 Power Query 编辑器，然后按照权重高低依次执行排序，如图 3-15 所示。因为"数学"自动权重最高，所以先单击"数学"字段选中整列数据，然后单击"排序"组中的"降序"按钮，将表格按照数学成绩进行降序排列。

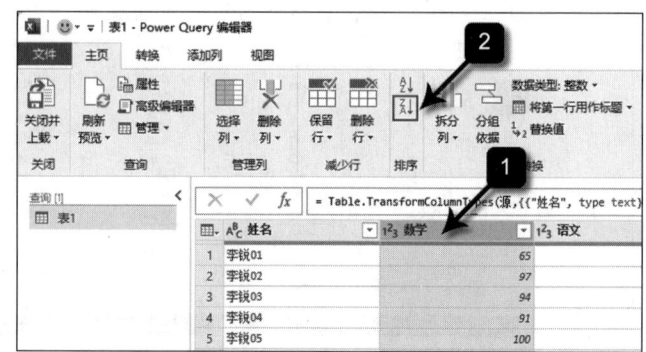

图 3-14　某学校的学生成绩表　　　　图 3-15　将表格按照数学成绩进行降序排列

按照数学成绩进行降序排列后，"数学"列字段的右侧会出现代表权重级别的数字"1"和降序标识。

2）单击"语文"字段选中整列数据，然后单击"排序"组中的"降序"按钮，将表格在优先按照数学成绩排序的基础上再按照语文成绩进行降序排列，如图 3-16 所示。

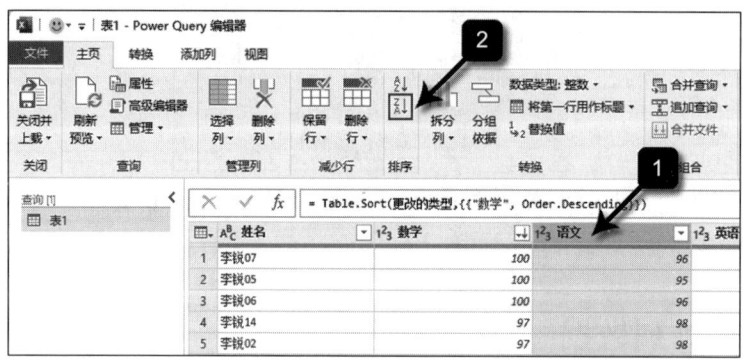

图 3-16　再将表格按照语文成绩进行降序排列

按照语文成绩进行降序排列后，"语文"列字段的右侧会出现代表权重级别的数字"2"和降序标识。

3）单击"英语"字段选中整列数据，然后单击"排序"组中的"降序"按钮，将表格在按照数学和语文成绩排序的基础上再按照英语成绩进行降序排列，如图 3-17 所示。

图 3-17　最后将表格按照英语成绩进行降序排列

4）在 Power Query 编辑器中检查表格列字段中代表权重级别的数字和顺序是否正确。确认结果无误后，单击"关闭并上载"按钮，将结果上载回 Excel 工作表，如图 3-18 所示。

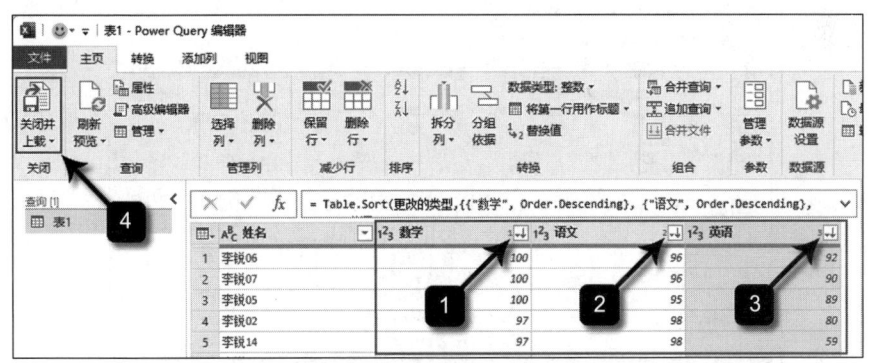

图 3-18　检查表格列字段中代表权重级别的数字和顺序是否正确

5）上载回 Excel 工作表的"表 1"已经按照要求分三级权重排列数据，如图 3-19 所示。"学生成绩表"更新后，一键刷新"表 1"的结果。

3.4　按要求筛选数据

如何利用 Power Query 按要求筛选 Excel 报表中的数据呢？让我们来看一个示例。如图 3-20 所示，某公司的订单记录表中包含全年各区域的销售记录，现要求从中提取五一劳动节假期期间"北京"区域的订单记录。这种需求可以利用 Power Query 的数据清洗功能轻松实现。

图 3-19　上载回 Excel 工作表的表格已按要求排序

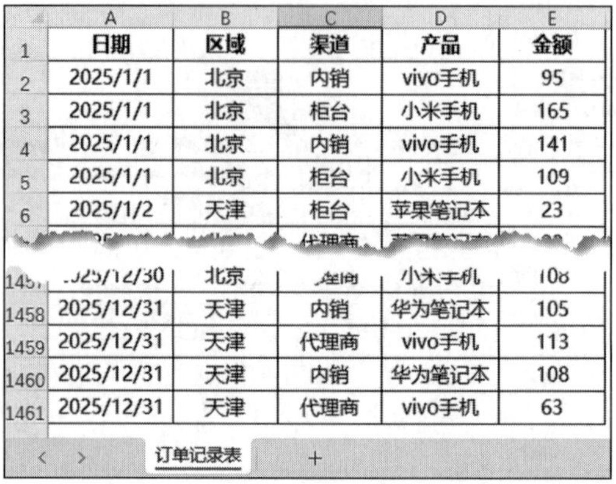

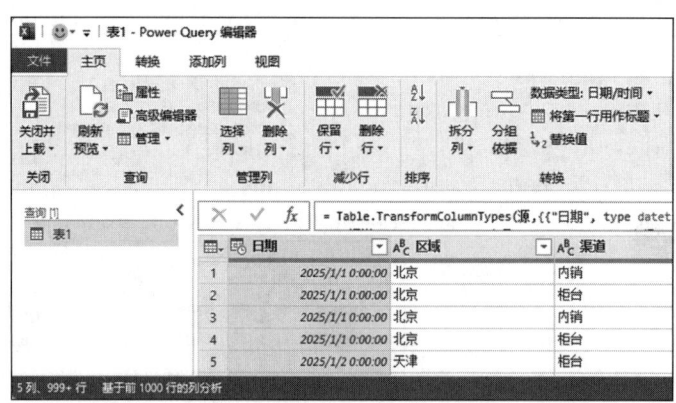

图 3-20 某公司的订单记录表

利用 Power Query 按要求筛选 Excel 报表数据的具体操作步骤如下。

1）先将订单记录表导入 Power Query 编辑器，如图 3-21 所示。

图 3-21 将订单记录表导入 Power Query 编辑器

2）单击"日期"字段右侧的筛选按钮，在展开的列表中单击"日期/时间筛选器"→"自定义筛选器"选项，以便根据需求设置筛选条件，如图 3-22 所示。

3）在弹出的"筛选行"页面中按要求输入筛选条件。因为五一劳动节假期属于 2025-5-1 至 2025-5-5，所以设置如下两个"且"关系筛选条件：

❑ 晚于或等于 2025-5-1。
❑ 早于或等于 2025-5-5。

输入筛选条件后，单击"确定"按钮，即可对表格中的数据进行筛选，如图 3-23 所示。

4）筛选"日期"字段后，还要筛选"区域"字段，方法为单击"区域"字段右侧的筛选按钮，在弹出的页面中仅勾选"北京"复选框，然后单击"确定"按钮，即可筛选出北京区域的数据，如图 3-24 所示。

第 3 章 使用 Power Query 进行行列及表格结构管理 ❖ 41

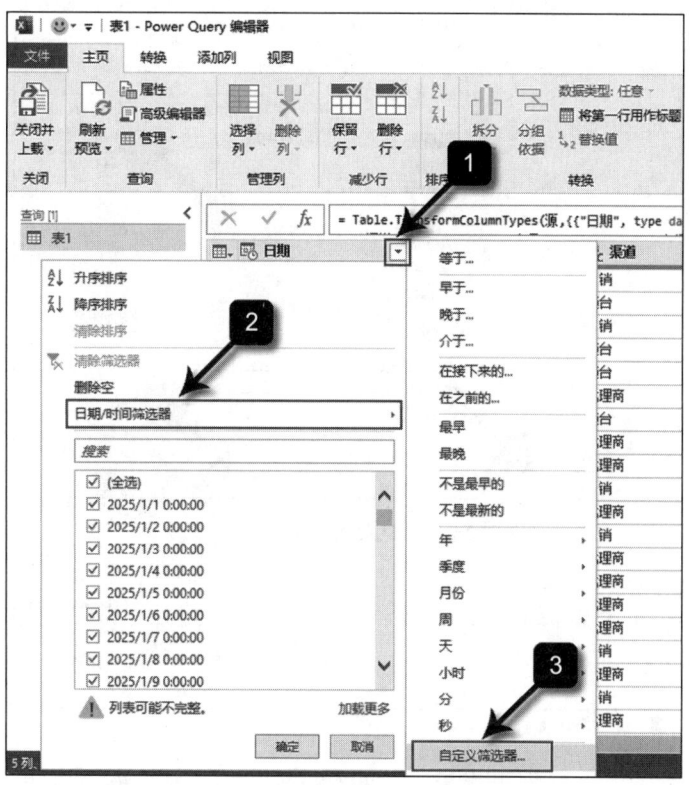

图 3-22 调出"自定义筛选器"

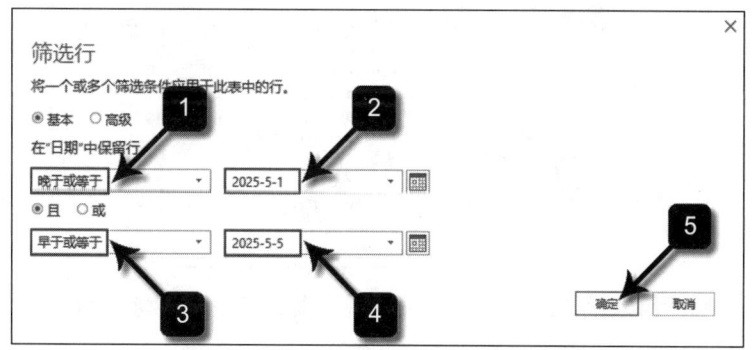

图 3-23 按要求筛选"日期"字段

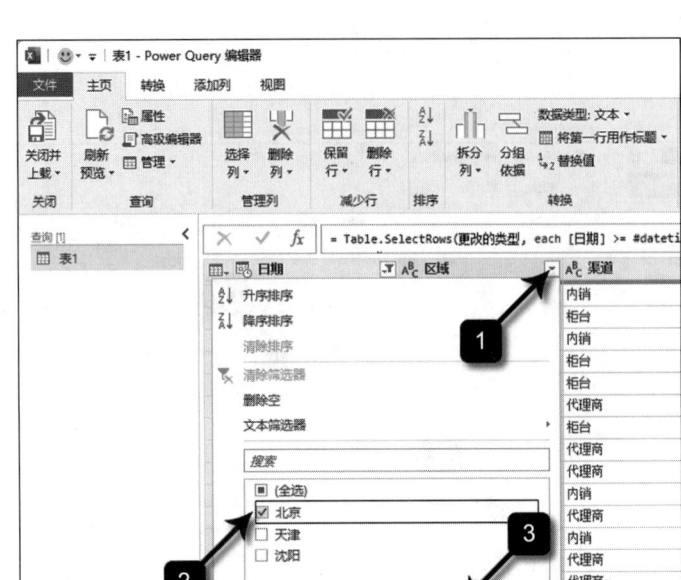

图 3-24 按要求筛选"区域"字段

5）在 Power Query 编辑器中检查无误后，单击"关闭并上载"按钮，将结果上载回 Excel 工作表，如图 3-25 所示。

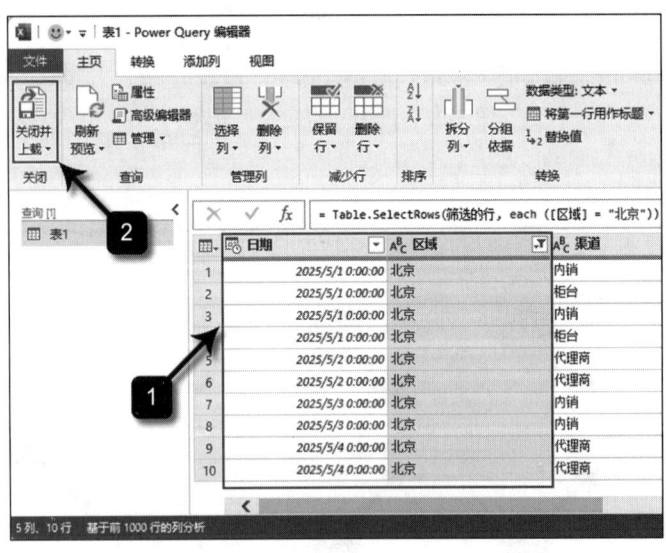

图 3-25 将结果上载回 Excel 工作表

6）上载回 Excel 的数据为五一劳动节期间北京区域的订单，显示效果如图 3-26 所示。

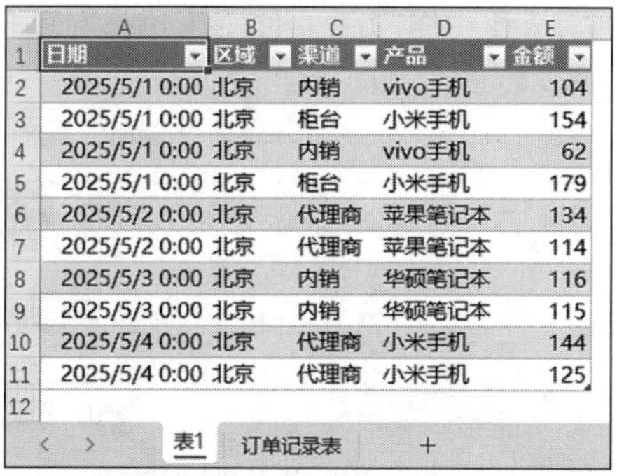

日期	区域	渠道	产品	金额
2025/5/1 0:00	北京	内销	vivo手机	104
2025/5/1 0:00	北京	柜台	小米手机	154
2025/5/1 0:00	北京	内销	vivo手机	62
2025/5/1 0:00	北京	柜台	小米手机	179
2025/5/2 0:00	北京	代理商	苹果笔记本	134
2025/5/2 0:00	北京	代理商	苹果笔记本	114
2025/5/3 0:00	北京	内销	华硕笔记本	116
2025/5/3 0:00	北京	内销	华硕笔记本	115
2025/5/4 0:00	北京	代理商	小米手机	144
2025/5/4 0:00	北京	代理商	小米手机	125

图 3-26　上载回 Excel 的数据为五一劳动节期间北京区域的订单

3.5　将报表进行行列转置

如何利用Power Query将报表进行行列转置呢？让我们来看一个具体的示例。如图3-27所示，某企业的商品区域销量表中包含 9 种商品在 6 个区域的销量数据。现要求将报表的行列字段进行位置互换，即对整个报表进行行列转置，同时确保报表数据随对应的商品和区域字段位置进行相应的调整。这种看似复杂的需求，实际上可以通过 Power Query 的数据转换功能轻松实现。

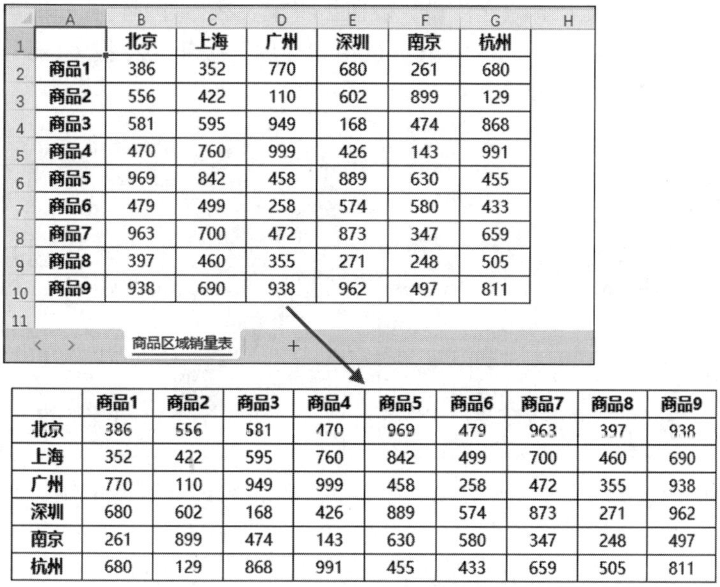

	北京	上海	广州	深圳	南京	杭州
商品1	386	352	770	680	261	680
商品2	556	422	110	602	899	129
商品3	581	595	949	168	474	868
商品4	470	760	999	426	143	991
商品5	969	842	458	889	630	455
商品6	479	499	258	574	580	433
商品7	963	700	472	873	347	659
商品8	397	460	355	271	248	505
商品9	938	690	938	962	497	811

	商品1	商品2	商品3	商品4	商品5	商品6	商品7	商品8	商品9
北京	386	556	581	470	969	479	963	397	938
上海	352	422	595	760	842	499	700	460	690
广州	770	110	949	999	458	258	472	355	938
深圳	680	602	168	426	889	574	873	271	962
南京	261	899	474	143	630	580	347	248	497
杭州	680	129	868	991	455	433	659	505	811

图 3-27　某企业的商品区域销量表

利用 Power Query 将报表进行行列转置的具体操作步骤如下。

1）将商品区域销量表导入 Power Query 编辑器，单击"将第一行用作标题"按钮的下拉菜单，在下拉列表中单击"将标题作为第一行"按钮，即可将报表的标题作为第一行数据记录行，以便参与后续的报表转置，如图 3-28 所示。

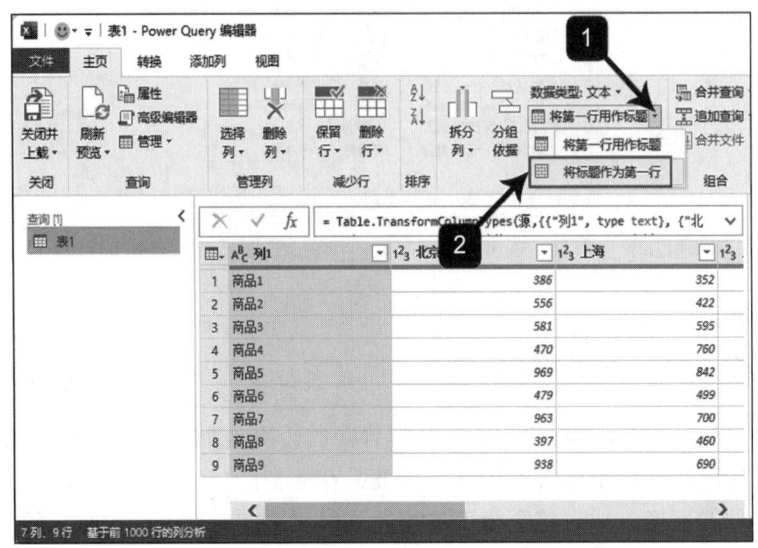

图 3-28　导入数据并将报表的标题作为第一行数据

2）单击"转换"选项卡下的"转置"按钮，将报表进行行列转置，如图 3-29 所示。

3）单击"转换"选项卡下的"将第一行用作标题"按钮，将报表的第一行作为标题，如图 3-30 所示。

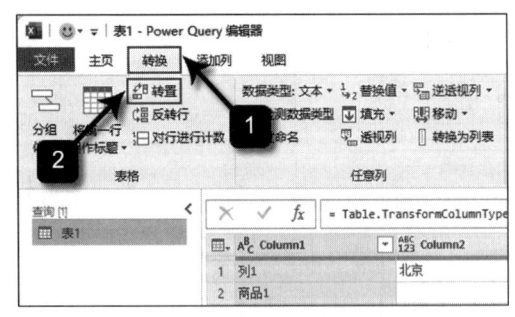

图 3-29　将报表进行行列转置

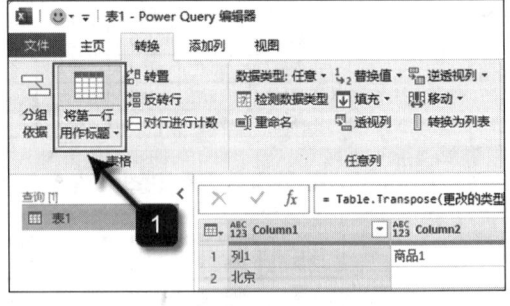

图 3-30　将报表的第一行作为标题

4）在 Power Query 编辑器中完成整个报表的行列转置后，检查结果是否正确。确认无误后单击"关闭并上载"按钮，将结果上载回 Excel 工作表，如图 3-31 所示。

5）上载回 Excel 的表格已经按要求完成了报表的行列转置，如图 3-32 所示。

第 3 章　使用 Power Query 进行行列及表格结构管理　◆　45

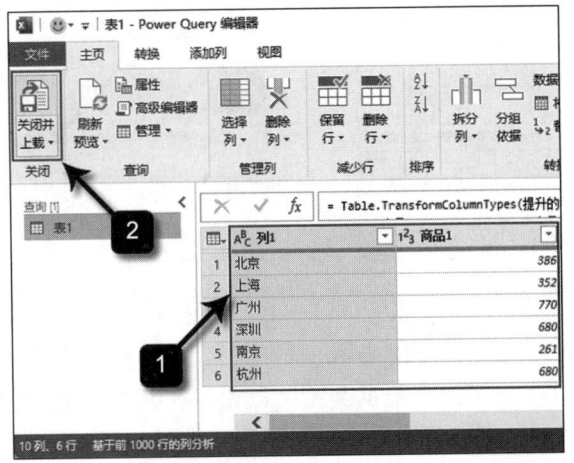

图 3-31　检查结果无误后上载回 Excel 工作表

	A	B	C	D	E	F	G	H	I	J
1	列1	商品1	商品2	商品3	商品4	商品5	商品6	商品7	商品8	商品9
2	北京	386	556	581	470	969	479	963	397	938
3	上海	352	422	595	760	842	499	700	460	690
4	广州	770	110	949	999	458	258	472	355	938
5	深圳	680	602	168	426	889	574	873	271	962
6	南京	261	899	474	143	630	580	347	248	497
7	杭州	680	129	868	991	455	433	659	505	811
8										

图 3-32　上载回 Excel 的表格已经按要求完成了报表的行列转置

3.6　将报表进行反转行展示

如何利用 Power Query 将报表进行反转行展示呢？让我们来看一个具体的示例。如图 3-33 所示，由某公司系统导出的每日汇率记录表中包含主要外币的历史汇率数据。这些数据是按照时间顺序排列的，从最远日期到最近日期。然而，工作人员在日常办公中需要快速查看最新的汇率信息，这就需要他们手动对报表进行重新排序，将最新的汇率记录置于表格的首行。为了避免操作失误并提高工作效率，确保工作人员能够快速获取到最新的汇率数据，可以利用 Power Query 的反转行功能自动实现这一操作。

利用 Power Query 将报表进行反转行展示的具体操作步骤如下。

1）将每日汇率记录表导入 Power Query 编辑器，单击"转换"选项卡下的"反转行"按钮，将整个报表进行反转行转换，如图 3-34 所示。

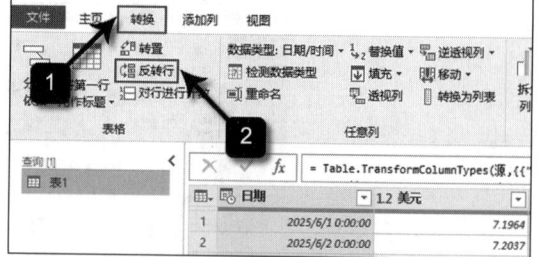

图 3-33　某公司系统导出的每日汇率记录表　　图 3-34　导入汇率记录表并进行反转行转换

2）通过检查，发现"日期"的数据格式同时显示了日期和时间，但要求其仅显示日期即可。单击"主页"选项卡下的"数据类型"按钮，在其右侧的下拉列表中单击"日期"选项，将"日期"字段的数据按日期格式进行显示，如图 3-35 所示。

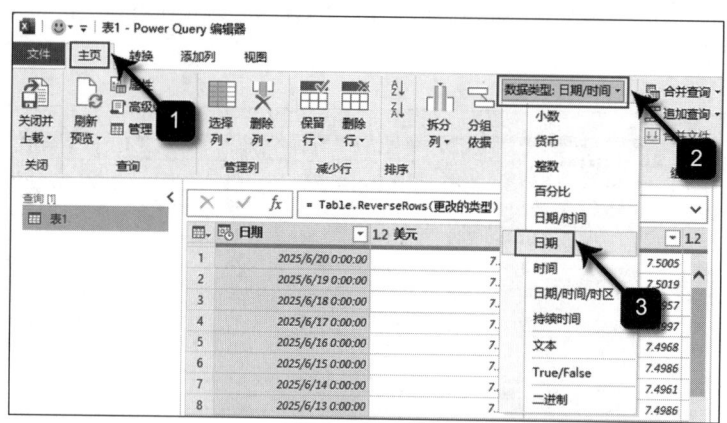

图 3-35　将"日期"字段的数据按日期格式进行显示

3）在 Power Query 编辑器中检查结果无误后，单击"关闭并上载"按钮，将结果上载回 Excel 工作表，如图 3-36 所示。

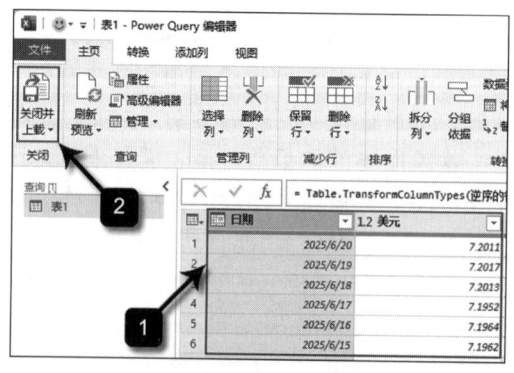

图 3-36　检查结果并上载回 Excel 工作表

4）上载回 Excel 工作表的汇率记录表已经按要求将最新的汇率记录置于表格的首行，显示效果如图 3-37 所示。

日期	美元	欧元	日元	英镑
2025/6/20	7.2011	7.5005	4.5998	8.8005
2025/6/19	7.2017	7.5019	4.5967	8.8013
2025/6/18	7.2013	7.4957	4.6039	8.8048
2025/6/3	7.2005	7.4973	4.5984	8.7969
2025/6/2	7.2037	7.5028	4.5956	8.8043
2025/6/1	7.1964	7.4968	4.6023	8.8038

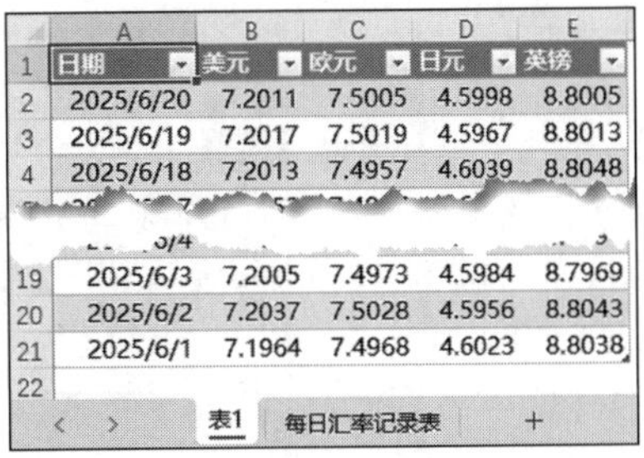

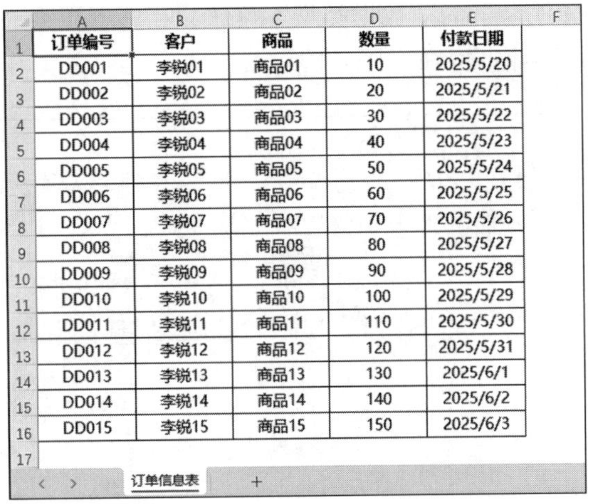

图 3-37　上载回 Excel 工作表的汇率记录表已将最新汇率记录置于首行

3.7　移动报表中的列数据

如何使用 Power Query 将报表中的列数据按要求移动呢？让我们来看一个示例。如图 3-38 所示，某公司的订单信息表中包含订单编号、客户、商品、数量和付款日期等字段。工作人员希望将“订单编号”字段和“付款日期”字段的位置进行互换，这种需求可以通过 Power Query 的移动列功能轻松实现。

订单编号	客户	商品	数量	付款日期
DD001	李锐01	商品01	10	2025/5/20
DD002	李锐02	商品02	20	2025/5/21
DD003	李锐03	商品03	30	2025/5/22
DD004	李锐04	商品04	40	2025/5/23
DD005	李锐05	商品05	50	2025/5/24
DD006	李锐06	商品06	60	2025/5/25
DD007	李锐07	商品07	70	2025/5/26
DD008	李锐08	商品08	80	2025/5/27
DD009	李锐09	商品09	90	2025/5/28
DD010	李锐10	商品10	100	2025/5/29
DD011	李锐11	商品11	110	2025/5/30
DD012	李锐12	商品12	120	2025/5/31
DD013	李锐13	商品13	130	2025/6/1
DD014	李锐14	商品14	140	2025/6/2
DD015	李锐15	商品15	150	2025/6/3

图 3-38　某公司的订单信息表

利用 Power Query 将报表中的列数据按要求进行移动的具体操作步骤如下。

1）将订单信息表导入 Power Query 编辑器；选中“订单编号”列数据，单击“转换”选项卡下的“移动”按钮，选择“移到末尾”选项，即可将“订单编号”列数据向右移动至最后一列，如图 3-39 所示。

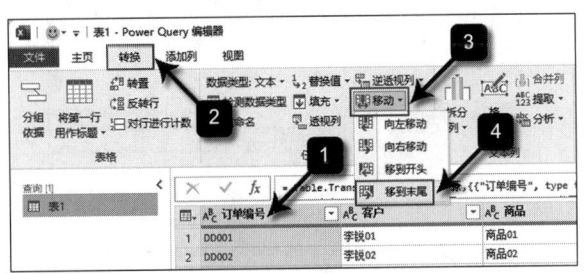

图 3-39　将“订单编号”列数据向右移动至最后一列

2）选中"付款日期"列数据，单击"转换"选项卡下的"移动"按钮，选择"移到开头"选项，即可将"付款日期"列数据向左移动至第一列，如图3-40所示。

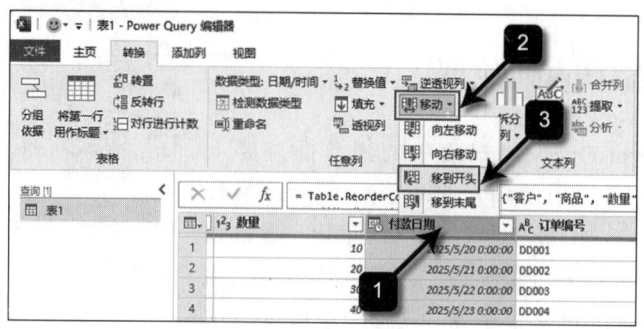

图3-40　将"付款日期"列数据向左移动至第一列

3）单击"主页"选项卡下的"数据类型"按钮，在其下拉列表中单击"日期"选项，将"付款日期"设置为日期格式，如图3-41所示。

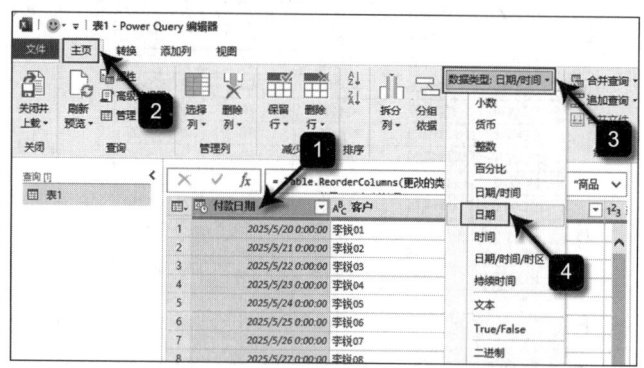

图3-41　将"付款日期"设置为日期格式

4）在Power Query编辑器中检查无误后，单击"关闭并上载"按钮，将结果上载回Excel工作表，如图3-42所示。

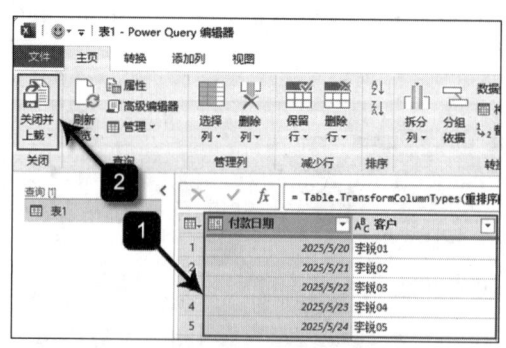

图3-42　检查无误后将结果上载回Excel工作表

5）上载回 Excel 的订单信息表"表1"已经按要求将"付款日期"与"订单编号"字段的位置进行了互换，如图 3-43 所示。

付款日期	客户	商品	数量	订单编号
2025/5/20	李锐01	商品01	10	DD001
2025/5/21	李锐02	商品02	20	DD002
2025/5/22	李锐03	商品03	30	DD003
2025/5/23	李锐04	商品04	40	DD004
2025/5/24	李锐05	商品05	50	DD005
2025/5/25	李锐06	商品06	60	DD006
2025/5/26	李锐07	商品07	70	DD007
2025/5/27	李锐08	商品08	80	DD008
2025/5/28	李锐09	商品09	90	DD009
2025/5/29	李锐10	商品10	100	DD010
2025/5/30	李锐11	商品11	110	DD011
2025/5/31	李锐12	商品12	120	DD012
2025/6/1	李锐13	商品13	130	DD013
2025/6/2	李锐14	商品14	140	DD014
2025/6/3	李锐15	商品15	150	DD015

图 3-43　上载回 Excel 的表格已按要求调换两列位置

3.8　转换报表结构

如何使用 Power Query 按要求转换报表结构呢？让我们来看一个示例。如图 3-44a 所示，由某公司系统导出的订单信息表中，订单编号、客户姓名和购买金额都在"订单信息"一列的单元格中分行放置。为了方便后续的销售分析，工作人员希望将这些信息拆分为多行，并且分列放置，如图 3-44b 所示。这种需求可以通过 Power Query 的数据转换功能轻松实现。

利用 Power Query 按要求转换报表结构的具体操作步骤如下。

1）将订单信息表导入 Power Query 编辑器，然后选中"订单信息"列数据，单击"转换"选项卡下的"格式"按钮，在其下拉列表中单击"清除"选项，如图 3-45 所示。这步操作的目的是批量清除"订单信息"列中的换行符，将分 3 行放置的订单编号、客户姓名、购买金额信息放在一行中显示。

2）执行"清除"命令后，"订单信息"中的订单编号、客户姓名、购买金额信息就处于一行中了，如图 3-46 所示。

3）但是这些字段是以长字符串形式存在的，而我们要提取的是这 3 个字段关键词冒号"："后面跟着的数据。所以可以分别将字段关键词"客户姓名："和"购买金额："作为分隔符，将目标数据拆分到 3 列分别放置，方法为：选中"订单信息"列数据，依次选择"拆分列"→"按分隔符"选项（见图 3-47），调出 Power Query"按分隔符拆分列"。

a）某公司系统导出的订单信息表　　　b）转换后的表格

图 3-44　原始表格和转换后的表格

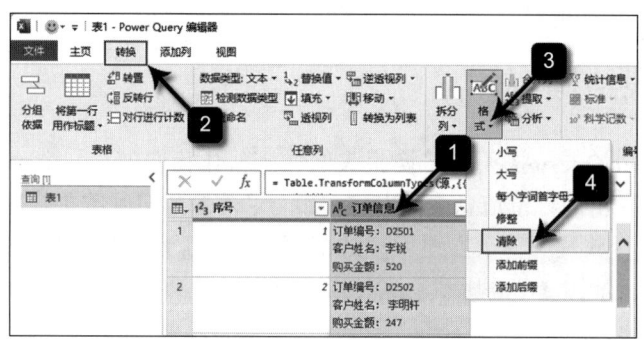

图 3-45　利用"清除"功能批量删除换行符

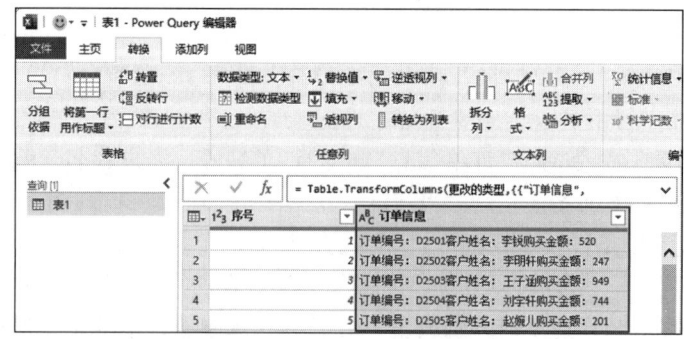

图 3-46　将订单编号、客户姓名、购买金额信息置于一行中

图 3-47　调出 Power Query "按分隔符拆分列"的向导页面

4）弹出"按分隔符拆分列"对话框后，在"选择或输入分隔符"输入框中输入"客户姓名："，在"拆分位置"选项区域中勾选"每次出现分隔符时"；单击"确定"按钮，即可将订单信息的长字符串按指定的分隔符拆分成两列分别放置，如图 3-48 所示。

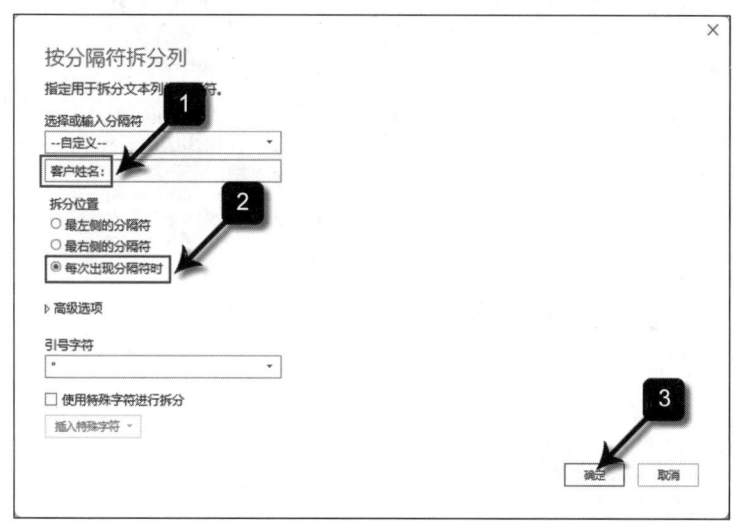

图 3-48　设置分隔符和拆分位置

5）此时，包含"订单编号"的数据已经单独一列放置了，如图 3-49 所示，但是包含"客户姓名"和"购买金额"的信息还处于一列中。继续依照前面的思路，将"购买金额："作为分隔符拆分这两个字段的数据。

6）选中"订单信息.2"整列数据，依次单击"拆分列"→"按分隔符"选项（见图 3-50），再次调出"按分隔符拆分列"对话框。

7）弹出"按分隔符拆分列"对话框后，在"选择或输入分隔符"输入框中输入"购买金额："，在"拆分位置"选项中勾选"每次出现分隔符时"；单击"确定"按钮，即可将"客户姓名"和"购买金额"数据拆分到两列分别放置，如图 3-51 所示。

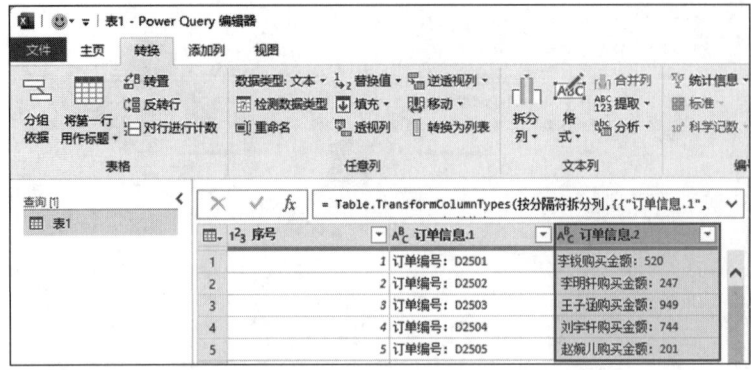

图 3-49 包含"客户姓名"和"购买金额"的信息还处于一列

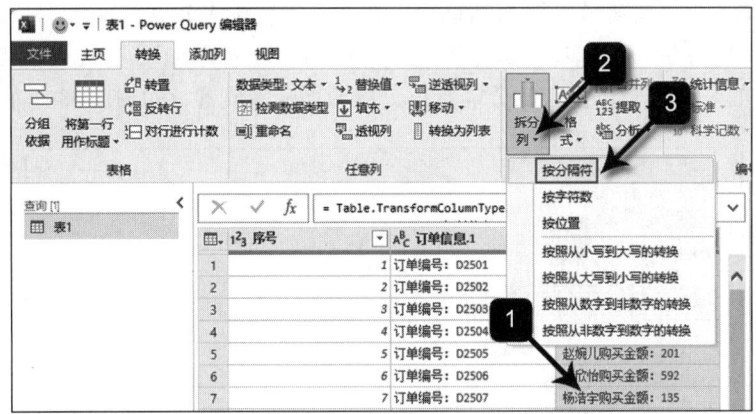

图 3-50 再次调出"按分隔符拆分列"对话框

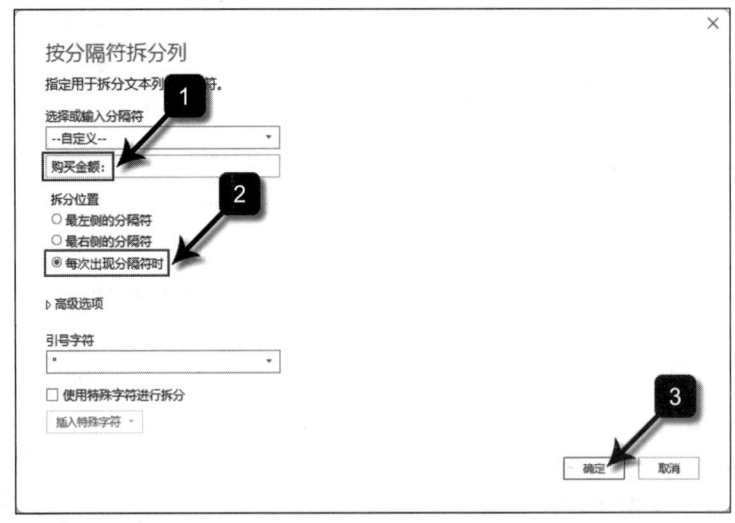

图 3-51 将"购买金额:"作为分隔符拆分列

8）此时，"客户姓名"和"购买金额"数据已经单独分列放置了，但是订单编号数据里面还包含前缀"订单编号："。这种需要清除多余字符的需求可以利用 Power Query 的"替换值"功能实现，方法为：选中"订单信息.1"列数据，单击"主页"选项卡下的"替换值"按钮，如图 3-52 所示。

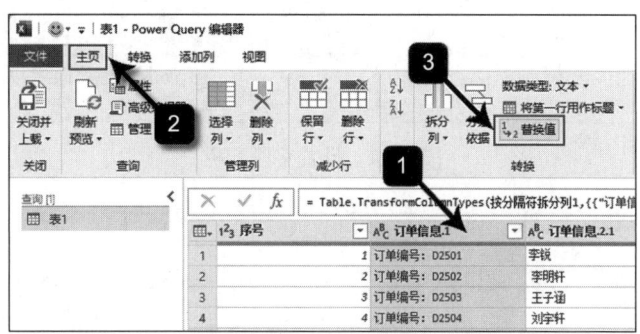

图 3-52　订单编号数据里面还包含前缀"订单编号："

9）弹出"替换值"对话框后，在"要查找的值"输入框中输入"订单编号："，保持"替换为"输入框中为空，单击"确定"按钮，即可将数据中的多余前缀"订单编号："替换为空，相当于批量清除了选定列中的"订单编号："前缀，如图 3-53 所示。

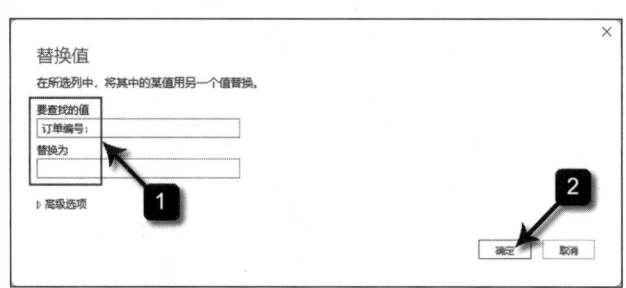

图 3-53　将数据中的多余前缀"订单编号："替换为空

10）这样就完成了将订单编号、客户姓名和购买金额数据分 3 列放置了。但是这 3 个字段名称中还保留着历史字段名称"订单信息"，用户可以根据需要自定义设置字段名称，方法为：分别双击这 3 个列字段的列标，输入字段名称"订单编号""客户姓名"和"购买金额"后按 Enter 键确认，如图 3-54 所示。

11）按需要设置好字段名称后，在 Power Query 编辑器中检查结果是否正确。经检查确认无误后，单击"关闭并上载"按钮，将结果上载回 Excel 工作表，如图 3-55 所示。

12）上载回 Excel 的表格"表 1"已经按要求对原报表"订单信息表"进行了结构转换，将"订单编号""客户姓名"和"购买金额"数据分列放置，显示效果如图 3-56 所示。

当工作中再次需要从系统中导出订单并转换报表结构时，用户仅需将导出的订单放置在"订单信息表"中，然后在"表 1"中刷新数据，即可一键完成报表结构转换。

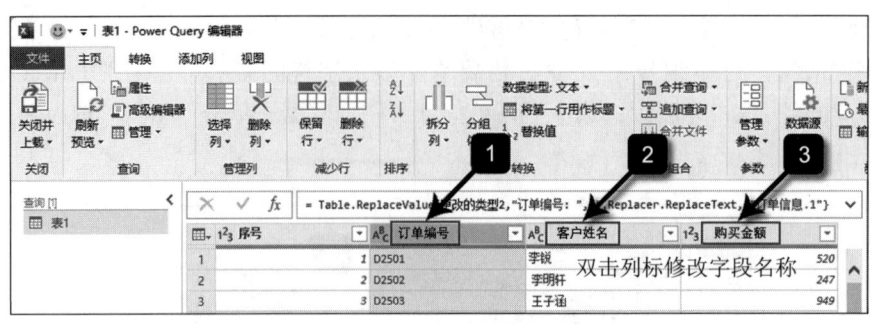

图 3-54 设置字段名称

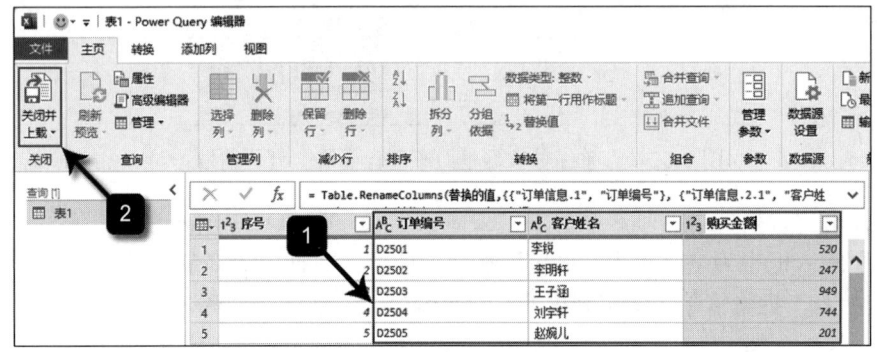

图 3-55 检查无误后上载回 Excel 工作表

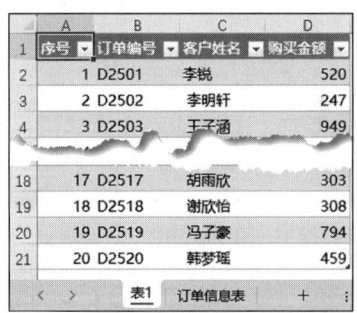

图 3-56 上载回 Excel 的表格已经按要求完成了报表结构转换

第 4 章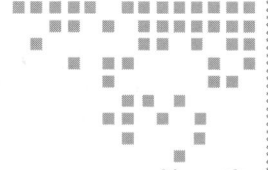

使用 Power Query 进行数据转换

在数据处理过程中，数据转换是至关重要的一环，它直接影响数据的准确性和后续分析的效率。Power Query 提供了强大的数据转换功能，能够帮助用户高效地设置数据类型、转换数据格式以及智能填充缺失值，从而满足多样化的数据处理需求。本章将详细介绍 Power Query 的数据转换功能，包括数据类型配置、数据格式转换以及智能填充等核心操作，帮助读者掌握灵活调整和优化数据的技巧。

4.1 配置数据类型

Power Query 支持多种数据类型，包括文本、整数、小数、百分比、日期、时间等。在 Power Query 编辑器中，当用户导入 Excel 表格时，系统会自动根据表格内容更改数据类型。然而，有时这些默认的数据类型可能不符合用户的需求。在这种情况下，用户可以根据数据的内容和分析需求，灵活调整数据类型。

4.1.1 修改数据类型及显示格式

如何按要求修改报表字段的数据类型及显示格式呢？让我们来看一个示例。如图 4-1 所示，某企业的系统报错记录表中包含系统报错的日期、时间和受理人记录，但是数据格式不规范。工作人员希望"系统报错日期"数据按规范的日期格式显示，"报错时间"数据按规范的时间格式显示，"受理人"的姓名按首字母大写的格式显示。这种需求可以利用 Power Query 的数据清洗功能轻松实现。

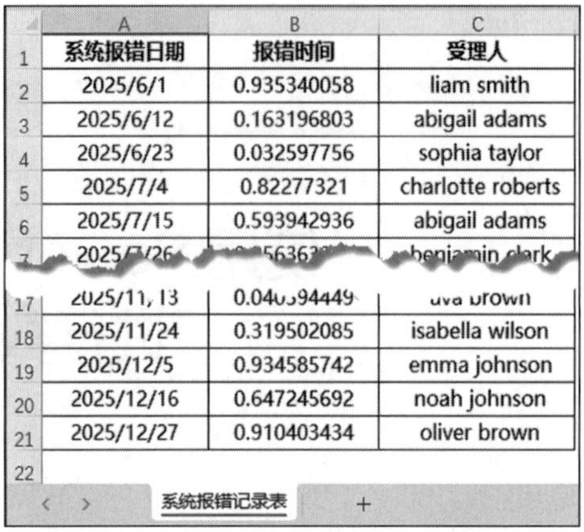

图 4-1 某企业的系统报错记录表

利用 Power Query 按要求修改报表字段的数据类型和显示格式的具体操作步骤如下。

1）如图 4-2 所示，先将系统报错记录表导入 Power Query 编辑器，然后按要求设置表格字段的数据类型。

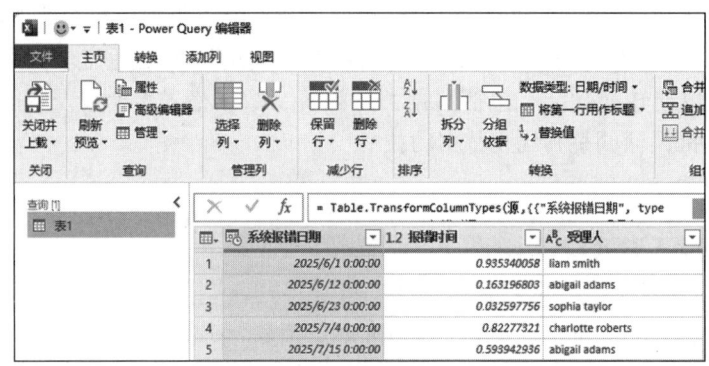

图 4-2 将系统报错记录表导入 Power Query 编辑器

2）单击"系统报错日期"列标，选中整列数据；单击"数据类型"按钮下的"日期"选项，将"系统报错日期"数据设置为日期显示格式，如图 4-3 所示。

3）单击"报错时间"列标，选中整列数据；单击"数据类型"按钮下的"时间"选项，将"报错时间"数据设置为时间显示格式，如图 4-4 所示。

4）单击"受理人"列标，选中整列数据；单击"转换"选项卡下的"格式"按钮，选择"每个字词首字母大写"选项，将"受理人"数据设置为每个词首字母大写，如图 4-5 所示。

5）在 Power Query 编辑器中检查结果无误后，单击"关闭并上载"按钮，将结果上载回 Excel 工作表，如图 4-6 所示。

第 4 章　使用 Power Query 进行数据转换　❖　57

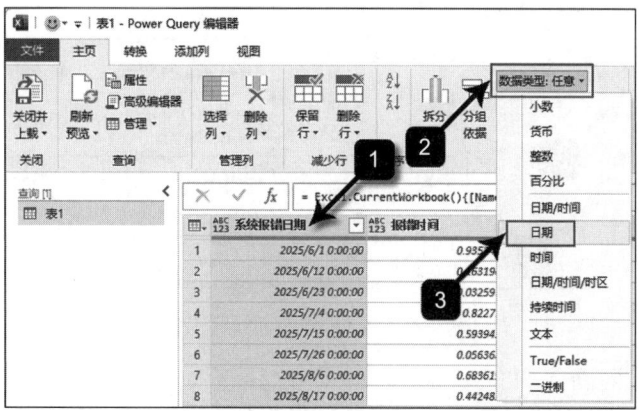

图 4-3　将"系统报错日期"数据设置为日期显示格式

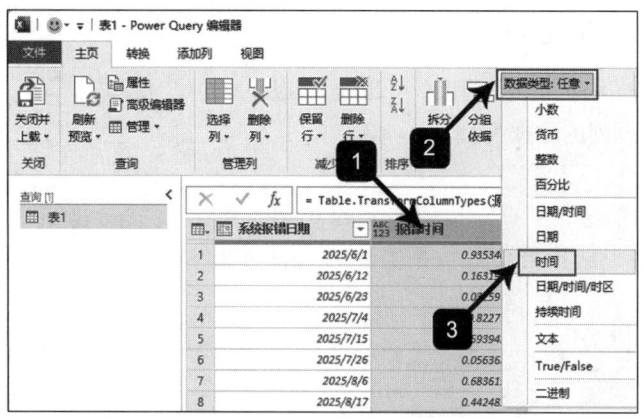

图 4-4　将"报错时间"数据设置为时间显示格式

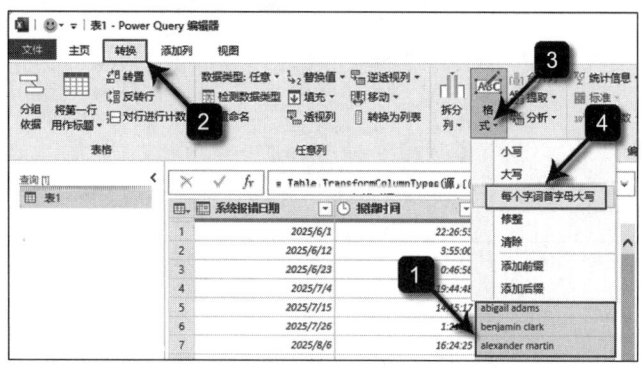

图 4-5　将"受理人"数据设置为每个词首字母大写

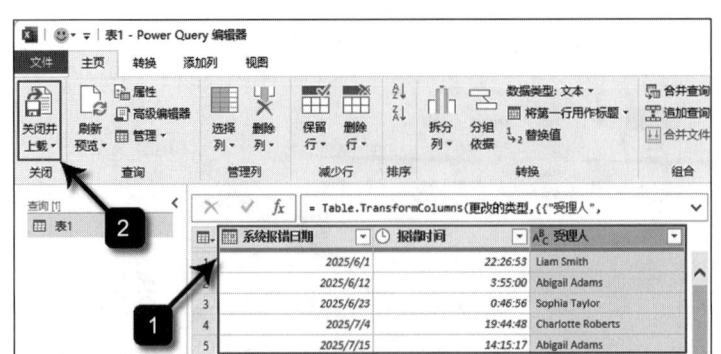

图 4-6　将结果上载回 Excel 工作表

6）上载回 Excel 的表格已经按要求显示规范格式，如图 4-7 所示。

4.1.2　定义列数据类型

在 Power Query 编辑器中，用户可以通过以下 4 种方法来定义或更改列的数据类型。

（1）方法 1

选中列数据，单击"主页"选项卡下的"数据类型"下拉菜单，从中选择需要的数据类型，如图 4-8 所示。

图 4-7　按要求显示规范格式的表格

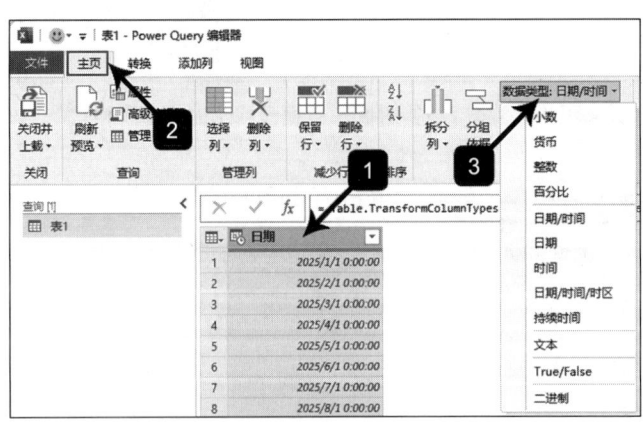

图 4-8　方法 1

（2）方法 2

选中列数据，单击"转换"选项卡下的"数据类型"下拉菜单，从中选择需要的数据类型，如图 4-9 所示。

第 4 章　使用 Power Query 进行数据转换   59

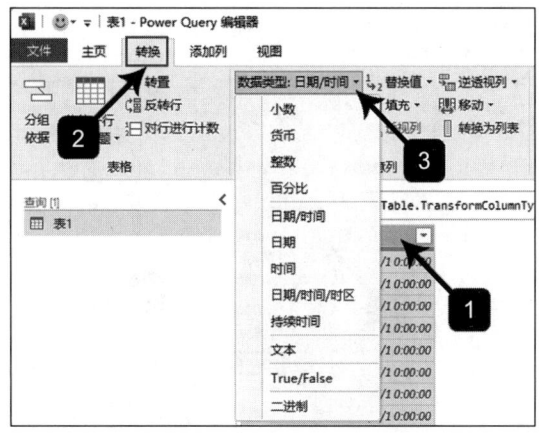

图 4-9　方法 2

（3）方法 3

单击列标题左侧的图标按钮，从中选择需要的数据类型，如图 4-10 所示。

图 4-10　方法 3

（4）方法 4

在列标题上单击鼠标右键，在弹出的快捷菜单中选择"更改类型"命令，之后从级联菜单中选择需要的数据类型，如图 4-11 所示。

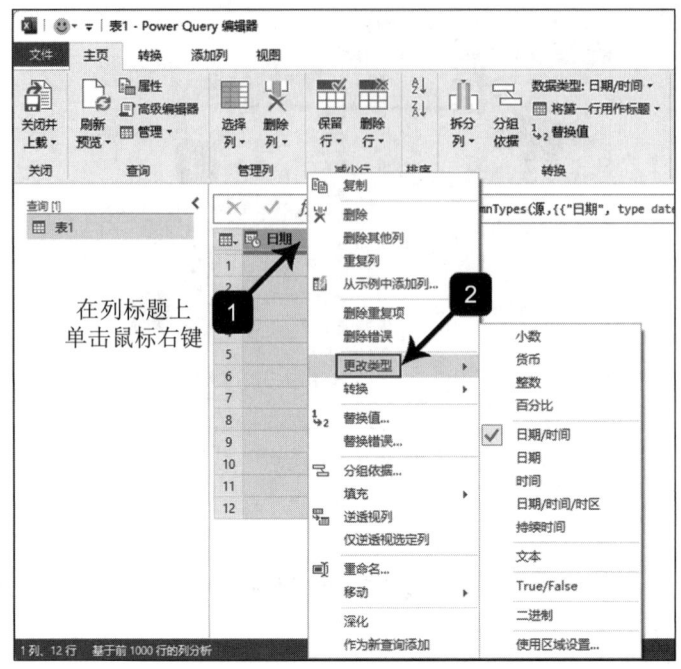

图 4-11　方法 4

4.1.3　自动检测数据类型的配置方式

Power Query 允许用户自定义自动检测数据类型的配置方式，这些配置将应用于导入 Power Query 编辑器中的每个新查询。

自动检测数据类型的配置方式有以下 3 种。

1）始终检测未结构化源的列类型和标题。
2）根据每个文件的设置来检测未结构化源的列类型和标题。
3）从不检测未结构化源的列类型和标题。

Power Query 编辑器的默认设置是"根据每个文件的设置检测未结构化源的列类型和标题"。用户可以更改类型检测选项，具体操作步骤如下：单击"文件"选项卡下的"选项和设置"选项，在弹出的页面中单击"查询选项"按钮；在弹出的"查询选项"对话框左侧导航栏中选择"数据加载"，在右侧"类型检测"选项中根据需求从 3 种选项中任选其一，如图 4-12 所示。

当用户在 Power Query 中选定类型检测方式后，会决定当前工作簿是否允许自动检测数据类型和标题。

当用户选择"检测未结构化源的列类型和标题"时，可以自行决定是否在当前工作簿中开启"类型检测"。勾选此选项即可开启自动检测，否则关闭自动检测，如图 4-13 所示。

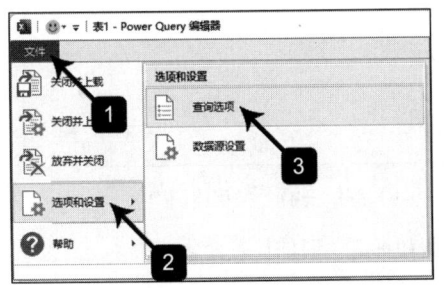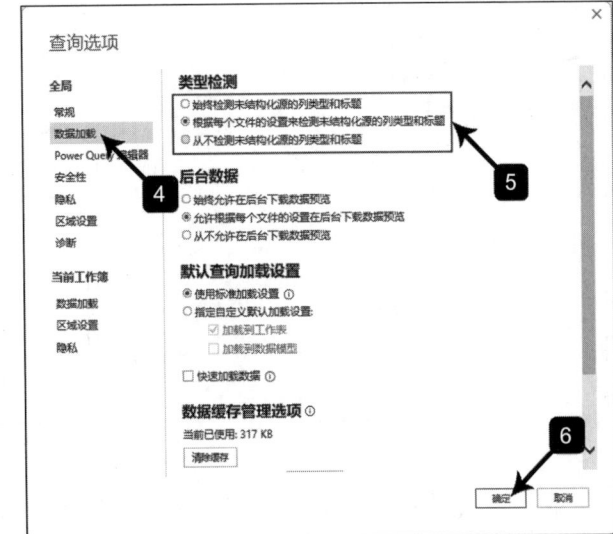

a）单击"查询选项"按钮　　　　　　b）选择"类型检测"

图 4-12　配置自动检测数据类型的方法

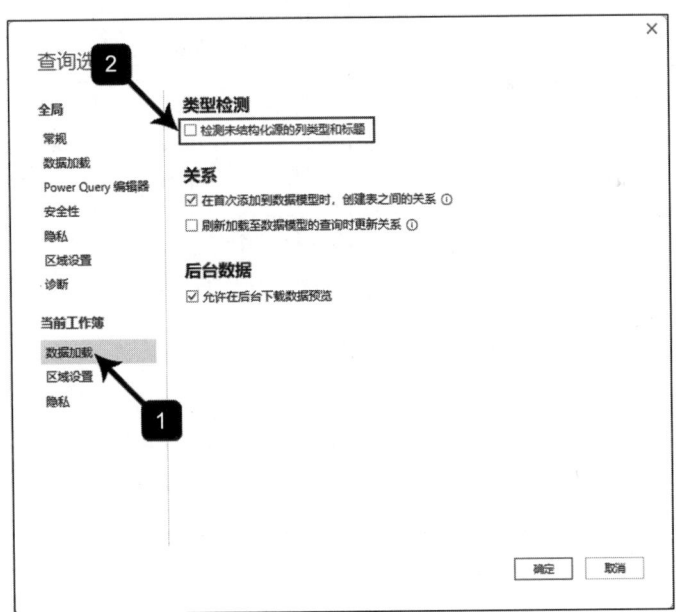

图 4-13　根据需求设置数据加载的类型检测方式

当用户选择"始终检测未结构化源的列类型和标题"时，Power Query 会强制开启"类型检测"，如图 4-14 所示。

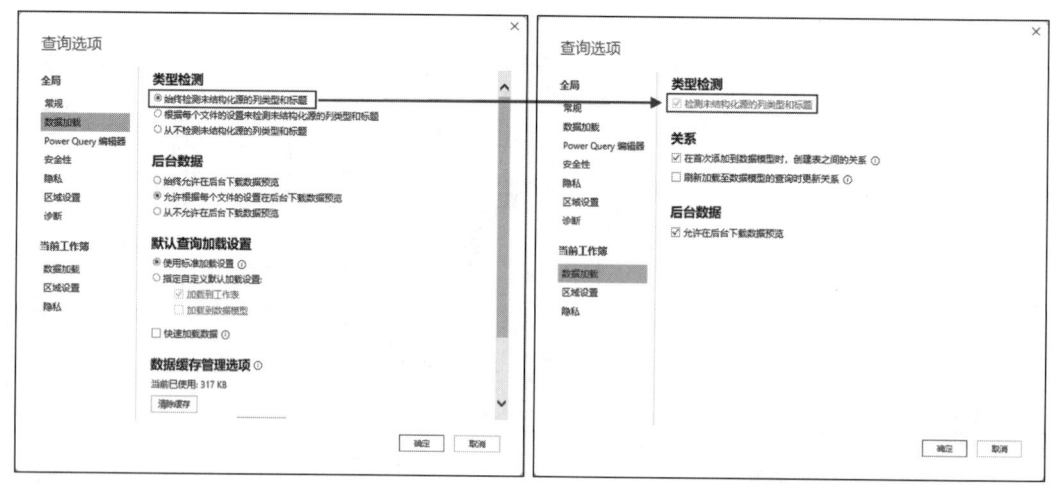

a）原状态　　　　　　　　　　　　b）强制开启"类型检测"

图 4-14　选择"始终检测未结构化源的列类型和标题"时的设置变化

当用户选择"从不检测未结构化源的列类型和标题"时，Power Query 会强制关闭"类型检测"，其设置变化如图 4-15 所示。

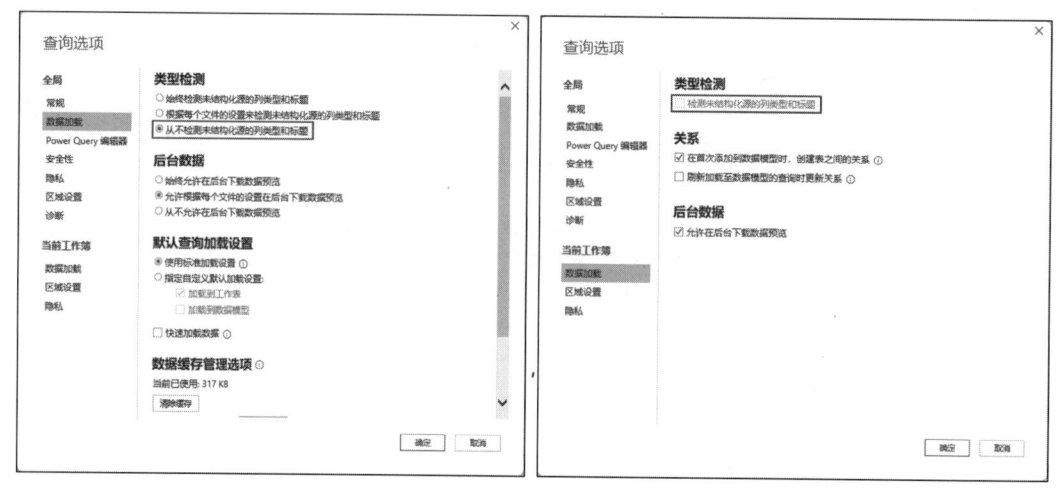

a）原状态　　　　　　　　　　　　b）强制关闭"类型检测"

图 4-15　选择"从不检测未结构化源的列类型和标题"时的设置变化

4.1.4　查询数据类型转换的可行性

在查询数据类型转换的可行性之前，可以将数据类型之间的转换分为以下 4 种情况，并建立一个对照表以便快速查询。

1）可以转换：对应的图标为 ✅，例如将小数转换为百分数。

2）不可以转换：对应的图标为✗，例如将逻辑值转换为日期。

3）有可能转换，但会在原始值基础上增加值：对应的图标为━，例如将时间转换为日期。

4）有可能转换，但会在原始值基础上截断值：对应的图标为!，例如将小数转换为整数。

常见数据类型之间相互转换的可行性查询表如表 4-1 所示。

表 4-1 常见数据类型之间相互转换的可行性查询表

数据类型	1.2	$	¹²³	%	📅	📆	🕐	🌐	⏱	ABC	X/Y
1.2 十进制数	-	!	!	✓	✓	!	✗	━	✓	✓	✓
$ 货币	✓	-	!	✓	✓	!	✗	━	✓	✓	✓
¹²³ 整数	✓	✓	-	✓	✓	✓	✗	━	✓	✓	✓
% 百分比	✓	!	!	-	✓	✓	✗	━	✓	✓	✓
📅 日期/时间	✓	✓	✓	✓	-	✓	!	━	✗	✓	✗
📆 日期	✓	✓	✓	✓	✓	-	✗	━	✗	✓	✗
🕐 时间	✓	✓	✓	✓	━	✗	-	━	✗	✓	✗
🌐 日期/时间/时区	✓	!	!	✓	✓	!	!	-	✗	✓	✗
⏱ Duration	✓	!	!	✓	✗	✗	✗	✗	-	✓	✗
ABC 文本	✓	✓	✓	✓	✓	✓	✓	✓	✓	-	✓
X/Y True/False	✓	✓	✓	✓	✗	✗	✗	✗	✗	✓	-

在表 4-1 中，转换从数据类型列中的原始数据类型开始，转换后的结果显示在原始数据类型的行中。

4.2 转换数据格式

Power Query 提供了多种格式转换功能，帮助用户转换或统一数据格式，提高数据质量。这些功能主要包括转换英文大小写、为数据添加前缀或后缀等。

4.2.1 自动转换英文大小写

如何自动转换英文大小写呢？让我们来看一个示例。如图 4-16a 所示，某张水果种类表中记录着采购的水果种类数据，其中包含英文大写、小写等格式。工作人员希望将拼写分别转换为小写和大写格式，如图 4-16b 所示。这种需求利用 Power Query 的格式转换功能可以轻松实现。

a）水果种类表　　　　　b）转换后的表格

图 4-16　自动转换英文大小写

利用 Power Query 的格式转换功能将水果种类表中的数据分别转换为小写和大写格式的具体操作步骤如下。

1）选中数据所在列，单击"添加列"选项卡下的"格式"下拉菜单按钮，在其下拉列表中选择"小写"选项，如图 4-17 所示。

2）下面按要求转换大写格式。选中数据所在列，单击"添加列"选项卡下的"格式"下拉菜单按钮，在其下拉列表中选择"大写"选项，如图 4-18 所示。

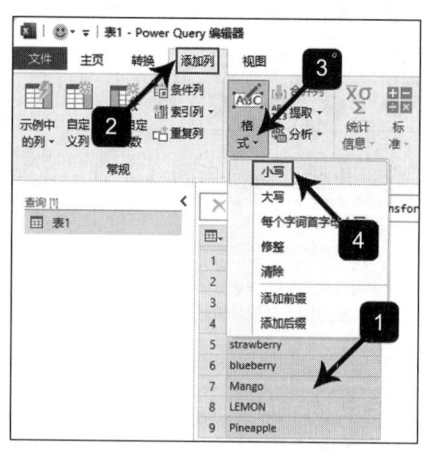

图 4-17　将英文转换为小写格式

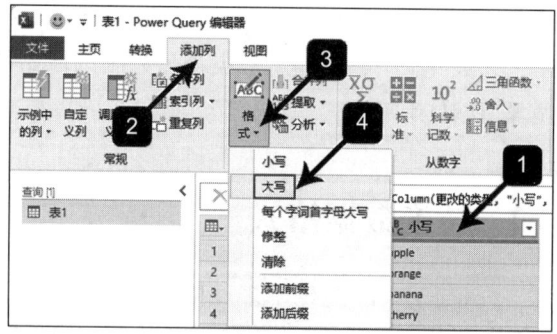

图 4-18　将英文转换为大写格式

3）操作完成后，应该及时在 Power Query 编辑器中检查结果。确认无误后，单击"主页"选项卡下的"关闭并上载"按钮，将结果上载回 Excel 工作表，如图 4-19 所示。

4.2.2　给数据添加前缀和后缀

如何按要求给数据添加前缀和后缀呢？让我们来看一个示例。某集团为推动工作规范化，为各部门的重要工作流程制定了标准化手册，并将每次内容的修订及更新情况整理为记录表，如图 4-20 所示，其中包含部门、工作流程号和标准化手册的操作文件名称。为了宣传品牌并标记标准化手册的版本号，工作人员希望在现有的"标准化手册"文件名称上增加前缀"锐明_"和后缀"_V1.0"。这种需求可以利用 Power Query 的数据清洗功能轻松实现。

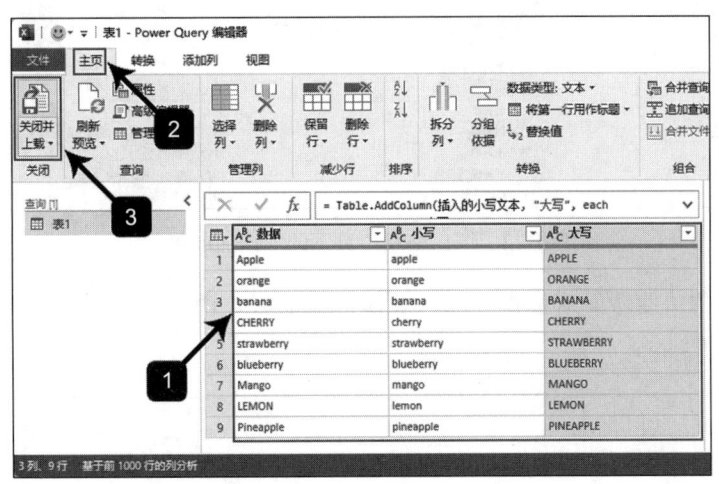

图 4-19　检查结果后上载回 Excel 工作表

利用 Power Query 给数据添加前缀和后缀的具体操作步骤如下。

1）先将标准化手册记录表导入 Power Query 编辑器，导入后的显示效果如图 4-21 所示。

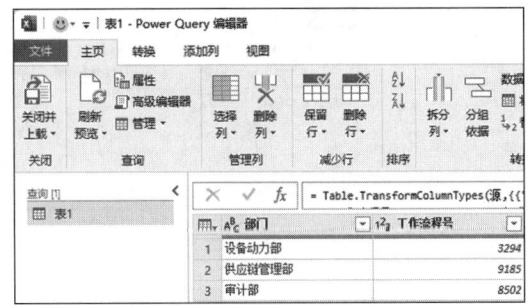

图 4-20　某集团的标准化手册记录表　　图 4-21　将标准化手册记录表导入
　　　　　　　　　　　　　　　　　　　　　　　　　Power Query 编辑器

2）选中"标准化手册"列数据，单击"转换"选项卡下的"格式"按钮，在其下拉列表中单击"添加前缀"选项，如图 4-22 所示。

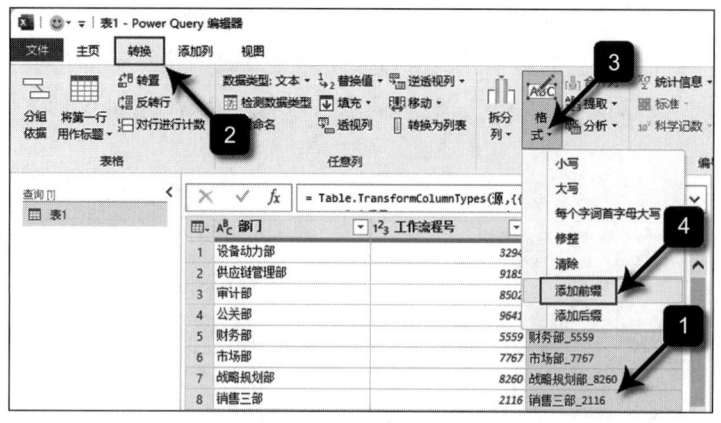

图 4-22　调出格式工具下的"添加前缀"

3）在弹出的"前缀"对话框中输入要添加的前缀"锐明_"，单击"确定"按钮，如图 4-23 所示。

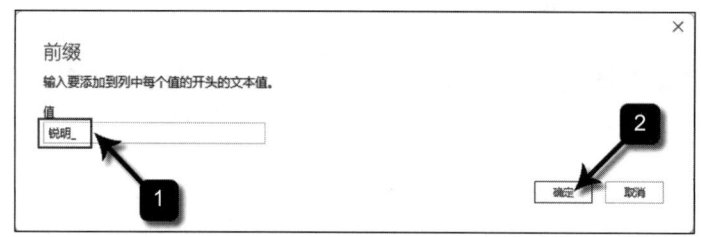

图 4-23　输入要添加的前缀

4）操作完成后，在 Power Query 编辑器中检查添加前缀的中间结果是否正确，如图 4-24 所示。

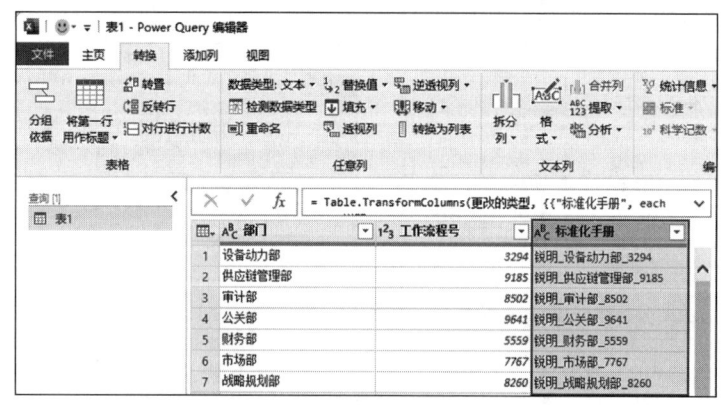

图 4-24　检查添加前缀的中间结果是否正确

5）选中"标准化手册"列数据，单击"转换"选项卡下的"格式"按钮，在其下拉列表中单击"添加后缀"选项，如图 4-25 所示。

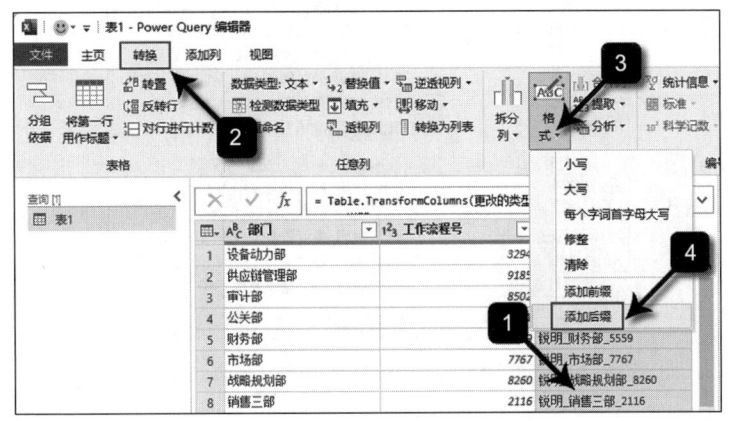

图 4-25　调出格式工具下的"添加后缀"界面

6）在弹出的"后缀"页面中输入要添加的后缀"_V1.0"，单击"确定"按钮，即可批量为数据添加后缀，如图 4-26 所示。

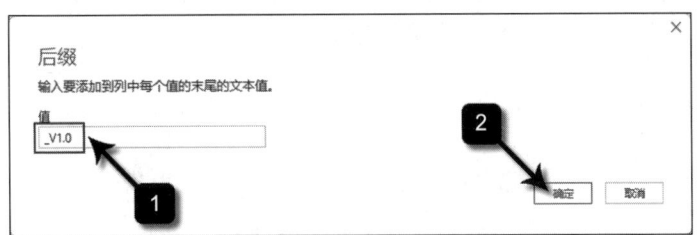

图 4-26　输入要添加的后缀

7）在 Power Query 编辑器中检查添加的前缀、后缀是否正确。检查无误后单击"主页"选项卡下的"关闭并上载"按钮，将结果上载回 Excel 工作表，如图 4-27 所示。

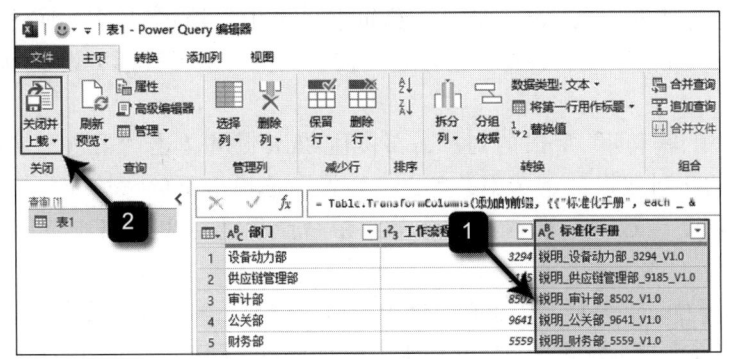

图 4-27　检查添加的前缀、后缀是否正确并上载

8）上载回 Excel 的表格已经按要求添加了前缀和后缀，如图 4-28 所示。

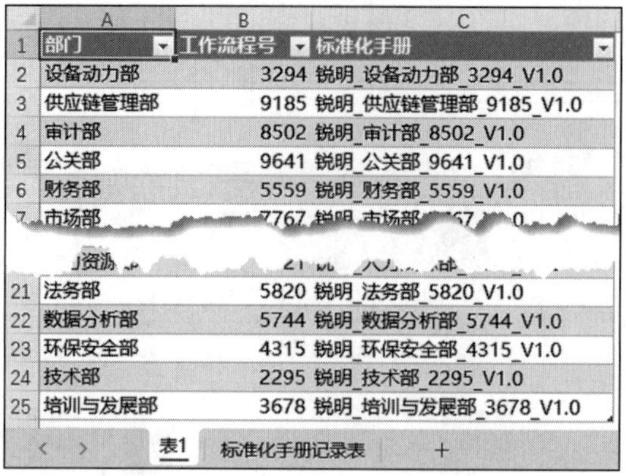

68 ❖ 数据建模与数据分析：基于 Power Query 与 Power Pivot

图 4-28　上载回 Excel 的表格已经按要求添加了前缀和后缀

4.3　智能填充

Power Query 的智能填充功能可以帮助用户快速处理数据中的空值或缺失值。它可以通过向上填充和向下填充的方式，使数据更加完整和规范。

4.3.1　智能填充合并单元格

如何利用 Power Query 智能填充包含多列合并单元格的表格呢？让我们来看一个具体的示例。如图 4-29a 所示，某公司的销售记录表中包含多列合并单元格。为了方便后续的销售分析，工作人员希望取消所有合并单元格，并将产生的空单元格填充为上方单元格的数据，从而形成规范的销售表单，如图 4-29b 所示。为了提高操作效率并避免手动操作的失误，可以利用 Power Query 的智能填充功能来解决该问题。

利用 Power Query 智能填充包含多列合并单元格的表格的具体操作步骤如下。

1）将销售记录表导入 Power Query 编辑器；选中"销售日期"列数据，依次单击"数据类型"→"日期"→"替换当前转换"按钮，将"销售日期"设置为日期格式，如图 4-30 所示。

2）单击"销售日期"字段的列标，再按住 Shift 键并单击"渠道"字段的列标，将包含空单元格的 4 列数据批量选中；单击"转换"选项卡下的"填充"按钮，在其下拉列表中选择"向下"选项，在取消合并单元格后产生的空单元格中智能填充数据，如图 4-31 所示。

3）在 Power Query 编辑器中检查智能填充结果是否正确；确认无误后单击"主页"选项卡下的"关闭并上载"按钮，将填充结果上载回 Excel 工作表，如图 4-32 所示。

4）上载回 Excel 的表格中已经按要求填充了数据，显示效果如图 4-33 所示。另外，这张结果报表支持数据源更新后一键刷新结果。

a)某公司的销售记录表　　　　　　　　　　b)取消合并后的表格

图 4-29　原始表格和取消合并后的表格

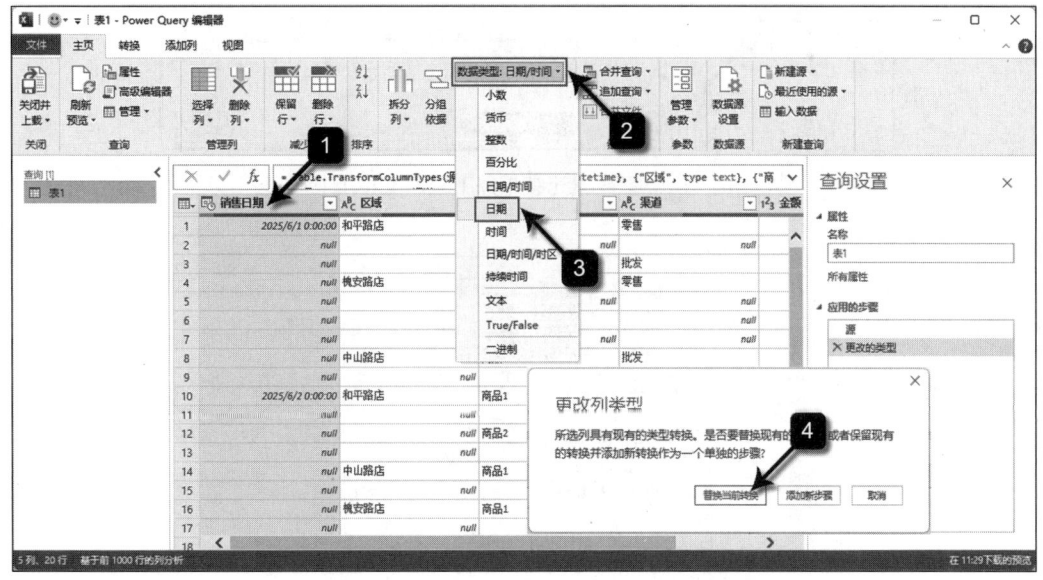

图 4-30　将"销售日期"设置为日期格式

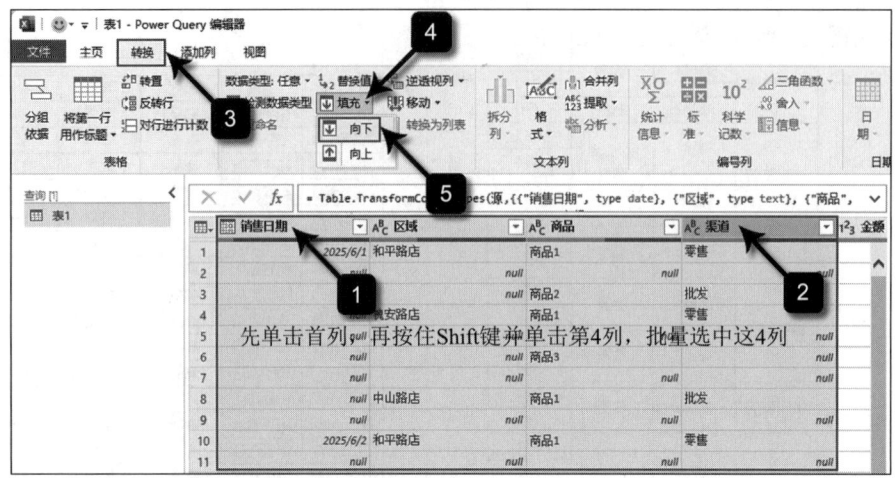

图 4-31　智能填充取消合并单元格后产生的空单元格

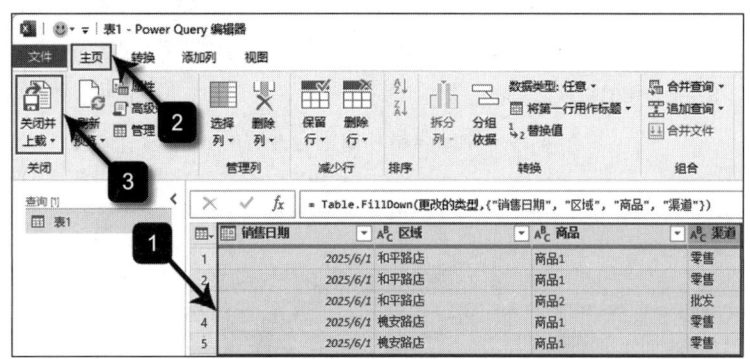

图 4-32　检查智能填充结果并上载回 Excel 工作表

图 4-33　上载回 Excel 的表格已经按要求填充数据

4.3.2 智能填充月份和星期

如何利用 Power Query 按日期智能填充月份和星期数据呢？让我们来看一个具体的示例。某公司的合同记录表中包含合同编号、签约日期和金额数据，如图 4-34a 所示。为了便于后期开展分析和撰写报告，现需要在表格中增加签约日期对应的"月份名称"和"星期几"两个字段，如图 4-34b 所示。这种需求可以利用 Power Query 的智能填充功能自动实现。

合同编号	签约日期	金额
HT001	2025/1/1	100
HT002	2025/1/25	200
HT003	2025/2/18	300
HT004	2025/3/14	400
HT005	2025/4/7	500
HT006	2025/5/1	600
HT007	2025/5/25	700
HT008	2025/6/18	800
HT009	2025/7/12	900
HT010	2025/8/5	1000
HT011	2025/8/29	1100
HT012	2025/9/22	1200
HT013	2025/10/16	1300
HT014	2025/11/9	1400
HT015	2025/12/3	1500
HT016	2025/12/27	1600
HT017	2025/12/31	1700

a）某公司的合同记录表

合同编号	签约日期	金额	月份名称	星期几
HT001	2025/1/1	100	一月	星期三
HT002	2025/1/25	200	一月	星期六
HT003	2025/2/18	300	二月	星期二
HT004	2025/3/14	400	三月	星期五
HT005	2025/4/7	500	四月	星期一
HT006	2025/5/1	600	五月	星期四
HT007	2025/5/25	700	五月	星期日
HT008	2025/6/18	800	六月	星期三
HT009	2025/7/12	900	七月	星期六
HT010	2025/8/5	1000	八月	星期二
HT011	2025/8/29	1100	八月	星期五
HT012	2025/9/22	1200	九月	星期一
HT013	2025/10/16	1300	十月	星期四
HT014	2025/11/9	1400	十一月	星期日
HT015	2025/12/3	1500	十二月	星期三
HT016	2025/12/27	1600	十二月	星期六
HT017	2025/12/31	1700	十二月	星期三

b）填充后的表格

图 4-34 原始表格和填充后的表格

利用 Power Query 按日期智能填充月份和星期数据的具体操作步骤如下。

1）将合同记录表导入 Power Query 编辑器；选中"签约日期"列数据，依次单击"数据类型"→"日期"→"替换当前转换"按钮，将"签约日期"设置为日期格式，如图 4-35 所示。

2）单击"签约日期"字段的列标，选中整列日期数据；依次单击"添加列"选项卡下的"日期"→"月"→"月份名称"选项，即可根据所选的日期自动填充对应的月份名称，如图 4-36 所示。

3）单击"签约日期"字段的列标，选中整列日期数据；依次单击"添加列"选项卡下的"日期"→"天"→"星期几"选项，即可根据所选的日期自动填充对应的星期序号，如图 4-37 所示。

4）在 Power Query 编辑器中检查填充的月份和星期数据是否正确；确认无误后单击"主页"选项卡下的"关闭并上载"按钮，将填充结果上载回 Excel 工作表，如图 4-38 所示。

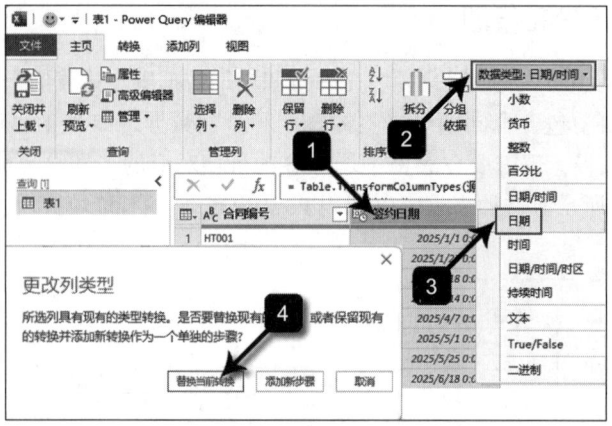

图 4-35 将"签约日期"设置为日期格式

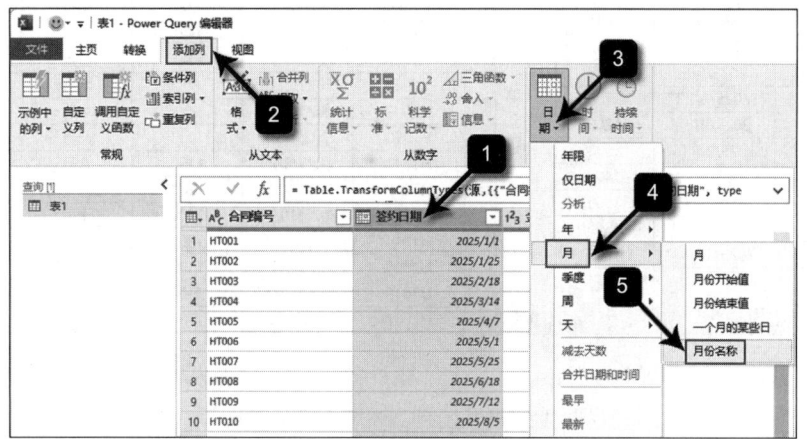

图 4-36 根据所选的日期自动填充对应的月份名称

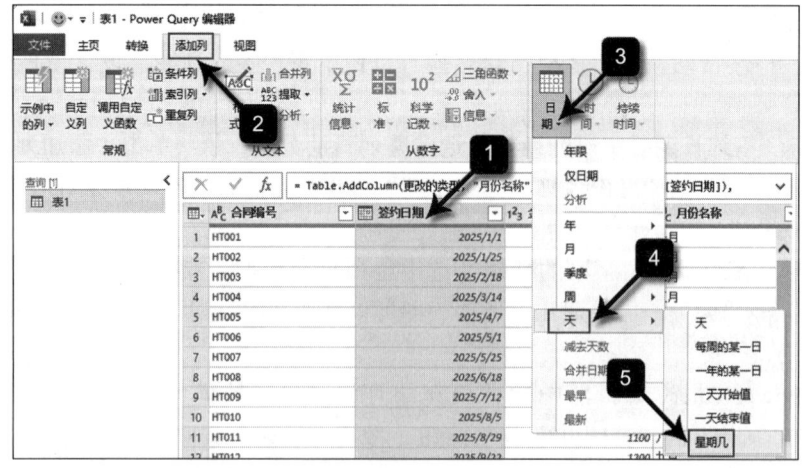

图 4-37 根据所选的日期自动填充对应的星期序号

第 4 章 使用 Power Query 进行数据转换

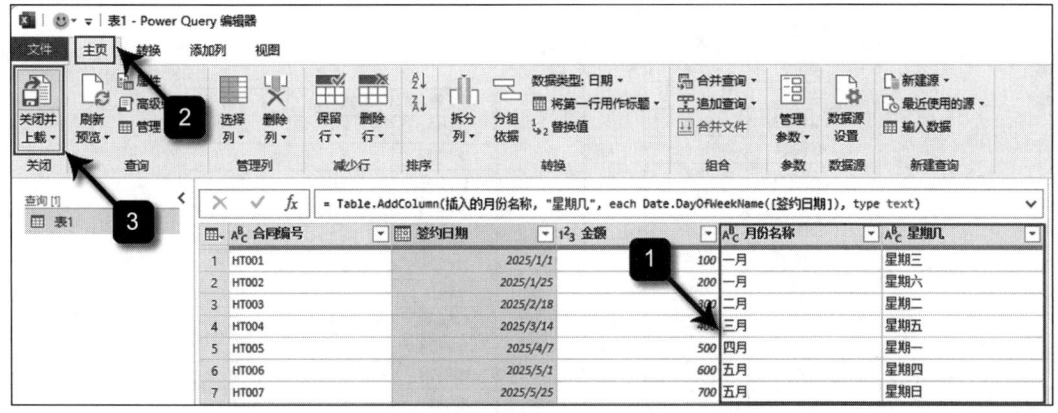

图 4-38 检查填充的月份和星期数据并上载回 Excel 工作表

5）上载回 Excel 的"表 1"中已经按日期添加了对应的"月份名称"和"星期几"，如图 4-39 所示。并且，当合同记录表中的数据增加或变更后，"表 1"中的报表支持一键刷新结果。

图 4-39 上载回 Excel 的表格已添加了"月份名称"和"星期几"

4.3.3 智能填充条件列

如何利用 Power Query 按要求智能填充条件列呢？让我们来看一个具体的示例。如图 4-40a 所示，某企业的员工考核表中记录了众多员工的考核得分。为了提升工作效率，工作人员希望能够在表格中自动根据企业的评价规则和员工的考核得分来判断其对应的评价等级，如图 4-40b 所示。该企业的评价规则包含以下 3 条。

1）考核得分大于等于 4，评价为"优"。
2）考核得分大于等于 3，评价为"良"。
3）其余考核得分小于 3，评价为"差"。

这种需求可以使用 Power Query 的条件列功能轻松实现。

	A	B
1	员工姓名	考核得分
2	李锐01	3.5
3	李锐02	4.3
4	李锐03	4.6
5	李锐04	2.8
6	李锐05	3.3
7	李锐06	3.1
8	李锐07	4.8
9	李锐08	4.4
10	李锐09	4.6
11	李锐10	3.4
12	李锐11	4.5
13	李锐12	3.3
14	李锐13	2.9
15	李锐14	3.9
16	李锐15	4.9

员工考核表

a）某家企业的员工考核表

员工姓名	考核得分	评价
李锐01	3.5	良
李锐02	4.3	优
李锐03	4.6	优
李锐04	2.8	差
李锐05	3.3	良
李锐06	3.1	良
李锐07	4.8	优
李锐08	4.4	优
李锐09	4.6	优
李锐10	3.4	良
李锐11	4.5	优
李锐12	3.3	良
李锐13	2.9	差
李锐14	3.9	良
李锐15	4.9	优

b）填充后的表格

图 4-40 原始表格和填充后的表格

利用 Power Query 按要求智能填充条件列的具体操作步骤如下。

1）将员工考核表导入 Power Query 编辑器；单击“考核得分”字段列标，选中整列数据，然后单击“添加列”选项卡下的“条件列”按钮，如图 4-41 所示。

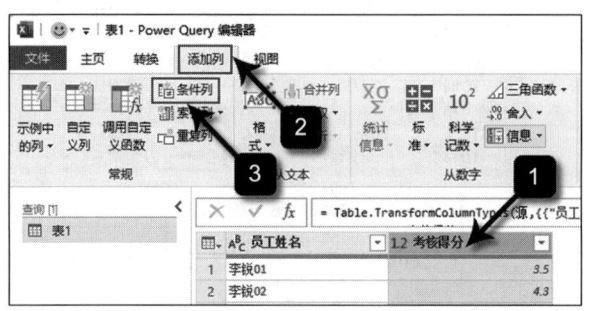

图 4-41 导入员工考核表并调用“条件列”功能

2）弹出“添加条件列”向导页面后，在“新列名”输入栏中输入“评价”，作为列字段名称。然后按照企业评价规则设置判断条件，如图 4-42 所示。

在 If 语句的条件行中设置判断条件：列名为“考核得分”，运算符为“大于或等于”，值为“4”，输出为“优”；单击“添加子句”按钮，在 Else If 语句的条件行中继续设置判断条件：列名为“考核得分”，运算符为“大于或等于”，值为“3”，输出为“良”。最后在最下方的 ELSE 语句输入栏中输入“差”，并单击“确定”按钮。

3）操作完成后，在 Power Query 编辑器中检查结果是否正确；确认无误后，单击“主页”选项卡下的“关闭并上载”按钮，将结果上载回 Excel 工作表，如图 4-43 所示。

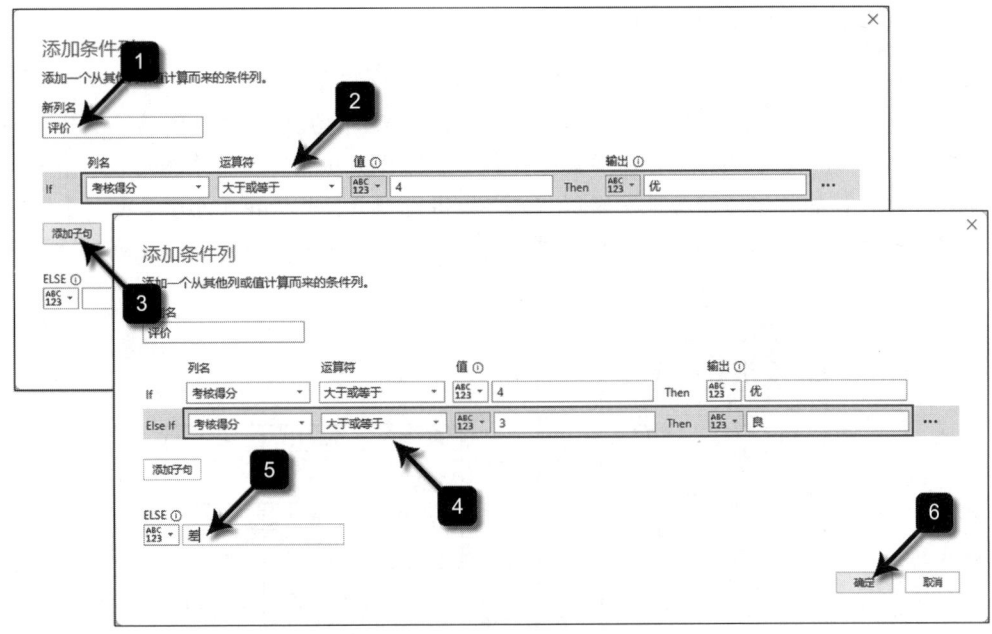

图 4-42　按照企业评价规则设置判断条件

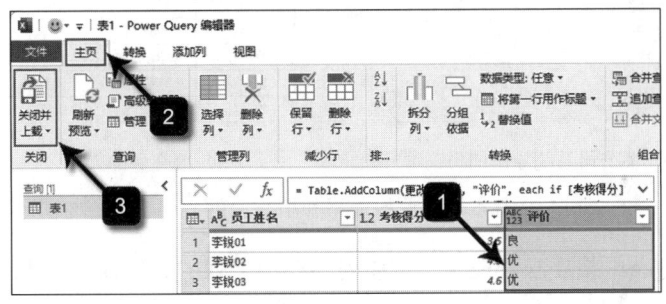

图 4-43　检查评价结果是否正确并上载回 Excel 工作表

4）上载回 Excel 的表格中已经按要求添加了"评价"列,可根据考核得分和企业的评价规则自动生成评价结果,如图 4-44 所示。

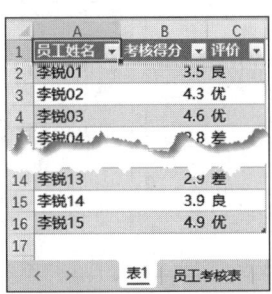

图 4-44　上载回 Excel 的表格中已包含评价列

4.3.4 智能填充索引列和自定义列

如何利用 Power Query 按要求智能填充索引列和自定义列呢？让我们来看一个具体的示例。某公司系统导出的员工编号表中包含上千名员工的编号和姓名信息，部分数据如图 4-45a 所示。为了更有效地按组别分配工作任务，工作人员希望在员工编号表中新增一个"分组"字段，目的是将所有员工按照每三人一组进行划分，并为每个小组分配一个数字编号，如图 4-45b 所示。这种需求可以使用 Power Query 的添加索引列和自定义列的功能来自动实现。

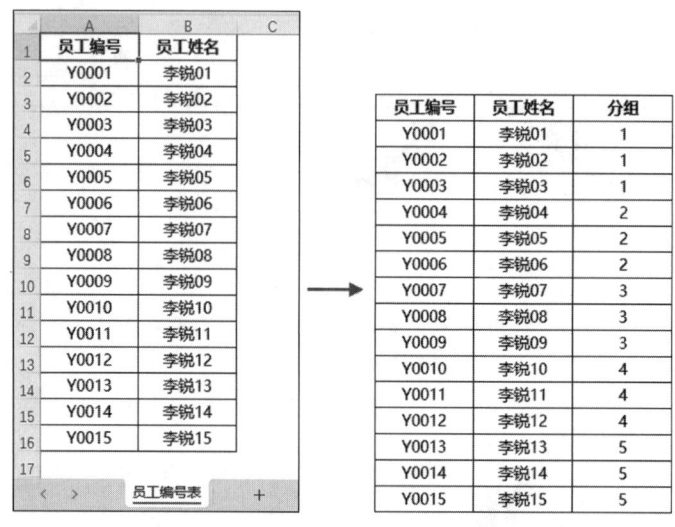

a）某公司系统导出的员工编号表　　　b）填充后的表格

图 4-45　原始表格和填充后的表格

利用 Power Query 按要求智能填充索引列和自定义列的具体操作步骤如下。

1）将员工编号表导入 Power Query 编辑器；单击"添加列"选项卡下的"索引列"按钮，新增一列从 0 到 N 的索引数字，以便后续按照索引数字创建分组信息，如图 4-46 所示。

2）单击"添加列"选项卡下的"自定义列"按钮，如图 4-47 所示。

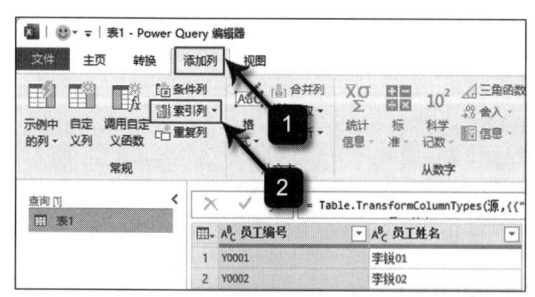

图 4-46　在表格中添加"索引列"

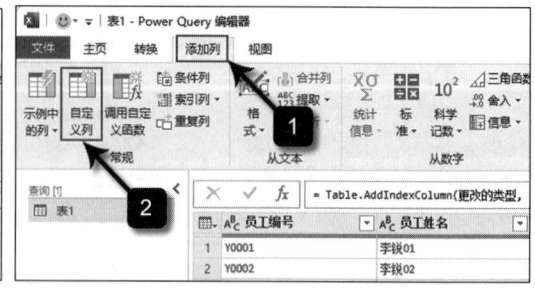

图 4-47　在表格中添加"自定义列"

3)弹出"自定义列"向导页面后,在"新列名"的输入栏中输入"分组",作为字段名称;在"自定义列公式"输入栏中输入公式,如图 4-48 所示。

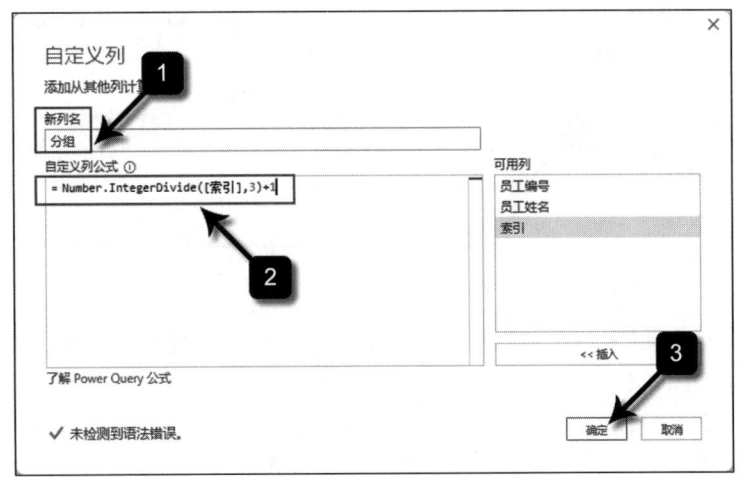

图 4-48　输入自定义列的列名和公式

Number.IntegerDivide 是 Power Query 中常用于舍入计算的 M 函数,作用是对两个数进行相除运算,并提取结果的整数部分。其语法结构如下:

Number.IntegerDivide(被除数,除数)

公式 Number.IntegerDivide([索引],3)+1 的作用是将"索引"列的数字除以 3,截尾取整后再加 1,从而得到类似于"111222333"这样依次递增的组号数字。

4)在表格中创建好自定义列"分组"后,就不再需要"索引"列了,可以将其删除,方法为:单击"索引"字段列标,选中整列数据;单击"主页"选项卡下的"删除列"按钮删除"索引"列,如图 4-49 所示。

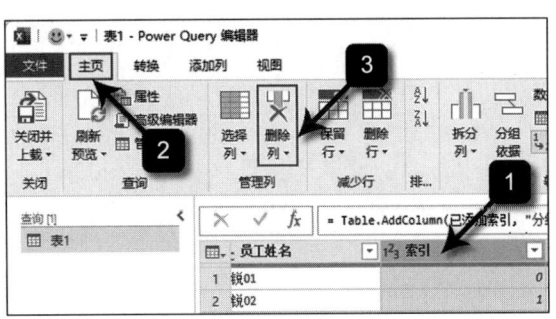

图 4-49　从表格中删除"索引"列

5)在 Power Query 编辑器中检查结果是否正确;确认无误后,单击"主页"选项卡下的"关闭并上载"按钮,将结果上载回 Excel 工作表,如图 4-50 所示。

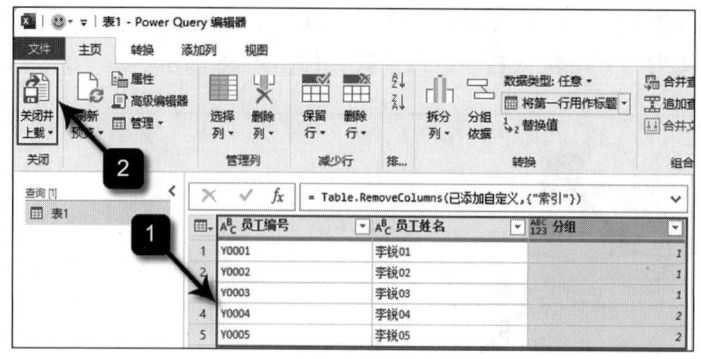

图 4-50　检查结果并上载回 Excel 工作表

6）上载回 Excel 的表格已经添加了"分组"字段，并且按要求将所有员工每 3 人编为一组，显示效果如图 4-51 所示。

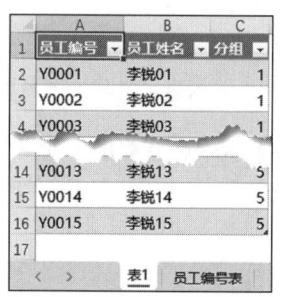

图 4-51　上载回 Excel 的表格已经添加了"分组"字段

第 2 部分 *Part 2*

数据整合与高级查询

- 第 5 章　使用 Power Query 进行数据管理
- 第 6 章　使用 Power Query 进行数据查询
- 第 7 章　使用 Power Query 进行多表合并及 M 高级查询

Chapter 5 第 5 章

使用 Power Query 进行数据管理

在数据分析工作中，高效、精准地管理数据是提升生产力的关键。Power Query 作为 Excel 和 Power BI 的核心组件，具备强大的数据管理能力，能够轻松实现数据拆分、分组统计、行列转换（包括透视与逆透视）等复杂操作，大幅减少人工处理时间，同时确保数据的一致性与准确性。

5.1 数据拆分

Power Query 可将包含复合数据的字段拆分成多个更易于管理和分析的单独字段，包括如下 3 种拆分方法。

1）将一列中的数据按照分隔符（如逗号、空格、特定字符等）拆分到多列放置。
2）按照固定字符数或位置拆分数据。
3）将一行中的复合数据拆分并分隔为多行进行放置，以便更好地进行数据分析。
下面分别结合示例进行具体讲解。

5.1.1 按分隔符拆分

如何利用 Power Query 按分隔符拆分数据呢？让我们来看一个示例。如图 5-1 所示，某企业的部门员工表中包含部门及各部门的员工，工作人员希望将"员工"列中每行的多名员工拆分到多列放置。这种需求可以利用 Power Query 的数据拆分功能轻松解决。

利用 Power Query 按分隔符拆分数据的具体操作步骤如下。
1）将部门员工表导入到 Power Query 编辑器，如图 5-2 所示。

第 5 章 使用 Power Query 进行数据管理 ❖ 81

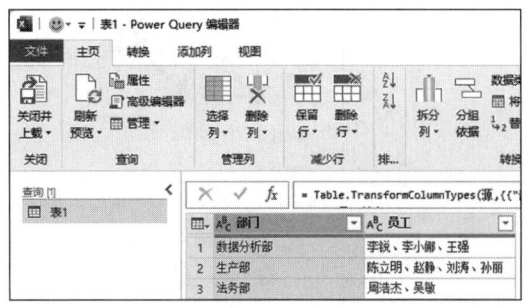

图 5-1 某企业的部门员工表　　　　图 5-2 将部门员工表导入到 Power Query 编辑器

2）通过观察可以发现，"员工"列中的多名员工之间以顿号"、"间隔，所以可以使用 Power Query 按分隔符拆分数据，方法为：选中"员工"列数据，然后依次单击"拆分列"→"按分隔符"选项即可，如图 5-3 所示。

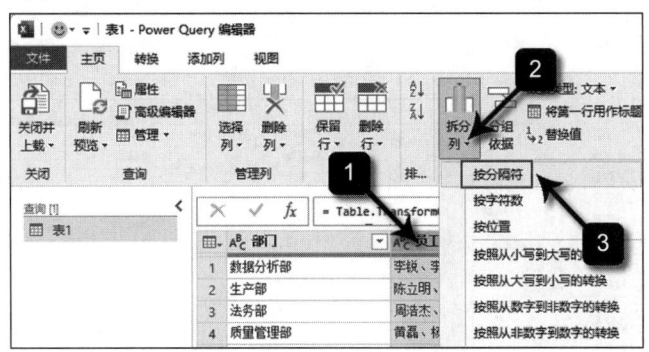

图 5-3 使用 Power Query 按分隔符拆分数据

3）在弹出的"按分隔符拆分列"对话框中，Power Query 会自动分析并获取数据源的规律，为用户自动选择分隔符和拆分位置选项，因此只需检查 Excel 自动填写的分隔符和选择的拆分位置是否正确即可。确认无误后，单击"确定"按钮，执行数据拆分，如图 5-4 所示。

4）操作完成后在 Power Query 编辑器中检查数据拆分结果，确认无误后单击"关闭并上载"按钮，将拆分结果上载回 Excel 工作表，如图 5-5 所示。

5）在上载回 Excel 的表格中，员工数据已经被拆分到多列分别放置，如图 5-6 所示。

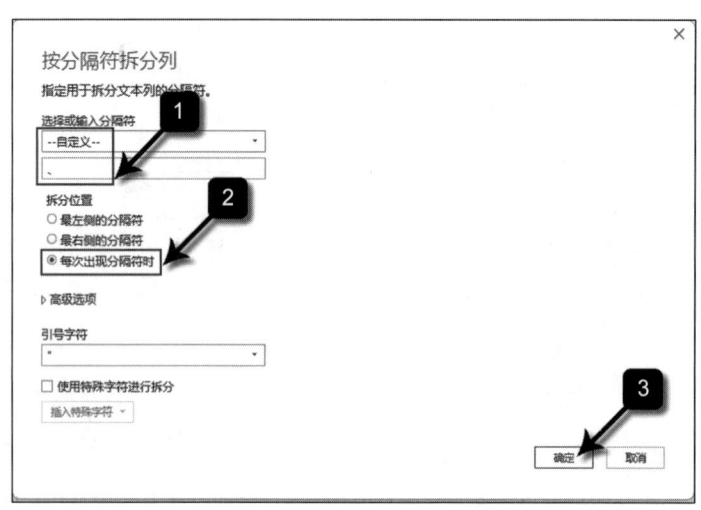

图 5-4　检查自动填写的选项并执行数据拆分

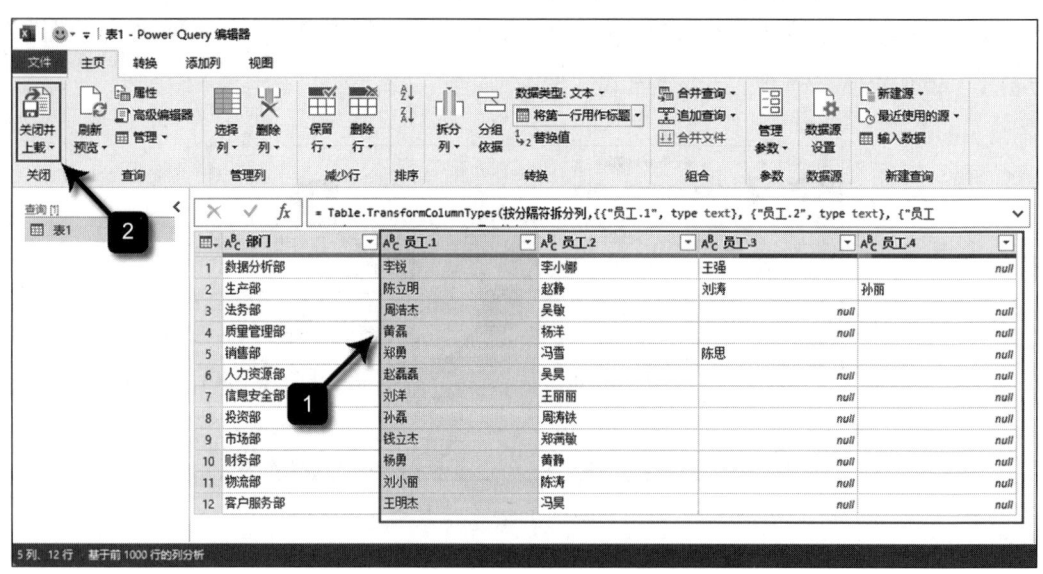

图 5-5　将拆分结果上载回 Excel 工作表

5.1.2　按字符数拆分

如何利用 Power Query 按字符数拆分数据呢？让我们来看一个示例。如图 5-7 所示，工作人员希望将四字成语表中的成语字符串拆分开，将每个成语分别放置在一列中。这种需求可以利用 Power Query 的数据拆分功能轻松解决。

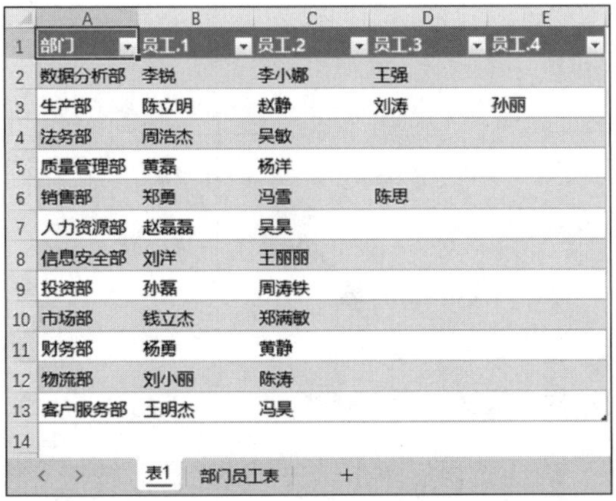

图 5-6 员工数据已经被拆分到多列分别放置

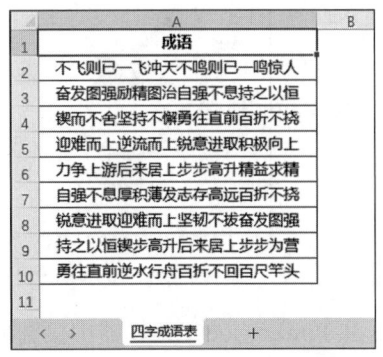

图 5-7 未拆分的四字成语表

通过观察可以发现，表中的成语字符串都是四字的，所以可以使用 Power Query 的拆分功能，按照字符数"4"对成语字符串进行拆分。

利用 Power Query 按分隔符拆分数据的具体操作步骤如下。

1）将四字成语表导入到 Power Query 编辑器；选中"成语"列数据，单击"拆分列"命令下的"按字符数"选项，如图 5-8 所示。

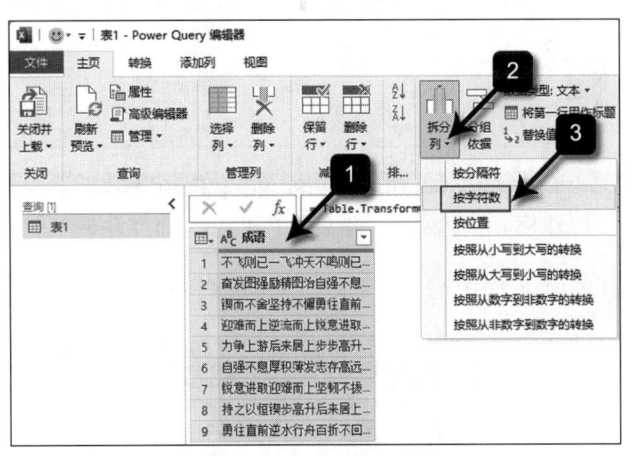

图 5-8 导入 Power Query 编辑器并按字符数拆分

2）弹出"按字符数拆分列"对话框后，在"字符数"的输入框中输入 4，在"拆分"方式的选项中选中"重复"选项，然后单击"确定"按钮，将成语字符串按照每间隔 4 个字符的规则进行拆分；重复执行多次拆分操作，直至将字符串全部拆开，如图 5-9 所示。

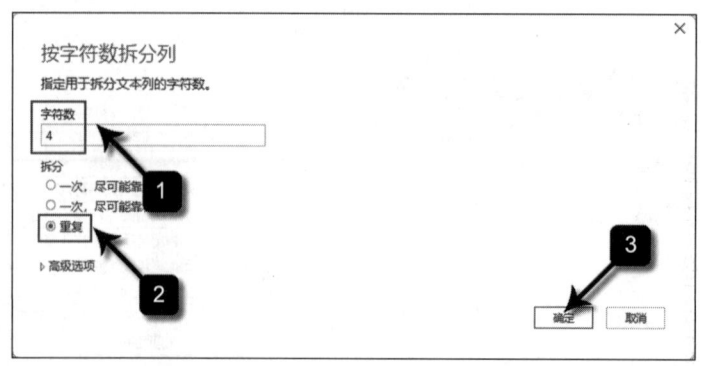

图 5-9　每间隔 4 个字符拆分一次，重复执行多次拆分

3）在 Power Query 编辑器中检查拆分结果，确认无误后单击"关闭并上载"按钮，将拆分结果上载回 Excel 工作表，如图 5-10 所示。

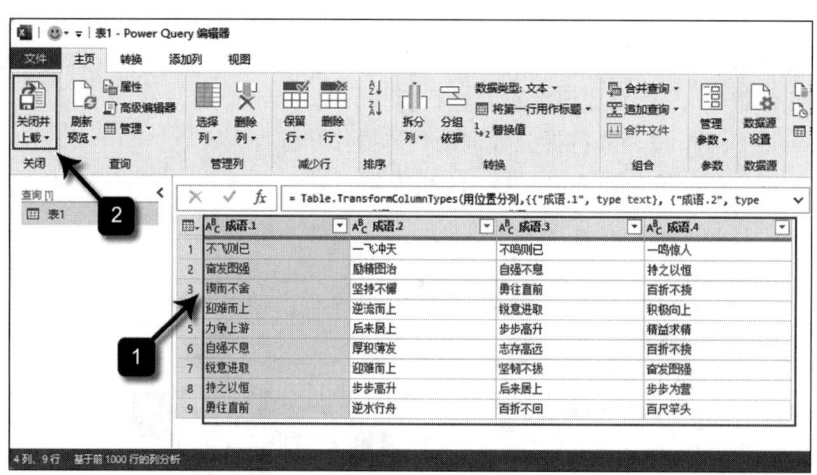

图 5-10　检查拆分结果并上载回 Excel 工作表

4）上载回 Excel 的成语表中已经按要求将每个成语分列放置了，如图 5-11 所示。

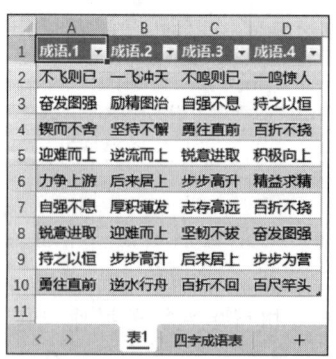

图 5-11　成语表中的每个成语已分列放置

5.1.3 将一行拆分为多行

如何利用 Power Query 将一行数据拆分为多行展示呢？让我们来看一个示例。如图 5-12a 所示，某公司的国庆节值班表中包含节假日期间的值班日期和每天值班的人员。为了按人员统计加班时长并发放加班津贴，工作人员希望将每天值班的多名人员拆分为多行记录，每条值班记录中都包含值班日期和一个值班人员，如图 5-12b 所示。这种需求可以利用 Power Query 的数据拆分功能轻松解决。

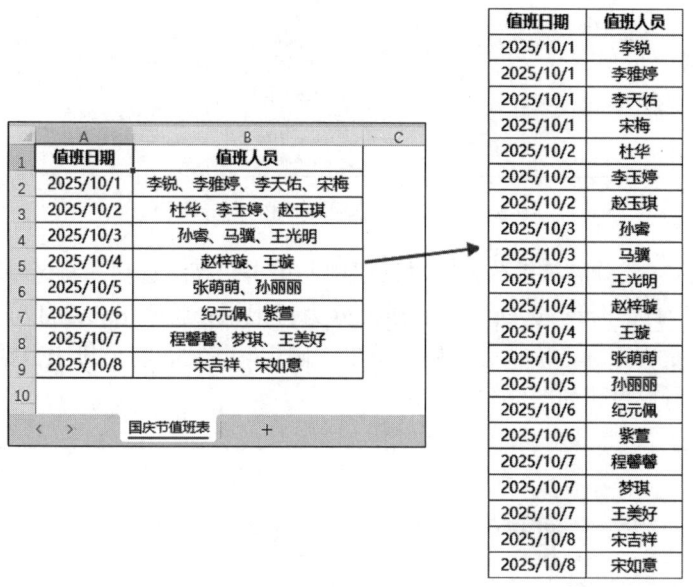

a）某公司的国庆节值班表　　　　b）拆分后的表格

图 5-12　原始表格和拆分后的表格

通过观察可以发现，值班人员之间是使用顿号"、"分隔的，所以可以使用 Power Query 的拆分功能，按照分隔符"、"将值班人员列表拆分到多行放置。

利用 Power Query 将值班表数据拆分为多行展示的具体操作步骤如下。

1）将国庆节值班表导入到 Power Query 编辑器，显示效果如图 5-13 所示。

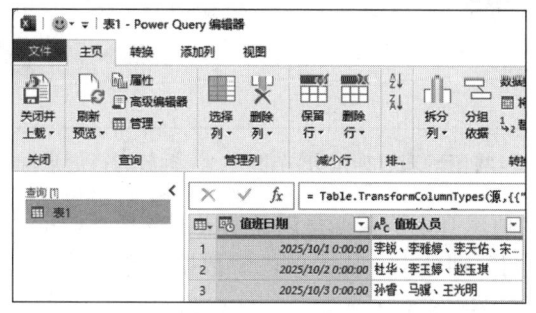

图 5-13　将国庆节值班表导入到 Power Query 编辑器

2)选中"值班人员"列数据,依次单击"拆分列"→"按分隔符"选项,如图 5-14 所示。

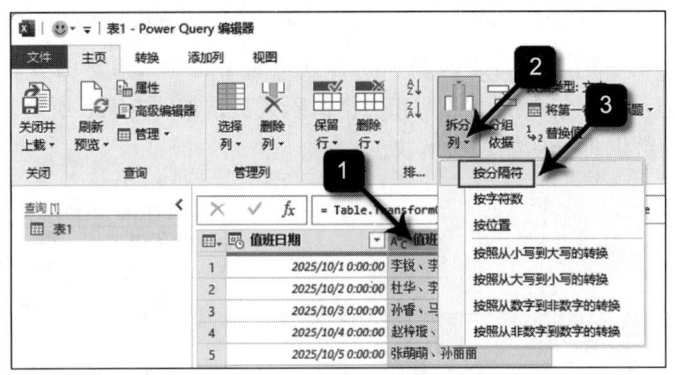

图 5-14 按分隔符拆分列的向导页面

3)在弹出的"按分隔符拆分列"对话框中,单击"高级选项"将区域展开,在"拆分为"选项区域中勾选"行"选项,将数据拆分为行记录;检查 Excel 自动填写的分隔符和选择的拆分位置是否正确,确认无误后,单击"确定"按钮,将值班表数据按分隔符"、"拆分为行记录进行放置,如图 5-15 所示。

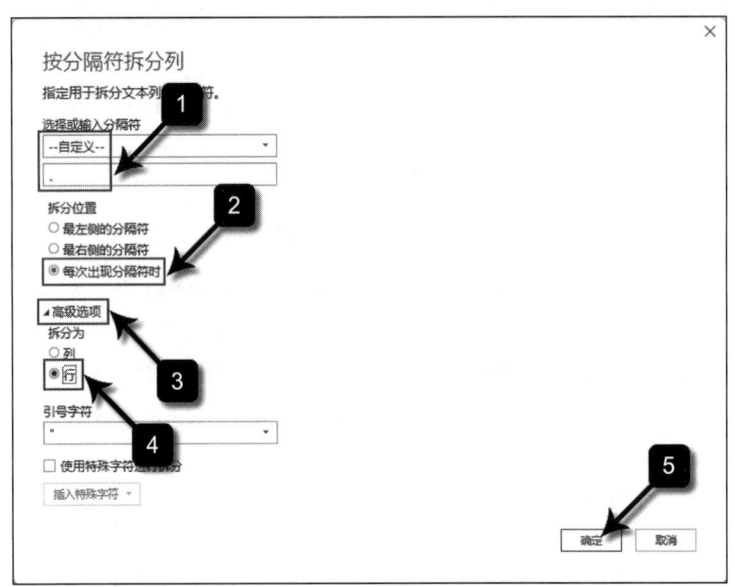

图 5-15 将值班表数据按分隔符"、"拆分为行记录进行放置

4)通过检查发现"值班日期"数据是以日期时间的格式显示,当前场景下仅需显示日期即可。选中"值班日期"列数据,依次单击"数据类型"→"日期"选项,将"值班日期"数据设置为日期格式,如图 5-16 所示。

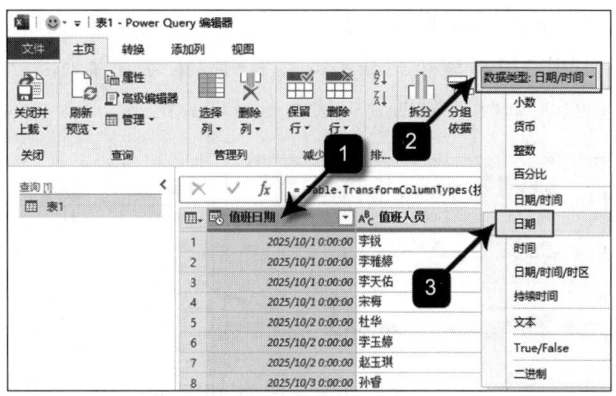

图 5-16　将"值班日期"数据设置为日期格式

5）在 Power Query 编辑器中检查拆分结果，确认无误后单击"关闭并上载"按钮，将拆分结果上载回 Excel 工作表，如图 5-17 所示。

6）上载回 Excel 的值班表"表 1"已经按要求将每天值班的多名人员拆分为多行记录，每条值班记录中都包含值班日期和一个值班人员，如图 5-18 所示。

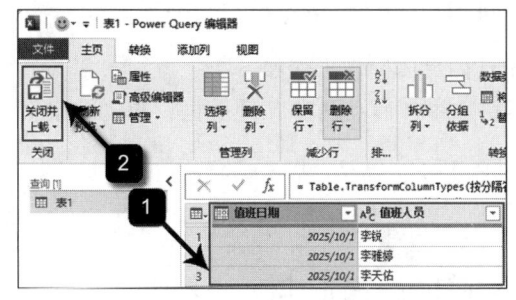

图 5-17　检查值班表拆分结果并上载回 Excel 工作表　　　图 5-18　上载回 Excel 的值班表已按要求显示

经过 Power Query 处理后的值班表"表 1"不仅可以按照当前值班安排将数据拆分到多行展示，而且当值班安排更新后，还可以一键刷新结果，自动返回按每位值班人员分行显示的值班报表，事半功倍。

5.2　数据分组

Power Query 的数据分组功能类似于 Excel 中的分类汇总，它允许用户根据一个或多个列的值对数据进行分类，并对每组数据进行聚合计算，包括求和、计数、求平均值等。

5.2.1　数据分组统计

如何利用 Power Query 按条件对数据进行分组统计呢？让我们来看一个具体的示例。

如图 5-19a 所示，某公司的商品采购表中记录了 300 多笔商品的采购单号、商品名称和数量。为了便于管理，工作人员希望按商品名称对采购数量进行分类汇总，如图 5-19b 所示。这种需求可以使用 Power Query 的数据分组功能来自动实现。

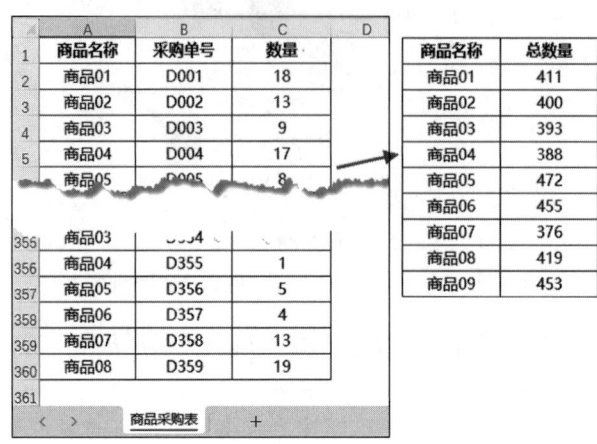

a）某公司的商品采购表　　　b）汇总后的表格

图 5-19　原始表格和汇总后的表格

利用 Power Query 按条件对数据进行分组统计的具体操作步骤如下。

1）将商品采购表导入 Power Query 编辑器；选中"商品名称"列数据，单击"主页"选项卡下的"分组依据"按钮，如图 5-20 所示。

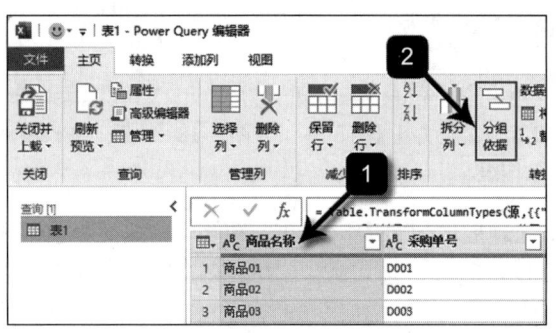

图 5-20　导入商品采购表并调用"分组依据"功能

2）弹出"分组依据"对话框后，在"新列名"输入栏中输入"总数量"，在"操作"下拉列表中选择"求和"，在"柱"下拉列表中选择"数量"，将"数量"字段的数据按照商品名称以求和统计的方式进行分类汇总，如图 5-21 所示。

3）在 Power Query 编辑器中检查分组结果。确认无误后，单击"主页"选项卡下的"关闭并上载"按钮，将结果上载回 Excel 工作表，如图 5-22 所示。

4）可以看到，上载回 Excel 的表格已经按商品名称对采购数量进行了分类汇总，如图 5-23 所示。

第 5 章 使用 Power Query 进行数据管理 ❖ 89

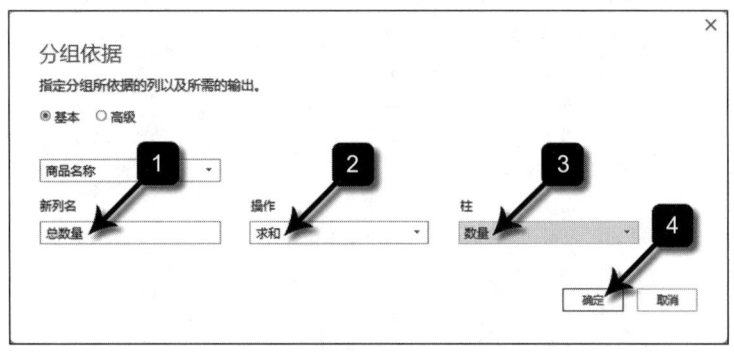

图 5-21 将数据按照商品名称进行分类汇总

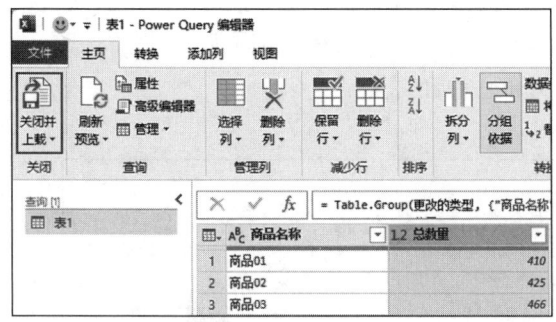

图 5-22 检查分组结果并上载回 Excel 工作表

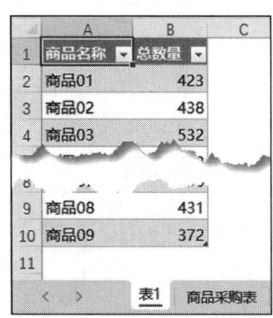

图 5-23 上载回 Excel 的表格已经按商品名称对采购数量进行了分类汇总

5.2.2 非重复计数统计

如何利用 Power Query 对报表进行非重复计数统计呢？让我们来看一个具体的示例。某企业参加大型招聘会，要在多个分区同时开设多个招聘点位。工作人员根据现场填写的应聘表制作了应聘记录表，如图 5-24a 所示。然而，由于存在一人在多个分区重复投递简历的现象，因此工作人员希望按照应聘岗位统计不重复的应聘人数，如图 5-24b 所示。

这种需求可以使用 Power Query 的报表非重复计数统计功能来自动实现，具体操作步骤如下。

1）将应聘记录表导入 Power Query 编辑器。为了统计不重复的应聘人数，我们需要保留"应聘岗位"作为分组依据列，以及"姓名"和"年龄"作为判断是否重复的依据列。其余列不参与重复判断，因此需要删除。

按住 Ctrl 键并分别单击第一列和最后一列字段的列标，同时选中"应聘表序号"和"应聘部门"这两列数据，单击"删除列"按钮将这两列删除，如图 5-25 所示。

a）某企业的应聘记录表　　　　　　　　b）处理后的表格

图 5-24　原始表格和处理后的表格

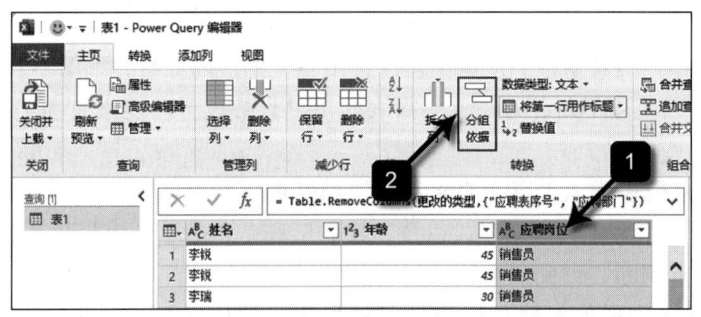

图 5-25　导入应聘记录表并删除无关列

2）选中"应聘岗位"列数据，单击"分组依据"按钮，如图 5-26 所示。

图 5-26　选中"应聘岗位"整列数据调出"分组依据"功能

3）弹出"分组依据"对话框后，设置分组依据为"应聘岗位"字段，在"新列名"输入框中输入"应聘人数"，在"操作"下拉列表中选择"非重复行计数"选项；单击"确定"按钮，Power Query 将会依据"姓名"和"年龄"判断应聘人员是否重复，并按"应聘岗位"汇总非重复行数，如图 5-27 所示。

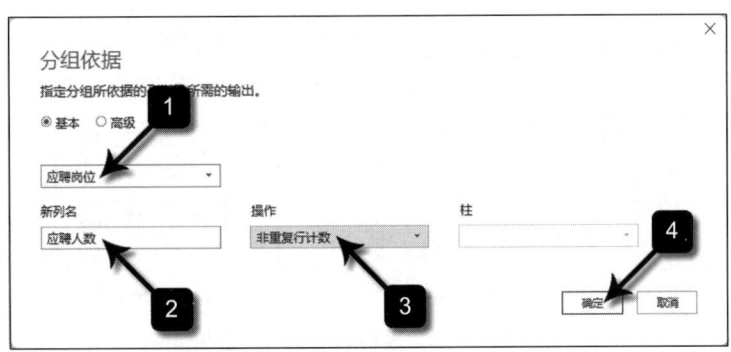

图 5-27　根据需求设置分组依据

4）在 Power Query 编辑器中检查非重复行的统计结果；确认无误后，单击"主页"选项卡下的"关闭并上载"按钮，将结果上载回 Excel 工作表，如图 5-28 所示。

5）可以看到，上载回 Excel 的报表已经按照应聘岗位统计出了不重复的应聘人数，如图 5-29 所示。

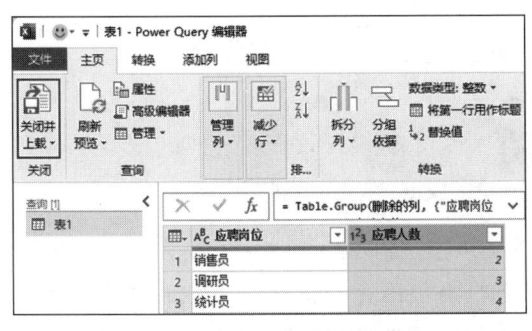

图 5-28　检查非重复行的统计结果并上载回 Excel 工作表

图 5-29　按照应聘岗位统计不重复的应聘人数

5.2.3　多级分组统计

如何利用 Power Query 对报表进行多级分组统计呢？让我们来看一个具体的示例。如图 5-30a 所示，某公司的商品销售表中记录了 200 多笔不同商品及其对应尺码的销售数量。为了更好地管理和分析销售数据，工作人员希望按照商品和尺码进行分级汇总，如图 5-30b 所示。这种需求可以使用 Power Query 的报表多级分组统计功能自动实现。

	A	B	C	D
1	订单号	商品	尺码	数量
2	D001	衬衣	XXXL	5
3	D002	T恤	L	61
4	D003	T恤	M	64
5	D004	衬衣	M	51
6	D005	牛仔裤	...	...

203	D203	...	L	79
204	D204	T恤	M	35
205	D205	牛仔裤	S	16
206	D206	衬衣	XXXL	76
207	D207	牛仔裤	XXXL	3
208	D208	T恤	L	55
209	D209	牛仔裤	S	85

商品	尺码	汇总数量
T恤	L	532
T恤	M	393
T恤	S	490
T恤	XL	389
牛仔裤	L	556
牛仔裤	M	592
牛仔裤	S	433
牛仔裤	XL	518
牛仔裤	XXL	600
牛仔裤	XXXL	463
衬衣	L	666
衬衣	M	452
衬衣	S	554
衬衣	XL	611
衬衣	XXL	663
衬衣	XXXL	590
连衣裙	L	485
连衣裙	M	482
连衣裙	S	550

a）某公司的商品销售表　　　　b）汇总后的表格

图 5-30　原始表格和汇总后的表格

利用 Power Query 对报表进行多级分组统计的具体操作步骤如下。

1）将商品销售表导入 Power Query 编辑器；按住 Ctrl 键并分别单击"商品"和"尺码"字段的列标，同时选中这两列数据，然后单击"分组依据"按钮，如图 5-31 所示。

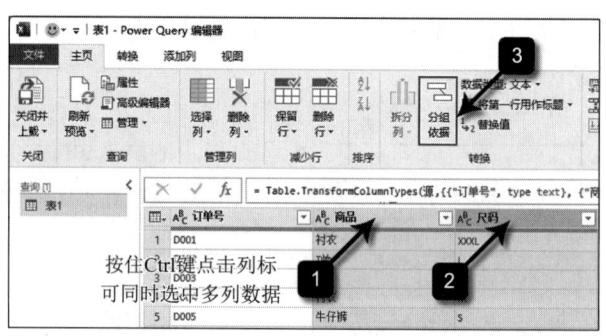

图 5-31　导入商品销售部并调用"分组依据"功能

2）弹出"分组依据"对话框后，保持"高级"分组模式不变，在"新列名"输入框中输入"汇总数量"，"操作"选项选择"求和"，"柱"选项选择"数量"；单击"确定"按钮，Power Query 将会按照"商品"和"尺码"这两个分组依据，以求和方式对"数量"字段的数据进行二级汇总统计，如图 5-32 所示。

3）在 Power Query 编辑器中执行多级分组统计后，有时会发现同一组别的数据并没有在一起显示。为了优化报表的显示效果，可以利用排序功能进行调整，具体操作步骤如下。

① 选中"商品"列数据，单击"升序"排序按钮，将表格先按照"商品"进行排列，如图 5-33 所示。

② 选中"尺码"列数据，单击"升序"排序按钮，将表格在按照"商品"排列的基础上，再对每种商品的"尺码"数据进行升序排列，如图 5-34 所示。

第 5 章　使用 Power Query 进行数据管理　◆　93

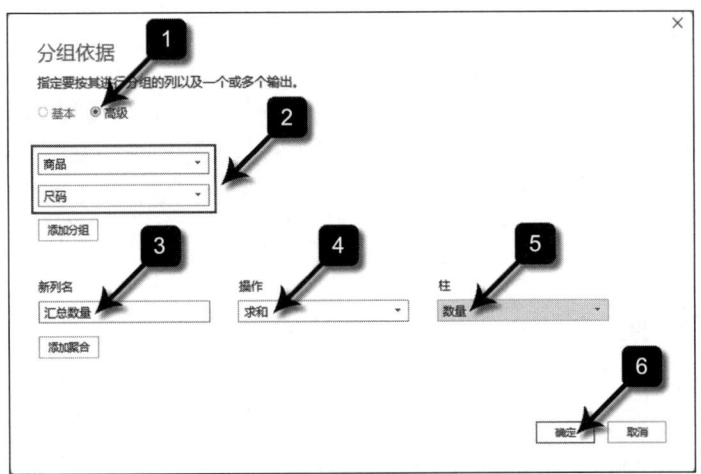

图 5-32　根据需求填写分组依据

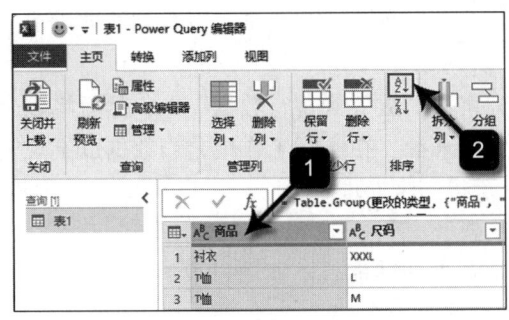

图 5-33　将表格先按照"商品"排列

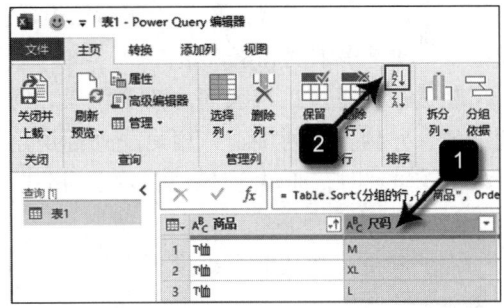

图 5-34　将表格再按照"尺码"排列

4）完善表格排列后，在 Power Query 编辑器中检查结果；确认无误后，单击"关闭并上载"按钮，将结果上载回 Excel 工作表，如图 5-35 所示。

5）上载回 Excel 的报表已经按照商品和尺码对数量进行分级汇总了，显示效果如图 5-36 所示。

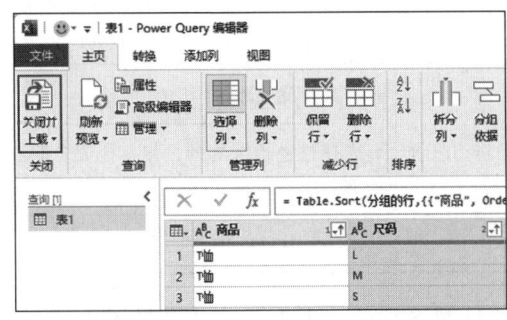

图 5-35　检查多级分组统计结果并上载回
　　　　　Excel 工作表

图 5-36　上载回 Excel 的报表已经按要求
　　　　　进行了多级分组汇总

5.3 透视列与逆透视列

透视列和逆透视列是 Power Query 中非常实用的数据工具，分别用于表格结构的扩展和简化。透视列可将一维表扩展为二维表，便于汇总和分析；逆透视列则可将二维表简化为一维表，便于后续的统一处理。两者在实际应用中相辅相成，能够将数据源整理成统一的结构，便于后续的多表合并和数据处理。

5.3.1 原理及区别

下面详细解释透视列与逆透视列的原理以及两者之间的区别。

（1）原理

透视列是将一维表扩展为二维表，将"行数据"放置到"列字段"上，然后选择一个或多个列作为"透视依据"。这些列中的值会被从"行"放置到"列"上，进而扩展表格的字段。原始数据中其他列的值会根据透视依据进行聚合（包括求和、计数、求中值、求平均值、求最大值、求最小值、不进行聚合等）。在实际工作中，经常通过透视列快速生成交叉报表，便于多维度观察数据。

逆透视列是将二维表简化为一维表，将"列字段"放置到"行数据"上，然后将多个列的值合并到一个列中，并用另一列标识这些值的来源。在实际工作中，当数据以不规则的列形式呈现时，通过逆透视可以统一格式，便于进一步处理。

（2）区别

为了方便读者从多个维度理解透视列与逆透视列的功能，下面通过表 5-1 来展示它们的区别。

表 5-1 透视列与逆透视列的区别

对比维度	透视列	逆透视列
表格结构	将一维表转换为二维表	将二维表转换为一维表
字段位置	将"行数据"放置到"列字段"上	将"列字段"放置到"行数据"上
行列数量	增加列的数量，减少行的数量	增加行的数量，减少列的数量
长宽比例	将长表转为宽表	将宽表转为长表
处理方式	选择列作为透视依据，将其他值进行聚合统计	选择要逆透视的列，将其他值合并到一列
应用场景	用于多维度分析和统计报告展示	用于索引和查询及线性增加行记录

理解了 Power Query 透视列与逆透视列的原理及区别后，下面结合几个具体示例，详细介绍它们在工作中的实际应用。

5.3.2　使用透视列功能转换数据

如何利用 Power Query 的透视列功能转换数据呢？让我们来看一个具体示例。如图 5-37a 所示，某公司会议室的座次排列表中包含参会人员的行座次和列座次。由于每次会议的参会人员不同，工作人员希望将会议室的座次排列表自动转换成会议座次表，如图 5-37b 所示。这种需求可利用 Power Query 的透视列功能可以轻松实现。

行座次	列座次	姓名
第1行	第1列	李锐1
第1行	第2列	李锐2
第1行	第3列	李锐3
第1行	第4列	李锐4
第2行	第1列	李锐5
第2行	第2列	李锐6
第2行	第3列	李锐7
第2行	第4列	李锐8
第3行	第1列	李锐9
第3行	第2列	李锐10
第3行	第3列	李锐11
第3行	第4列	李锐12
第4行	第1列	李锐13
第4行	第2列	李锐14
第4行	第3列	李锐15
第4行	第4列	李锐16
第5行	第1列	李锐17
第5行	第2列	李锐18
第5行	第3列	李锐19
第5行	第4列	李锐20

座次排列表

行座次	第1列	第2列	第3列	第4列
第1行	李锐1	李锐2	李锐3	李锐4
第2行	李锐5	李锐6	李锐7	李锐8
第3行	李锐9	李锐10	李锐11	李锐12
第4行	李锐13	李锐14	李锐15	李锐16
第5行	李锐17	李锐18	李锐19	李锐20

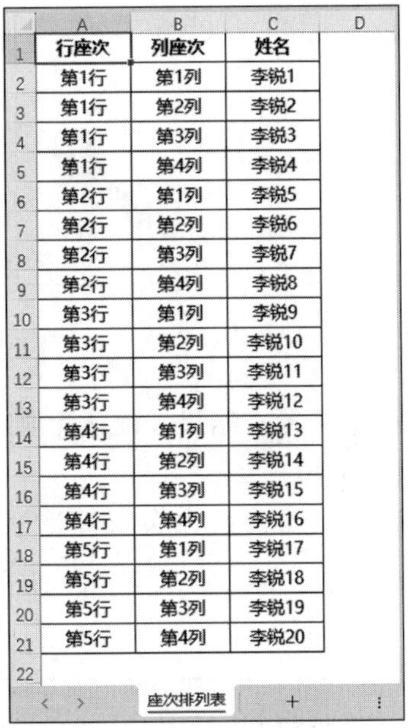

a）某公司会议室的座次排列表　　b）转换后的表格

图 5-37　原始表格和转换后的表格

利用 Power Query 的透视列功能转换数据的具体操作步骤如下。

1）先将座次排列表导入 Power Query 编辑器；单击“列座次”字段选中整列数据，然后单击“转换”选项卡下的“透视列”按钮，以“列座次”列为透视依据对表格数据进行转换，如图 5-38 所示。

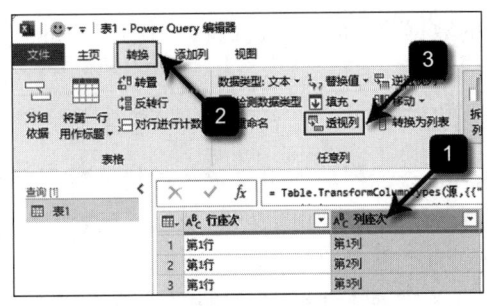

图 5-38　以“列座次”列为透视依据

2）弹出"透视列"对话框后，在"值列"下拉列表中选择"姓名"；单击"高级选项"按钮，在"聚合值函数"下拉列表中选择"不要聚合"选项；单击"确定"按钮，将"姓名"字段的数据作为值列，按透视依据列填充数据，如图 5-39 所示。

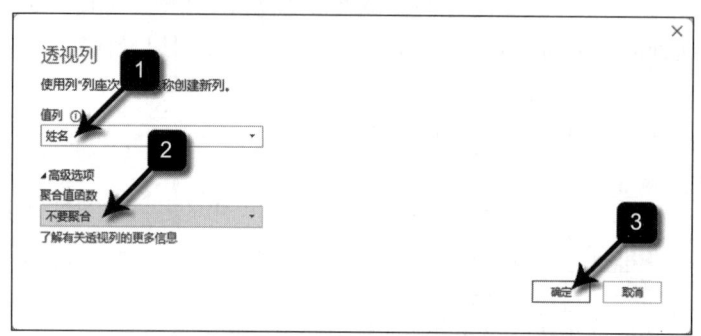

图 5-39　根据需求选择透视列的值列和聚合值函数

3）执行透视列转换后，在 Power Query 编辑器中检查结果；确认无误后，单击"关闭并上载"按钮，将结果上载回 Excel 工作表，如图 5-40 所示。

4）上载回 Excel 的表格"表 1"已经按要求自动转换为会议座次表，显示效果如图 5-41 所示。

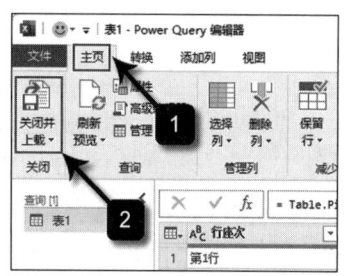

图 5-40　检查结果并上载回 Excel 工作表

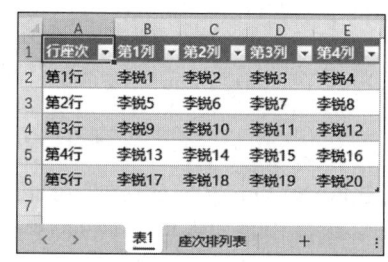

图 5-41　上载回 Excel 的表格已经按要求
自动转换为会议座次表

当"座次排列表"中的数据改变时，一键刷新"表 1"中的会议座次表结果。

5.3.3　按复杂条件转换数据

如何利用 Power Query 的透视列功能按复杂条件转换数据呢？让我们来看一个示例。某企业系统导出了近期的商品销量表，如图 5-42a 所示，该表中包含所有商品的"尺码""颜色"以及对应的销售数量。为了更好地分析销售数据，工作人员希望将"颜色"字段中的值（如"白色"和"黑色"）作为列字段，并按照"尺码""白色"和"黑色"这 3 个字段来统计销量，如图 5-42b 所示。

	A	B	C	D
1	商品	尺码	颜色	数量
2	T恤	M	白色	1
3	T恤	L	白色	2
4	T恤	XL	白色	3
5	T恤	XXL	白色	4
6	T恤	M	黑色	5
7	T恤	L	黑色	6
8	T恤	XL	黑色	7
9	T恤	XXL	黑色	8
10	衬衣	M	白色	9
32	牛仔[illegible]	[illegible]	黑色	[illegible]
33	牛仔裤	XXL	黑色	32
34	运动裤	M	白色	33
35	运动裤	L	白色	34
36	运动裤	XL	白色	35
37	运动裤	XXL	白色	36
38	运动裤	M	黑色	37
39	运动裤	L	黑色	38
40	运动裤	XL	黑色	39
41	运动裤	XXL	黑色	40
42				

商品销量表

a）某企业系统导出的近期商品销量表

商品	尺码	白色	黑色
T恤	L	2	6
T恤	M	1	5
T恤	XL	3	7
T恤	XXL	4	8
牛仔裤	L	26	30
牛仔裤	M	25	29
牛仔裤	XL	27	31
牛仔裤	XXL	28	32
衬衣	L	10	14
衬衣	M	9	13
衬衣	XL	11	15
衬衣	XXL	12	16
运动裤	L	34	38
运动裤	M	33	37
运动裤	XL	35	39
运动裤	XXL	36	40
连衣裙	L	18	22
连衣裙	M	17	21
连衣裙	XL	19	23
连衣裙	XXL	20	24

b）转换后的表格

图 5-42　原始表格与转换后的表格

这种需求可以通过 Power Query 的透视列功能轻松实现。透视列功能允许用户将特定的字段值转换为列，并将其他相关的数据聚合到这些新列中。在这个示例中，用户可以将“颜色”字段中的值（“白色”和“黑色”）分别转换为两列，同时将其他商品的销量数据按照“尺码”字段进行分组和聚合。这样，就可以得到一个清晰、直观的商品销量统计表，便于进一步的数据分析和决策制定。

利用 Power Query 的透视列功能按复杂条件转换数据的具体操作步骤如下。

1）先将商品销量表导入 Power Query 编辑器；单击“颜色”字段选中整列数据，然后单击“转换”选项卡下的“透视列”按钮，如图 5-43 所示。

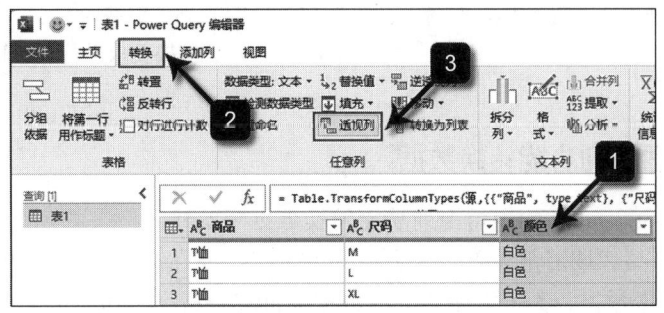

图 5-43　将“颜色”字段作为透视依据列进行转换

2）弹出"透视列"页面后，在"值列"下拉列表中选择"数量"选项；单击"高级选项"按钮，在"聚合值函数"下拉列表中选择"求和"选项，然后单击"确定"按钮，如图 5-44 所示。

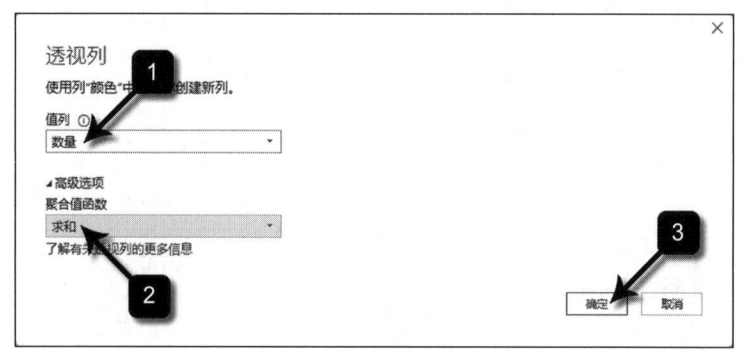

图 5-44　根据需求选择透视列的值列和聚合值函数

3）执行透视列转换后，在 Power Query 编辑器中检查结果；确认无误后，单击"关闭并上载"按钮，将结果上载回 Excel 工作表，如图 5-45 所示。

4）上载回 Excel 的"表 1"已经按要求自动按照"尺码""白色"和"黑色"这 3 个字段来统计商品销量，显示效果如图 5-46 所示。并且结果表支持数据源变更后一键刷新结果。

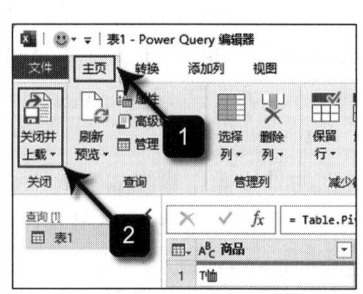 

图 5-45　检查结果并上载回 Excel 工作表　　图 5-46　上载回 Excel 的表格已经按要求进行表格转换

5.3.4　使用逆透视列功能转换数据

如何利用 Power Query 的逆透视列功能转换数据呢？让我们来看一个示例。如图 5-47a 所示，某公司的商品区域销售表以二维表结构展示了商品在"北京""上海"和"广州"这 3 个区域对应的销量数据。为了方便后续的数据查询和分析，工作人员需要将这个二维表转换为一维表，以便导入数据库系统，如图 5-47b 所示。

	A	B	C	D
1	商品名称	北京	上海	广州
2	商品01	172	386	515
3	商品02	729	737	456
4	商品03	200	309	400
5	商品04	376	122	533
6	商品05	732	979	884
7	商品06	522	175	558
8	商品07	943	207	799
9				

商品区域销量表

a）某公司的商品区域销量表

商品名称	区域	销量
商品01	北京	172
商品01	上海	386
商品01	广州	515
商品02	北京	729
商品02	上海	737
商品02	广州	456
商品03	北京	200
商品03	上海	309
商品03	广州	400
商品04	北京	376
商品04	上海	122
商品04	广州	533
商品05	北京	732
商品05	上海	979
商品05	广州	884
商品06	北京	522
商品06	上海	175
商品06	广州	558
商品07	北京	943
商品07	上海	207
商品07	广州	799

b）转换后的表格

图 5-47　原始表格与转换后的表格

这种需求可以通过 Power Query 的逆透视列功能轻松实现。逆透视列功能允许用户将特定的列字段值转换为行，并将其他相关的数据聚合到这些新行中。在这个示例中，用户可以将“北京”“上海”和“广州”这 3 个区域的销量数据分别从列转换到行上，同时将其他商品的销量数据按照“商品”字段进行分组和聚合。这样，就可以得到一个便于索引查询和线性增加行记录的商品销量统计表。

利用 Power Query 的逆透视列功能转换数据的具体操作步骤如下。

1）先将商品销量表导入 Power Query 编辑器；单击“商品名称”字段选中整列数据，再单击“转换”选项卡下“逆透视列”下拉菜单列表中的“逆透视其他列”选项，将表格按照“北京”“上海”和“广州”这 3 列进行逆透视列转换，如图 5-48 所示。

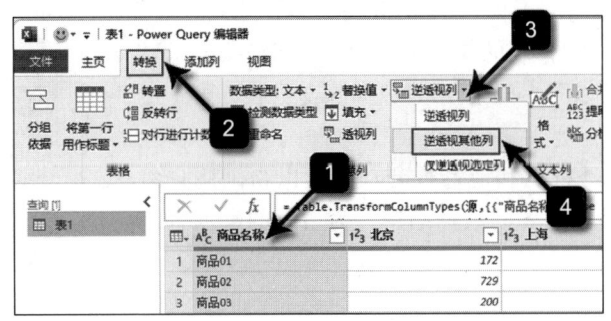

图 5-48　按照“北京”“上海”和“广州”进行逆透视列转换

2）执行逆透视列操作后，原来的“北京”“上海”和“广州”这 3 个字段名称分别从列转换到行上，集成在默认命名的"属性"列中；同时将销量数据按照"商品"字段进行分组和聚合统计，统计结果放置在默认命名的"值"列中，如图 5-49 所示。

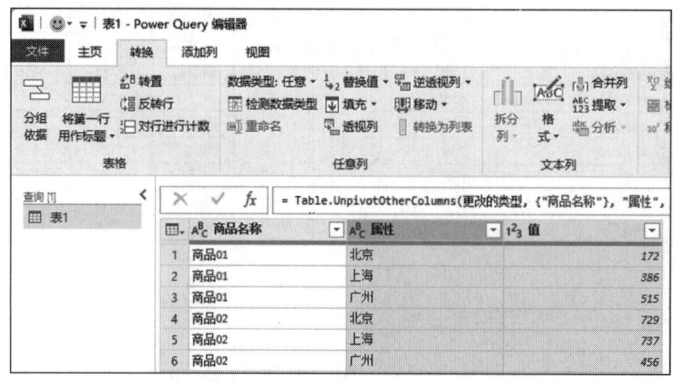

图 5-49　执行逆透视列后的默认表头和结果表

3）在逆透视列的默认表头和结果表中，根据需求重命名字段名称，方法为：双击"属性"和"值"列标，分别将其重命名为"区域"和"销量"；然后单击"主页"选项卡下的"关闭并上载"按钮，将结果表上载回 Excel 工作表，如图 5-50 所示。

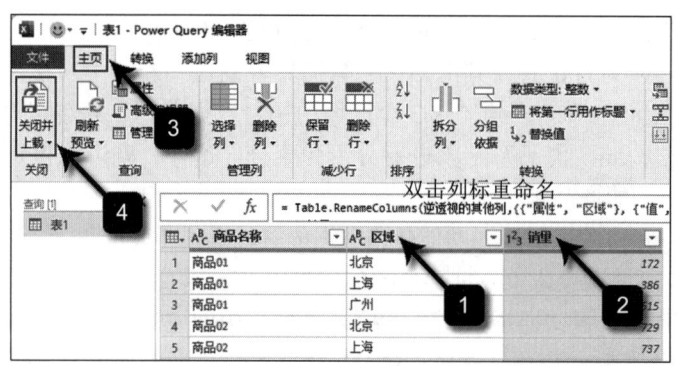

图 5-50　重命名列标并上载回 Excel 工作表

4）上载回 Excel 工作表的结果表"表 1"已经按要求转为一维表，显示效果如图 5-51 所示。数据源变更后，可一键刷新结果。

Power Query 的透视列和逆透视列功能可以帮助用户将各种报表灵活地转换为需要的数据结构，为后续的数据查询和分析奠定了基础。

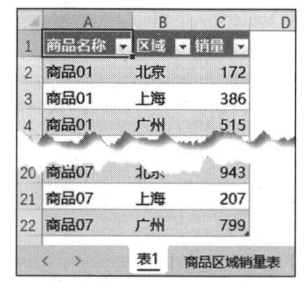

图 5-51　上载回 Excel 工作表的结果表已经按要求转为一维表

第 6 章 使用 Power Query 进行数据查询

在数据分析与处理过程中,高效的数据查询与整合能力至关重要。Power Query 能够帮助用户轻松实现多源数据的追加与合并,显著提升数据处理的自动化水平。本章将深入讲解 Power Query 的核心功能,包括通过追加查询整合结构相似的多表数据以及通过合并查询关联不同数据源中的相关信息,为后续分析提供完整、准确的数据基础。

6.1 追加查询数据

Power Query 的追加查询功能可以将一个或多个查询的数据添加到现有查询的末尾,形成一个新的查询结果。这种操作通常用于合并来自不同来源但结构相似的数据表。

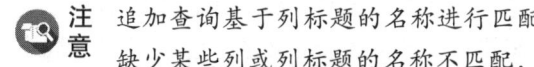
注意　追加查询基于列标题的名称进行匹配,而不是列的相对位置。如果追加的查询中缺少某些列或列标题的名称不匹配,这些列将以 NULL 值进行填充。

6.1.1 两表数据追加查询

如何利用 Power Query 对两表数据进行追加查询呢?让我们来看一个具体示例。如图 6-1a 所示,在某家公司的销售部报表中,不同区域的商品销量数据分别由销售一部和销售二部提交。随着业务的不断扩展,这两个部门提交的数据量持续增加。为了便于后续的销售统计和分析,工作人员希望将这些分散在不同区域的销售数据整合到同一张汇总表中,如图 6-1b 所示,并且当数据源新增记录时,汇总表能够自动更新,以反映最新的销售情况。

a）某家公司的销售部报表中包含销售一部和销售二部的数据　　　　b）汇总后的表格

图 6-1　原始表格和汇总后的表格

面对这样的工作需求，Power Query 的追加查询功能提供了一个高效的解决方案，可以一次性解决数据整合问题，避免重复工作，实现数据管理的自动化和高效化。

利用 Power Query 的追加查询功能将销售一部和销售二部的销售数据整合到一张汇总表中的具体操作步骤如下。

1）先将销售一部提交的数据导入 Power Query 编辑器，方法为：选中销售一部提交报表中的任意单元格（如 B4 单元格），单击"数据"选项卡下的"来自表格/区域"按钮，在弹出的"创建表"对话框中检查 Excel 自动引用的区域是否正确，确认无误后单击"确定"按钮，将销售一部提交的数据导入 Power Query 编辑器，如图 6-2 所示。

2）当工作中需要导入多个数据源或多张表的数据时，建议在导入 Power Query 编辑器后及时对查询名称进行编辑，并重命名为易于记忆和理解的名称。这种做法不仅有助于当前工作人员在调用多个查询时避免可能的混淆和错误，还能为未来维护该报表的其他同事提供清晰和友好的提示，从而促进团队合作，减少因沟通不畅而导致的无效工作。

在成功导入销售一部提交的数据后，在 Power Query 编辑器中双击默认的查询名称"表 1"，将其重命名为易记名称，如"销售一部"，如图 6-3 所示。

3）由于后续还要导入销售二部的数据，并实现对销售一部和销售二部数据的合并，因此仅需生成它们的汇总表，而无须将所有查询全部加载回 Excel 工作表区域。在这种情况下，只需建立必要的连接，以便于数据的整合和分析，方法如下。

① 单击"关闭并上载"按钮，展开下拉菜单，选择"关闭并上载至"选项，调出"导入数据"对话框，如图 6-4 所示。

② 在"导入数据"对话框中勾选"仅创建连接"选项，单击"确定"按钮，设置销售一部查询的导入方式为"仅创建连接"，如图 6-5 所示。

第 6 章 使用 Power Query 进行数据查询 ❖ 103

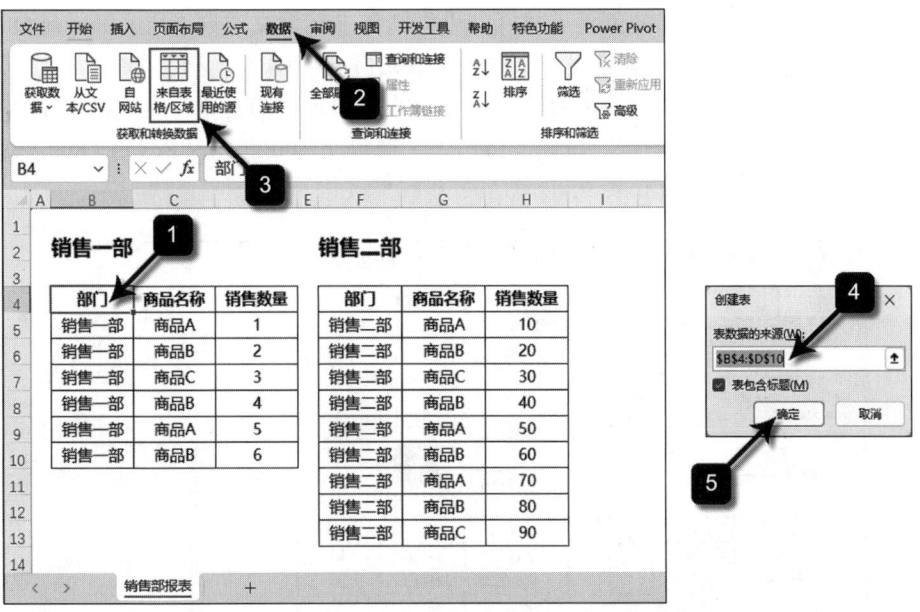

图 6-2 将销售一部提交的数据导入 Power Query 编辑器

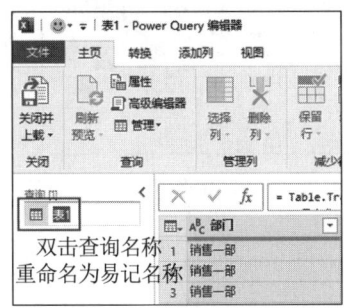

图 6-3 将导入的销售一部查询
重命名为易记名称

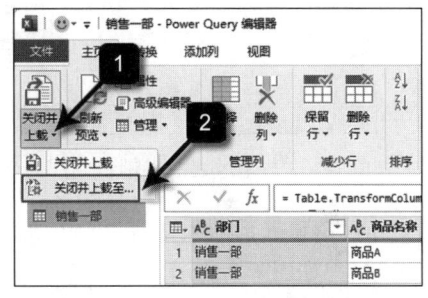

图 6-4 选中销售一部查询并调出
"导入数据"对话框

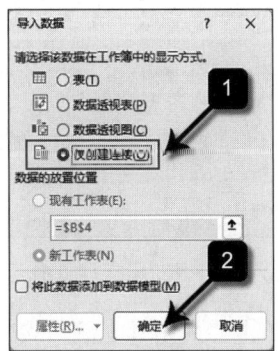

图 6-5 设置销售一部查询的导入方式为"仅创建连接"

4)导入销售一部的数据并创建连接后,再将销售二部提交的数据导入 Power Query 编辑器,方法为:选中销售二部提交报表中的任意单元格(如 F4 单元格),单击"数据"选项卡下的"来自表格/区域"按钮,在弹出的"创建表"页面中检查 Excel 自动引用的区域是否正确;确认无误后单击"确定"按钮,将销售二部提交的数据导入 Power Query 编辑器,如图 6-6 所示。

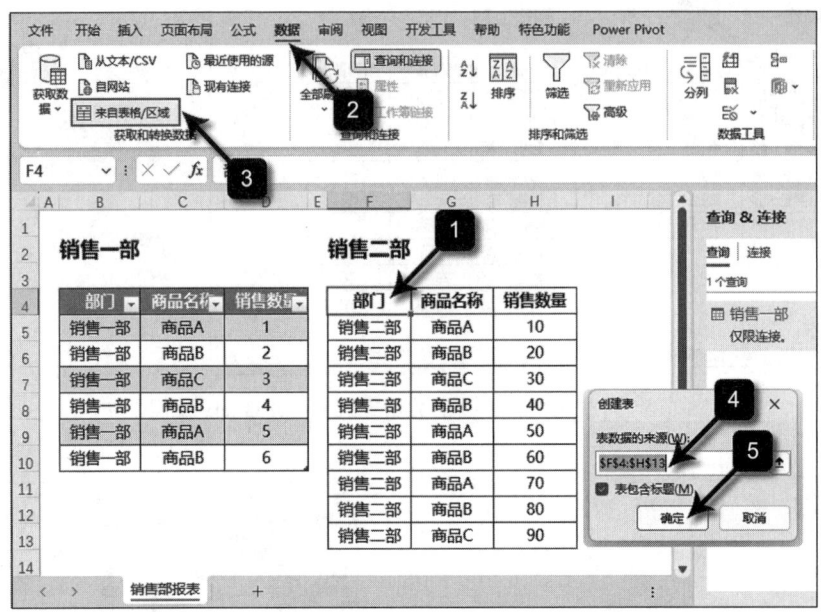

图 6-6　将销售二部提交的数据导入 Power Query 编辑器

5)导入销售二部的数据后,双击默认的查询名称"表 2",将其重命名为易记名称,如"销售二部",如图 6-7 所示。

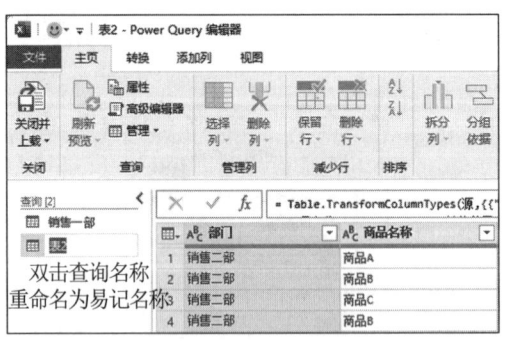

图 6-7　将导入的销售二部查询重命名为易记名称

6)选中"销售二部"查询,单击"关闭并上载"按钮,展开下拉菜单,选中"关闭并上载至"选项;在弹出的"导入数据"对话框中勾选"仅创建连接"选项,单击"确定"

第 6 章　使用 Power Query 进行数据查询　❖　105

按钮，设置销售二部查询的导入方式为"仅创建连接"，如图 6-8 所示。

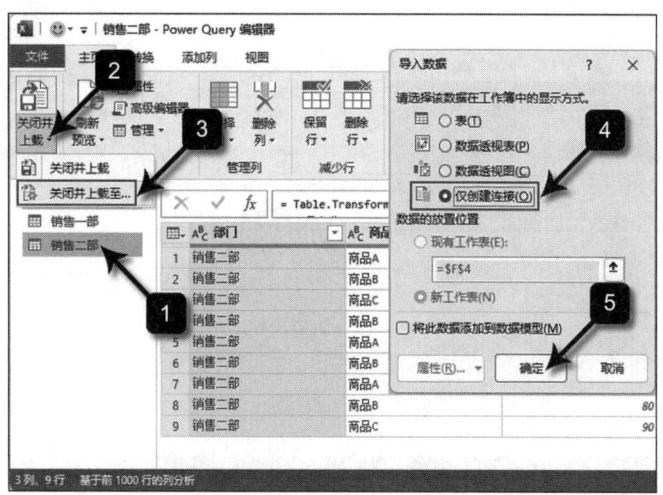

图 6-8　设置销售二部查询的导入方式为"仅创建连接"

7）跳转回 Excel 工作表界面后，在右侧的"查询 & 连接"窗口中双击查询名称（如"销售一部"），即可跳转至 Power Query 编辑器，如图 6-9 所示。

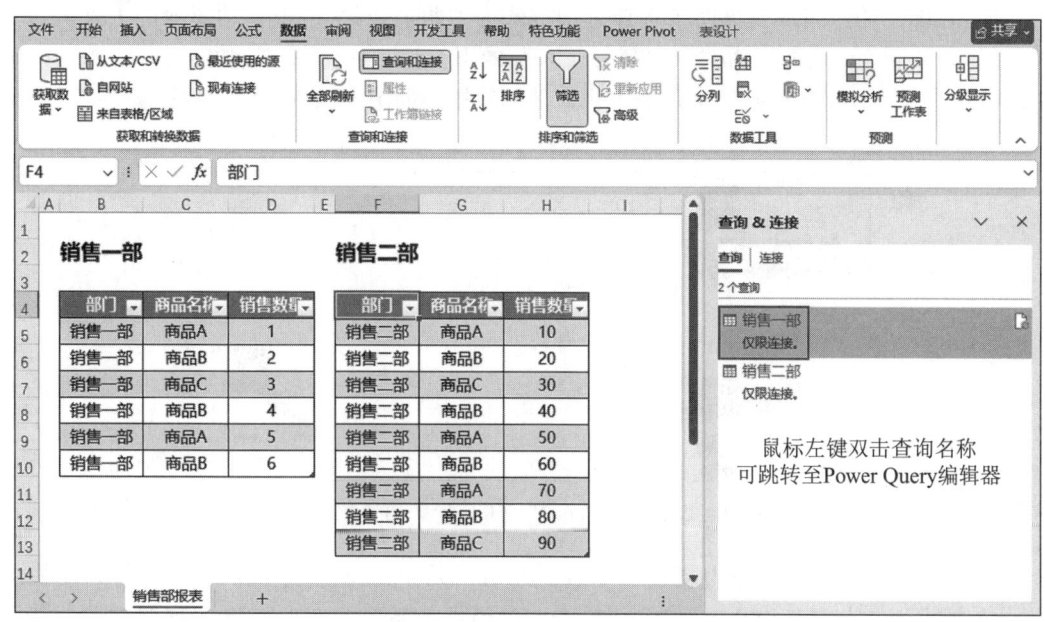

图 6-9　双击查询名称跳转至 Power Query 编辑器

8）在 Power Query 编辑器中选中"销售一部"查询，依次单击"追加查询"→"将查询追加为新查询"选项，如图 6-10 所示。

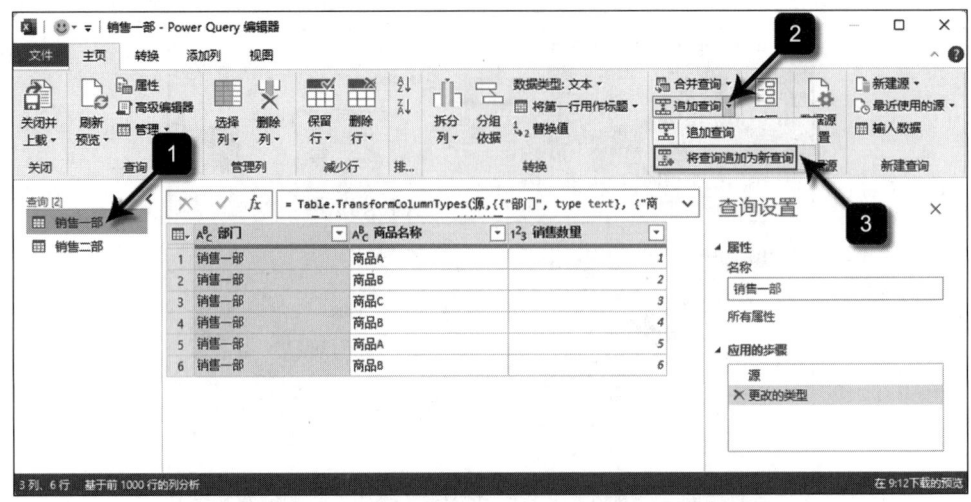

图 6-10 以"销售一部"作为主查询创建一个新的查询

该操作的作用是以"销售一部"作为主查询,在其基础上追加数据创建一个新的查询,其中包含主查询和追加的数据。

9)在弹出的"追加"页面中选择追加方式为"两个表",检查自动填入的主查询名称(如"销售一部")是否正确;在"第二张表"的下拉选项中选择"销售二部",单击"确定"按钮,在销售一部的基础上追加销售二部的数据,如图 6-11 所示。

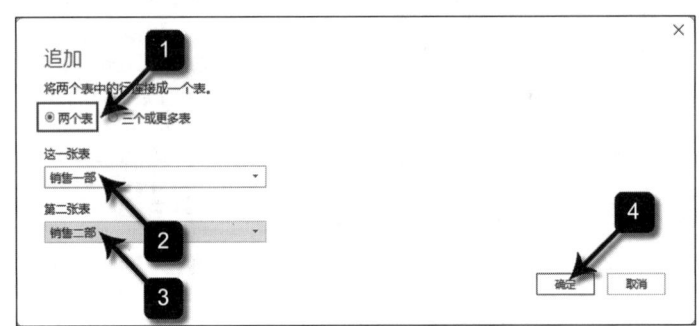

图 6-11 在销售一部的基础上追加销售二部的数据

10)执行"将查询追加为新查询"后,Power Query 编辑器左侧的"查询"导航栏中将会出现默认的查询名称"追加 1";单击"关闭并上载"按钮,将追加查询结果上载回 Excel 工作表,如图 6-12 所示。

11)上载回 Excel 的报表"追加 1"已经按要求将销售一部和销售二部的销售数据整合到一张汇总表中了,如图 6-13 所示。当数据源新增记录时,刷新汇总表"追加 1"即可自动更新结果。

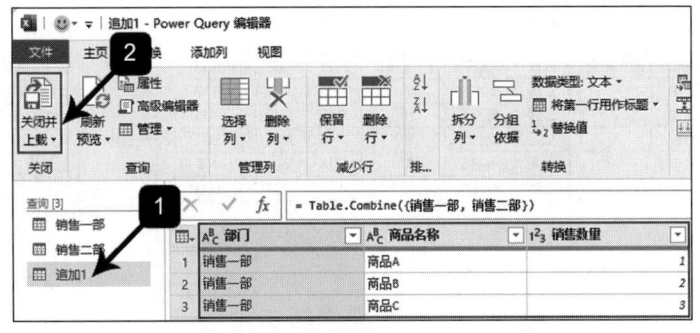

图 6-12　将追加查询结果上载回 Excel 工作表

图 6-13　上载回 Excel 的报表已按要求合并两表数据并支持刷新

6.1.2　多表数据追加查询

如何利用 Power Query 对多表数据进行追加查询呢？让我们来看一个具体示例。如图 6-14a 所示，某家公司的各区域报表中包含北京、上海和广州的销售数据。随着业务的不断扩展，这 3 个区域提交的数据量持续增加。为了便于后续的销售统计和分析，工作人员希望将这些分散在不同区域的销售数据整合到同一张汇总表中，如图 6-14b 所示。并且当数据源新增记录时，汇总表能够自动更新。

利用 Power Query 的追加查询功能可以一次性解决多表数据的整合问题，并且支持数据源增加记录后一键刷新结果，具体操作步骤如下。

1）将北京、上海、广州的销售数据分别导入 Power Query 编辑器，并将它们的查询名称分别重命名为"北京""上海"和"广州"，上载回 Excel 时的导出方式设置为"仅创建连接"，如图 6-15 所示。

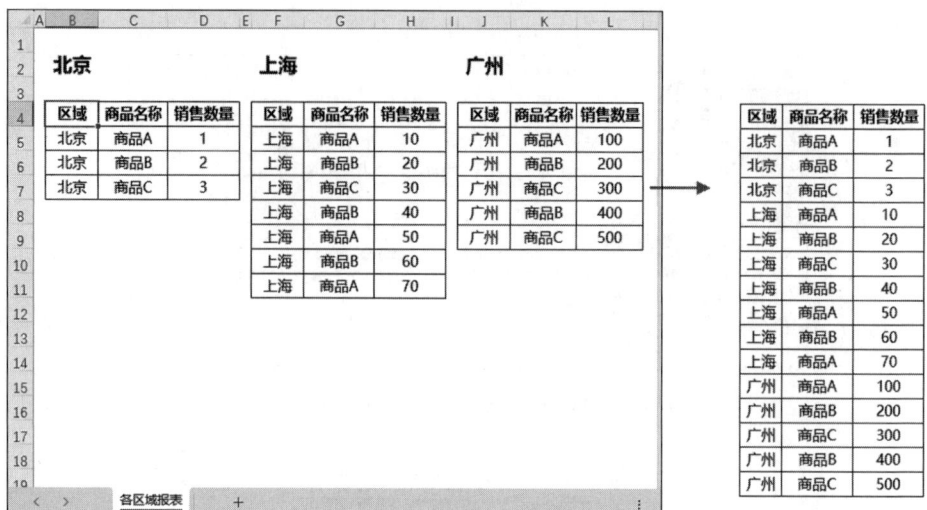

a）某家公司的各区域报表中包含北京、上海、广州的销售数据　　　　b）汇总后的表格

图 6-14　原始表格与汇总后的表格

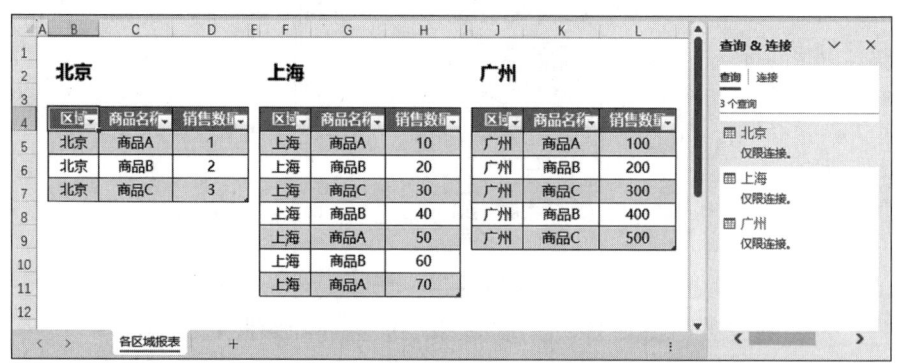

图 6-15　导入北京、上海、广州的销售数据并选择导出方式

2）在 Power Query 编辑器中选中"北京"查询，单击"追加查询"命令下的"将查询追加为新查询"选项，将"北京"作为主查询，在其基础上追加"上海"和"广州"查询中的数据，如图 6-16 所示。

3）在弹出的"追加"页面中选择"三个或更多表"的方式；在左侧的"可用表"列表框中依次选择"上海"和"广州"，单击"添加"按钮，将它们添加到右侧"要追加的表"列表框中；单击"确定"按钮，使 Power Query 按照设置的来源和次序进行追加查询，如图 6-17 所示。

4）执行追加查询后，在 Power Query 编辑器中检查结果；确认无误后选中查询"追加1"，单击"关闭并上载"按钮，将结果上载回 Excel 工作表，如图 6-18 所示。

5）上载回 Excel 的表格"追加1"已经按要求汇总了北京、上海和广州的销售数据，可一键刷新结果，如图 6-19 所示。

第 6 章 使用 Power Query 进行数据查询 ❖ 109

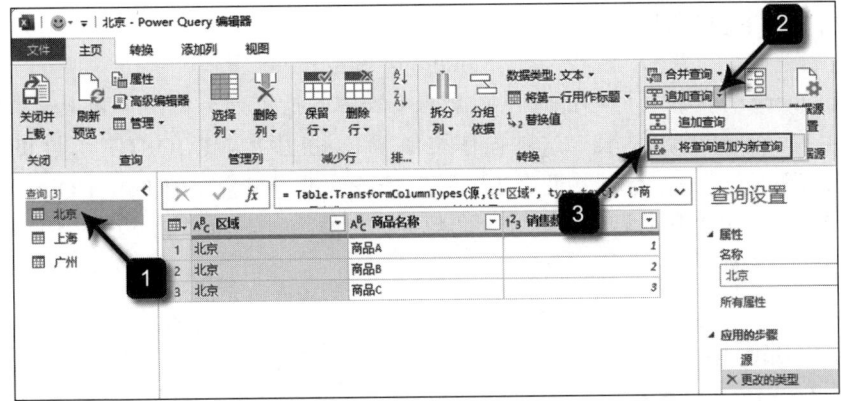

图 6-16 将"北京"作为主查询追加"上海"和"广州"的数据

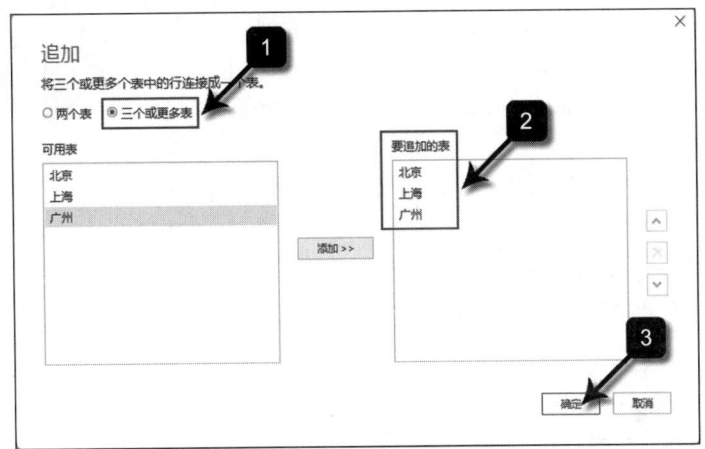

图 6-17 设置追加查询的来源和次序

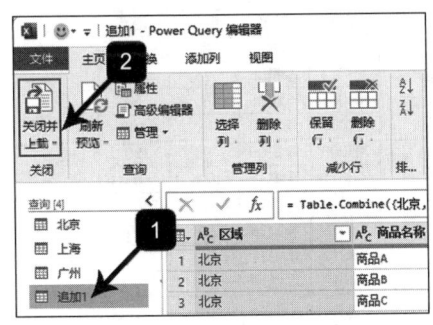

图 6-18 检查结果并上载回 Excel 工作表

图 6-19 上载回 Excel 的表格已经按要求汇总了多表数据

6.2 合并查询数据

Power Query 的合并查询功能通过匹配两个表中的指定列，将两个表根据特定条件连接起来，生成一个新的汇总表。这种操作类似于 Excel 中的 VLOOKUP 函数和 SQL 中的 JOIN 语句，都是按照一定条件将两个表的数据按条件进行组合，但 Power Query 提供了更灵活的连接方式、更直观的界面和更强大的数据处理能力。下面详细介绍使用 Power Query 进行合并查询的 6 种方式。

6.2.1 左外部连接

左外部连接会返回左表（通常称为表 1）中的所有行，以及右表（通常称为表 2）中与左表相匹配的行，如图 6-20 所示。

如果左表的某条记录在右表（表 2）中没有匹配项，则在结果中为右表的列填充空值（null）。

下面结合示例详细介绍使用 Power Query 的左外部连接功能合并数据的方法。

图 6-20　左外部连接

如图 6-21a 所示，某学校的学生学号及成绩表中包含学号表（左表）和成绩表（右表）。工作人员希望按照左表中的学号从右表查询对应的成绩数据，并将左表数据与右表中对应的数学和语文成绩合并成一个表格，如图 6-21b 所示。利用 Power Query 的左外部连接功能可以轻松实现这一需求，具体操作步骤如下。

学号表

学号	姓名
XH001	李锐01
XH003	李锐03
XH005	李锐05
XH007	李锐07
XH009	李锐09
XH011	李锐11
XH013	李锐13
XH015	李锐15
XH017	李锐17
XH019	李锐19

成绩表

学号	数学	语文
XH001	87	92
XH002	63	71
XH003	73	99
XH004	74	61
XH005	60	53
XH006	51	94
XH007	50	100
XH008	95	76
XH009	99	90
XH010	88	88
XH011	74	86
XH012	53	74
XH013	59	67
XH014	59	80
XH015	70	90
XH016	100	68

学生学号及成绩表

a）学生学号及成绩表

学号	姓名	数学	语文
XH001	李锐01	87	92
XH003	李锐03	73	99
XH005	李锐05	60	53
XH007	李锐07	50	100
XH009	李锐09	99	90
XH011	李锐11	74	86
XH013	李锐13	59	67
XH015	李锐15	70	90
XH017	李锐17		
XH019	李锐19		

b）合并后的表格

图 6-21　原始表格及合并后的表格

1）先将"学号表"和"成绩表"依次导入 Power Query 编辑器，保持默认的查询名称"表1"和"表2"；单击"关闭并上载至"按钮，在弹出的"导入数据"对话框中勾选"仅创建连接"选项，单击"确定"按钮，将它上载回 Excel；在 Excel 工作表右侧的"查询 & 连接"界面中双击查询名称（如"表1"），跳转至 Power Query 编辑器界面，如图 6-22 所示。

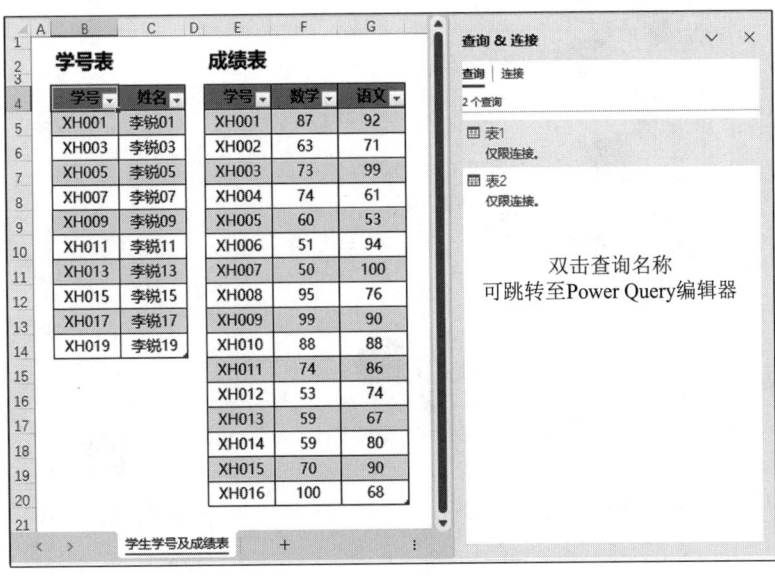

图 6-22　导入数据源并跳转到 Power Query 编辑器

2）在 Power Query 编辑器中选中查询"表 1"，单击"合并查询"下拉菜单按钮，选中"将查询合并为新查询"选项，调出"合并"对话框，如图 6-23 所示。

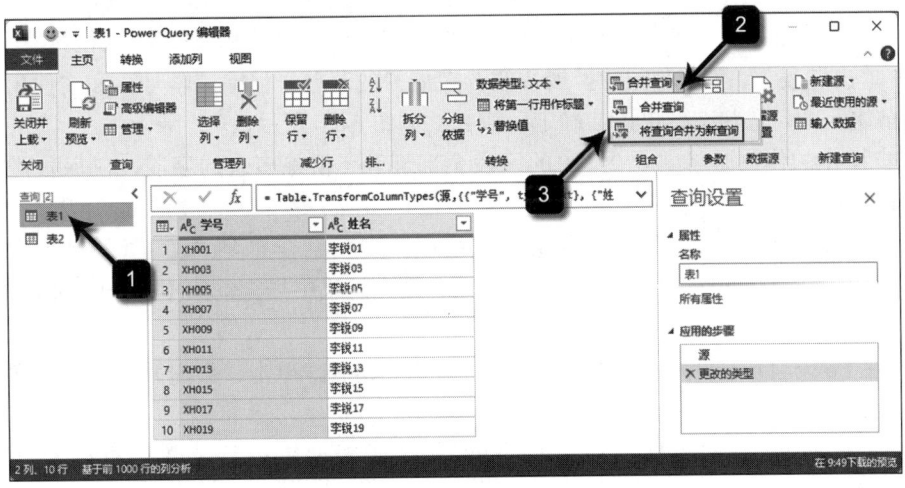

图 6-23　调出"合并"对话框

3）在弹出的"合并"对话框中选择"表1""表2"作为合并表，在两表中单击"学号"字段的列标，将其作为匹配列；在"联接种类"下拉列表中选择"左外部（第一个中的所有行，第二个中的匹配行）"，单击"确定"按钮，如图6-24所示。

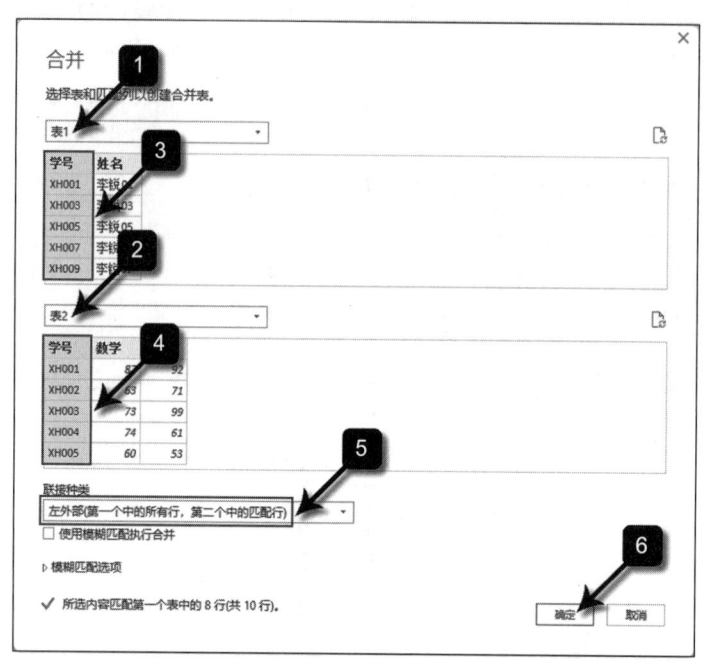

图6-24　在"合并"对话框中进行设置

这步操作旨在让Power Query按照指定的查询表、匹配列和联接种类进行合并查询。

4）执行合并查询后，保持默认的查询名称"合并1"不另行修改；在Power Query编辑器中可以看到"表1"和"表2"中的数据已经被合并至一个表格中，只是"表2"中的多个字段没有全部展开，被集成在一列中以"Table"形式存储，如图6-25所示。

5）单击"表2"字段右侧的扩展按钮，在展开的菜单中清除"学号"和"使用原始列名作为前缀"的勾选状态，单击"确定"按钮，如图6-26所示。

这步操作的作用是将"表2"中的字段全部展开，清除多余的字段，仅保留需要的数据，并将其合并在表格中。

将"表2"中的"数学"和"语文"成绩按匹配关系合并至"表1"的过程中，如果"表1"中的某条记录在"表2"中没有匹配项，则在结果中填充空值（null）。例如"学号"列中，"XH017"和"XH019"的成绩均为空。

6）在Power Query编辑器中检查结果，确认无误后，单击"关闭并上载"按钮将结果上载回Excel工作表，如图6-27所示。

7）上载回Excel的表格"合并1"已经按要求对两表进行了数据查询及合并，如图6-28所示。

第 6 章 使用 Power Query 进行数据查询 ❖ 113

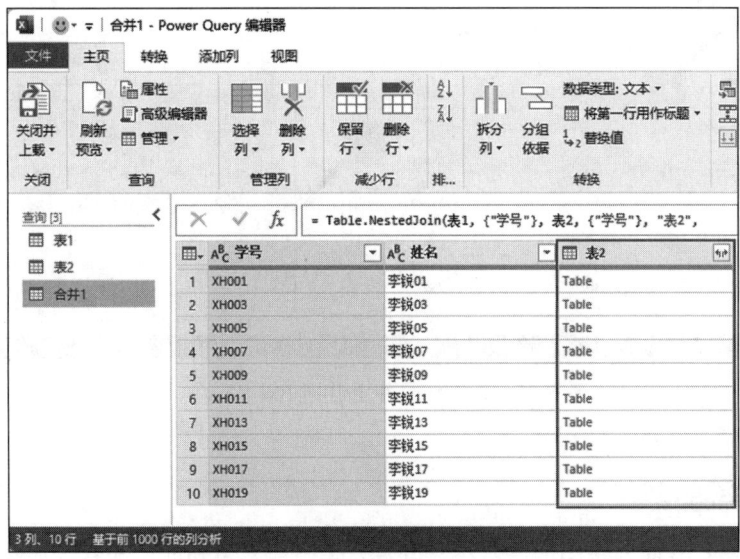

图 6-25 执行合并查询后的表格

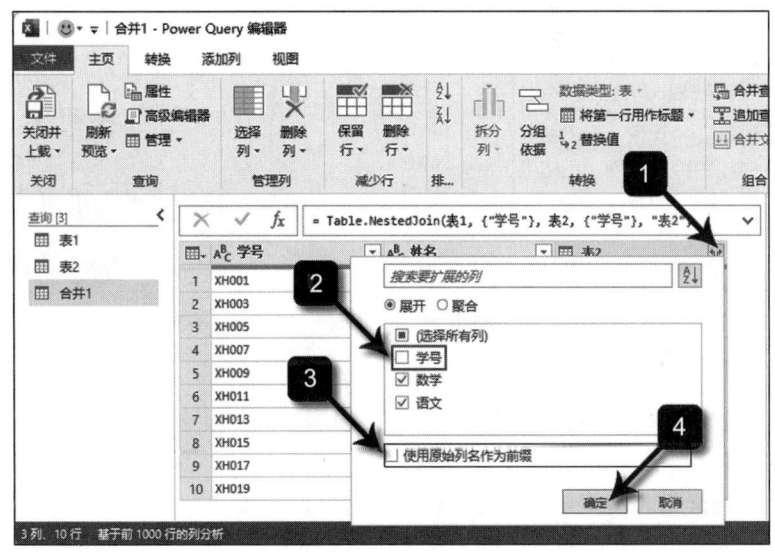

图 6-26 清除"学号"和"使用原始列名作为前缀"的勾选状态

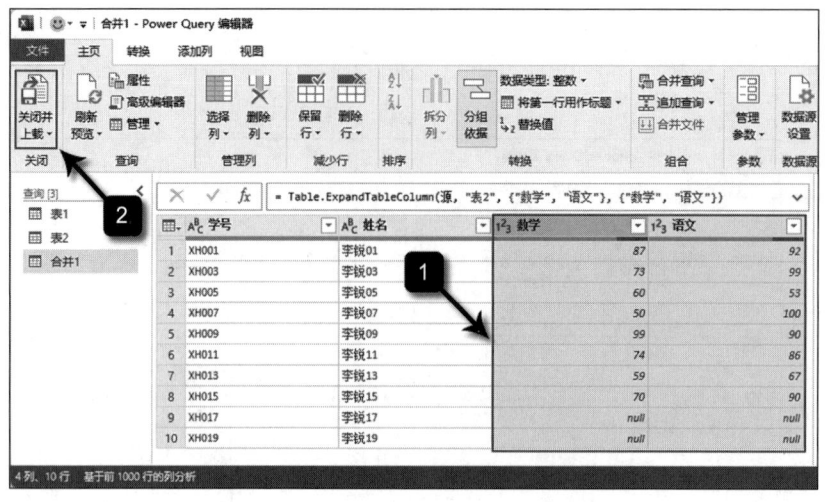

图 6-27　检查结果并上载回 Excel 工作表

6.2.2　右外部连接

右外部连接会返回右表中的所有行，以及左表中与右表相匹配的行，如图 6-29 所示。

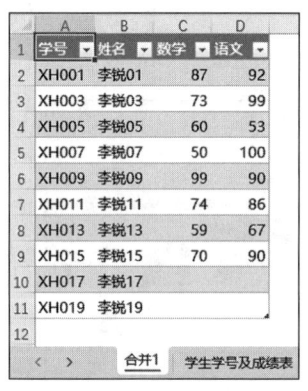

图 6-28　上载回 Excel 的表格已经按要求
　　　　对两表进行了数据查询及合并

图 6-29　右外部连接

如果右表（如表 2）中的某条记录在左表（如表 1）中没有匹配项，则在结果中为左表（表 1）的列填充空值（null）。

下面结合示例详细介绍使用 Power Query 的右外部连接功能合并数据的方法。

如图 6-30a 所示，某企业的员工信息及评比结果表中包含员工信息表（左表）和评比结果表（右表）。工作人员希望按照右表中的姓名从左表查询对应的年龄和部门数据，并将右表和左表中的对应信息合并成一个表格，如图 6-30b 所示。利用 Power Query 的右外部连接功能可以轻松实现这种需求，具体操作步骤如下。

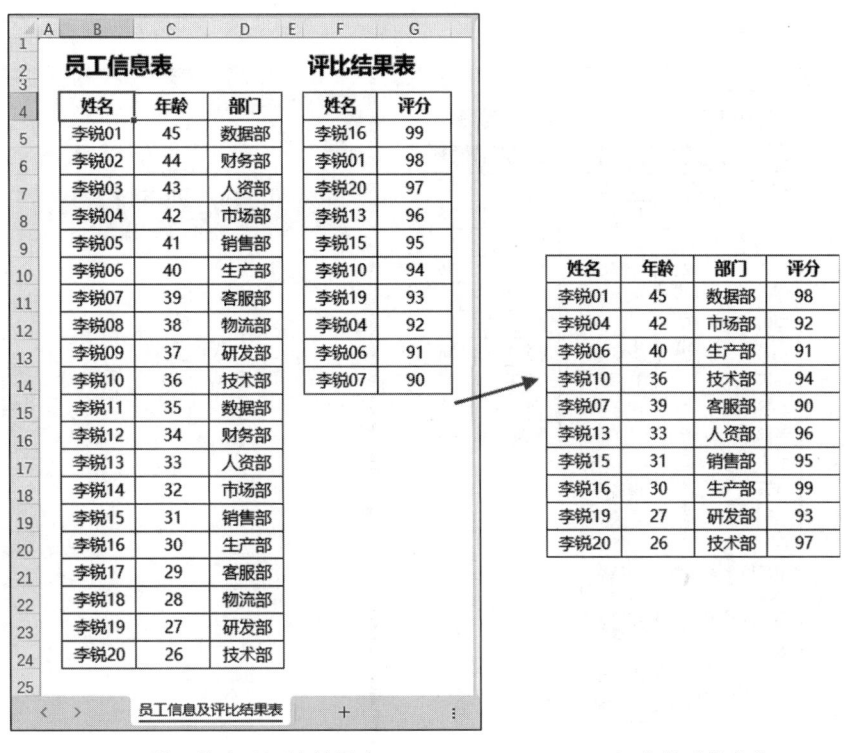

a）员工信息及评比结果表　　　　　　　　b）合并后的表格

图 6-30　原始表格及合并后的表格

1）先将"员工信息表"和"评比结果表"依次导入 Power Query 编辑器，保持默认的查询名称"表1"和"表2"不另行修改；单击"关闭并上载至"按钮，在弹出的"导入数据"对话框中勾选"仅创建连接"选项，将它们上载回 Excel；在 Excel 工作表右侧的"查询 & 连接"界面中双击查询名称（如"表1"），跳转至 Power Query 编辑器界面，如图 6-31 所示。

2）在 Power Query 编辑器中选中查询"表1"，单击"合并查询"下拉菜单按钮，选中"将查询合并为新查询"选项，调出"合并"对话框，如图 6-32 所示。

3）在弹出的"合并"对话框中选择"表1""表2"作为合并表，在两表中单击"姓名"字段的列标，将其作为匹配列；在"联接种类"下拉列表中选择"右外部（第二个中的所有行，第一个中的匹配行）"，单击"确定"按钮，如图 6-33 所示。

这步操作的作用是让 Power Query 按照指定的查询表、匹配列和联接种类进行合并查询。

4）执行合并查询后，保持默认的查询名称"合并1"不另行修改；在 Power Query 编辑器中可以看到"表1"和"表2"中的数据已经被合并至一个表格中，只是"表2"中的多个字段没有全部展开，被集成在一列中以"Table"形式存储，如图 6-34 所示。

116　❖　数据建模与数据分析：基于 Power Query 与 Power Pivot

图 6-31　导入数据源并跳转到 Power Query 编辑器

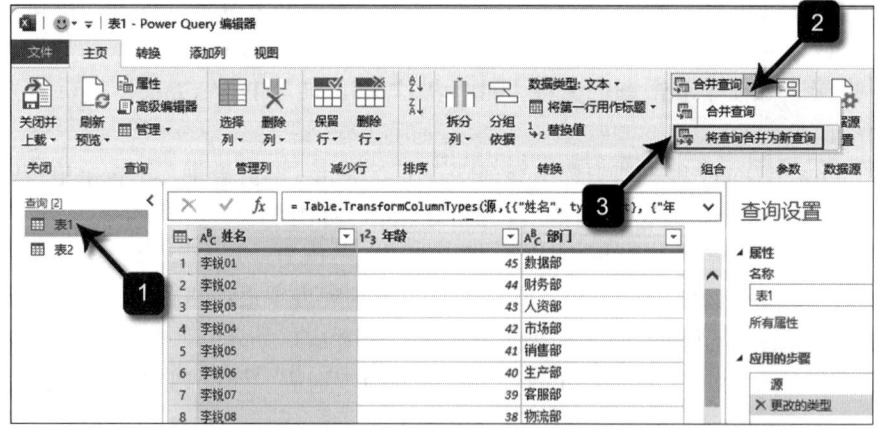

图 6-32　调出"合并"对话框

第 6 章　使用 Power Query 进行数据查询　❖　117

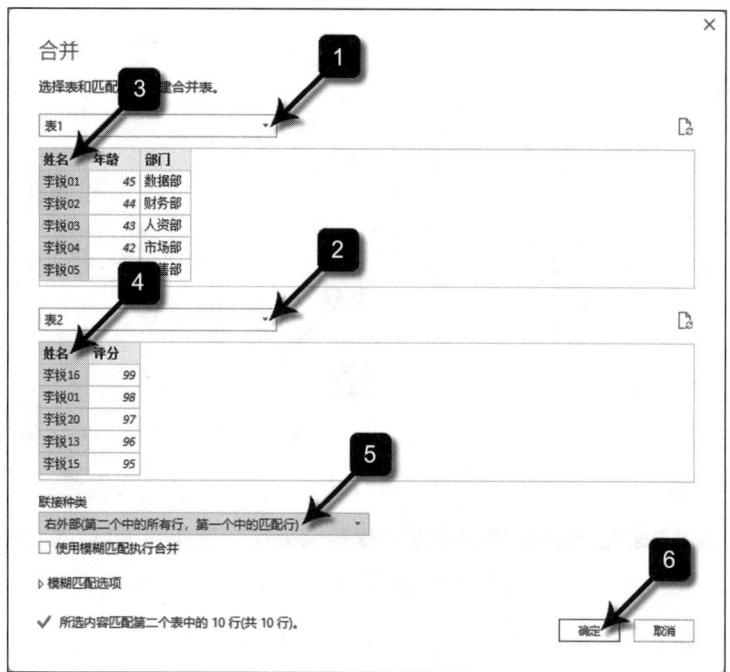

图 6-33　在"合并"对话框中进行设置

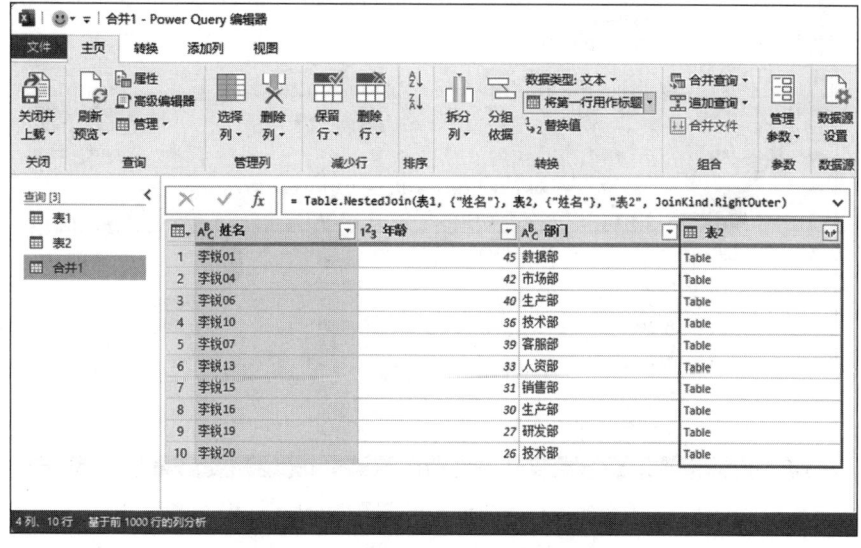

图 6-34　执行合并查询后的表格

5）单击"表 2"字段右侧的扩展按钮，在展开的菜单中清除"姓名"和"使用原始列名作为前缀"的勾选状态，单击"确定"按钮，如图 6-35 所示。

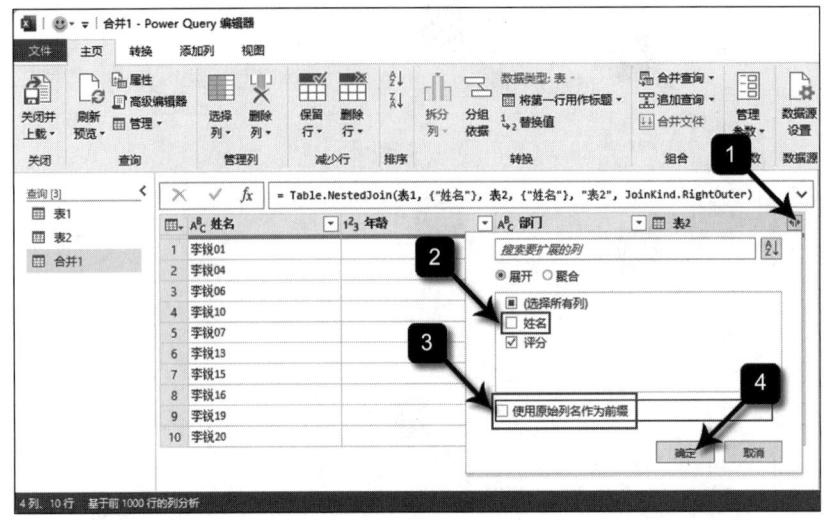

图 6-35　清除"姓名"和"使用原始列名作为前缀"的勾选状态

这步操作的作用是将"表 2"中的字段全部展开，清除多余的字段，仅保留需要的数据，并将其合并至表格中。

6）在 Power Query 编辑器中检查结果，确认无误后，单击"关闭并上载"按钮，将结果上载回 Excel 工作表，如图 6-36 所示。

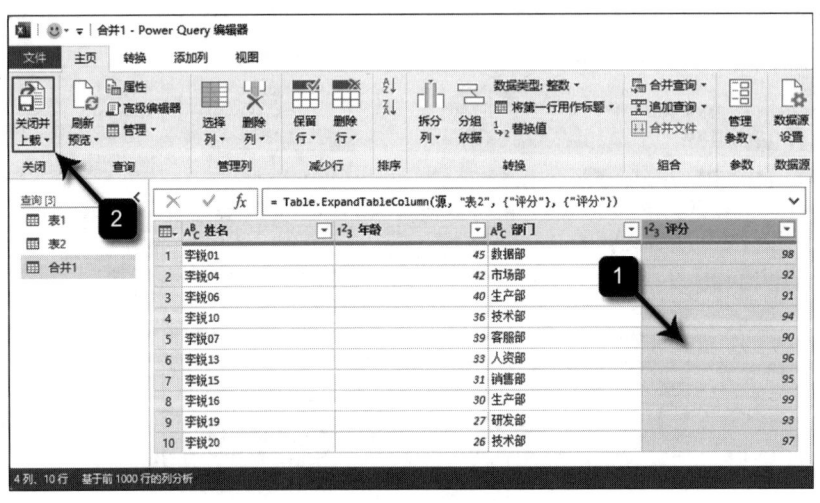

图 6-36　检查结果并上载回 Excel 工作表

7）上载回 Excel 的表格"合并 1"已经按要求对两表进行了数据查询及合并，如图 6-37 所示。

6.2.3　全外部连接

全外部连接会返回左表和右表中的所有行。

执行全外部连接后，结果表中会包含两表中的所有数据，如图 6-38 所示。

姓名	年龄	部门	评分
李锐01	45	数据部	98
李锐04	42	市场部	92
李锐06	40	生产部	91
李锐10	36	技术部	94
李锐07	39	客服部	90
李锐13	33	人资部	96
李锐15	31	销售部	95
李锐16	30	生产部	99
李锐19	27	研发部	93
李锐20	26	技术部	97

合并1　员工信息及评比结果表

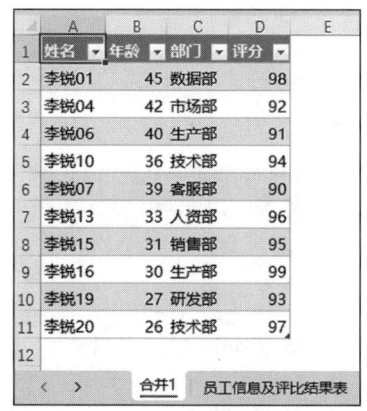

图 6-37　上载回 Excel 的表格已经按要求对两表进行了数据查询及合并

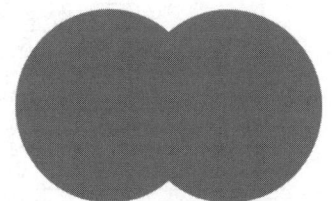

图 6-38　全外部连接

对于两表中不匹配的记录，对应列会填充空值（null）。

下面结合示例详细介绍使用 Power Query 的全外部连接功能合并数据的方法。

如图 6-39a 所示，某企业两个月的库存盘点表中包含上月库存盘点表（左表）和本月库存盘点表（右表）。工作人员希望将两个月的库存数据合并至一张表格（见图 6-39b），并找出两表之间的商品差异。利用 Power Query 的全外部连接功能可以轻松实现这一需求，具体操作步骤如下。

上月库存盘点表

商品名称	上月库存
商品G	975
商品D	941
商品X	746
商品E	638
商品H	617
商品Y	388
商品F	326
商品A	210
商品B	171
商品C	134

本月库存盘点表

商品名称	本月库存
商品Y	976
商品A	841
商品M	715
商品F	591
商品B	451
商品N	400
商品D	355
商品G	354
商品K	302
商品X	267

两个月的库存盘点表

a）某企业两个月的库存盘点表

商品名称	上月库存	商品名称.1	本月库存
商品G	975	商品G	354
商品D	941	商品D	355
商品X	746	商品X	267
商品E	638		
商品H	617		
商品Y	388	商品Y	976
商品F	326	商品F	591
商品A	210	商品A	841
商品B	171	商品B	451
商品C	134		
		商品M	715
		商品N	400
		商品K	302

b）合并后的表格

图 6-39　原始表格及合并后的表格

1)先将两张报表依次导入 Power Query 编辑器;单击"关闭并上载至"按钮,在弹出的"导入数据"对话框中勾选"仅创建连接"选项,将它们上载回 Excel;在 Excel 工作表右侧的"查询 & 连接"界面中双击查询名称(如"表 1"),跳转至 Power Query 编辑器界面,如图 6-40 所示。

图 6-40 导入数据源并跳转到 Power Query 编辑器

2)在 Power Query 编辑器中选中查询"表 1",单击"合并查询"下拉菜单按钮,选中"将查询合并为新查询"选项,调出"合并"对话框,如图 6-41 所示。

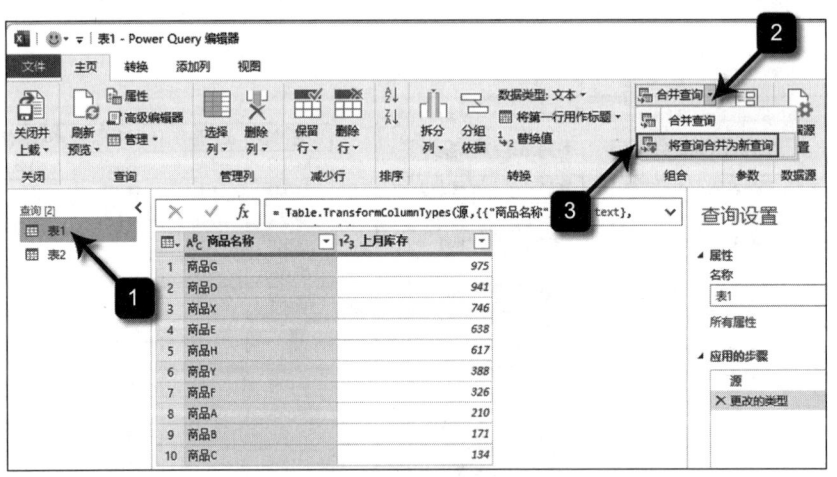

图 6-41 调出"合并"对话框

3)在弹出的"合并"对话框中按合并需求选择表和匹配列,在"联接种类"下拉列表中选择"完全外部(两者中的所有行)",单击"确定"按钮,如图 6-42 所示。

第 6 章 使用 Power Query 进行数据查询 ❖ 121

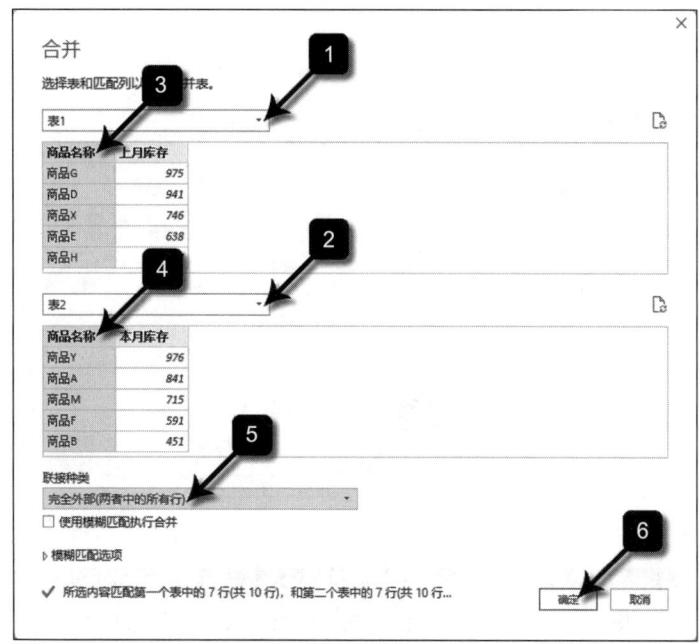

图 6-42 在"合并"对话框中进行设置

这步操作的作用是让 Power Query 按照指定的查询表、匹配列和联接种类进行合并查询。

4）执行合并查询后，"表 1"和"表 2"中的数据已经被合并至一个表格中，"表 2"中的多个字段被集成在一列中，以"Table"形式存储，如图 6-43 所示。

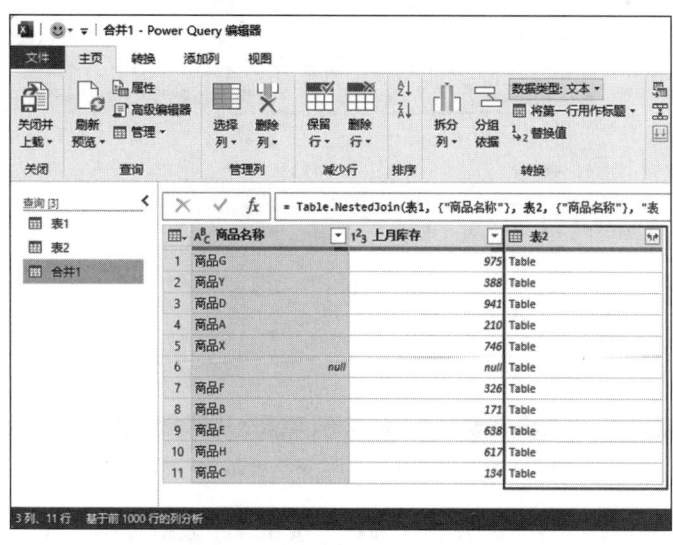

图 6-43 合并表格后"表 2"的字段没有展开

5）单击"表 2"字段右侧的扩展按钮，清除"使用原始列名作为前缀"的勾选状态，单击"确定"按钮,如图 6-44 所示。

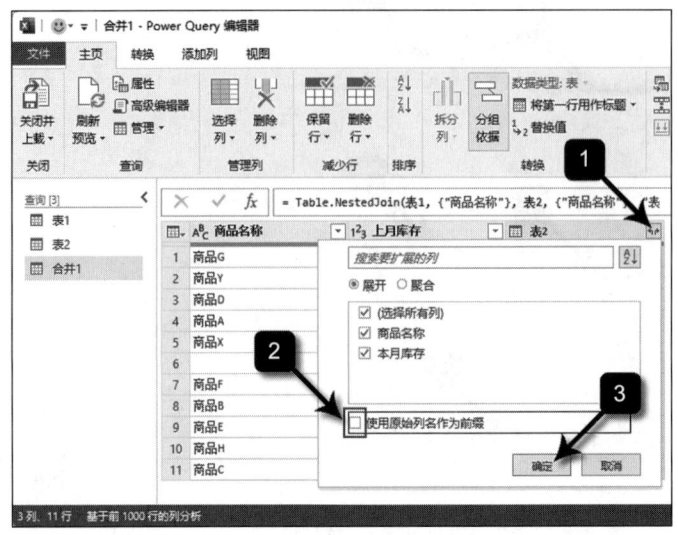

图 6-44　清除"使用原始列名作为前缀"的勾选状态

6)执行全外部连接后,两表中所有不匹配的结果会被填充空值(null),如图 6-45 所示。

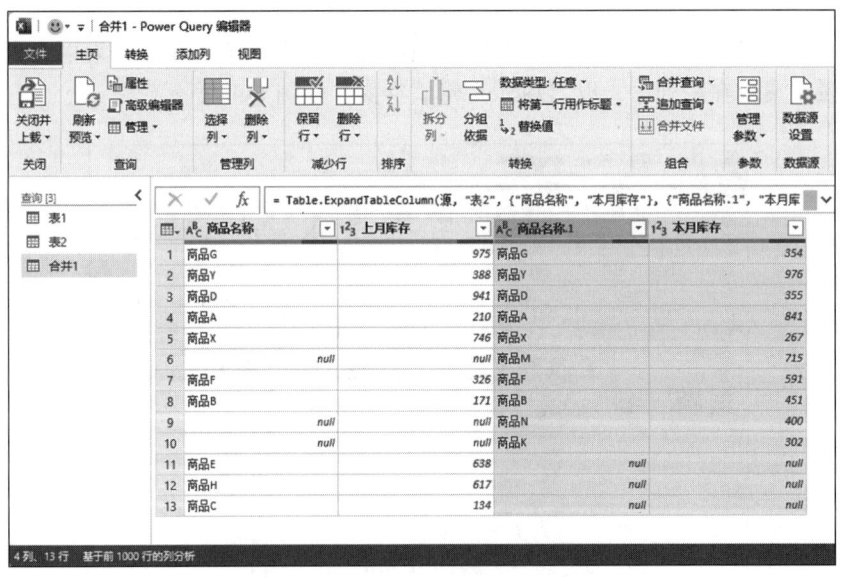

图 6-45　两表中不匹配的结果会被填充空值(null)

7)选中"上月库存"字段,单击"降序"按钮,将表格按照上月库存数量降序排列;排列完毕后在 Power Query 编辑器中检查结果,确认无误后,单击"关闭并上载"按钮,将结果上载回 Excel 工作表,如图 6-46 所示。

8）上载回 Excel 工作表的表格"合并 1"已经合并了两张库存表并显示两表之间的商品差异，如图 6-47 所示。

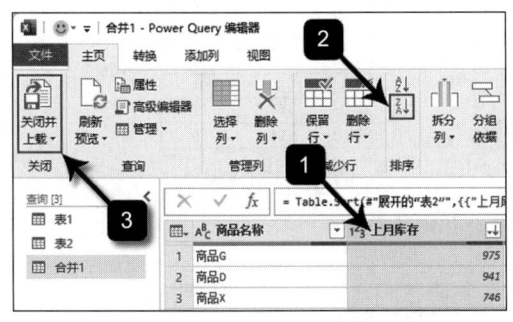

图 6-46　将表格排序后上载回 Excel 工作表

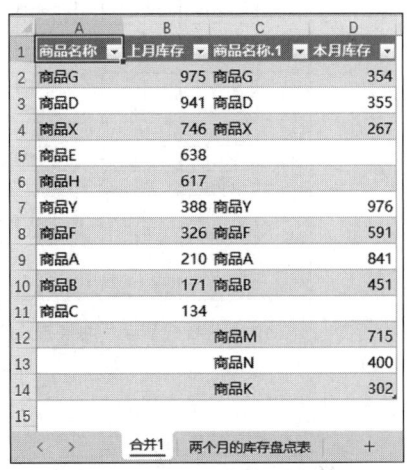

图 6-47　合并两张库存表并显示两表之间的商品差异

6.2.4　内部连接

内部连接会返回左表（如表 1）和右表（如表 2）中的匹配行。

执行内部连接后，结果表中仅包含两表的匹配数据，如图 6-48 所示。

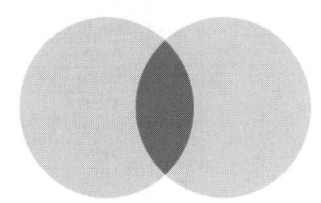

图 6-48　内部连接

下面结合示例详细介绍使用 Power Query 的内部连接功能合并数据的方法。

如图 6-49a 所示，某学校的期中及期末考试前十名表中包含期中考试前十名表（左表）和期末考试前十名表（右表）。教学管理人员希望将两次考试中都进入前十名的学生姓名和成绩统计出来，如图 6-49b 所示。利用 Power Query 的内部连接功能可以轻松实现这一需求，具体操作步骤如下。

1）先将两张报表依次导入 Power Query 编辑器；单击"关闭并上载至"按钮，在弹出的"导入数据"对话框中勾选"仅创建连接"选项，将它们上载回 Excel；在 Excel 工作表右侧的"查询＆连接"界面中双击查询名称（如"表 1"），跳转至 Power Query 编辑器界面，如图 6-50 所示。

2）在 Power Query 编辑器中选中查询"表 1"，单击"合并查询"下拉菜单按钮，选中"将查询合并为新查询"选项，调出"合并"对话框，如图 6-51 所示。

3）在弹出的"合并"对话框中按合并需求选择表和匹配列，在"联接种类"下拉列表中选择"内部（仅限匹配行）"，单击"确定"按钮，如图 6-52 所示。

a）某学校的期中及期末考试前十名表　　　　b）合并后的表格

图 6-49　原始表格及合并后的表格

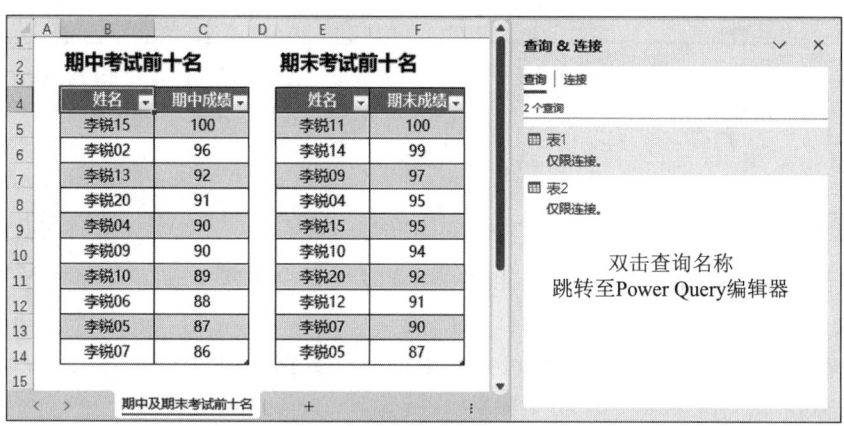

图 6-50　导入数据源并跳转到 Power Query 编辑器

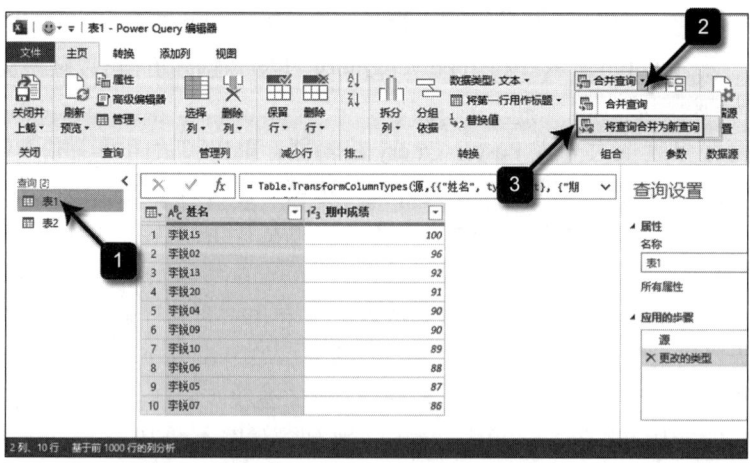

图 6-51　调出"合并"对话框

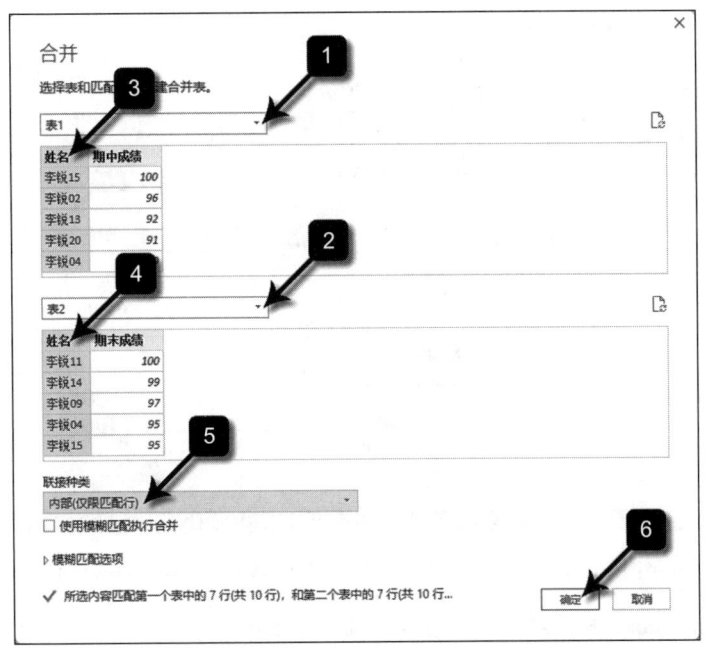

图 6-52　在"合并"对话框中进行设置

这步操作的作用是让 Power Query 按照指定的查询表、匹配列和联接种类进行合并查询。

4）执行内部连接后,"表 1"和"表 2"中的数据已经被合并至一个表格中,"表 2"中的多个字段被集成在一列中以"Table"形式存储,如图 6-53 所示。

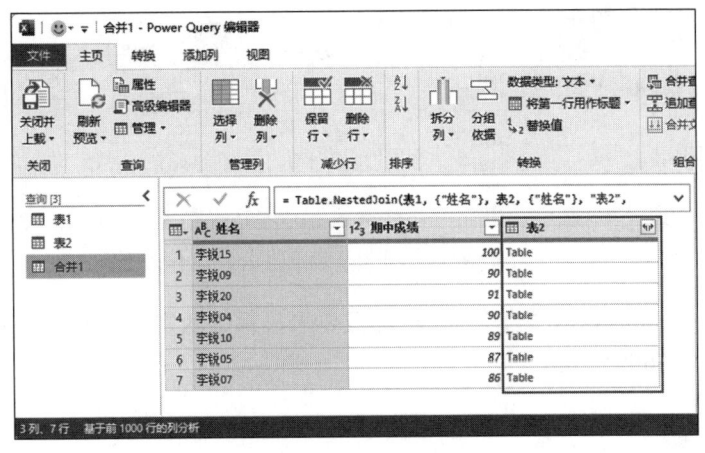

图 6-53　"表 2"中的多个字段被集成在一列中

5）单击"表 2"字段右侧的扩展按钮,清除"姓名"和"使用原始列名作为前缀"的勾选状态,单击"确定"按钮,如图 6-54 所示。

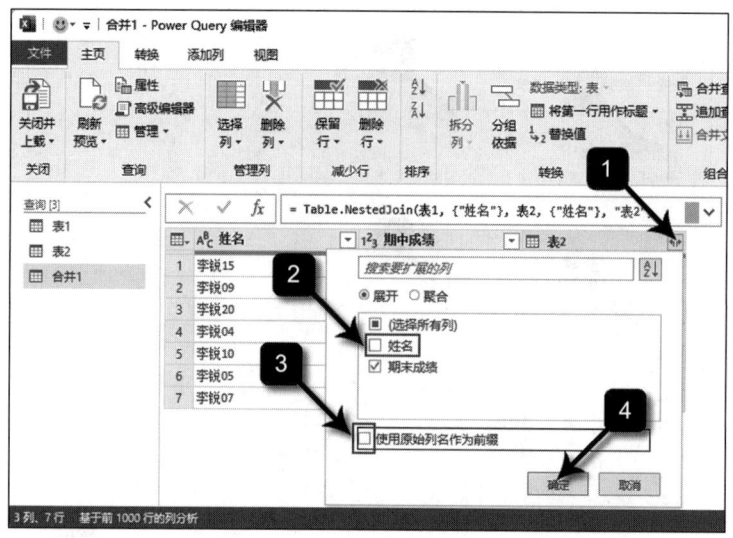

图 6-54　清除"姓名"和"使用原始列名作为前缀"的勾选状态

6）在 Power Query 编辑器中检查结果，确认无误后，单击"关闭并上载"按钮，将结果上载回 Excel 工作表，如图 6-55 所示。

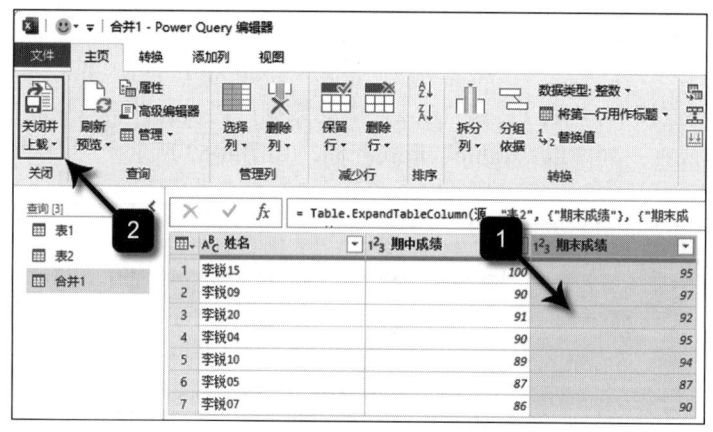

图 6-55　检查结果并上载回 Excel 工作表

7）上载回 Excel 的表格"合并 1"已经按要求显示了两次考试都进入前十名的学生姓名和成绩，如图 6-56 所示。

6.2.5　左反连接

左反连接会返回仅在左表中存在的行。

执行左反连接后，结果表中会返回左表（如表 1）中存在但右表（如表 2）中不存在的数据行，如图 6-57 所示。

姓名	期中成绩	期末成绩
李锐15	100	95
李锐09	90	97
李锐20	91	92
李锐04	90	95
李锐10	89	94
李锐05	87	87
李锐07	86	90

合并1　期中及期末考试前十名

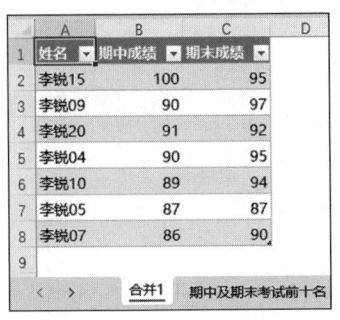

图 6-56　显示两次考试进入前十名的学生姓名和成绩

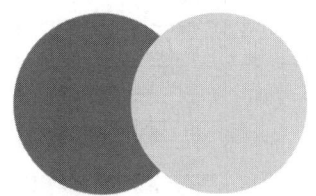

图 6-57　左反连接

下面结合示例详细介绍使用 Power Query 的左反连接功能合并数据的方法。

某电商公司为了挑选参加周年庆大促活动的主打商品，根据近期销售和库存数据整理出了爆款及缺货商品表，如图 6-58a 所示，其中包含爆款商品表（左表）和缺货商品表（右表）。工作人员希望从爆款商品中剔除掉缺货商品表中出现的商品，如图 6-58b 所示，从而保证参加大促活动的所有商品都能库存充足。利用 Power Query 的左反连接功能可以轻松实现这一需求，具体操作步骤如下。

爆款商品表

商品名称	日平均销量
商品10	3278
商品13	2108
商品05	1388
商品16	948
商品19	778
商品02	629
商品18	596
商品04	483
商品20	346
商品15	201

缺货商品表

商品名称	缺货数量
商品10	520
商品06	350
商品16	247
商品02	123
商品07	66

爆款及缺货商品表

a）某电商公司的爆款及缺货商品表

商品名称	日平均销量
商品13	2108
商品05	1388
商品19	778
商品18	596
商品04	483
商品20	346
商品15	201

b）合并后的表格

图 6-58　原始表格及合并后的表格

1）先将两张报表依次导入 Power Query 编辑器；单击“关闭并上载至”按钮，在弹出的“导入数据”对话框中勾选“仅创建连接”选项，将它们上载回 Excel；在 Excel 工作表右侧的“查询 & 连接”界面中双击查询名称（如“表 1”），跳转至 Power Query 编辑器界面，如图 6-59 所示。

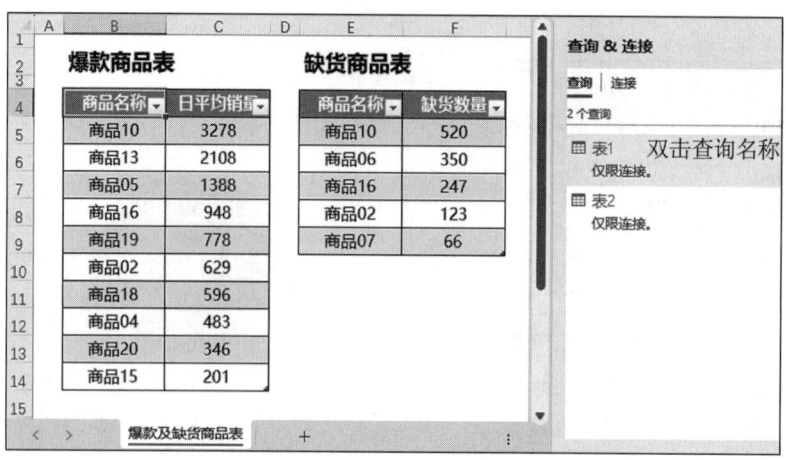

图 6-59 导入数据源并跳转到 Power Query 编辑器

2）在 Power Query 编辑器中选中查询"表 1"，单击"合并查询"下拉菜单按钮，选中"将查询合并为新查询"选项，调出"合并"对话框，如图 6-60 所示。

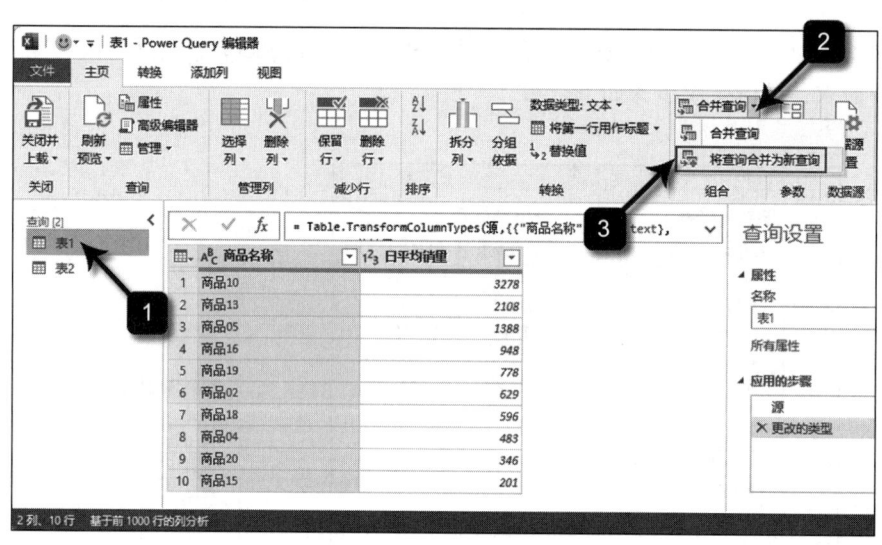

图 6-60 调出"合并"对话框

3）在弹出的"合并"对话框中按合并需求选择表和匹配列，在"联接种类"下拉列表中选择"左反（仅限第一个中的行）"，单击"确定"按钮，如图 6-61 所示。

这步操作的作用是让 Power Query 按照指定的查询表、匹配列和联接种类进行合并查询。

4）执行左反连接后，"表 1"和"表 2"中的数据被合并至一个表格中。因为结果表中返回的是"表 1"中存在但"表 2"中不存在的数据行，所以"表 2"中的"Table"数据都以空值（null）填充。

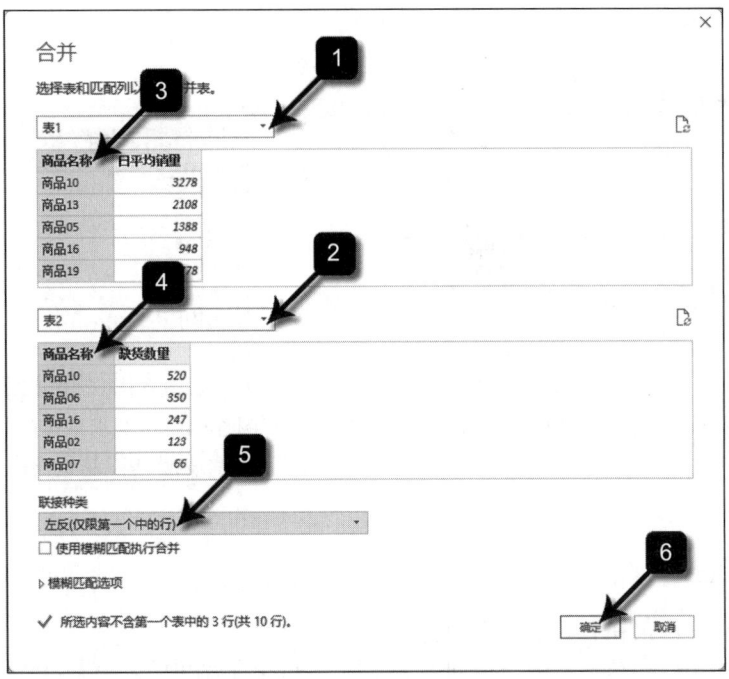

图 6-61　在"合并"对话框中进行设置

5）为了从结果表中删除冗余数据，单击"表 2"字段，选中整列空值数据，然后单击"删除列"按钮，如图 6-62 所示。

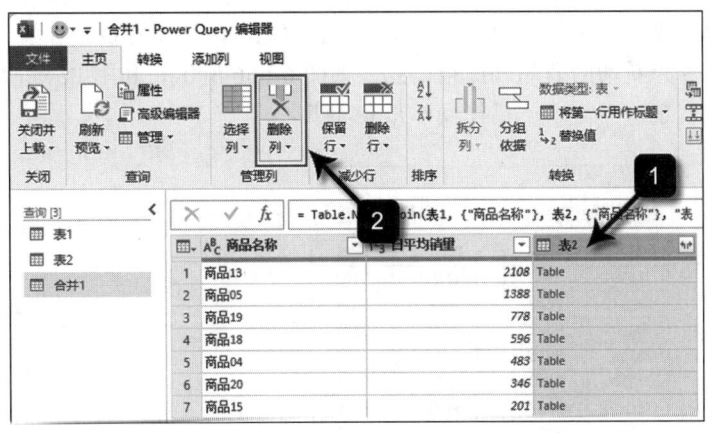

图 6-62　从结果表中删除冗余数据

6）在 Power Query 编辑器中检查结果，确认无误后，单击"关闭并上载"按钮，将结果上载回 Excel 工作表，如图 6-63 所示。

7）上载回 Excel 的结果表"合并 1"已经按要求从爆款商品中剔除掉了缺货商品，如图 6-64 所示。

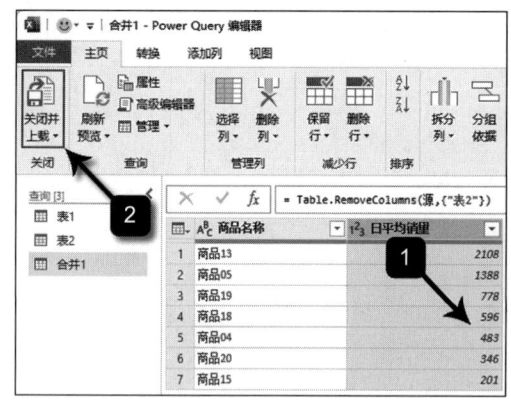

图 6-63　检查结果并上载回 Excel 工作表

商品名称	日平均销量
商品13	2108
商品05	1388
商品19	778
商品18	596
商品04	483
商品20	346
商品15	201

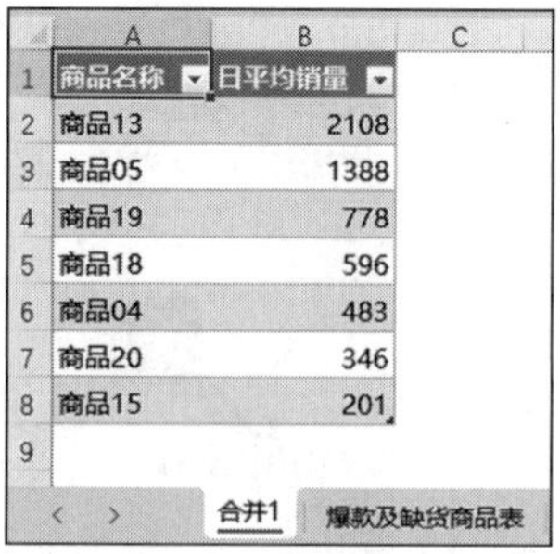

图 6-64　按要求从爆款商品中剔除掉了缺货商品

6.2.6　右反连接

图 6-65　右反连接

右反连接会返回仅在右表中存在的行。

执行右反连接后，结果表中会返回右表（如表 2）中存在但左表（如表 1）中不存在的数据行，如图 6-65 所示。

下面结合示例详细介绍使用 Power Query 的右反连接功能合并数据的方法。

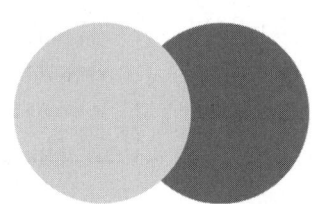

某服装公司每个月都会根据时节调整售卖商品的款式和库存。2 月及 3 月商品库存表中包含 2 月商品库存表（左表）和 3 月商品库存表（右表），如图 6-66a 所示。工作人员希望根据两表整理出 3 月新增的商品和库存信息，如图 6-66b 所示。利用 Power Query 的右反连接功能可以轻松实现这一需求，具体操作步骤如下。

2月商品库存表

商品名称	库存
商品03	9900
商品12	9642
商品05	9628
商品17	9616
商品06	9180
商品14	9037
商品18	8883
商品13	8745
商品08	8596
商品09	7980

3月商品库存表

商品名称	库存
商品31	9963
商品12	9671
商品13	9592
商品08	9580
商品35	9421
商品09	9346
商品17	8630
商品28	8173
商品06	8156
商品19	8057

a）某服装公司2月及3月商品库存表

商品名称	库存
商品31	9963
商品35	9421
商品28	8173
商品19	8057

b）合并后的表格

图 6-66　原始表格及合并后的表格

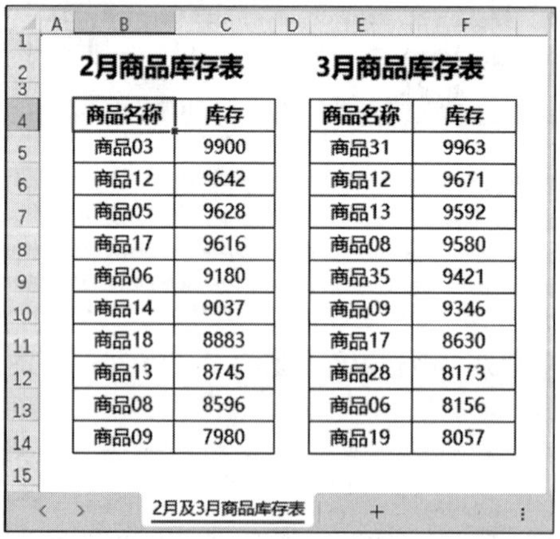

1）先将两张报表依次导入 Power Query 编辑器；单击"关闭并上载至"按钮，在弹出的"导入数据"对话框中勾选"仅创建连接"选项，将其上载回 Excel；在 Excel 工作表右侧的"查询&连接"界面中双击查询名称（如"表1"），跳转至 Power Query 编辑器界面，如图 6-67 所示。

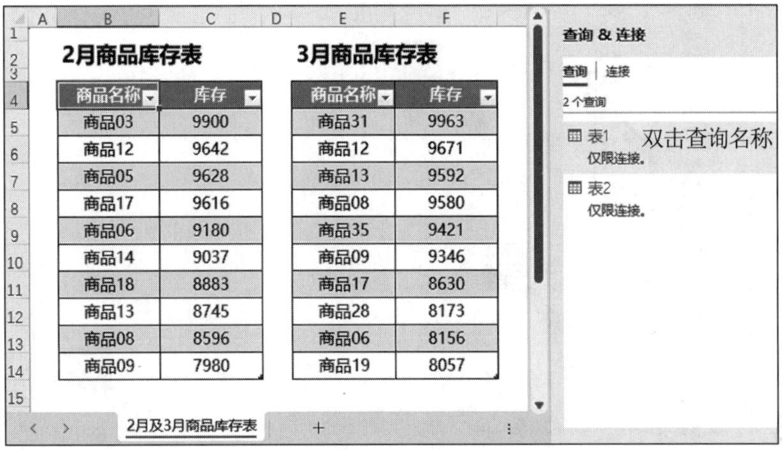

图 6-67 导入 2 月及 3 月商品库存表并打开 Power Query 编辑器

2）在 Power Query 编辑器中选中查询"表1"，单击"合并查询"下拉菜单按钮，选中"将查询合并为新查询"选项，调出"合并"对话框，如图 6-68 所示。

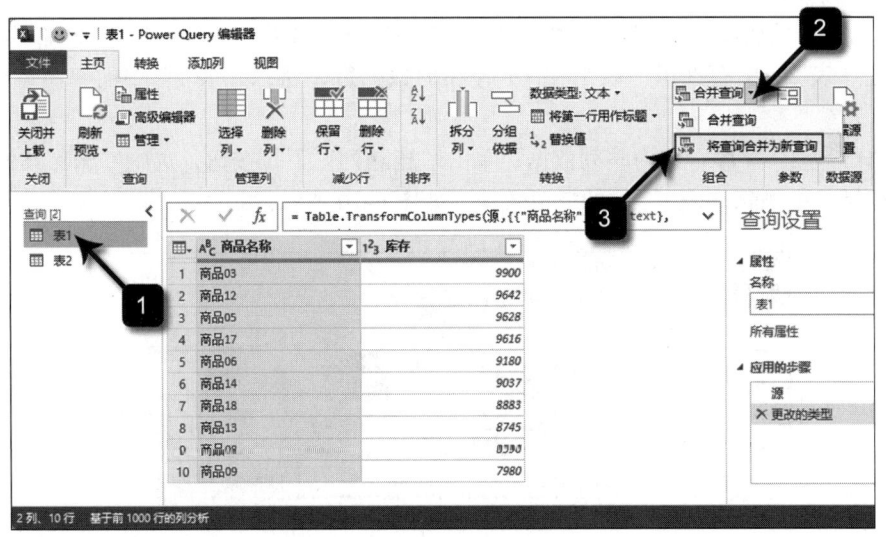

图 6-68 调出"合并"对话框

3）在弹出的"合并"对话框中按合并需求选择表和匹配列，在"联接种类"下拉列表中选择"右反（仅限第二个中的行）"，单击"确定"按钮，如图 6-69 所示。

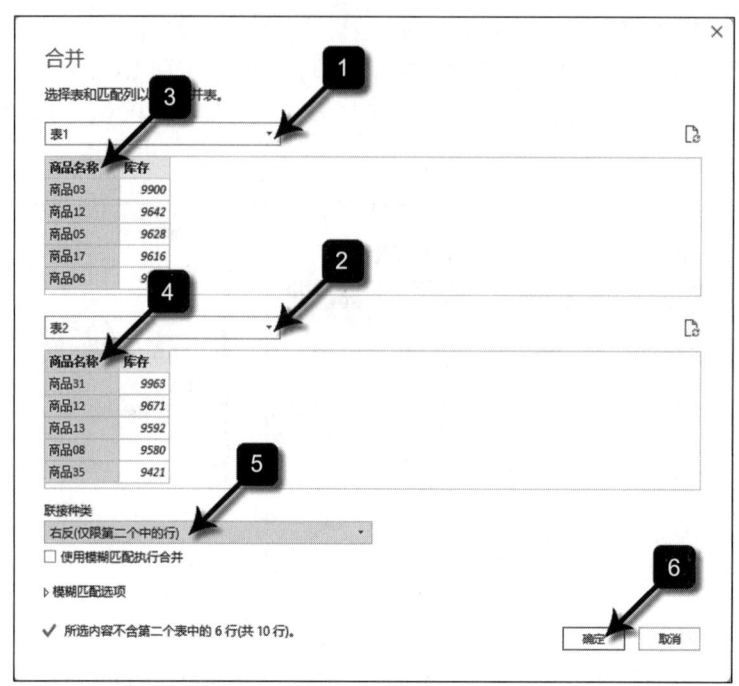

图 6-69　在"合并"对话框中进行设置

这步操作的作用是让 Power Query 按照指定的查询表、匹配列和联接种类进行合并查询。

4）执行右反连接后,"表 1"和"表 2"中的数据被合并至一个表格中。因为结果表中返回的是"表 2"中存在但"表 1"中不存在的数据行,所以"表 1"中的空值(null)需要删除。

单击"表 2"字段,选中整列数据;单击"删除列"下拉按钮,选中"删除其他列"选项,从结果表中删除"表 1"中的空值数据,如图 6-70 所示。

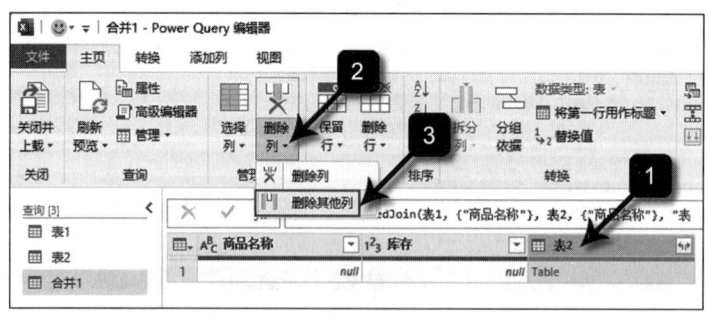

图 6-70　从结果表中删除"表 1"中的空值数据

5）单击"表 2"字段右侧的扩展按钮,清除"使用原始列名作为前缀"的勾选状态;单击"确定"按钮,以将"表 2"中的字段全部展开,如图 6-71 所示。

第 6 章　使用 Power Query 进行数据查询 ❖ 133

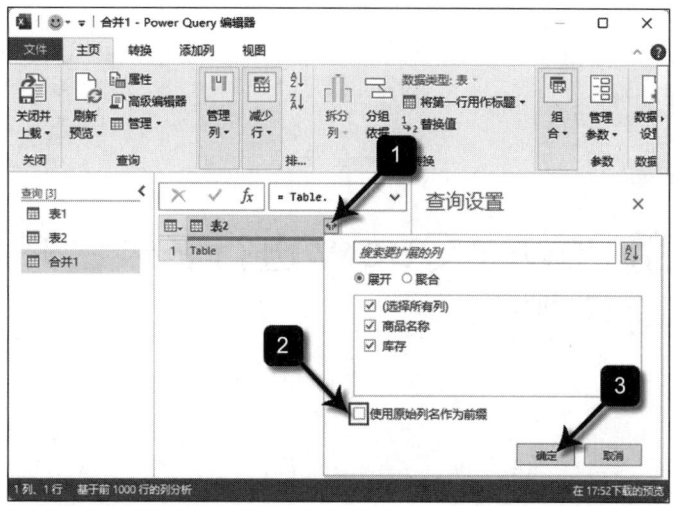

图 6-71　清除"使用原始列名作为前缀"的勾选状态

6）在 Power Query 编辑器中检查结果，确认无误后，单击"关闭并上载"按钮，将结果上载回 Excel 工作表，如图 6-72 所示。

7）上载回 Excel 工作表的表格"合并 1"已经按要求提取了 3 月新增的商品和库存信息，如图 6-73 所示。

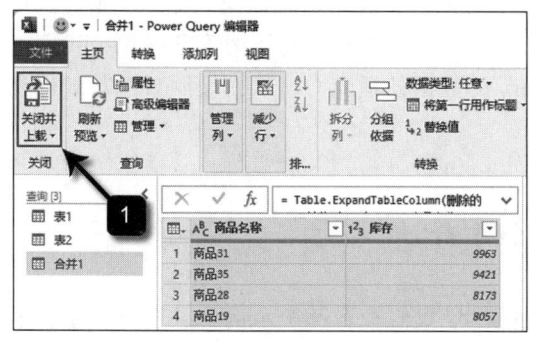

图 6-72　检查结果并上载回 Excel 工作表

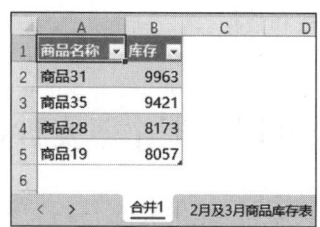

图 6-73　提取 3 月新增的商品和库存信息

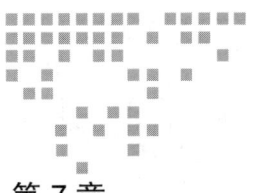

第 7 章

使用 Power Query 进行多表合并及 M 高级查询

利用 Power Query 的多表合并功能可以快速整合分散在不同工作表、工作簿或文件夹中的数据,将它们整合到一个表中,极大地简化了后续的分析和汇总工作。特别是当数据量较大或数据源频繁更新时,Power Query 支持一键刷新报表结果,让我们免去了重复操作的麻烦,真正实现了一次处理、长期受益。此外,对于一些复杂的数据管理问题,我们可以借助 M 函数进行高级查询,扩展 Power Query 的数据处理能力,从而按照自身需求得到想要的表格和数据。

7.1 合并同一工作簿文件内的多个工作表

如何合并同一工作簿文件内的多个工作表呢?让我们来看一个示例。某企业三家店铺的订单数据分别存储在 Excel 工作簿 3 个不同的工作表中,如图 7-1 所示。

随着业务量的增长,这些工作表中的订单记录会持续增加。为了便于管理和分析,现需要将这 3 个工作表中的订单数据合并为一个整体,并希望创建一个可以一键刷新的多表合并模板,以便在订单记录增加时无须重复操作。该需求可以利用 Power Query 制作一键刷新结果的多表合并模板实现,下面展开详细讲解。

7.1.1 制作可一键刷新结果的多表合并模板

制作可一键刷新结果的多表合并模板的具体操作步骤如下。

第 7 章 使用 Power Query 进行多表合并及 M 高级查询　◆　135

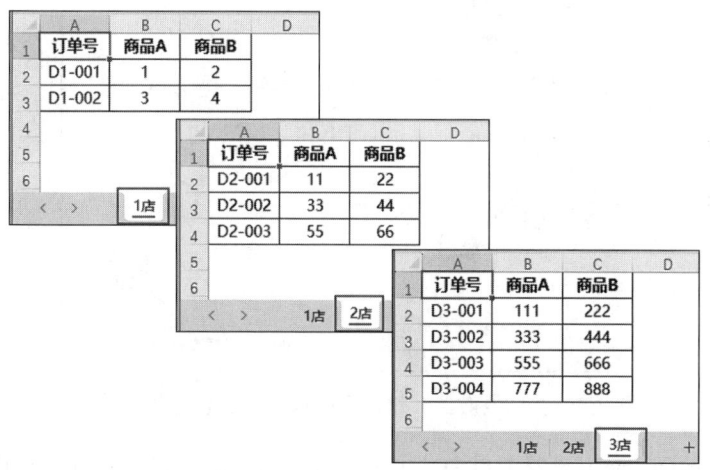

图 7-1　某企业三家店铺的订单数据

1）打开 Excel 工作簿，单击"数据"选项卡下的"获取数据"按钮，在其下拉菜单中选择"来自文件"选项，再在其子菜单中选择"从 Excel 工作簿"选项；在弹出的"导入数据"对话框中选择数据源路径（如 D:\8.1.1），选中数据源所在的 Excel 工作簿文件（如"多工作表合并"），单击"导入"按钮，如图 7-2 所示。

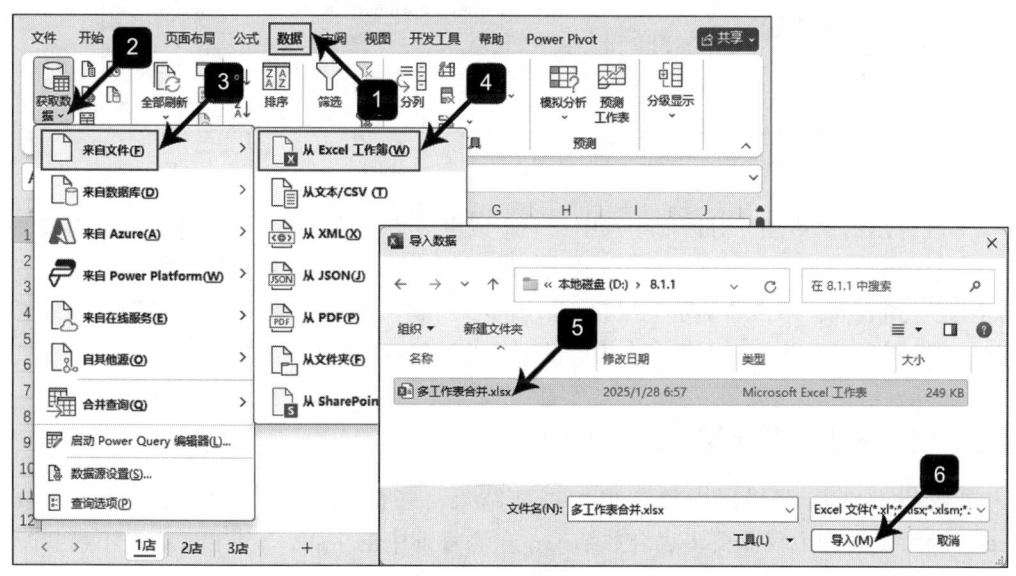

图 7-2　导入数据源

2）在打开的"导航器"对话框中勾选"选择多项"复选框，根据需要勾选需要合并的工作表名称（如 1 店、2 店、3 店），单击"转换数据"按钮，如图 7-3 所示。

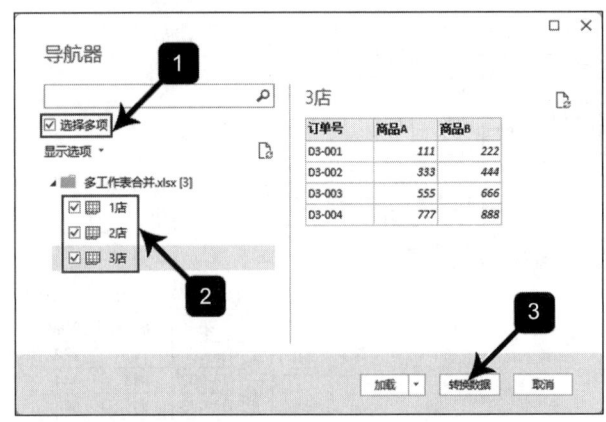

图 7-3 在"导航器"对话框中选择需要合并的工作表

3）在 Power Query 编辑器中单击"主页"选项卡下的"追加查询"按钮,在其下拉菜单中选择"将查询追加为新查询"选项,如图 7-4 所示。

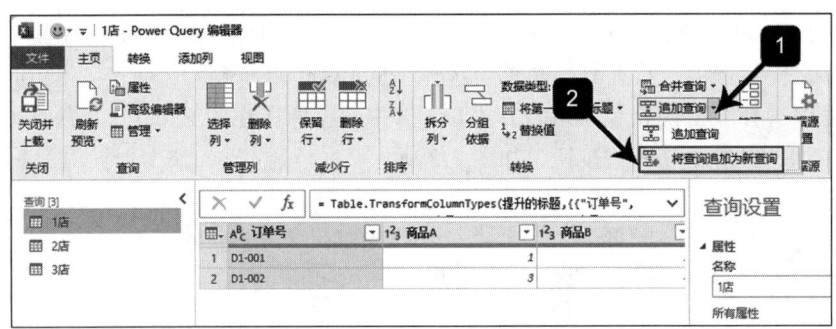

图 7-4 将查询追加为新查询

4）在弹出的"追加"对话框中选中"三个或更多表"单选框,在左侧的"可用表"列表框中选中需要追加的表（如 2 店、3 店）,单击"添加"按钮,将它们添加到右侧的"要追加的表"列表框;单击"确定"按钮,如图 7-5 所示。Power Query 将会按照右侧列表框中表格的排列顺序,从上向下将多个表中的记录行连接成一个表。

7.1.2 仅将多表合并结果上载回 Excel

在 Power Query 编辑器中检查追加查询结果,确认无误后,将需要的结果上载回 Excel。因为此案例中仅需要多表合并结果,左侧查询中的 1 店、2 店和 3 店是不需要上载回 Excel 的,所以可以先按照"仅创建连接"的方式导入所有查询,再将需要的查询单独上载回 Excel 工作表,具体操作步骤如下。

1）单击"关闭并上载"下拉按钮,在其下拉菜单中选择"关闭并上载至"选项;在弹出的"导入数据"对话框中勾选"仅创建连接",单击"确定"按钮,如图 7-6 所示。

第 7 章 使用 Power Query 进行多表合并及 M 高级查询 ❖ 137

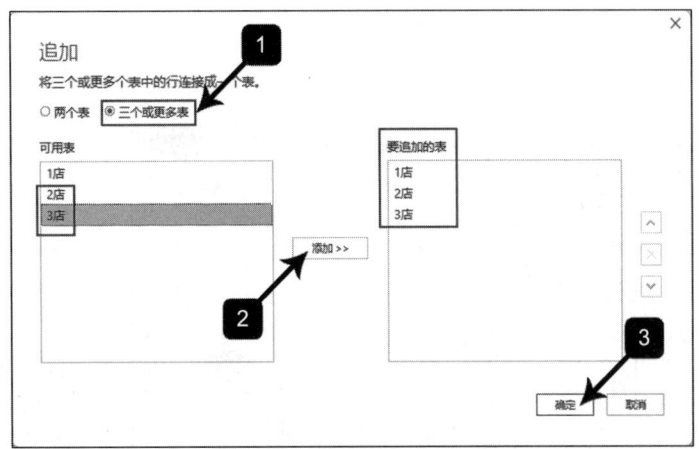

图 7-5 根据需要选择要追加的表

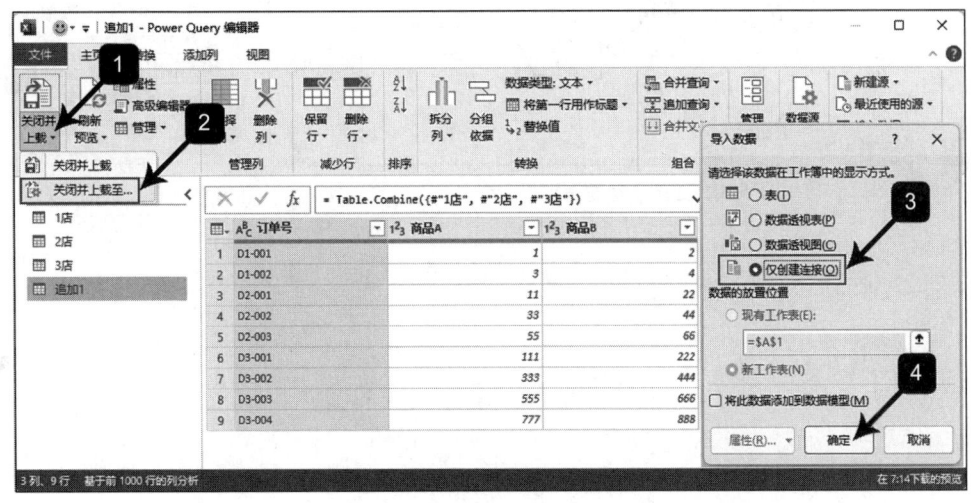

图 7-6 检查结果并按"仅创建连接"的方式导入数据

2）回到 Excel 工作表界面后，在右侧的"查询 & 连接"界面中选中要上载的多表合并结果（如"追加 1"）；单击鼠标右键调出快捷菜单，选择"加载到"选项，如图 7-7a 所示；在弹出的"导入数据"对话框中勾选"表"和"新工作表"选项，单击"确定"按钮，如图 7-7b 所示，将多表合并结果上载回 Excel 工作表。

3）上载回 Excel 工作表的结果"追加 1"已经按要求将 1 店、2 店、3 店的订单记录批量合并到一起了，如图 7-8 所示。并且当数据源中新增订单记录时，多表合并结果"追加 1"可以一键刷新结果。

下面来测试一下该模板的刷新效果。在工作表"1 店"中新增一条订单记录，单击"保存"按钮。单击"数据"选项卡下的"全部刷新"按钮，可以发现多表合并模板的结果报表中可以自动刷新出新增的订单记录，如图 7-9 所示。

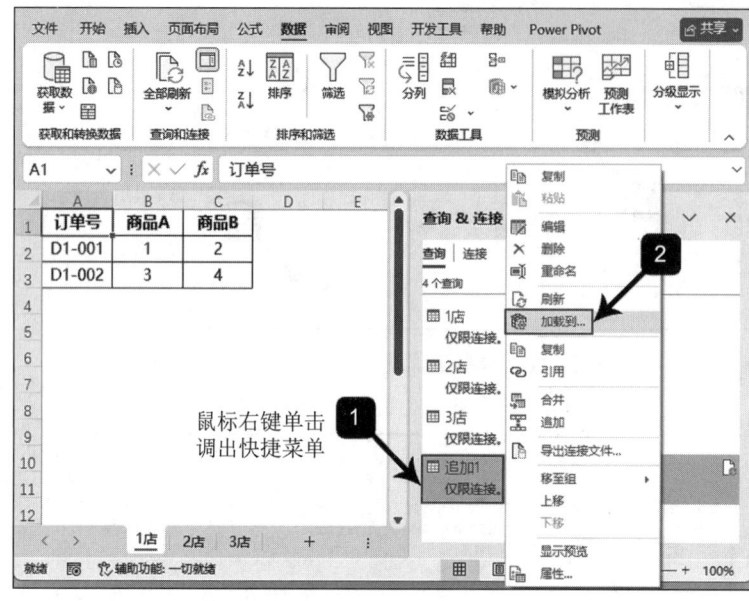

a)调出快捷菜单　　　　　　　　b)在"导入数据"对话框中进行设置

图 7-7　将多表合并结果上载回 Excel 工作表

图 7-8　上载回 Excel 工作表的结果已经实现了多表合并

第 7 章　使用 Power Query 进行多表合并及 M 高级查询　❖　139

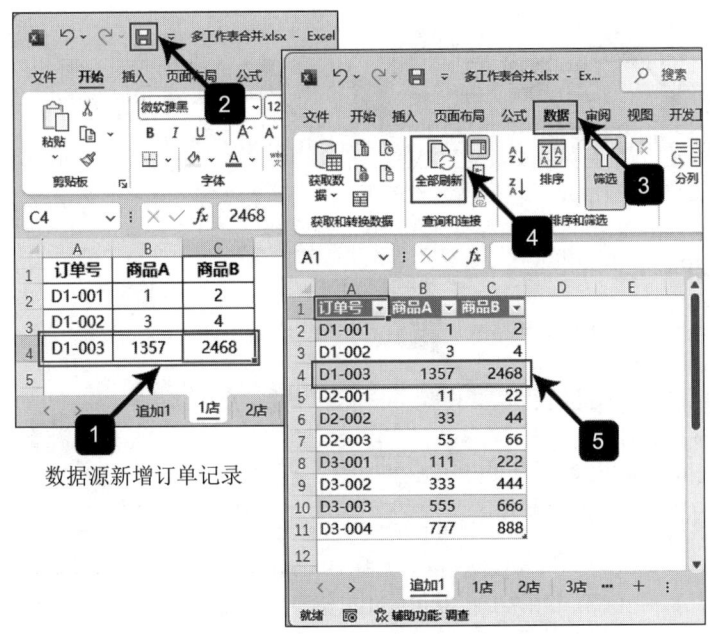

图 7-9　测试多表合并模板的效果

需要提醒读者注意的是，Power Query 仅会对已保存文件中的数据进行多表合并。如果用户新增订单记录后，没有保存文件就单击刷新按钮，那么 Power Query 依然会按照上次保存的数据进行多表合并。

使用这种方法制作的多表合并模板虽然支持数据源新增记录后一键刷新结果，但是只能对已有工作表（如 1 店、2 店、3 店）中的数据进行多表合并，不支持新增工作表后的结果刷新。当数据源中新增工作表时，如何完善多表合并模板呢？

7.1.3　新增工作表时完善多表合并模板

新增工作表时完善多表合并模板的具体操作步骤如下。

1）打开 Excel 工作簿，单击"数据"选项卡下的"获取数据"按钮，在其下拉菜单中选择"来自文件"选项，在展开的子菜单中选择"从 Excel 工作簿"选项；在弹出的"导入数据"对话框中选择数据源路径（如 D:\8.1.2），选中数据源所在的 Excel 工作簿文件（如"多工作表合并"），单击"导入"按钮，如图 7-10 所示。

2）在打开的"导航器"对话框中选中任意工作表（如"1 店"），单击"转换数据"按钮，如图 7-11 所示。这步操作的作用是导入数据源文件并进入 Power Query 编辑器，以便在后续步骤中使用 M 查询语句按需求进行自定义修改。

3）在 Power Query 编辑器右侧的"应用的步骤"中选中"导航"选项；单击鼠标右键，在弹出的快捷菜单中选择"删除到末尾"选项，在弹出的"删除步骤"对话框中单击"删除"按钮，如图 7-12 所示。

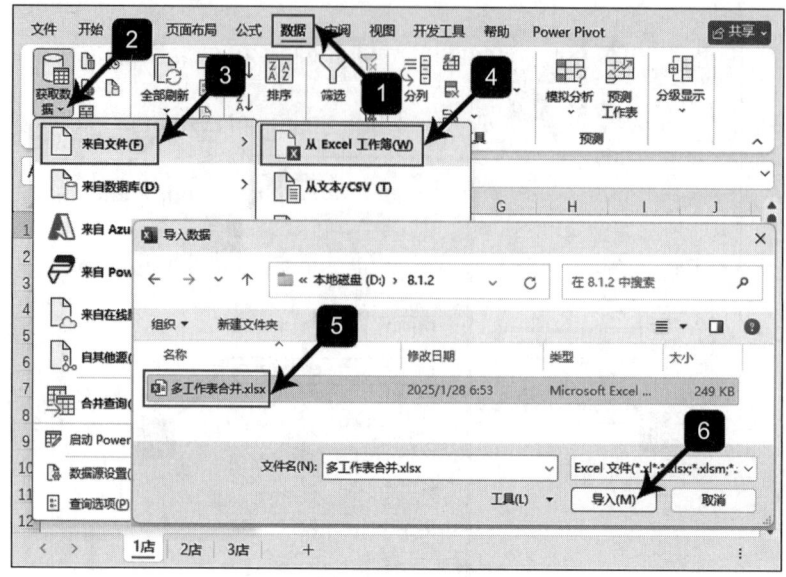

图 7-10 从 Excel 工作簿导入数据源

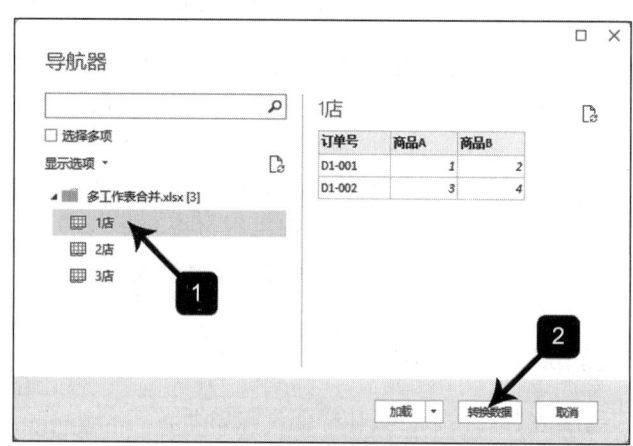

图 7-11 在"导航器"对话框中选中任意工作表转换数据

4）删除多余步骤后，将查询名称修改为"合并"，如图 7-13 所示。

5）如图 7-14 所示，在 Power Query 编辑器中导入数据源后，编辑栏中默认的 M 查询语句为：

= Excel.Workbook(File.Contents("D:\8.1.2\ 多工作表合并 .xlsx"),null,true)

其中，参数"null"的作用是从 Excel 表格中导入数据时，第一行不被视为标题。因为此案例中的 Excel 表格第一行是标题行，所以需要修改此参数为"true"。

第 7 章 使用 Power Query 进行多表合并及 M 高级查询 ❖ 141

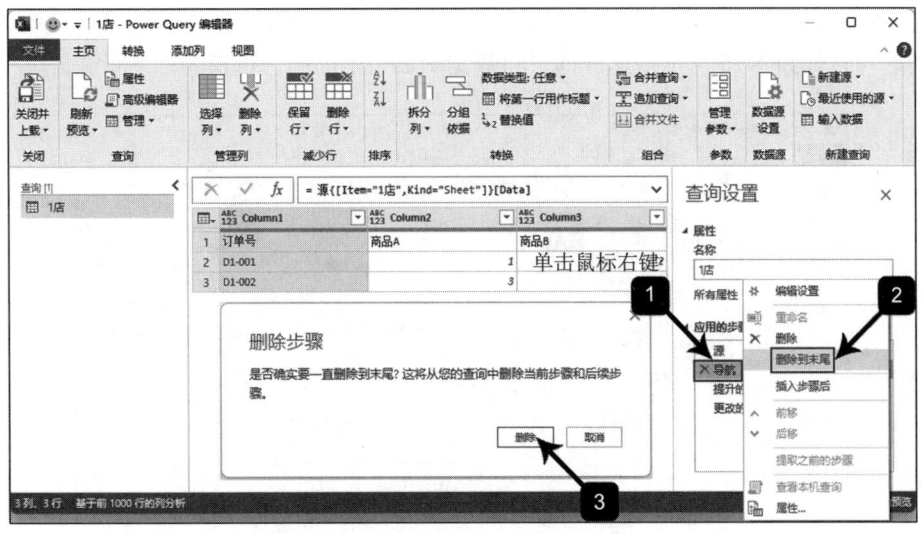

图 7-12 选择"删除到末尾"选项

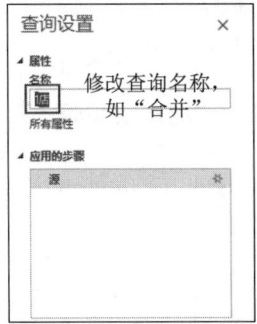

图 7-13 将查询名称修改为易记名称

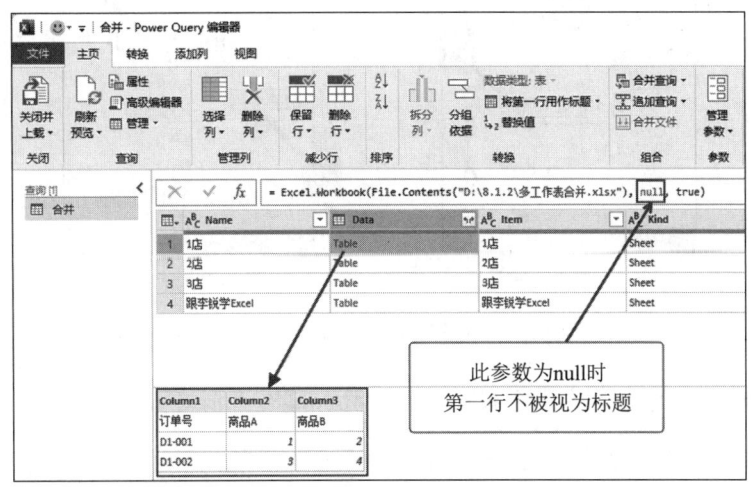

图 7-14 按需要修改 M 查询语句

6）将"null"改为"true"后，单击编辑栏左侧的对钩按钮，以确认并应用修改后的M查询语句，如图7-15所示。这样即可将数据源表格中的第一行视为标题行。

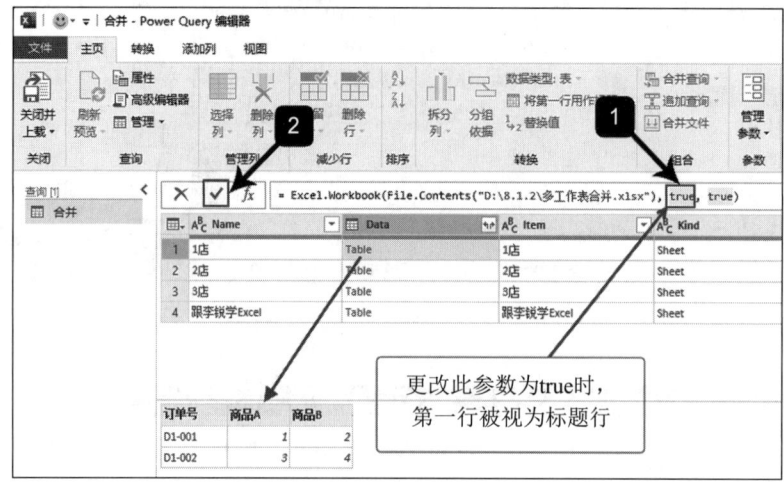

图7-15　将数据源表格中的第一行视为标题行

7）成功导入数据源后，需要按要求筛选数据源中的工作表，方法如下。

① 在Power Query编辑器右侧的"应用的步骤"列表框中选中"源"选项；单击鼠标右键，在弹出的快捷菜单中选择"插入步骤后"选项，选中系统默认生成的步骤名称"自定义1"；单击鼠标右键，在弹出的快捷菜单中选择"重命名"选项，将此步骤重命名为"筛选"，如图7-16所示。

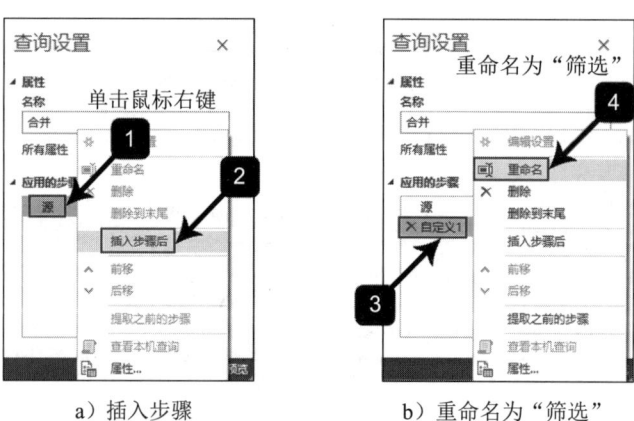

a）插入步骤　　　　　b）重命名为"筛选"

图7-16　插入步骤并将其重命名为"筛选"

② 在Power Query编辑器的编辑栏中，将默认的M查询语句修改为如下形式：

= Table.SelectRows(源 ,each([Kind] = "Sheet")and([Name] <> " 合并 ")
and([Hidden] = false))

此语句的作用是在数据源中筛选同时满足表种类为"Sheet"、表名称不为"合并",且不在隐藏状态下的工作表。图7-17中的名称"合并"是基于当前查询而定的。如果用户将当前查询修改为新名称,那么需要同时将此筛选语句中的"合并"也改为新名称。

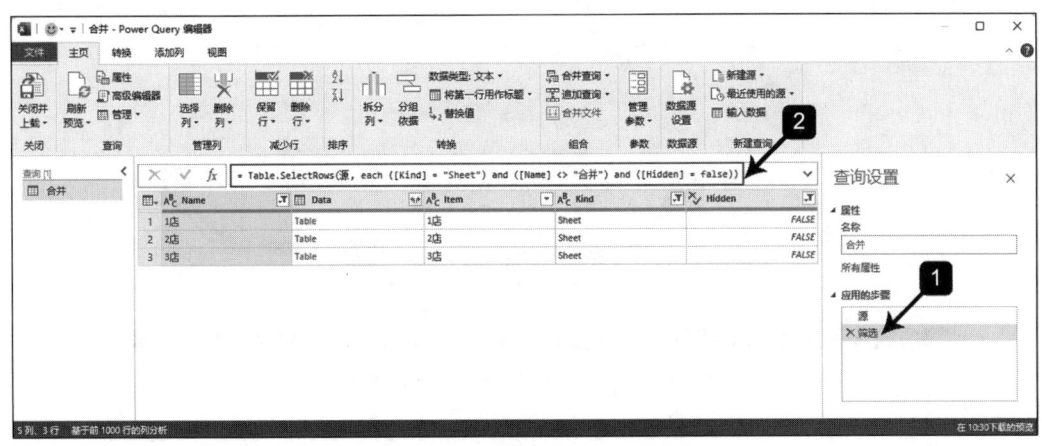

图7-17　按需要筛选数据源中的工作表

8)因为需要的数据都在"Data"列中的Table里面,所以选中"Data"列,单击"删除列"命令在其下拉菜单中选择"删除其他列"选项,如图7-18所示。

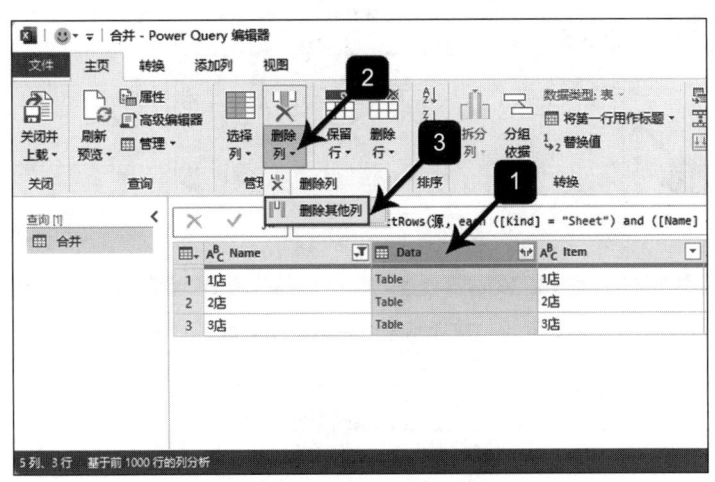

图7-18　保留需要的数据

9)删除其他列后,单击"Data"字段右侧的扩展按钮,在弹出的筛选页面中取消"使用原始列名作为前缀"的勾选,单击"确定"按钮,如图7-19所示。

10)在Power Query编辑器中检查结果,确认无误后,单击"关闭并上载"按钮,将结果上载回Excel工作表,如图7-20所示。

11)上载回Excel工作表的结果"合并"已经按要求实现了多表合并,如图7-21所示。

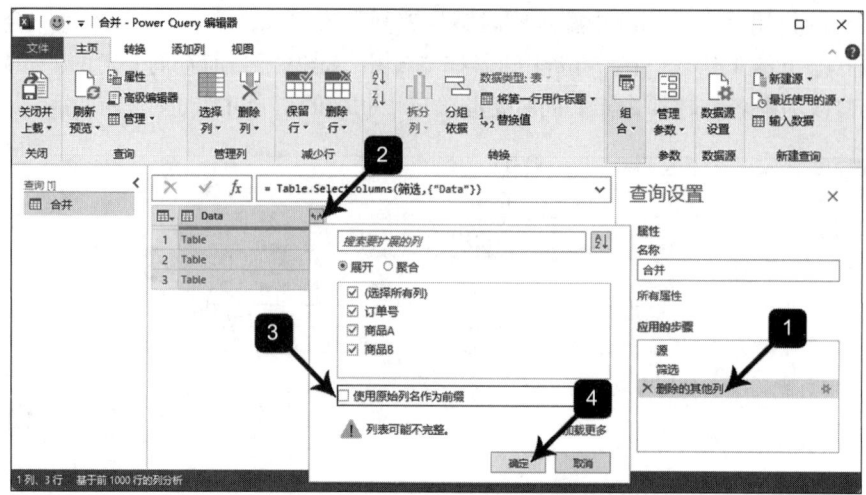

图 7-19　取消"使用原始列名作为前缀"的勾选

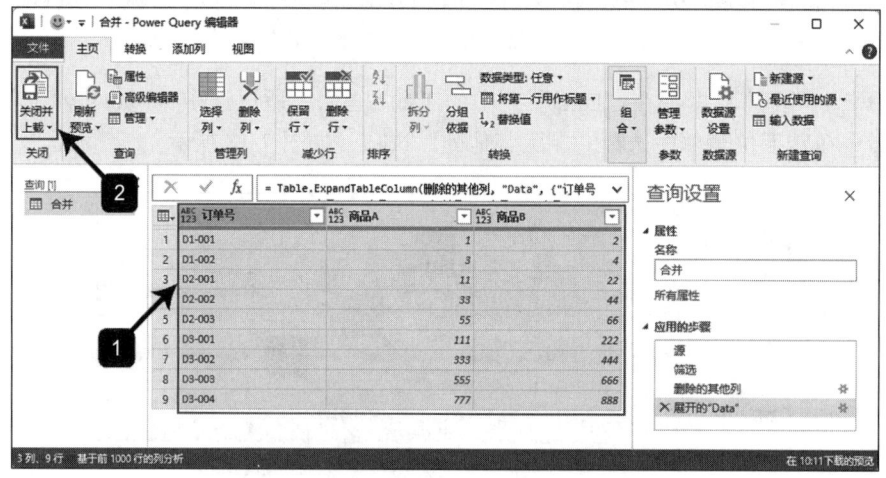

图 7-20　检查结果并上载回 Excel 工作表

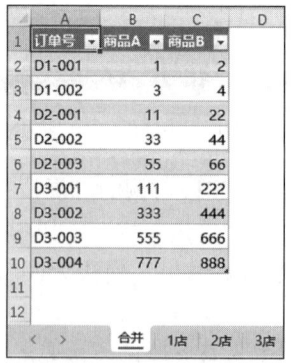

图 7-21　上载回 Excel 工作表的结果已经实现了多表合并

通过这种方法制作的多表合并模板不仅支持新增订单记录后一键刷新合并结果，还支持新增工作表后一键刷新合并结果。下面测试新增工作表数据后多表合并模板的刷新效果。

在数据源中新增工作表"4店"，并在其中新增两条订单记录；单击"保存"按钮保存文件后，单击"数据"选项卡下的"全部刷新"按钮，即可一键刷新合并结果，如图 7-22 所示。

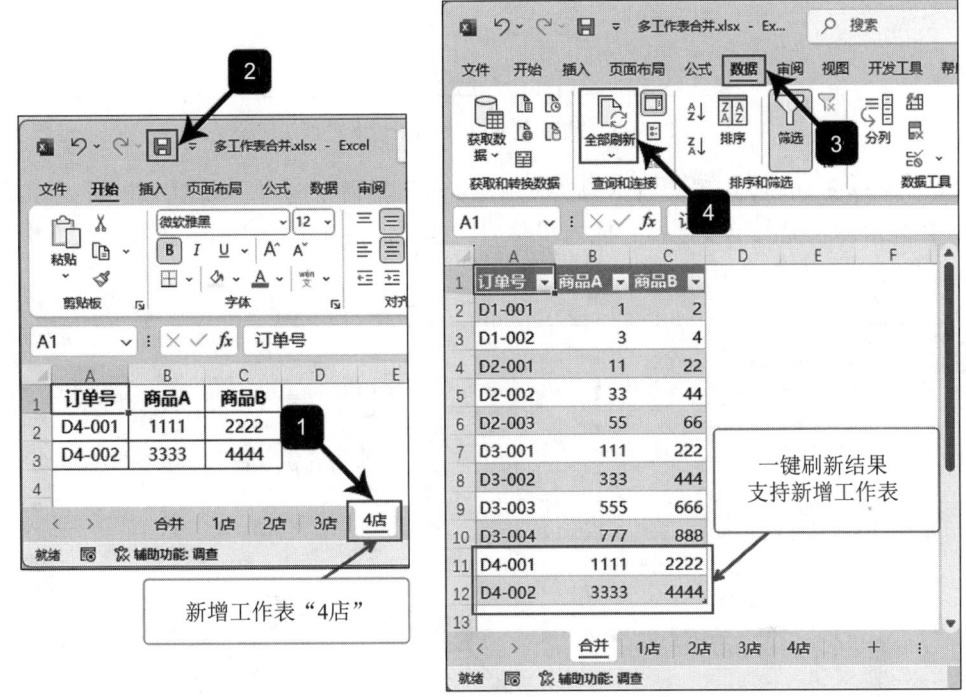

图 7-22　多表合并模板支持新增订单记录和新增工作表后一键刷新合并结果

可以发现，新增工作表"4店"中的两条新增订单记录已经自动添加至原合并结果的下方。通过自定义 M 查询语句扩展的多表合并模板，相较于使用菜单默认功能制作的多表合并模板，功能更加强大，它支持新增订单记录和新增工作表后的结果一键刷新。

7.1.4　新增字段时完善多表合并模板

表格新增字段时完善多表合并模板的具体操作步骤如下。

1）打开 7.1.3 节做好的多表合并模板，在右侧的"查询 & 连接"区域中双击查询名称，跳转至 Power Query 编辑器，如图 7-23 所示。

如果 Excel 工作表右侧的"查询 & 连接"界面处于隐藏状态，可以单击"数据"选项卡下的"查询和连接"按钮将它展开。

图 7-23 跳转至 Power Query 编辑器

2）在 Power Query 编辑器右侧的"应用的步骤"界面中选中"筛选"选项；单击鼠标右键，在弹出的快捷菜单中选择"插入步骤后"选项，在弹出的"插入步骤"页面中单击"插入"按钮，如图 7-24 所示。

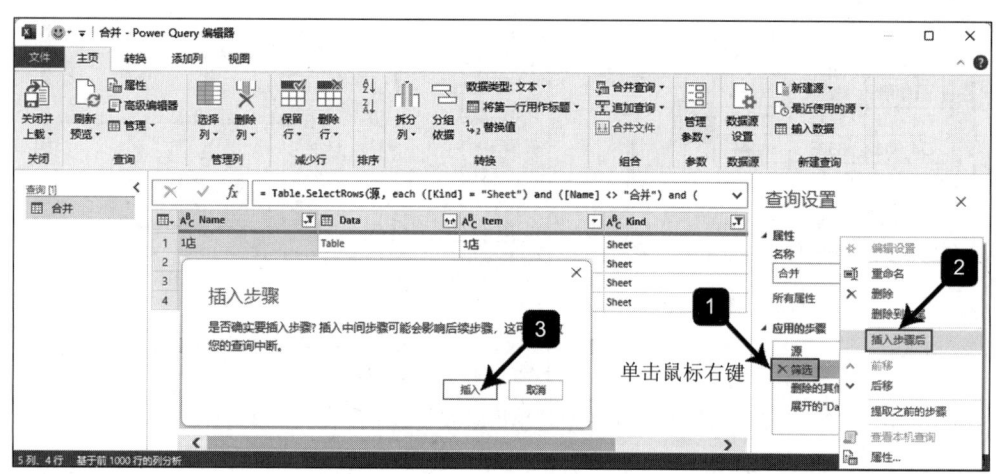

图 7-24 在"筛选"步骤后面插入一个自定义步骤

3）插入自定义步骤后，选中"自定义 1"步骤，单击鼠标右键，在快捷菜单中选择"重命名"选项，将其重命名为"字段列表"，如图 7-25 所示。

4）选中"字段列表"步骤，修改 M 查询语句如下：

= List.Distinct(List.Combine(List.Transform(筛选 [Data],each Table.ColumnNames(_))))

这个 M 查询语句的作用是从数据源每个表格的标题行中提取不重复的字段，构建成一个字段列表，如图 7-26 所示。这个字段列表可以随数据源表格中的字段增减而动态更新。只要在后续步骤中引用这个字段列表，多表合并模板就能在表格新增字段后一键刷新结果。

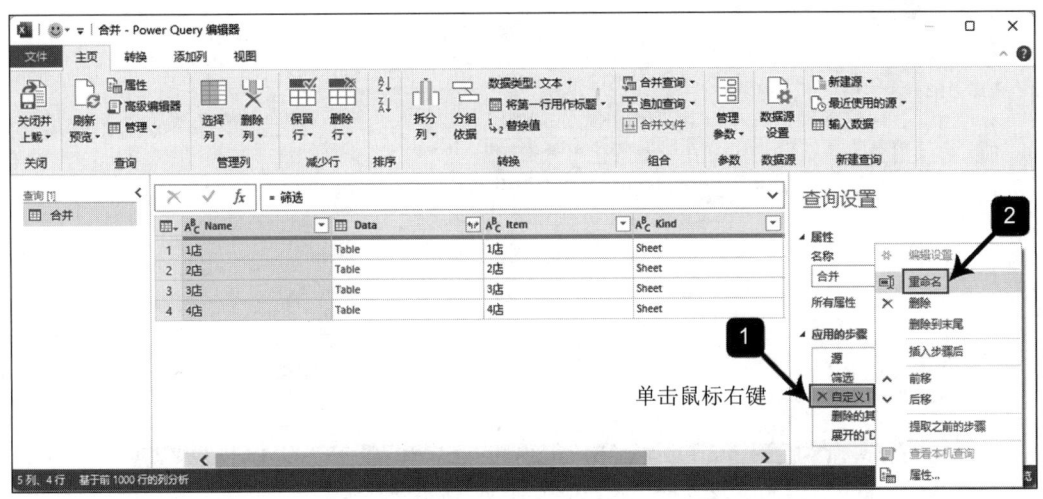

图 7-25　将默认的步骤名称"自定义1"重命名为"字段列表"

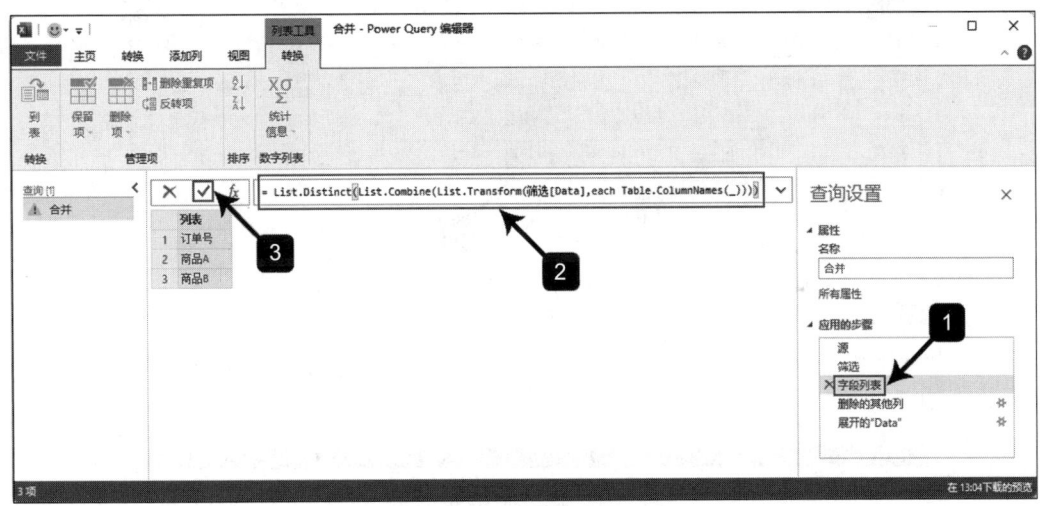

图 7-26　提取不重复字段构建成一个"字段列表"

5）在 Power Query 编辑器中，每个步骤都会默认引用上一个步骤的结果。当插入"字段列表"步骤后，"删除的其他列"会因默认引用"字段列表"的结果而出错，因此需要将编辑栏中的"字段列表"改为其上方的步骤"筛选"，如图 7-27 所示。

6）选中"删除的其他列"步骤，在 Power Query 编辑器的编辑栏中修改 M 查询语句，如图 7-28 所示。

7）在展开的"Data"步骤中，将 M 查询语句中的固定字段修改为可以跟随数据源动态更新的"字段列表"，如图 7-29 所示。

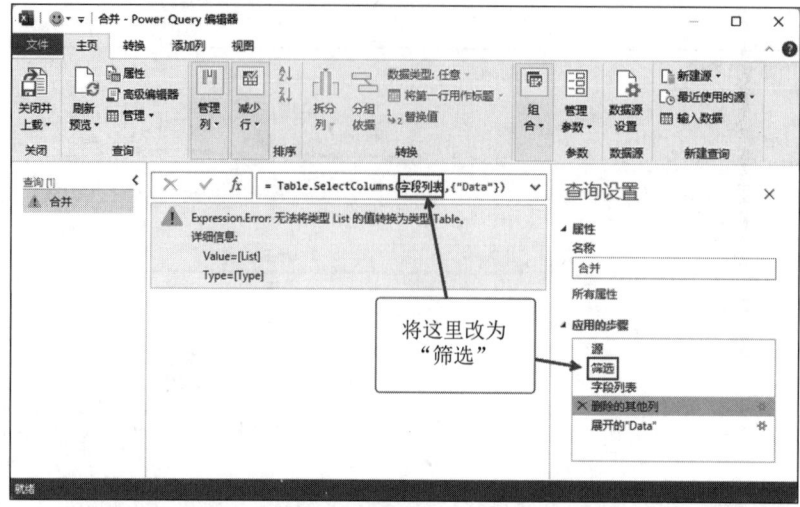

图 7-27 将"字段列表"改为"筛选"

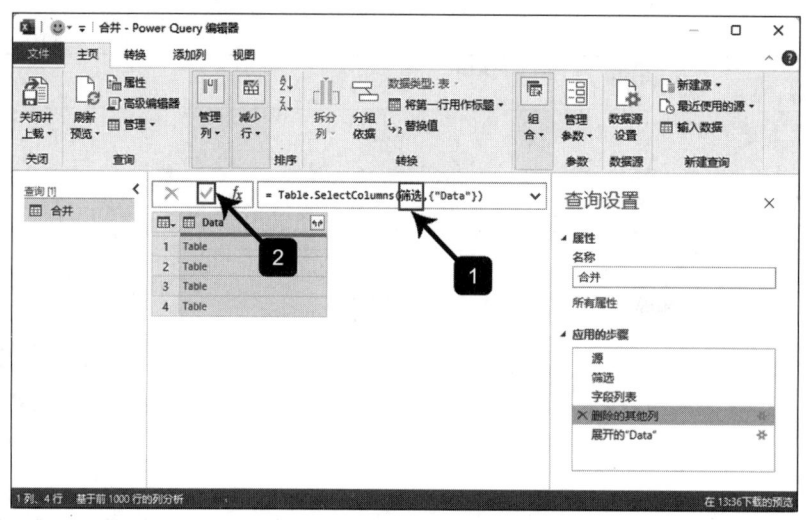

图 7-28 修改 M 查询语句

8）选中展开的"Data"步骤，将 M 查询语句修改为如下形式：

= Table.ExpandTableColumn(删除的其他列 ,"Data", 字段列表)

9）在 Power Query 编辑器中检查结果，确认无误后，单击"关闭并上载"按钮，将结果上载回 Excel 工作表，如图 7-30 所示。

10）如图 7-31 所示，上载回 Excel 的报表"合并"表面看起来与之前没有变化，实际上已经支持表格新增字段了，之所以表面没变化是因为数据源中没有新增字段。下面一起来进行测试。

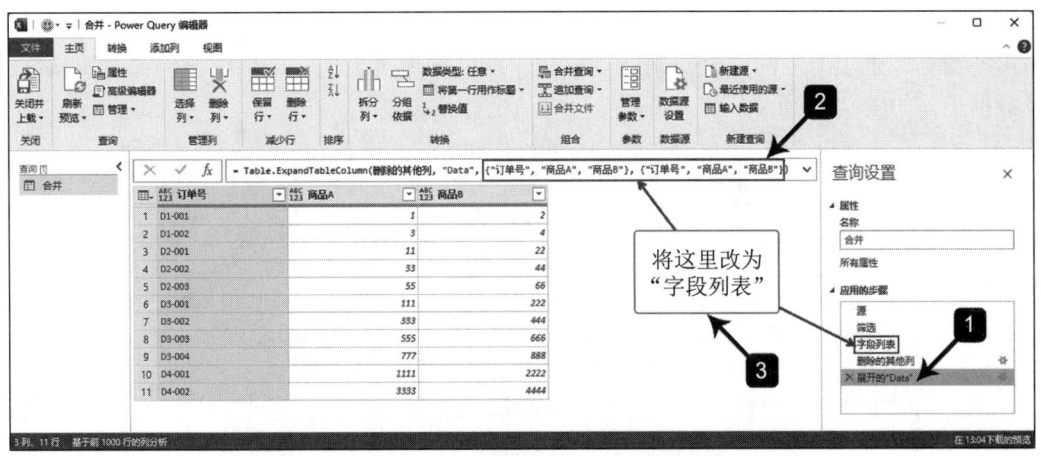

图 7-29　将固定字段修改为可以动态更新的"字段列表"

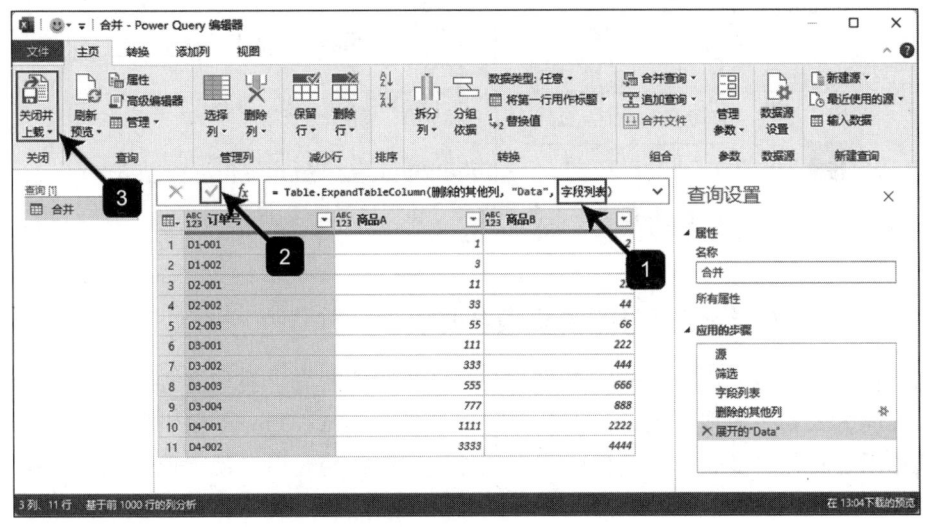

图 7-30　将结果并上载回 Excel 工作表

图 7-31　上载回 Excel 的报表已经支持表格新增字段了

在数据源的工作表"1店"中新增字段"商品C"并输入数据；单击"保存"按钮后，单击"数据"选项卡下的"全部刷新"按钮，即可发现多表合并结果中已经包含新增字段及数据了，如图7-32所示。

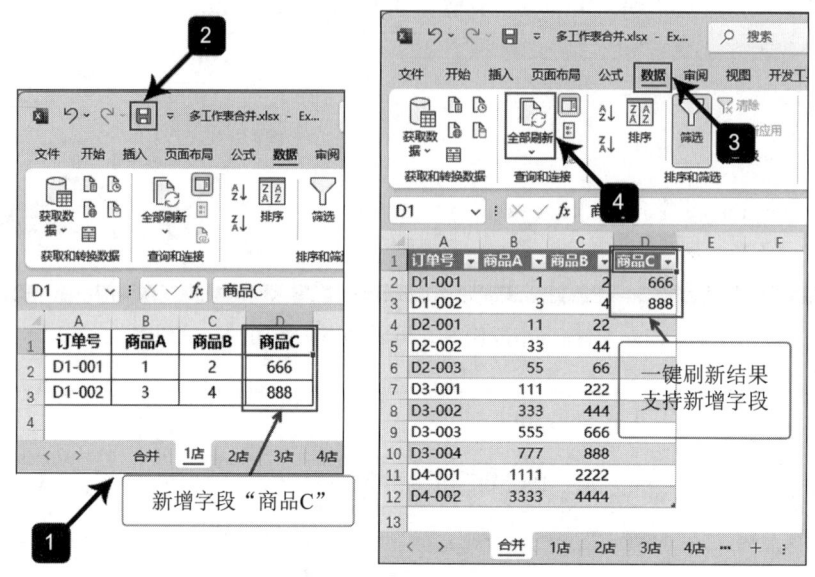

图7-32　多表合并模板已经支持新增字段了

7.1.5　文件存放路径变更时完善多表合并模板

当文件存放路径变更时如何完善多表合并模板呢？首先，我们要理清思路：可以利用定义名称的方式动态提取数据源的存放路径，然后在Power Query编辑器中用这个动态名称替换掉固定路径，多表合并模板就能在文件存放路径变更后自动提取并合并数据了，具体操作步骤如下。

1）打开多表合并模板，在底部的工作表标签右侧单击"+"按钮，新建工作表并将其重命名为"路径"；然后在A1单元格中输入如下公式：

=LEFT(SUBSTITUTE(CELL("filename"),"[",""),FIND("]",SUBSTITUTE
(CELL("filename"),"[","")) -1)

其中，CELL（"filename"）的作用是返回文件的存放路径和工作表名称，如"D:\8.1.4\[多工作表合并.xlsx]路径"；然后利用SUBSTITUTE函数将其中的"["替换为空，利用LEFT函数提取"]"左侧的部分，即得到了文件的存放路径，如图7-33所示。

2）提取出文件的动态路径后，选中A1单元格，单击"公式"选项卡下的"定义名称"按钮；弹出"新建名称"对话框后，在"名称"输入栏中输入"路径"，保持"引用位置"不变，单击"确定"按钮，如图7-34所示，即可将文件的动态路径存放在定义名称中。

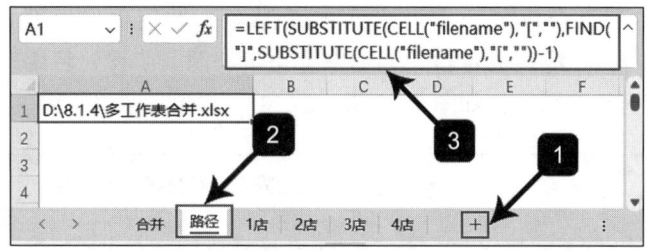

图 7-33 使用 Excel 公式提取文件的存放路径

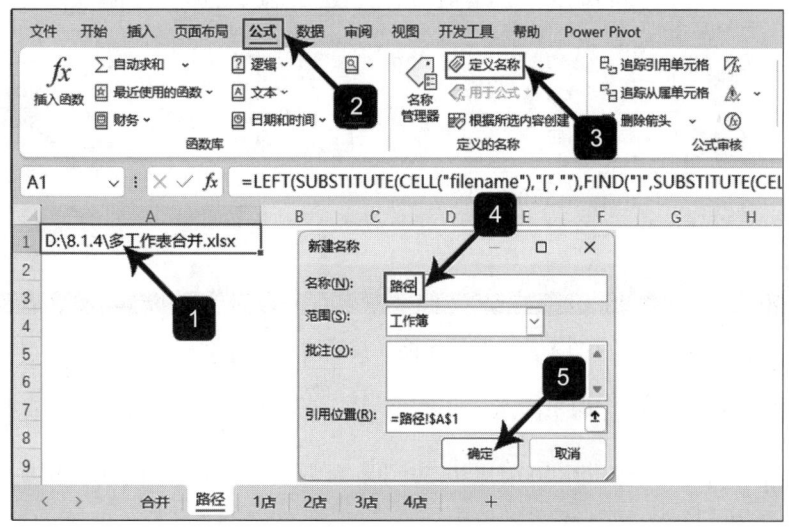

图 7-34 将动态路径存放在定义名称中

3）因为工作表"路径"是辅助表，为了不影响后续的多表合并，设置好定义名称后，在工作表底部标签中的"路径"上单击鼠标右键，在快捷菜单中单击"隐藏"，如图 7-35 所示，即可隐藏"路径"工作表。

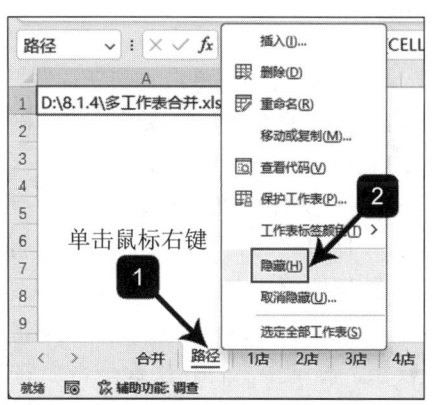

图 7-35 隐藏"路径"工作表

4）按"Ctrl+S"组合键或单击左上角的"保存"按钮保存文件；然后进入 Power Query 编辑器，在右侧"应用的步骤"中选中第一步"源"步骤，将编辑栏中 M 查询语句中的固定路径替换为动态路径，如图 7-36 所示。

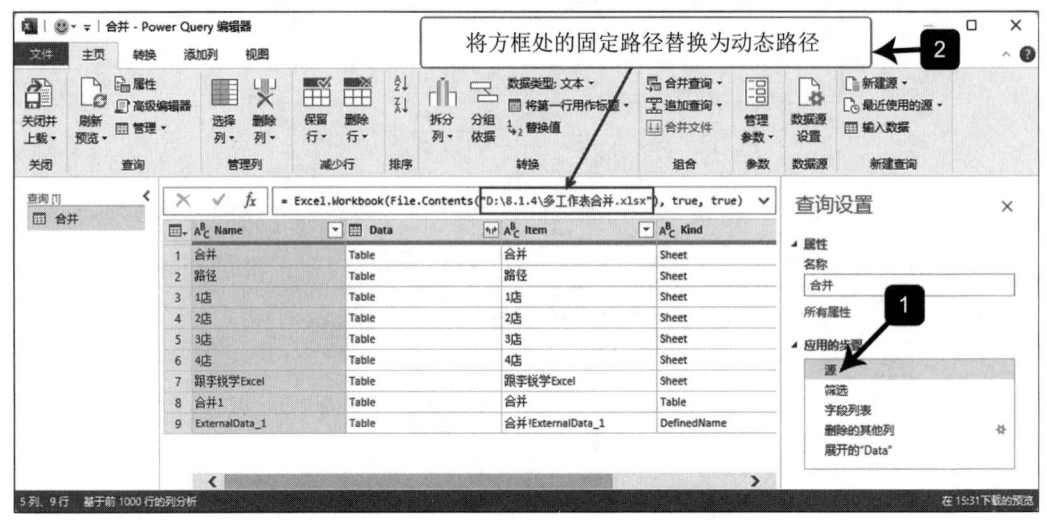

图 7-36　将固定路径替换为动态路径

动态路径的 M 查询语句如下所示：

Excel.CurrentWorkbook(){[Name=" 路径 "]}[Content]{0}[Column1]

此查询语句的作用是返回定义名称"路径"中存放的文件路径，即"D:\8.1.4\ 多工作表合并 .xlsx"。当文件存放位置变更时，此语句可以动态更新为最新路径。

5）替换完成后，"源"步骤的 M 查询语句如下所示：

= Excel.Workbook(File.Contents(Excel.CurrentWorkbook(){[Name=" 路径 "]}
[Content]{0}[Column1]),true,true)

6）选中"源"步骤修改 M 查询语句后，单击"刷新预览"按钮，如图 7-37 所示。

7）在 Power Query 编辑器中依次检查每个步骤的结果，确认结果无误后，单击"关闭并上载"按钮，将结果上载回 Excel 工作表，如图 7-38 所示。

下面测试多表合并模板是否支持文件存放路径变更后的一键刷新结果。

1）移动模板存放位置（如从 D 盘移动到 C 盘）后，首次打开文件会提示"已禁用外部数据连接"；单击"启用内容"按钮即可正常连接，如图 7-39 所示。

2）在结果报表中单击鼠标右键，在打开的快捷菜单中单击"刷新"选项，或者在"数据"选项卡下单击"刷新"按钮，测试多表合并模板是否能够刷新数据。经过测试，发现此模板可以正常刷新。

第 7 章　使用 Power Query 进行多表合并及 M 高级查询　❖　153

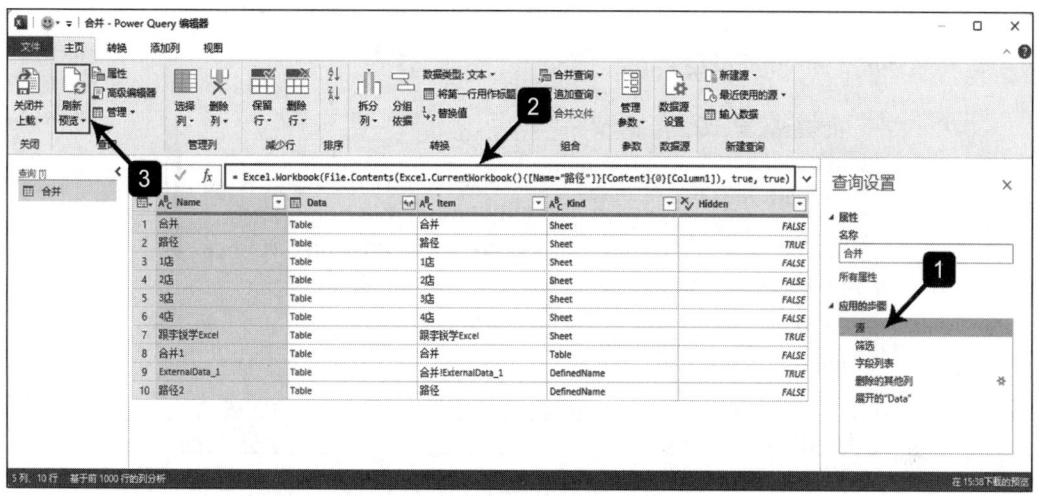

图 7-37　修改 M 查询语句后刷新数据

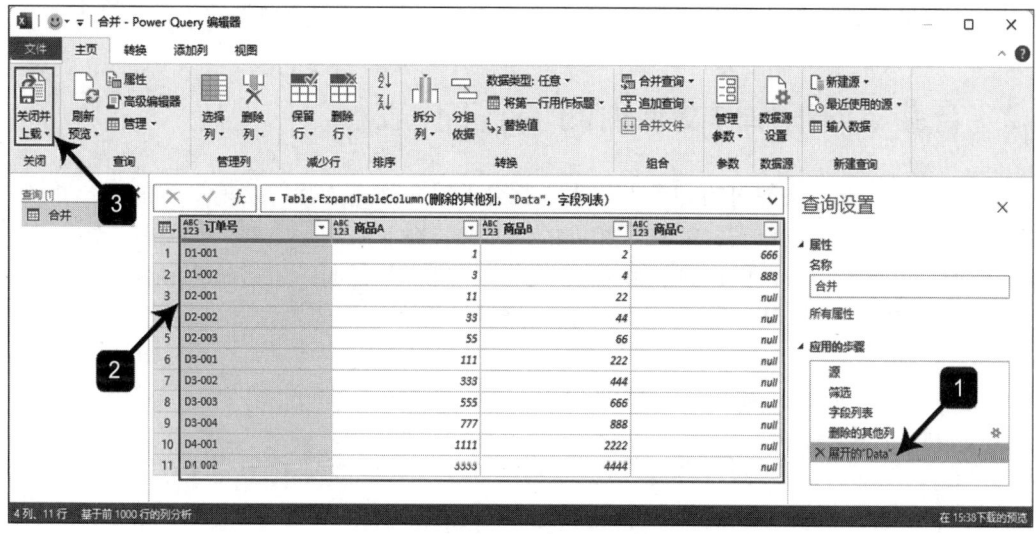

图 7-38　检查结果并上载回 Excel 工作表

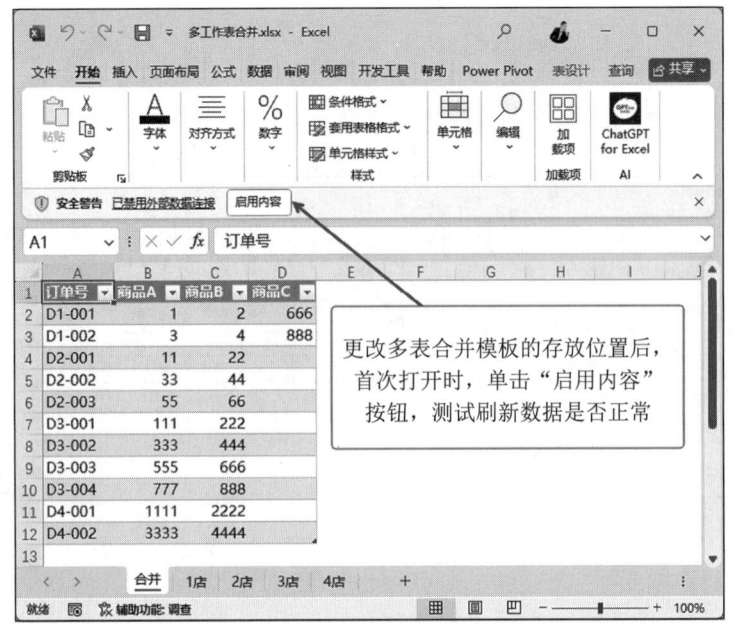

图 7-39　测试模板刷新效果

通过这种方法制作的多表合并模板功能非常完善，不仅支持新增记录、新增工作表和表格新增字段等操作，还能够在文件存放位置变更后通过一键刷新更新结果。这样的模板设计最大限度地满足了日常办公需求，有效避免了重复工作，极大地提高了工作效率。

7.2　合并不同工作簿文件内的多个工作表

在对不同工作簿文件内的多个工作表进行合并时，许多步骤与之前讲解的"合并同一工作簿文件内的多个工作表"方法是相同的。因此，在深入讲解之前，我们首先需要明确本节内容与之前使用方法的区别，并对这些区别进行详细说明；然后结合具体示例，阐述当数据源位于不同工作簿和同一工作簿时，在多表合并方法上的差异。

7.2.1　合并方法的差异

当数据源位于不同工作簿时，与合并同一工作簿内的多个工作表相比，方法上存在以下三点差异。

（1）使用 Power Query 导入数据源时选择的文件不同

1）当数据源位于同一工作簿时，用 Power Query 导入当前工作簿文件即可。

2）当数据源位于不同工作簿时，用 Power Query 导入数据源所在的文件。

（2）当文件存放路径变更时提取路径的方法不同

1）当数据源位于同一工作簿时，只需提取当前文件的存放路径和文件名即可。

2）当数据源位于不同工作簿时，需先提取数据源所在的存放路径，再将该路径与数据源所在文件的文件名连接起来。

（3）多表合并模板对"路径"工作表的隐藏要求不同

1）当数据源位于同一工作簿时，需要隐藏"路径"工作表，否则会影响动态字段列表的构建。

2）当数据源位于不同工作簿时，不需要隐藏"路径"工作表，这种情况不会影响动态字段列表的构建。

明确这些差异，并针对具体情况进行调整，有助于我们更好地理解和应用多表合并技术，确保在不同情况下都能实现多表合并的准确性和高效操作。

7.2.2 制作跨工作簿文件的多表合并模板

如何制作跨工作簿文件的多表合并模板呢？让我们来看一个示例。某企业下属多家店铺的订单数据分别存储在 Excel 工作簿"数据源"的不同工作表中，如图 7-40 所示。

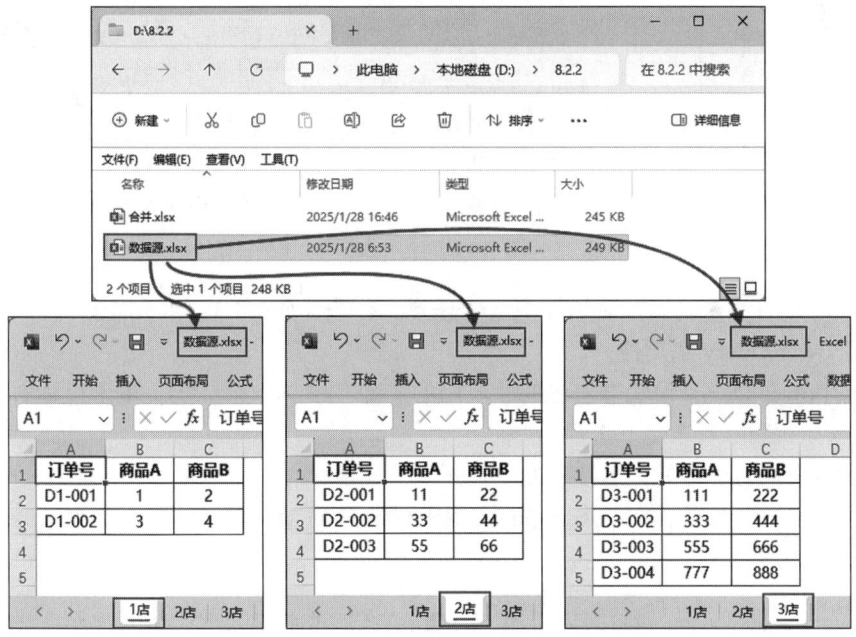

图 7-40　某企业下属多家店铺的订单数据源

随着业务量的增长，这些工作表中的订单记录会持续增加。为了便于管理和分析，现需要在名为"合并"的 Excel 工作簿中制作多表合并模板，用于合并"数据源"工作簿中多个工作表中的订单数据，并支持一键刷新合并结果，以便在订单记录增加时无须重复操作。那么，如何在"合并"工作簿中制作跨工作簿文件的多表合并模板呢？具体操作步骤如下。

1）打开"合并"工作簿，单击"数据"选项卡下的"获取数据"按钮，在其下拉菜单中选择"来自文件"选项，再在其子菜单中选择"从 Excel 工作簿"选项；在弹出的"导入数据"对话框中选择数据源路径（如 D:\8.2.2），然后选中数据源所在的 Excel 工作簿文件（如"数据源"），单击"导入"按钮，如图 7-41 所示。

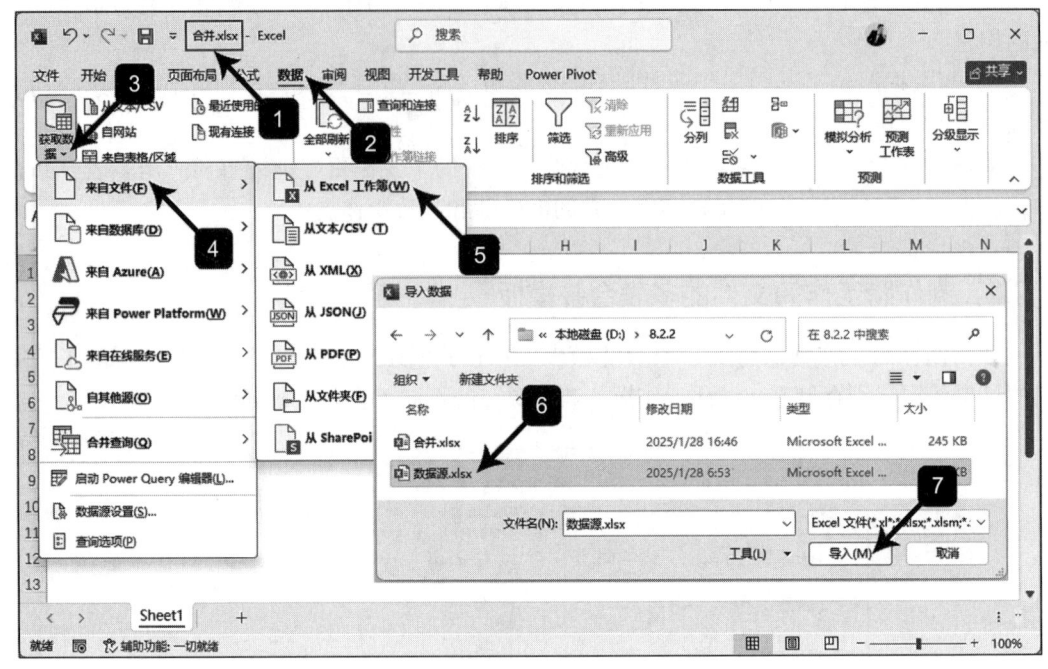

图 7-41　导入数据

2）在打开的"导航器"对话框中选中任意工作表（如"1 店"），单击"转换数据"按钮，进入 Power Query 编辑器。

3）在 Power Query 编辑器右侧的"应用的步骤"中选中第二步，单击鼠标右键，在快捷菜单中选择"删除到末尾"选项。

4）修改查询名称为易记名称，如"合并"。

5）选中"源"步骤，在 Power Query 编辑栏中对 M 查询语句进行如下修改，并将表格中的第一行作为标题行：

= Excel.Workbook(File.Contents("D:\8.2.2\ 数据源 .xlsx"),true,true)

6）选中步骤"源"，单击鼠标右键，在其下方插入步骤，并将此步骤重命名为易记名称（如"筛选"）。

7）选中"筛选"步骤，对默认的 M 查询语句进行如下修改：

= Table.SelectRows(源 ,each([Kind] = "Sheet")and([Name] <> " 合并 ")
and([Hidden] = false))

8）选中"Data"列，单击"删除列"下拉按钮，在其下拉菜单中选中"删除其他列"选项。

9）单击"Data"字段右侧的扩展按钮，在弹出的筛选页面中取消"使用原始列名作为前缀"的勾选；单击"确定"按钮展开字段，将多表记录合并连接在一起。

10）在 Power Query 编辑器中检查结果，确认无误后，单击"关闭并上载"按钮，将结果上载回 Excel 工作表，如图 7-42 所示。

7.2.3　新增字段时完善多表合并模板

表格新增字段时完善跨工作簿文件的多表合并模板的具体操作步骤如下：

图 7-42　检查结果并上载回 Excel 工作表

1）打开多表合并模板，在右侧的"查询&连接"界面中双击查询名称，跳转至 Power Query 编辑器。

2）在 Power Query 编辑器右侧的"应用的步骤"中选中"筛选"步骤，单击鼠标右键，在"筛选"步骤后面插入一个自定义步骤。

3）插入自定义步骤后，将默认的步骤名称"自定义 1"重命名为"字段列表"。

4）选中"字段列表"步骤，修改 M 查询语句如下：

= List.Distinct(List.Combine(List.Transform(筛选 [Data],each Table.ColumnNames(_))))

5）选中"删除的其他列"步骤，在 Power Query 编辑器的编辑栏中修改 M 查询语句如下，将编辑栏中的"字段列表"改为其上方的步骤"筛选"。

= Table.SelectColumns(筛选 ,{"Data"})

6）在展开的"Data"步骤中，将 M 查询语句中的固定字段修改为可以跟随数据源动态更新的"字段列表"。修改后的 M 查询语句如下：

= Table.ExpandTableColumn(删除的其他列 ,"Data", 字段列表)

7）在 Power Query 编辑器中检查结果，确认无误后，单击"关闭并上载"按钮，将结果上载回 Excel 工作表。

7.2.4　文件存放路径变更时完善多表合并模板

当文件存放路径变更时，完善跨工作簿文件的多表合并模板的具体步骤如下。

1）打开"合并"工作簿，插入一个新的工作表并将其重命名为"路径"；然后在 A1 单元格中输入如下公式：

=LEFT(CELL("filename"),FIND("[",CELL("filename"))-1)&"数据源.xlsx"

这个公式的作用是动态提取数据源所在的路径及文件名，其中"数据源"是存放订单记录的 Excel 工作簿名称。我们在实际工作中使用这个公式时，需要根据实际情况将公式中的"数据源"更改为数据源工作簿文件的名称，如图 7-43 所示。

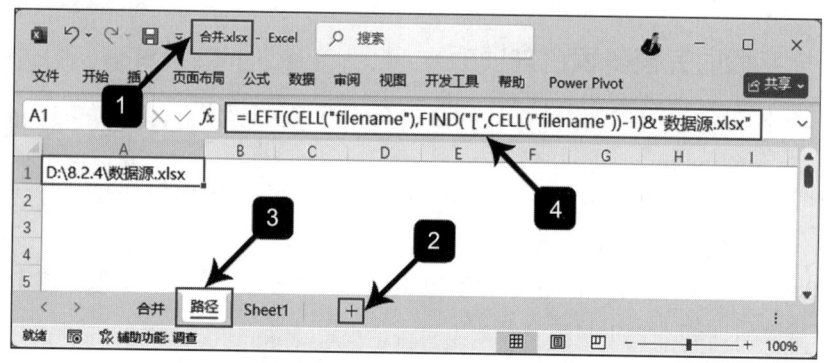

图 7-43　使用 Excel 公式提取数据源文件的存放路径

2）选中 A1 单元格，单击"公式"选项卡下的"定义名称"按钮；弹出"新建名称"对话框后，在"名称"输入栏中输入"路径"，保持"引用位置"不变，单击"确定"按钮，即可将文件的动态路径存放在定义名称中。

3）单击"数据"选项卡下的"查询和连接"按钮，在右侧的"查询 & 连接"界面中双击查询名称"合并"，进入 Power Query 编辑器。

4）在右侧"应用的步骤"列表中选中第一步"源"步骤，将编辑栏中的 M 查询语句修改如下：

= Excel.Workbook(File.Contents(Excel.CurrentWorkbook(){[Name="路径"]}
[Content]{0}[Column1]),true,true)

5）在 Power Query 编辑器中依次检查每个步骤的结果，确认结果无误后，单击"关闭并上载"按钮，将结果上载回 Excel 工作表。

通过这种方法完善的多表合并模板不仅支持新增记录、新增工作表和表格新增字段，还能够在文件存放位置变更后支持一键刷新。

对于初学者来说，采用分步操作的方法可以更清晰地理解和掌握多表合并模板的创建过程。不过，随着操作熟练度的提升，借助 Power Query 的高级编辑器将显著提高工作效率。

7.3 使用 M 高级查询制作多表合并模板

借助 Power Query 高级编辑器，使用 M 高级查询制作多表合并模板，可以一次性完成多个步骤的编写，如从动态路径导入数据、进行数据筛选、提取动态字段列表、删除不必要的列、展开字段等，有效地简化了复杂的操作过程。

7.3.1 自动提取数据源动态路径

自动提取数据源动态路径的方法为：打开用于存放多表合并模板的 Excel 工作簿文件（如"合并"），新建工作表并命名为"路径"；然后在 A 单元格中输入公式，如图 7-44 所示。

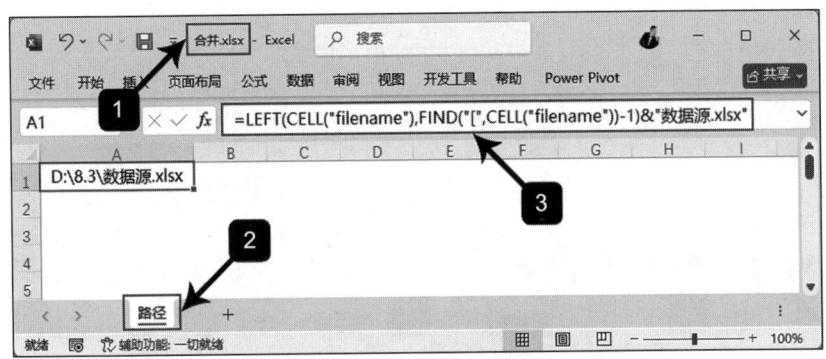

图 7-44 利用 Excel 公式自动提取数据源动态路径

该公式的作用是自动提取数据源路径，并且当文件被移动时动态更新路径地址。

7.3.2 利用自定义名称存放数据源动态路径

利用自定义名称存放数据源动态路径的方法为：选中提取动态路径公式所在的 A1 单元格，单击"公式"选项卡下的"定义名称"按钮，在弹出的"新建名称"对话框中输入名称"路径"，单击"确定"按钮，如图 7-45 所示。

7.3.3 在 Power Query 编辑器中导入数据源

在 Power Query 编辑器中导入数据源的具体操作步骤如下。

1）打开 Excel 工作簿"合并"，单击"数据"选项卡下的"获取数据"按钮，在其下拉菜单中选择"来自文件"选项，在其子菜单中选择"从 Excel 工作簿"选项；在弹出的"导入数据"对话框中选择数据源路径（如 D:\8.3），然后选中数据源所在的 Excel 工作簿文件（如"数据源"），单击"导入"按钮，如图 7-46 所示。

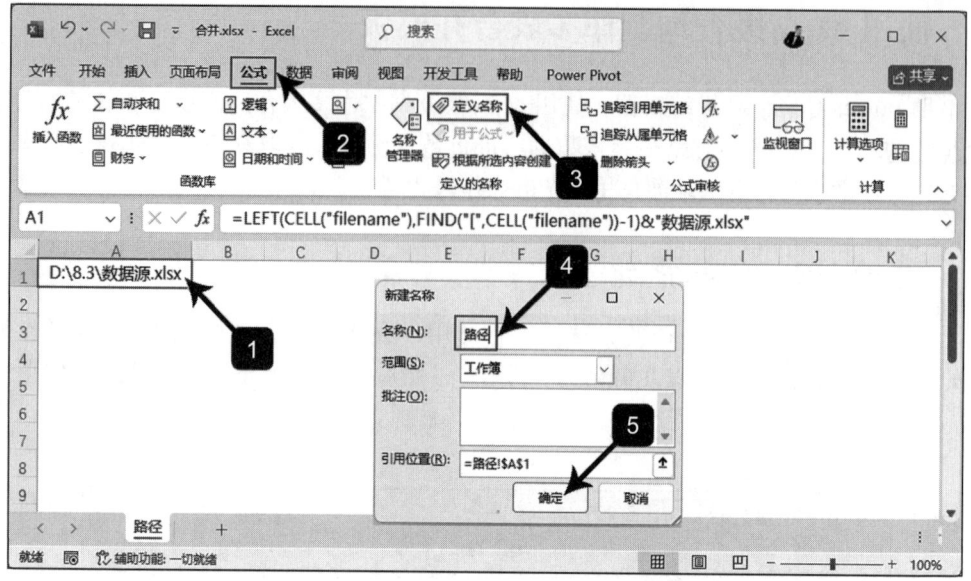

图 7-45　使用自定义名称存放数据源动态路径

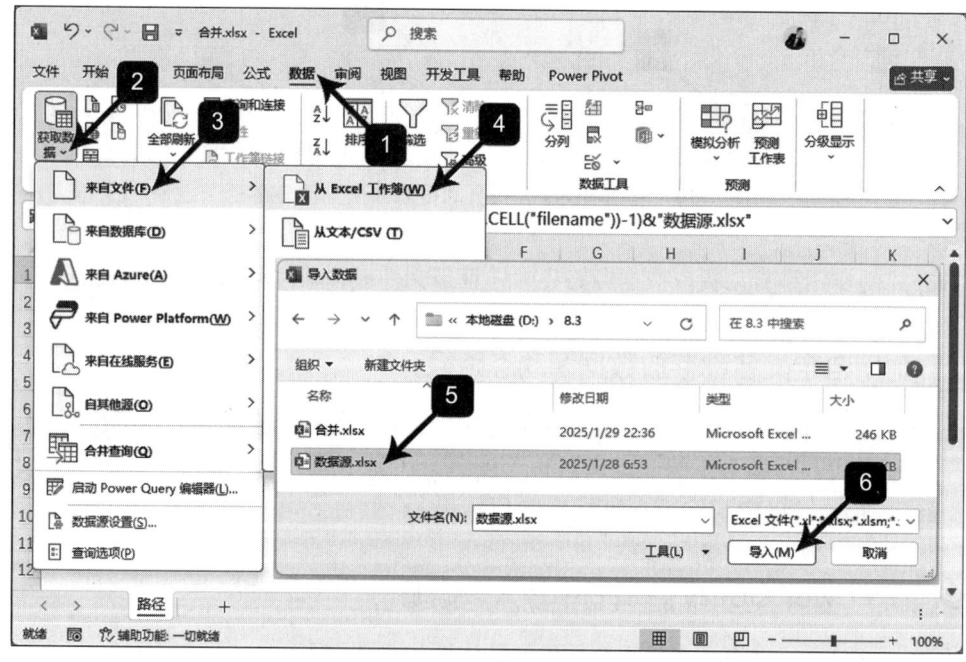

图 7-46　导入数据

2）在弹出的"导航器"对话框中选中任意工作表（如"1店"），单击"转换数据"按钮，进入 Power Query 编辑器，如图 7-47 所示。

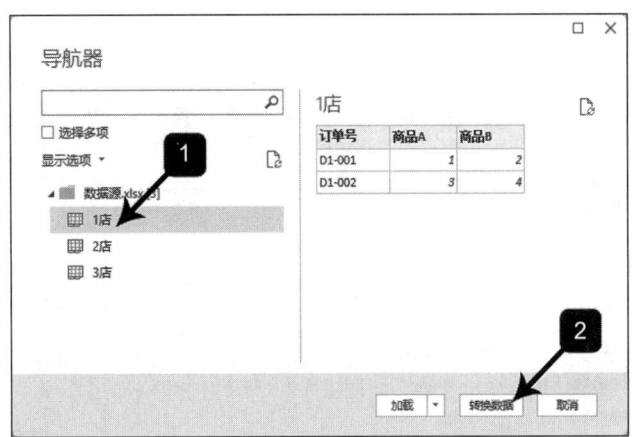

图 7-47　跳转至 Power Query 编辑器

7.3.4　使用 M 高级查询制作多表合并模板

使用 M 高级查询制作多表合并模板的具体操作步骤如下。

1）在 Power Query 编辑器中，将默认的查询名称重命名为易记名称（如"合并"），如图 7-48 所示。

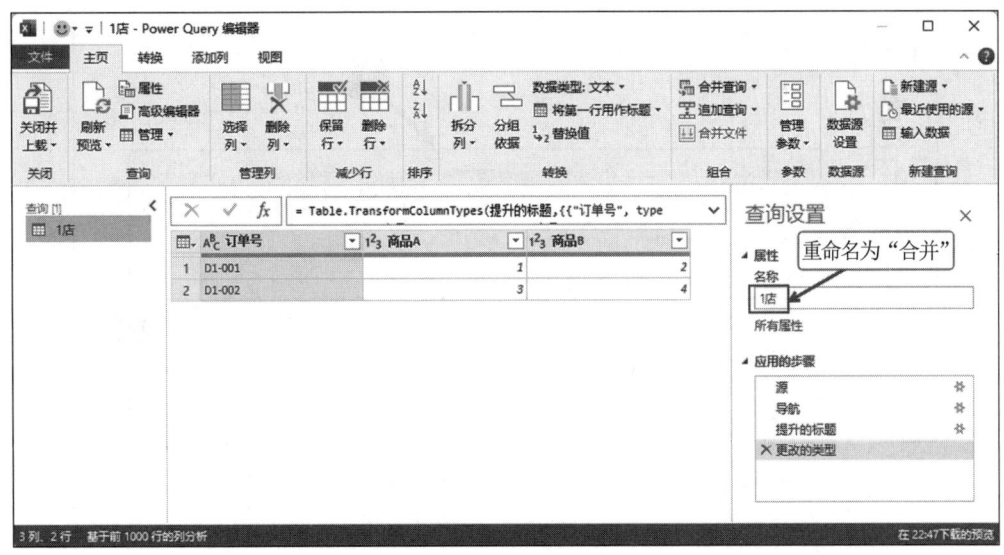

图 7-48　将默认的查询名称重命名为"合并"

2）单击"主页"选项卡下的"高级编辑器"按钮，在弹出的"高级编辑器"对话框中清空已有的查询语句，如图 7-49 所示。

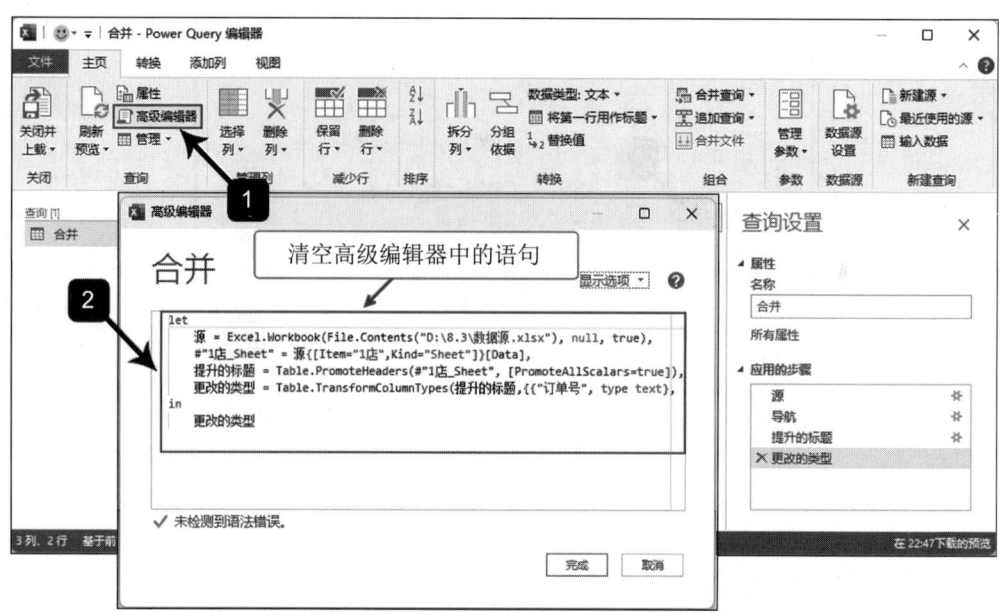

图 7-49 在"高级编辑器"中清空已有的查询语句

3)在"高级编辑器"中输入 M 高级查询语句,然后单击"完成"按钮,如图 7-50 所示。

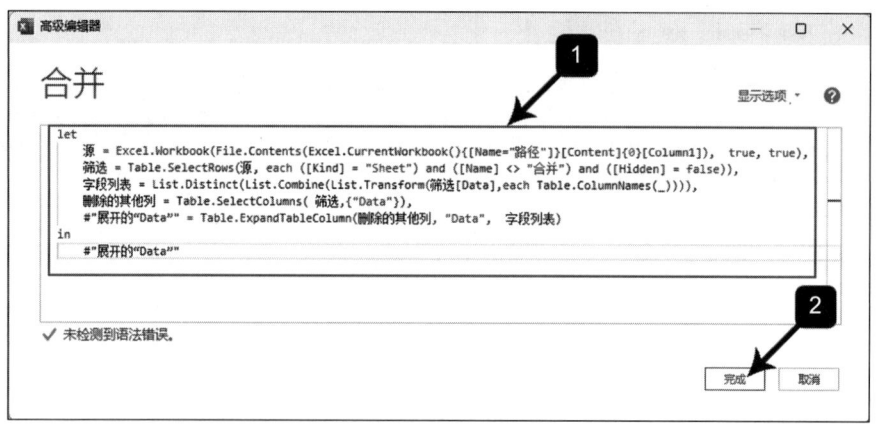

图 7-50 在"高级编辑器"中输入 M 高级查询语句

> **注意** 读者无须手动输入冗长的 M 高级查询语句,只需按照图书前言中提供的下载说明获取配套的 Excel 素材,然后从章节示例文件中复制相关内容到自己的工作报表中即可。

4)在高级编辑器中,每一行代码都对应着 Power Query 编辑器右侧"应用的步骤"中的每个步骤,这种设计便于用户对数据管理过程进行可视化查阅和编辑修改。Power Query 会按照输入的 M 高级查询语句自动进行数据导入、筛选、转换及合并,最终返回我们需要的多表合并结果。

5)在 Power Query 编辑器中检查结果,确认无误后,单击"关闭并上载"按钮,将结果上载回 Excel 工作表,如图 7-51 所示。

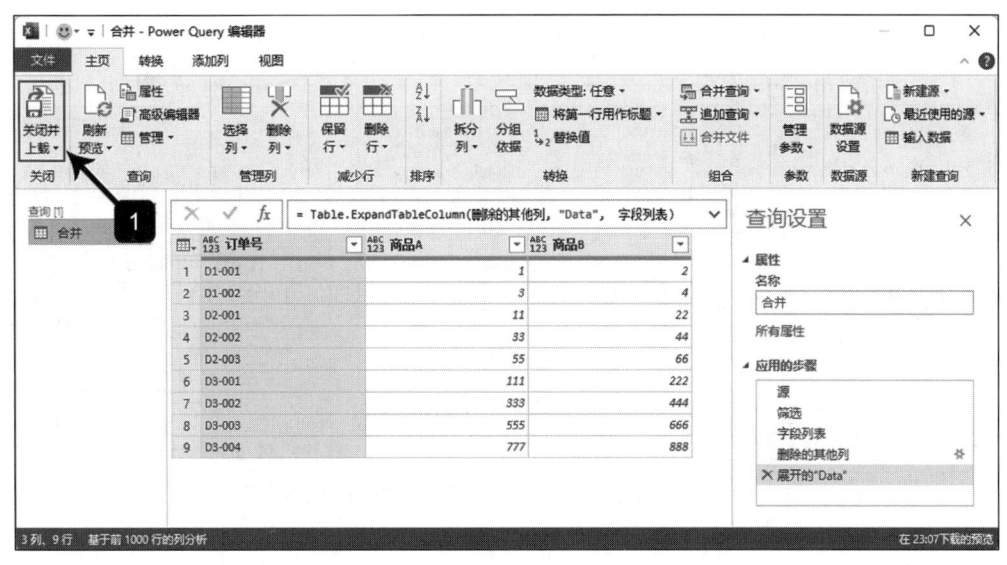

图 7-51　在 Power Query 编辑器中检查结果并上载回 Excel 工作表

6)上载回 Excel 工作表的结果报表"合并"已经按照要求实现了动态多表合并功能,能够自适应新增记录、新增工作表、新增表格字段以及变更存放路径等情况,如图 7-52 所示。

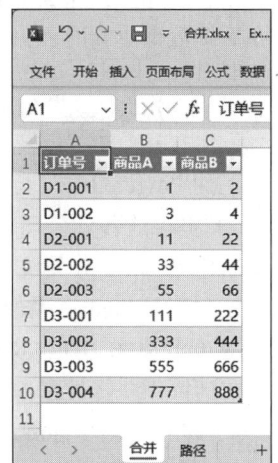

图 7-52　报表实现了动态多表合并功能

7.4　合并文件夹内多个工作簿文件的数据

如何对文件夹内多个工作簿文件的数据进行合并呢?让我们来看一个示例。某集团企业旗下设有多家分公司(如北京分公司、天津分公司、石家庄分公司),每家分公司的销售记录都分别存储在各自的工作簿文件中,且每个工作簿中均包含一个名为"1月"的工作表,其中记录了订单数据,如图 7-53 所示。

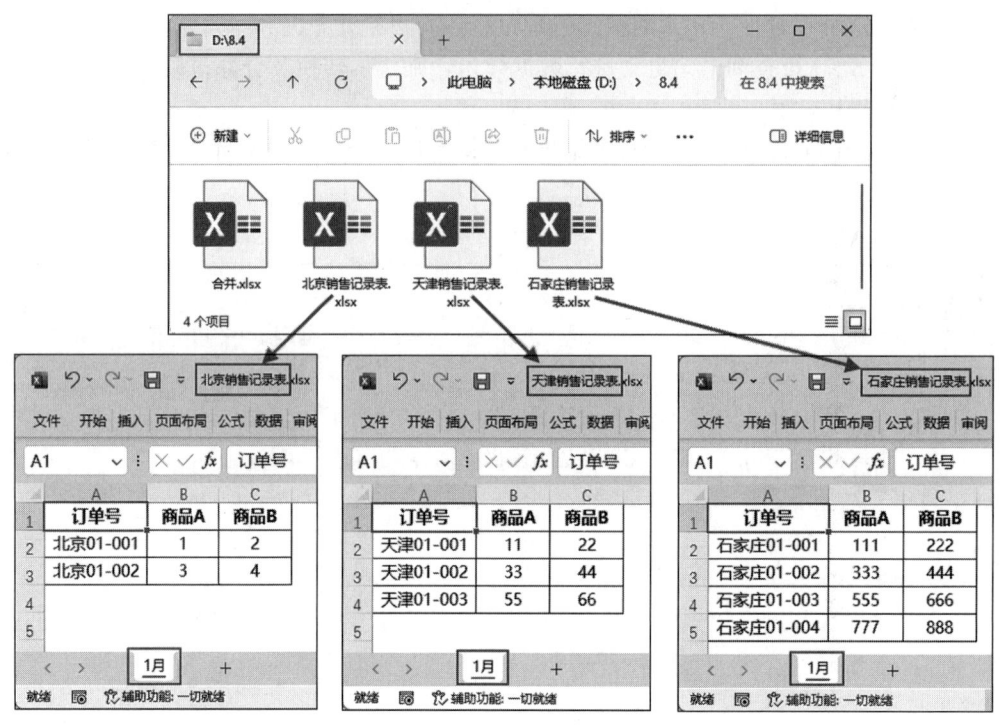

图 7-53　某集团企业旗下多家分公司的销售记录表

随着业务扩展，订单数据会持续增加。为了满足不定期对整体销售情况进行汇总分析的需求，工作人员希望制作一个自动化的多文件合并模板，以便快速合并各分公司的数据，并在后续数据更新时，只需简单操作即可实现一键刷新。

7.4.1　制作能够一键刷新结果的多文件合并模板

利用 Power Query 合并文件夹内多个工作簿文件数据的具体操作步骤如下。

1）将存放各分公司订单数据的 Excel 工作簿放置到一个文件夹中（如"8.4"），在文件夹中新建 Excel 工作簿文件并命名为"合并"，用于制作多文件合并模板。

2）打开 Excel 工作簿文件"合并"，单击"数据"选项卡的"获取数据"按钮，在其下拉菜单中选择"来自文件"选项，在其子菜单中选择"从文件夹"选项；在弹出的"浏览"对话框中选择数据源所在的文件夹（如"8.4"），单击"打开"按钮，如图 7-54 所示。

3）在弹出的文件浏览窗口中单击"转换数据"按钮，如图 7-55 所示。

4）在打开的 Power Query 编辑器中，将默认的查询名称重命名为"合并"，如图 7-56 所示。

5）单击"Name"字段右侧的筛选按钮，取消"合并"选项的勾选状态，单击"确定"按钮，如图 7-57 所示，以选择需要汇总的 Excel 工作簿文件。

第 7 章 使用 Power Query 进行多表合并及 M 高级查询 ❖ 165

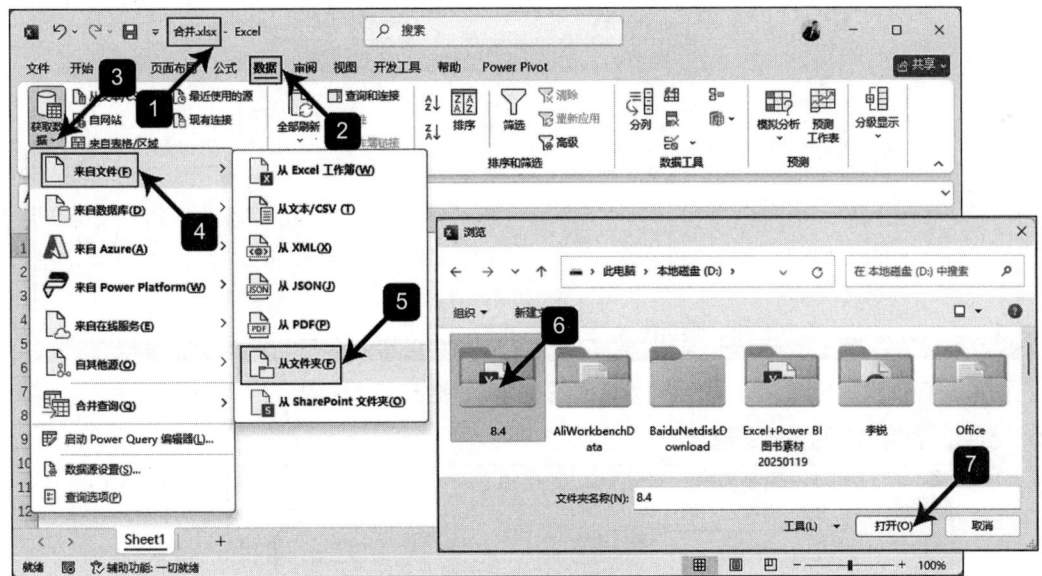

图 7-54 导入数据

图 7-55 在导入向导窗口中单击"转换数据"按钮

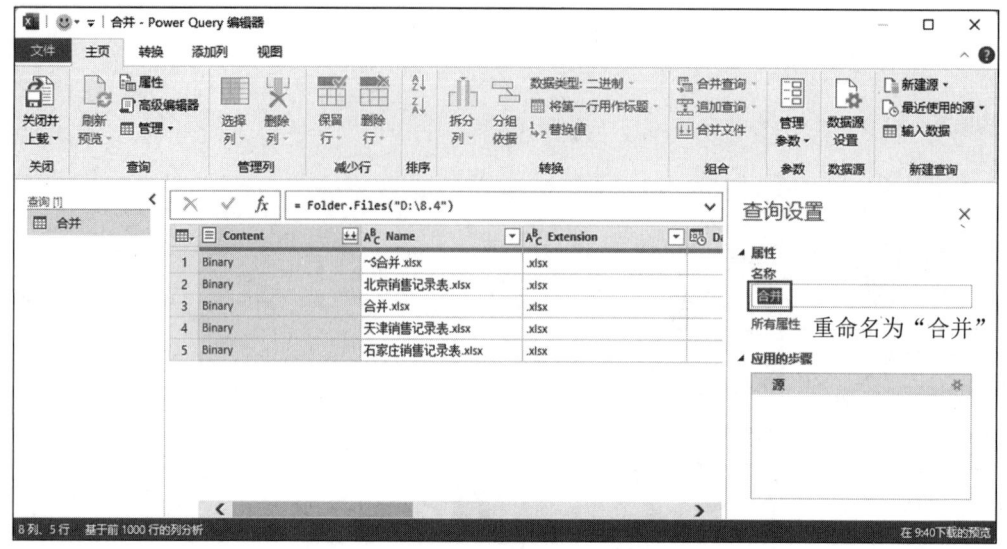

图 7-56　将默认的查询名称重命名为"合并"

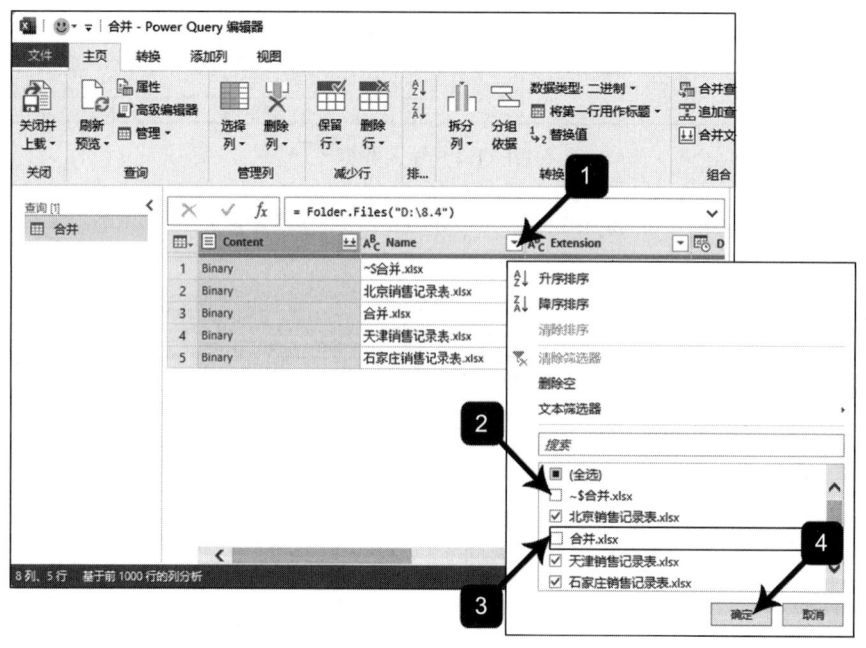

图 7-57　仅选择需要汇总的 Excel 工作簿文件

6）因为我们需要汇总的数据都在"Content"字段下的 Binary 二进制文件中，所以仅需保留"Content"列即可。

选中"Content"列，单击"删除列"按钮，在其下拉菜单中选择"删除其他列"选项，如图 7-58 所示。

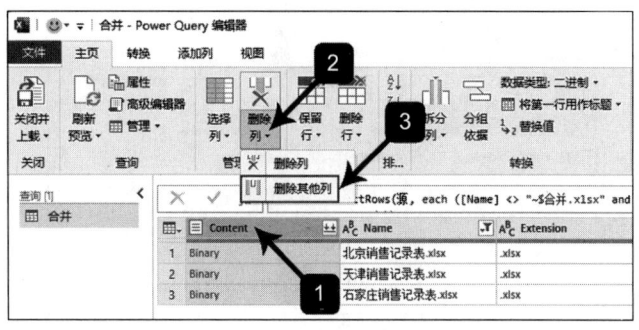

图 7-58　仅保留"Content"列

7）下面利用 M 函数公式提取 Binary 二进制文件中的数据，方法如下。

① 单击"添加列"选项卡下的"自定义列"按钮，在弹出的"自定义列"对话框中输入自定义列公式，单击"确定"按钮，如图 7-59 所示。

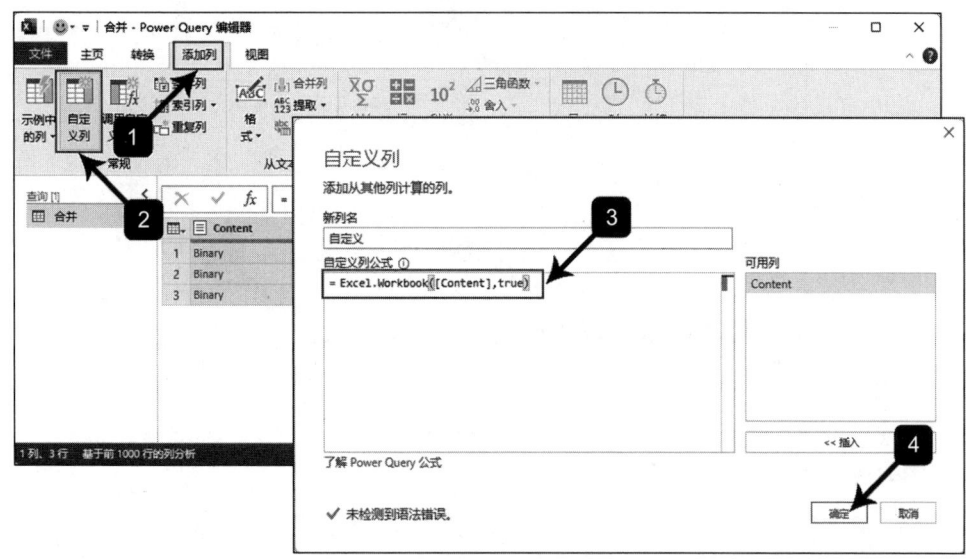

图 7-59　输入自定义列公式

② 从二进制文件 Binary 中提取出 Table 数据后，选中"Content"列，单击"主页"选项卡下的"删除列"按钮，如图 7-60 所示。

③ 单击"自定义"字段右侧的扩展按钮，取消"使用原始列名作为前缀"选项的勾选，单击"确定"按钮，如图 7-61 所示，以展开 Table 表单中的字段和数据。

8）因为 Excel 工作簿文件中可能包含隐藏工作表或其他无须参与汇总的工作表，所以在合并多表记录之前，需要先选择需要汇总的数据，方法为：单击"Hidden"右侧的筛选按钮，取消"TRUE"选项的勾选，单击"确定"按钮，如图 7-62 所示。此步骤的默认名称为"筛选的行 1"。

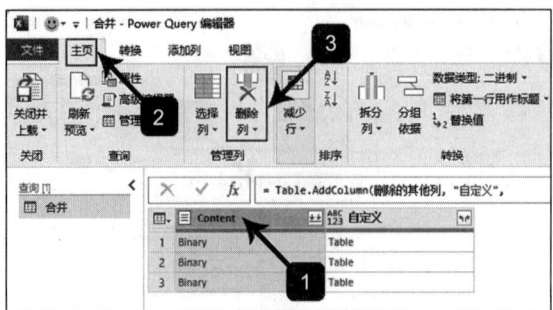

图 7-60 删除"Content"列

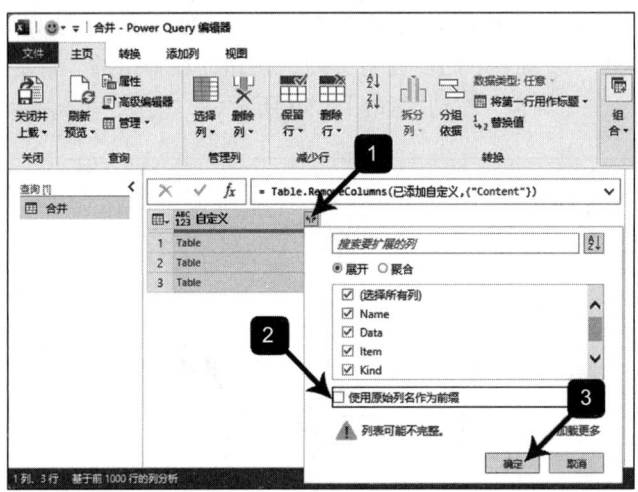

图 7-61 展开 Table 表单中的字段和数据

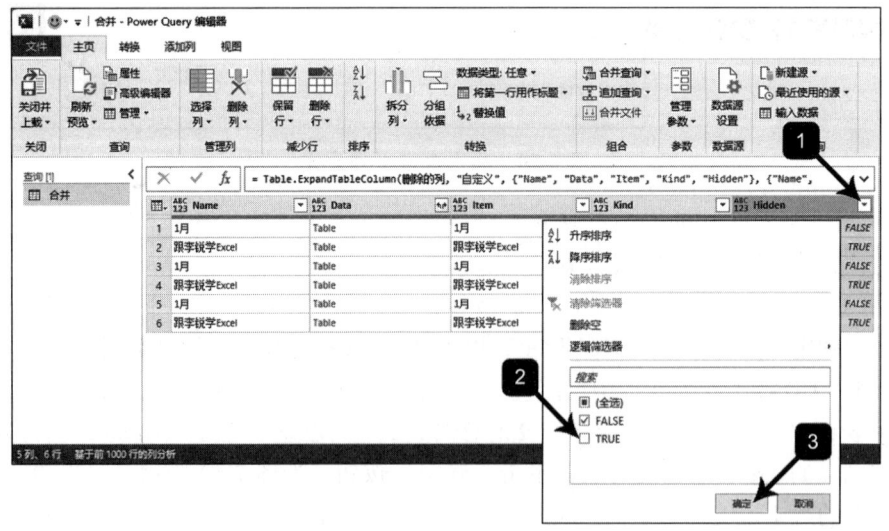

图 7-62 筛选需要汇总的数据

9）选中"筛选的行 1"步骤，将其重命名为"筛选"；选中"Data"列，单击"删除列"按钮，在其下拉菜单中选择"删除其他列"选项，如图 7-63 所示。

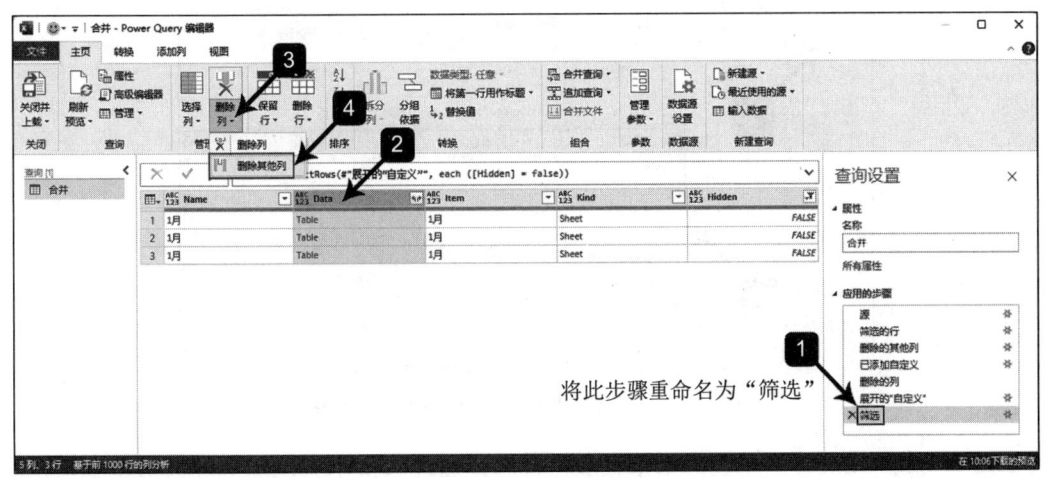

图 7-63 保留"Data"列

10）单击"Data"字段右侧的扩展按钮，取消"使用原始列名作为前缀"选项的勾选，单击"确定"按钮，如图 7-64 所示。

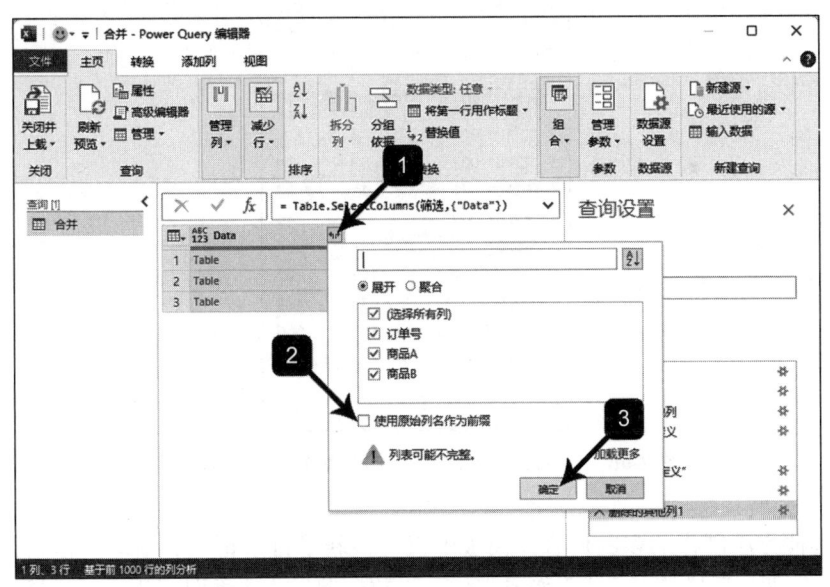

图 7-64 取消"使用原始列名作为前缀"选项的勾选

11）在 Power Query 编辑器中检查结果，确认无误后，单击"关闭并上载"按钮，将结果上载回 Excel 工作表，如图 7-65 所示。

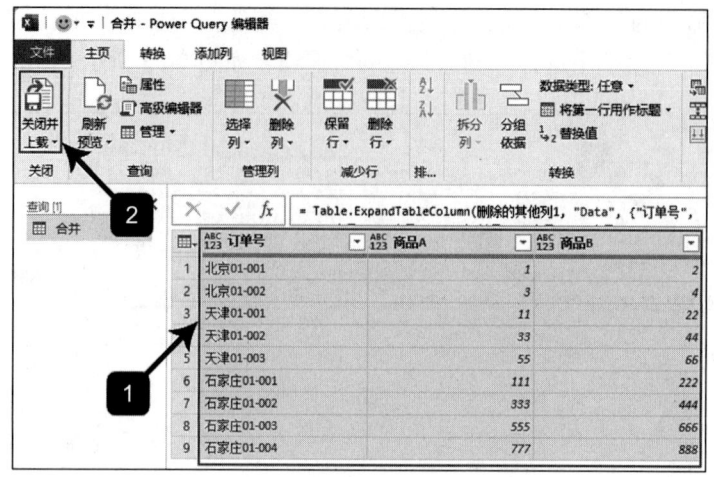

图 7-65　检查结果并上载回 Excel 工作表

12）上载回 Excel 工作表的结果报表"合并"已经按要求实现了文件夹内多个工作簿文件的数据合并，如图 7-66 所示。

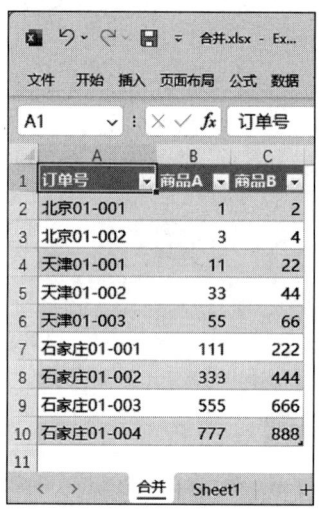

图 7-66　实现文件夹内多个工作簿文件的数据合并

通过这种方法制作的多文件合并模板不仅支持新增订单记录和新增工作表，还能自动识别合并文件夹内新增的 Excel 工作簿文件。当数据源发生更新时，用户可通过该模板实现一键刷新。

下面测试这个多文件合并模板对新增 Excel 工作簿文件的刷新效果。

1）在文件夹内新增上海分公司的订单文件（如"上海销售记录表"），其中包含工作表"1月"以及订单数据，如图 7-67 所示。

第 7 章 使用 Power Query 进行多表合并及 M 高级查询 ❖ 171

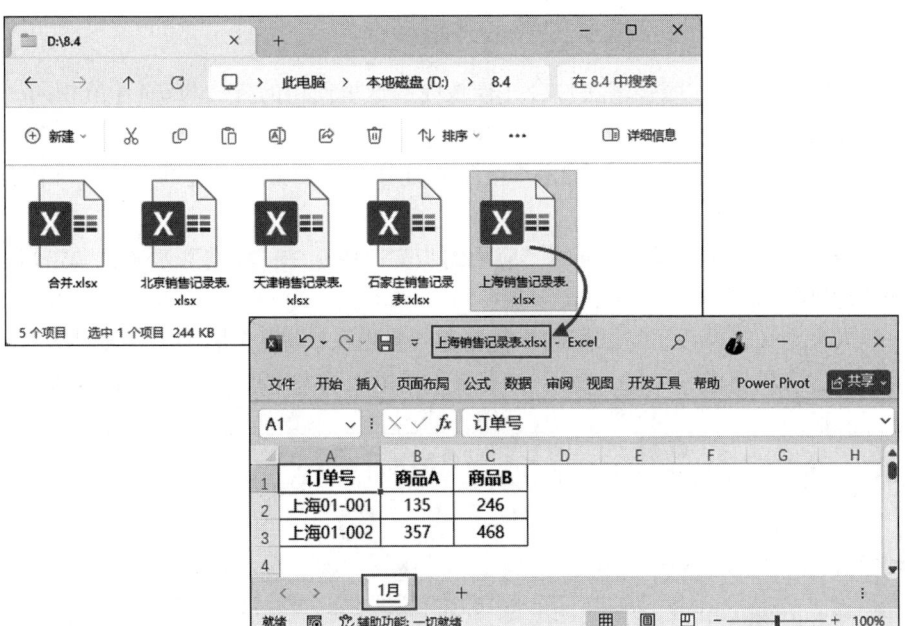

图 7-67 在文件夹内新增上海分公司的订单文件

2）在多文件合并模板中单击"数据"选项卡下的"全部刷新"按钮，可以发现，结果报表中已经包含了新增的上海分公司的订单数据，如图 7-68 所示。

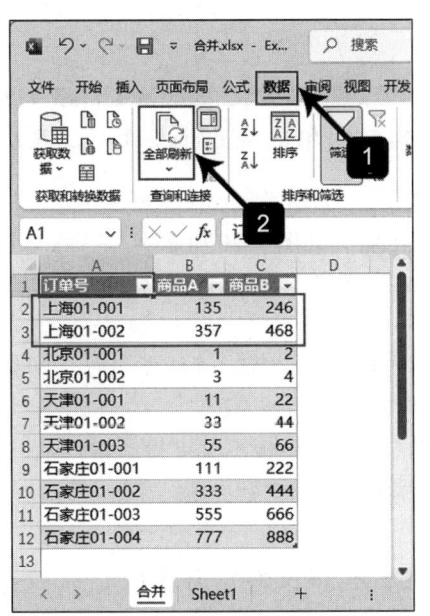

图 7-68 结果报表中已包含新增工作簿的订单数据

7.4.2 文件新增字段时完善多文件合并模板

当文件新增字段时，完善多文件合并模板呢？这里使用的方法与 7.1.4 节相同，下面仅简要说明关键步骤。

1）打开多表合并模板，在右侧的"查询 & 连接"界面中双击查询名称，跳转至 Power Query 编辑器。

2）在 Power Query 编辑器右侧的"应用的步骤"中选中"筛选"步骤，单击鼠标右键，在"筛选"步骤后面插入一个自定义步骤。

3）插入自定义步骤后，将默认的步骤名称"自定义 1"重命名为"字段列表"。

4）选中"字段列表"步骤，使用 M 高级查询提取动态字段列表，如图 7-69 所示。

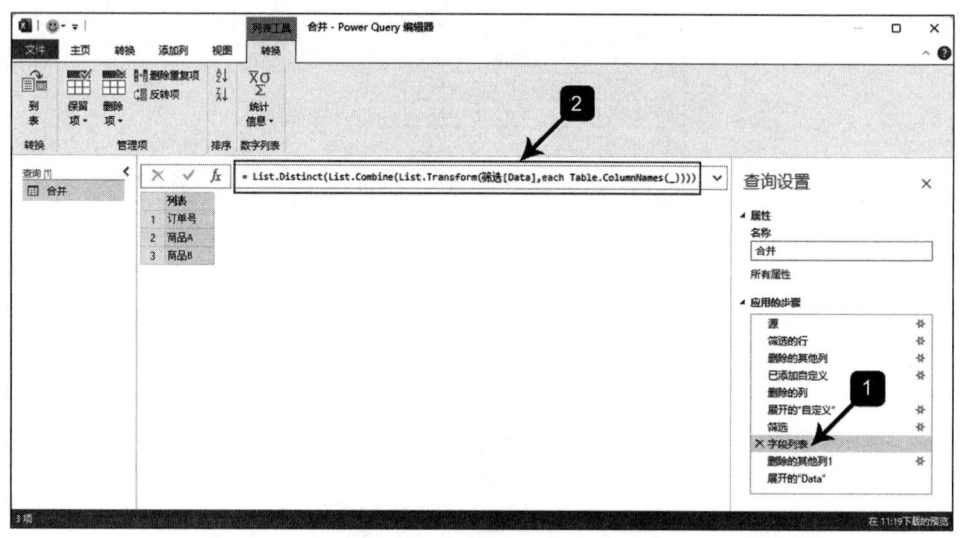

图 7-69　使用 M 高级查询提取动态字段列表

5）选中"删除的其他列 1"步骤，在 Power Query 编辑器的公式栏中将当前 M 查询语句中的"字段列表"改为"筛选"，如图 7-70 所示。

6）选中"展开的'Data'"步骤，将 M 查询语句中的固定字段修改为可以跟随数据源动态更新的"字段列表"。

7）在 Power Query 编辑器中检查结果，确认无误后，单击"关闭并上载"按钮，将结果上载回 Excel 工作表，如图 7-71 所示。

通过这种方法完善的多文件合并模板不仅支持新增订单记录、新增工作表和新增工作簿，还可以在表格新增字段后通过一键刷新更新结果。

7.4.3 文件夹路径变更时完善多文件合并模板

当文件夹路径变更时，完善多文件合并模板呢？这里使用的解决方案的思路和方法与 7.1.5 节相比，除了步骤 1 中提取路径时使用的 Excel 公式有所差异，其余操作步骤大致相同。下面简要说明关键步骤。

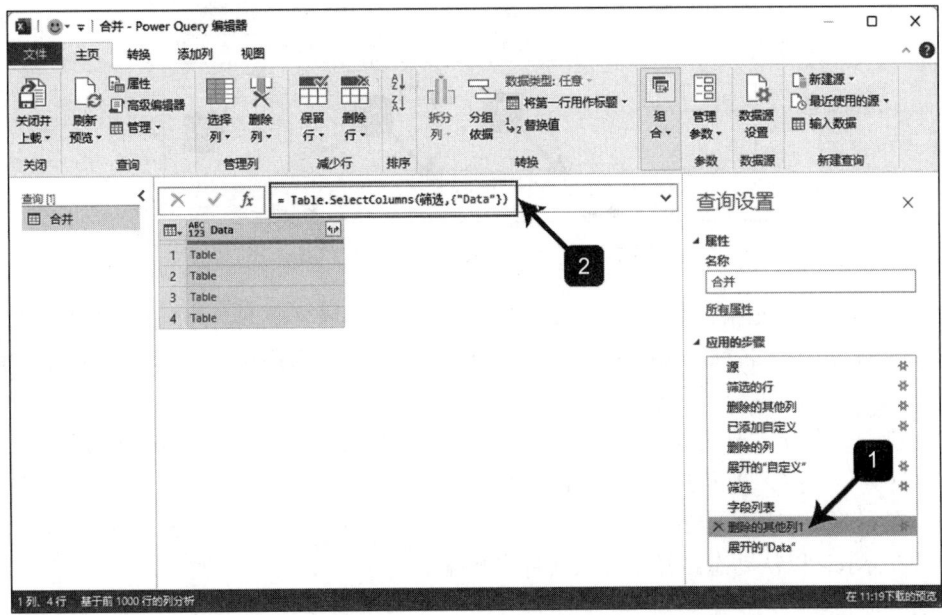

图 7-70　将 M 查询语句中的"字段列表"改为"筛选"

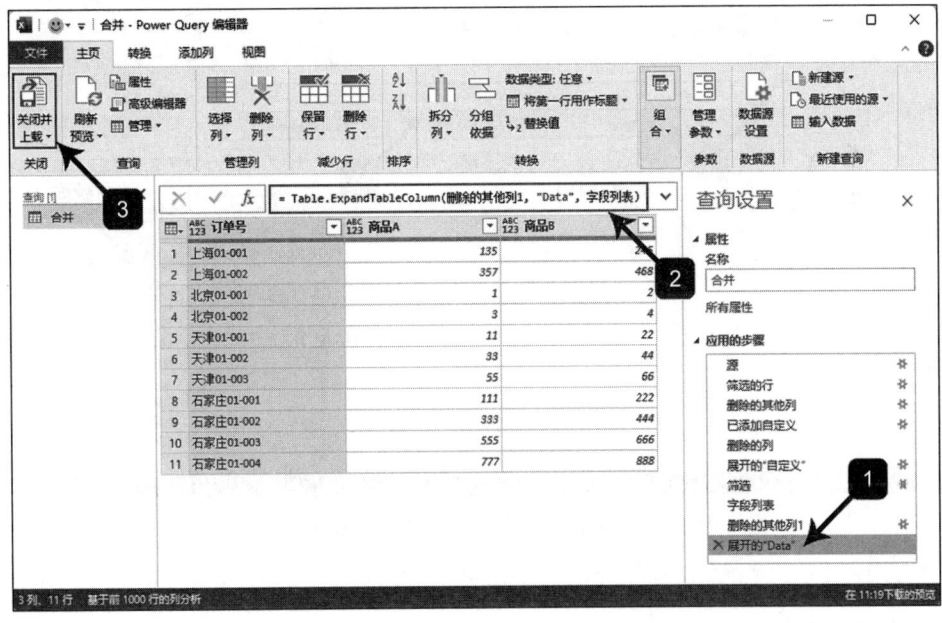

图 7-71　修改 M 查询语句并将结果上载回 Excel 工作表

1）打开 Excel 工作簿"合并",插入一个新的工作表并重命名为"路径";在 A1 单元格中输入公式,以动态提取包含数据源的文件夹所在路径,如图 7-72 所示。

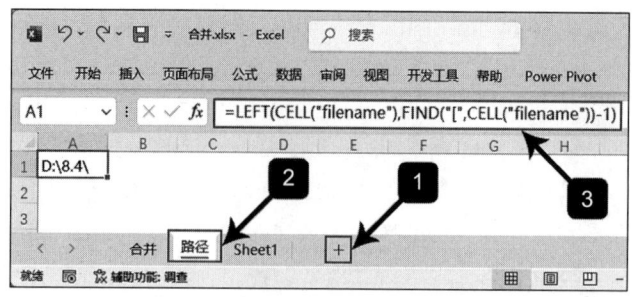

图 7-72 动态提取文件夹所在路径

2）选中 A1 单元格，单击"公式"选项卡下的"定义名称"按钮；弹出"新建名称"对话框后，在"名称"输入栏中输入"路径"，保持"引用位置"不变，单击"确定"按钮。

3）单击"数据"选项卡下的"查询和连接"按钮，在右侧的"查询 & 连接"界面中双击查询名称"合并"，进入 Power Query 编辑器。

4）在右侧"应用的步骤"中选中第一步"源"步骤，并修改编辑栏中的 M 查询语句，如图 7-73 所示，以从动态路径中导入文件夹数据。

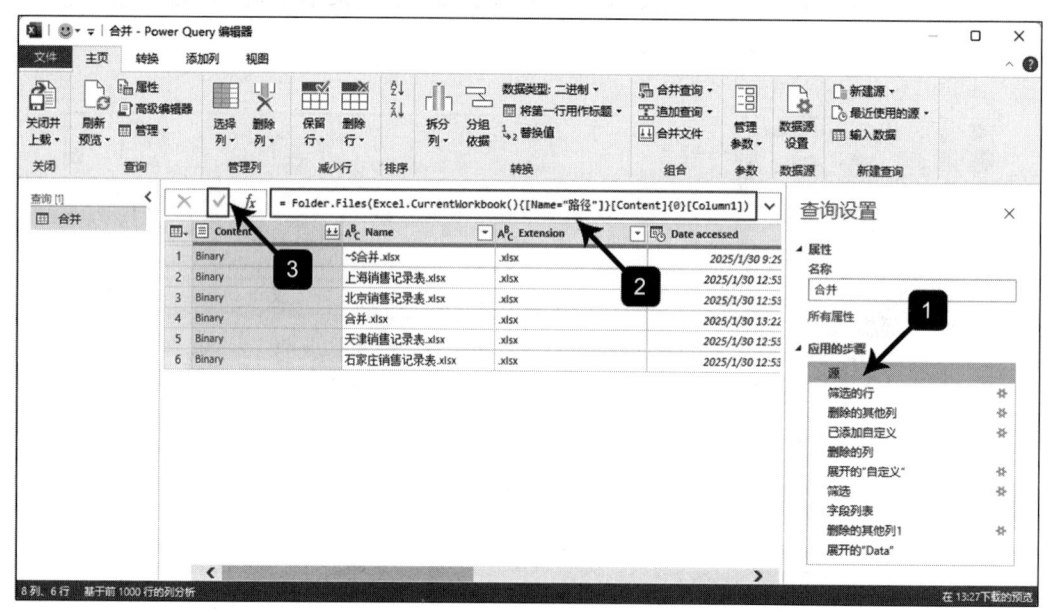

图 7-73 使用 M 高级查询从动态路径中导入文件夹数据

5）在 Power Query 编辑器中依次检查每个步骤的结果；确认结果无误后，单击"关闭并上载"按钮，将结果上载回 Excel 工作表。

通过这种方法完善的多表合并模板不仅支持新增记录、新增工作表和表格新增字段，还能够在文件夹位置变更后通过一键刷新更新结果。

7.5 使用 M 高级查询快速制作多工作簿文件合并模板

使用 M 高级查询快速制作多工作簿文件合并模板呢？这里用到的方法与 7.3 节中大致相同。下面简要说明关键步骤。

1）打开用于存放多文件合并模板的 Excel 工作簿文件（如"合并"），新建工作表并命名为"路径"；然后在 A 单元格中输入以下公式，以便动态提取数据源文件夹的路径：

=LEFT(CELL("filename"),FIND("[",CELL("filename"))-1)

2）选中包含动态路径公式的 A1 单元格，单击"公式"选项卡下的"定义名称"按钮，在弹出的"新建名称"对话框中输入名称"路径"；单击"确定"按钮，使用 Excel 自定义名称"路径"存放数据源的动态路径。

3）打开 Excel 工作簿文件"合并"，单击"数据"选项卡下的"获取数据"按钮，在其下拉菜单中选择"来自文件"选项，在其子菜单中选择"从文件夹"选项；在弹出的"浏览"窗口中选择数据源所在的文件夹（如"D:\8.5"），单击"打开"按钮。

4）在弹出的文件浏览窗口中单击"转换数据"按钮，导入数据源并跳转至 Power Query 编辑器。

5）在打开的 Power Query 编辑器中将默认的查询名称重命名为"合并"。

6）单击"主页"选项卡下的"高级编辑器"按钮，在弹出的"高级编辑器"对话框中清空原有的查询语句，如图 7-74 所示。

图 7-74　清空原有的查询语句

7）在"高级编辑器"中输入 M 高级查询语句，然后单击"完成"按钮，如图 7-75 所示。

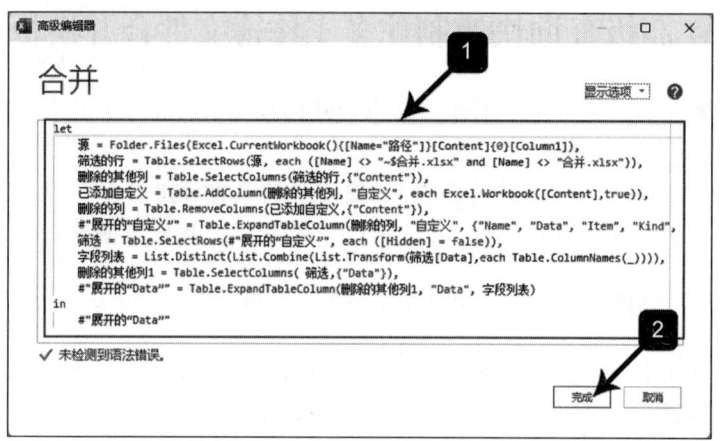

图 7-75 在高级编辑器中输入 M 高级查询语句

8）Power Query 会按照输入的 M 高级查询语句自动进行文件夹数据导入、筛选、添加自定义列、数据转换及合并操作，最终返回我们需要的多文件合并结果。

9）在 Power Query 编辑器中检查结果，确认无误后，单击"关闭并上载"按钮，将结果上载回 Excel 工作表，如图 7-76 所示。

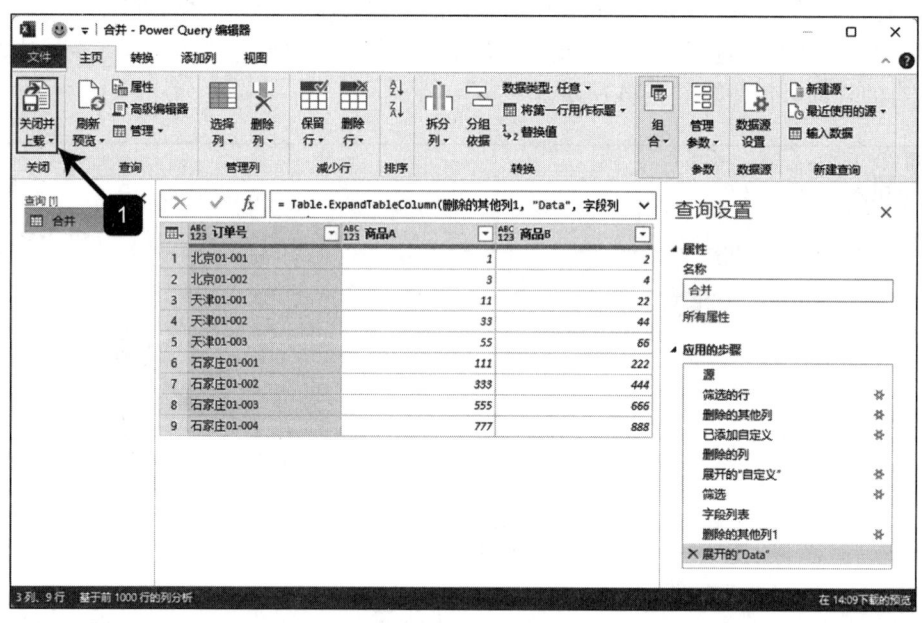

图 7-76 在 Power Query 编辑器中检查结果并上载回 Excel 工作表

上载回 Excel 工作表的结果报表"合并"不仅支持新增记录、新增工作表和新增工作簿文件，还支持新增表格字段，并能根据文件夹路径的变更自动更新，实现多文件的动态合并。

7.6 合并文件夹内多工作簿中的多工作表数据

随着业务扩展,订单数据会持续增加。为了满足不定期对整体销售情况进行汇总分析的需求,工作人员需对文件夹内多工作簿中的多工作表数据进行合并。那么,如何实现这一需求呢?让我们来看一个示例。某集团企业旗下拥有多家分公司(如北京分公司、天津分公司、石家庄分公司),每家分公司的销售记录分别存储在各自的工作簿文件中,且每个工作簿中均包含多张工作表,每张工作表中记录了订单数据,如图7-77所示。

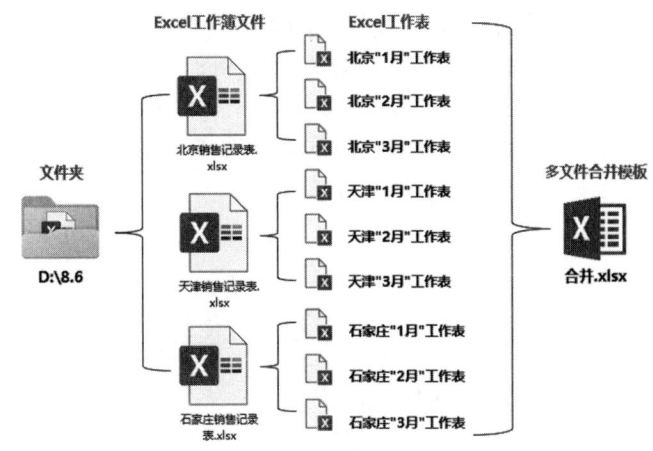

图 7-77 包含多簿多工作表的文件夹

使用 Power Query 合并文件夹内多工作簿中多工作表数据的方法,与 7.5 节中"使用 M 高级查询快速制作多工作簿文件合并模板"的方法完全相同,只需在文件夹中新建 Excel 工作簿文件并命名为"合并",然后按照 7.5 节中的操作步骤进行操作,即可完成多工作簿中的多工作表数据的批量合并,如图 7-78 所示。

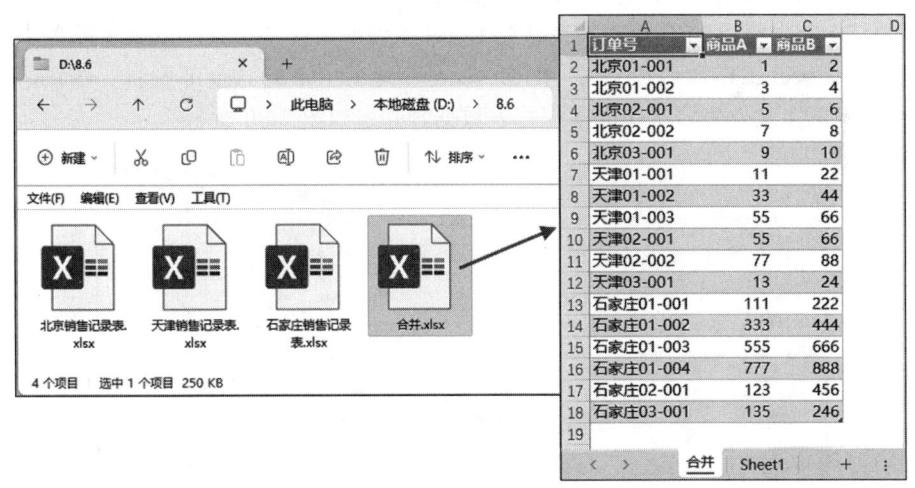

图 7-78 批量合并多工作簿中的多工作表数据

> **注意** 该合并涉及多个分表,无法逐一截图展示。读者可从本书前言获取配套的 Excel 素材,打开本章节的示例文件,自行对照查看所有分表和合并结果。

7.7 跨文件夹合并多工作簿中的多工作表数据

要跨文件夹合并多工作簿中的多工作表数据，使用 7.5 节中的多文件合并模板同样可以轻松实现。让我们来看一个示例。如图 7-79 所示，某集团企业的母文件夹下包含 3 个子文件夹：北京、天津、石家庄；每个子文件夹中存放着包含多家店铺订单记录的 Excel 工作簿文件；每个工作簿文件中又包含多张工作表数据，里面存放着销售订单记录。现需要对母文件夹下的所有数据进行批量合并。

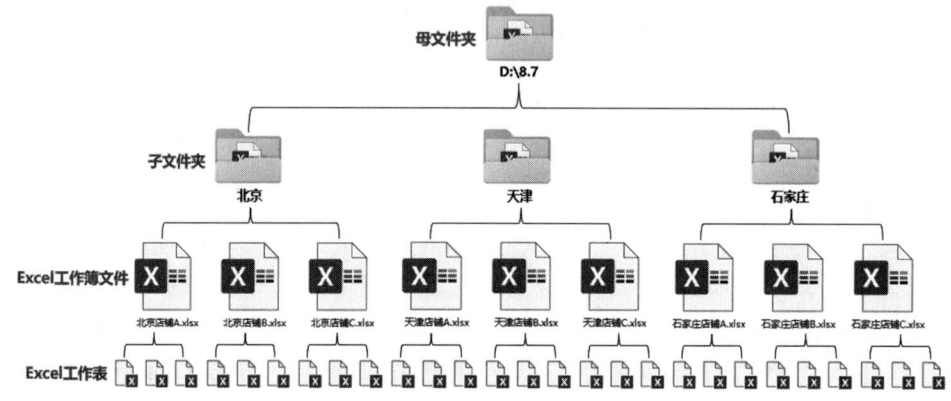

图 7-79　多工作簿中的多工作表数据

跨文件夹合并多工作簿中的多工作表数据的具体操作步骤如下。

1）将 7.5 节中使用 M 高级查询制作的 Excel 工作簿文件"合并"复制至母文件夹中。

2）打开 Excel 工作簿"合并"，单击"数据"选项卡下的"全部刷新"按钮，即可完成母文件夹下的多文件夹多工作簿多工作表数据合并，如图 7-80 所示。

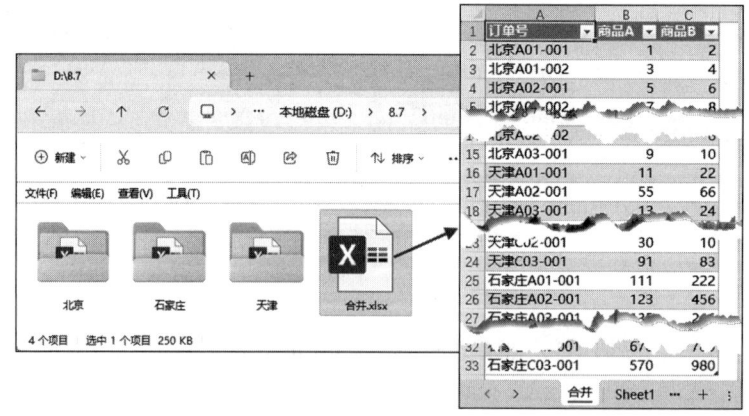

图 7-80　跨文件夹合并多工作簿中的多工作表数据

通过 Power Query+M 高级查询实现自动化数据管理，不仅能快速准确地完成大型数据集的多表合并任务，还能在数据源发生变更后通过一键刷新更新合并结果，极大地提升了工作效率。

第 3 部分 Part 3

数据建模与 DAX 实战

- 第 8 章　使用 Power Pivot 进行数据加载
- 第 9 章　使用 Power Pivot 进行数据建模
- 第 10 章　使用 Power Pivot 对数据模型进行管理与优化
- 第 11 章　DAX 必知必会
- 第 12 章　基于 DAX 的逻辑、聚合与数据处理
- 第 13 章　智能计算与深度分析：DAX 高阶函数应用
- 第 14 章　使用 Power Pivot 对数据模型进行改进与完善

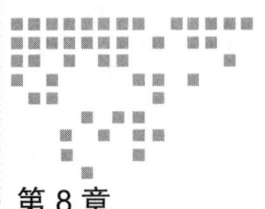

Chapter 8 第 8 章

使用 Power Pivot 进行数据加载

Power Pivot 可以集成来自不同数据源的数据，其处理能力远超 Excel 中 100 万行的限制。它将这些数据加载到一个统一的数据模型中，用户可以在数据模型中为来自完全不同的数据源的数据建立关系，更高效地进行复杂的数据分析和报告制作。本章将系统介绍 Power Pivot 中的各种数据加载方法，包括从数据库、Excel 文件、文本文件等不同数据源导入数据，同时讲述将现有表格、Power Query 的转换结果和数据透视表整合到数据模型中。熟练掌握这些技能，对于构建完整、可靠的数据分析体系至关重要。

8.1 从数据库加载数据

使用 Power Pivot 从数据库加载数据的具体操作步骤如下。

1）单击"Power Pivot"选项卡下"数据模型"组中的"管理"按钮，进入"Power Pivot for Excel"管理后台；单击"从数据库"按钮，在其下拉菜单中选择数据库类型（如"从 Access"选项），如图 8-1 所示。

2）在弹出的"表导入向导"对话框页面 1 中单击"浏览"按钮，选择数据库文件所在的路径和名称，单击"下一步"按钮，如图 8-2a 所示；在"表导入向导"对话框页面 2 中选择导入数据的方式，这里选择"从表和视图的列表中进行选择，以便选择要导入的数据"，单击"下一步"按钮，如图 8-2b 所示。

3）在"表导入向导"对话框页面 3 中选择要导入的表（如"销售记录表"），单击"完成"按钮，如图 8-3a 所示；提示导入成功后，单击"关闭"按钮，如图 8-3b 所示。

第 8 章 使用 Power Pivot 进行数据加载

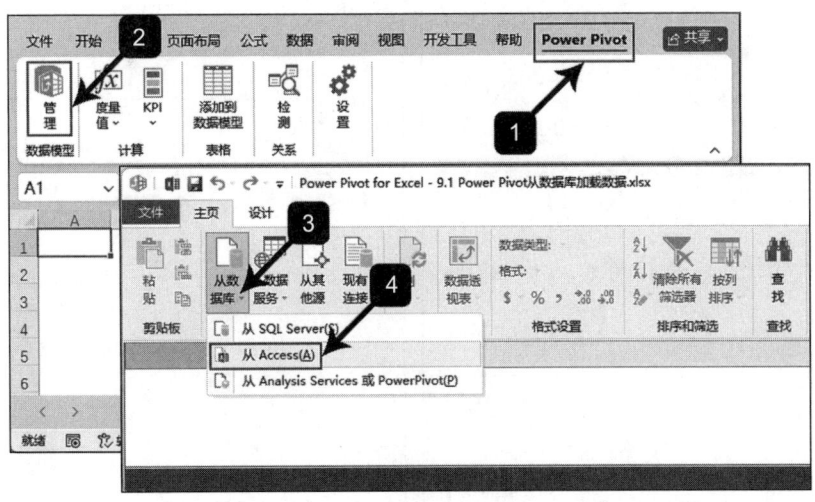

图 8-1 选择数据库类型

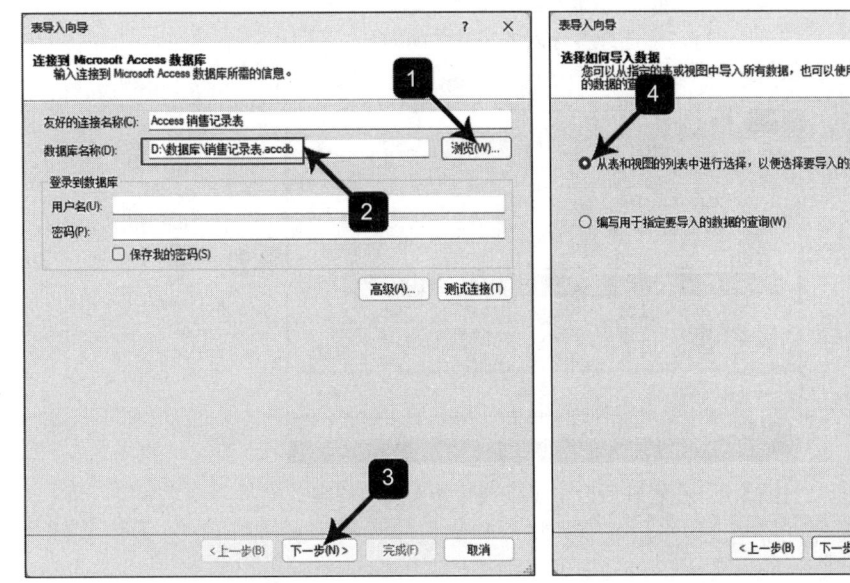

a)"表导入向导"对话框页面1　　　　b)"表导入向导"对话框页面2

图 8-2 选择数据库文件的路径、名称和导入方式

4)关闭导入向导后,Power Pivot 管理后台中会出现刚才从数据库导入的表"销售记录表",如图 8-4 所示。

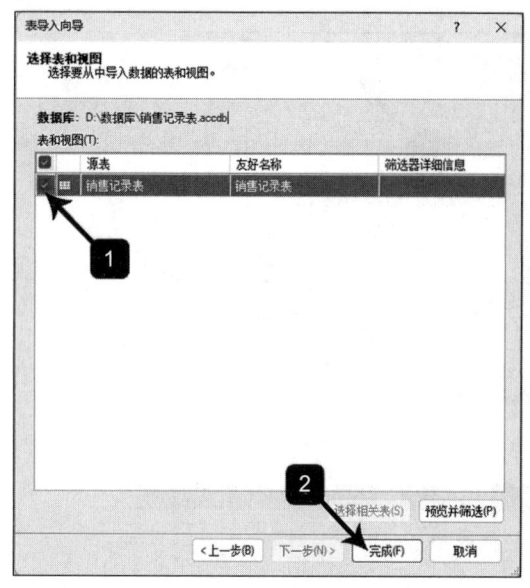
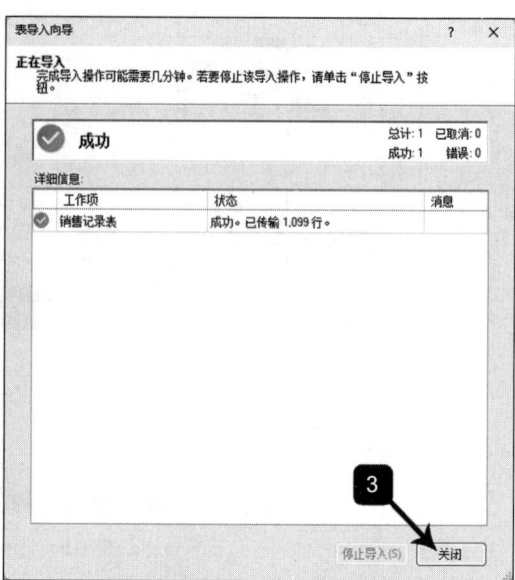

a)"表导入向导"对话框页面3　　　　b)"表导入向导"对话框页面4

图 8-3　选择要导入的表并关闭向导

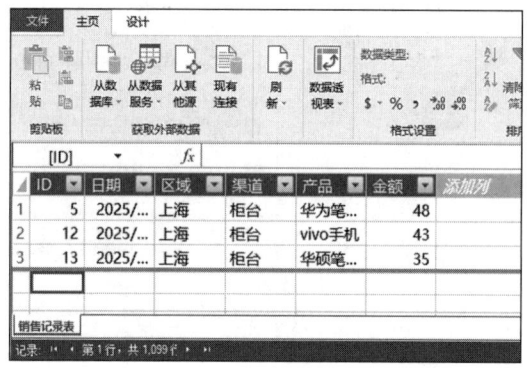

图 8-4　在管理后台中可以查看导入成功的表

8.2　从 Excel 文件加载数据

使用 Power Pivot 从 Excel 文件加载数据的具体操作步骤如下。

1）单击"Power Pivot"选项卡下"数据模型"组中的"管理"按钮,进入"Power Pivot for Excel"管理后台;单击"从其他源"按钮,打开"表导入向导"对话框,将右侧的滚动条拖动至最下方,选中"Excel 文件"选项,单击"下一步"按钮,如图 8-5 所示。

3）提示导入成功后，单击"关闭"按钮，如图 8-7a 所示。关闭导入向导后，用户可以在 Power Pivot 管理后台中查看刚才从外部数据源加载到数据模型中的"销售记录表"，如图 8-7b 所示。

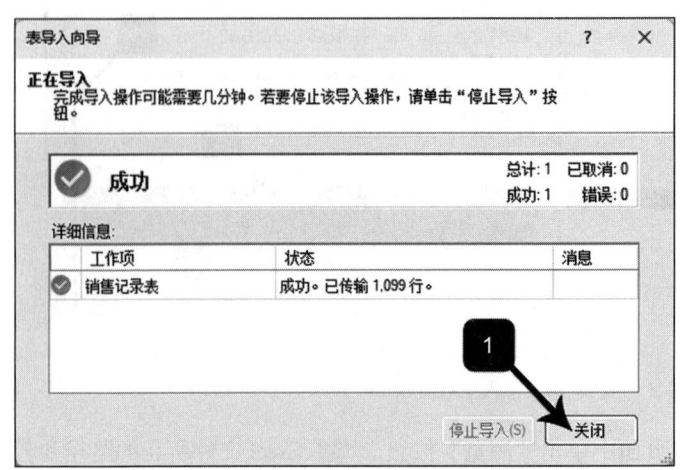

a）关闭导入向导　　　　　　　　　　　　　　b）加载了"销售记录表"

图 8-7　导入成功后进入 Power Pivot 管理后台

8.3　从文本文件加载数据

使用 Power Pivot 从文本文件加载数据的具体操作步骤如下。

1）单击"Power Pivot"选项卡下"数据模型"组中的"管理"按钮，进入"Power Pivot for Excel"管理后台；单击"从其他源"按钮；打开"表导入向导"对话框；在"表导入向导"对话框中将右侧的滚动条拖动至最下方，选中"文本文件"选项，单击"下一步"按钮，如图 8-8 所示。

2）在"表导入向导"对话框页面 2 中单击"浏览"按钮，选择文本文件所在的路径和名称，并勾选"使用第一行作为列标题"选项，单击"完成"按钮，如图 8-9a 所示；提示导入成功后，单击"关闭"按钮，如图 8-9b 所示。

3）关闭导入向导后，用户可以在 Power Pivot 管理后台中查看刚才从外部数据源加载到数据模型中的"销售记录表"，如图 8-10 所示。

第 8 章 使用 Power Pivot 进行数据加载 185

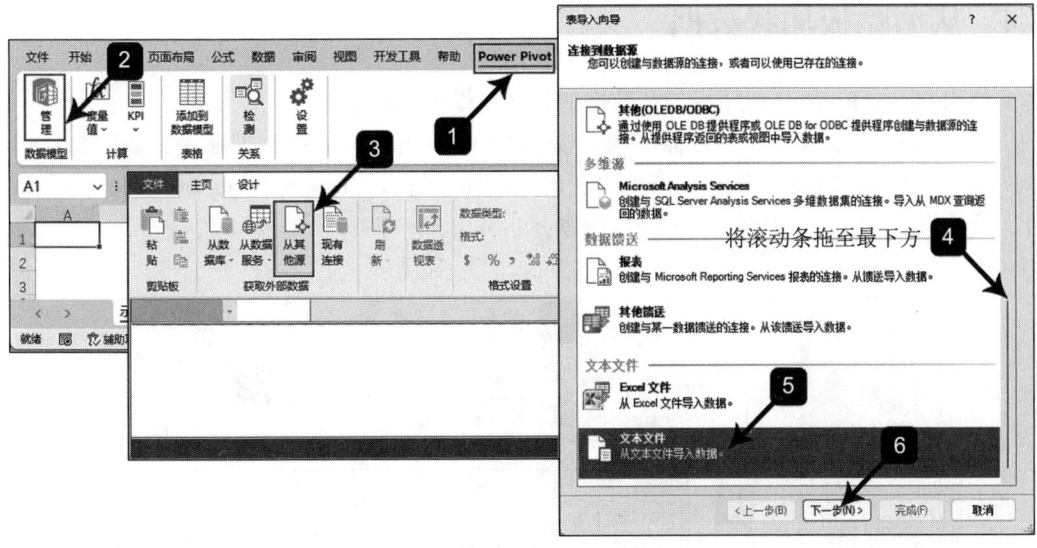

图 8-8 从其他源导入文本文件

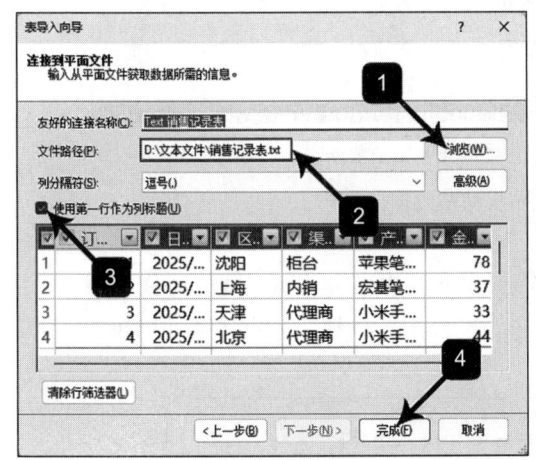

a) 选择文本文件

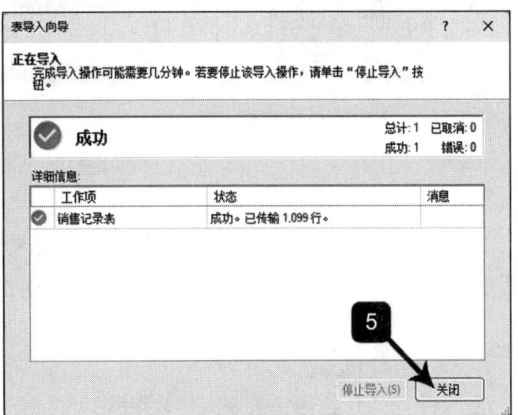

b) 导入 "销售记录表"

图 8-9 选择路径和要导入的表

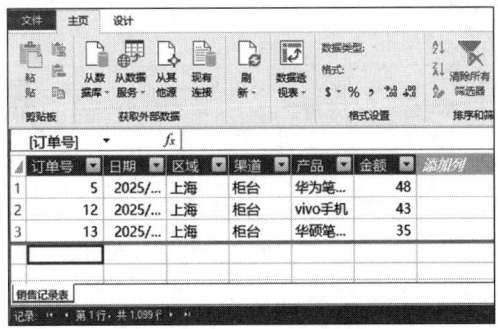

图 8-10 在管理后台中查看导入数据模型的数据

8.4 从剪贴板加载数据

使用 Power Pivot 从剪贴板加载数据的具体操作步骤如下。

1）在 Excel 表格中选中目标区域,按"Ctrl+C"组合键复制到剪贴板,如图 8-11a 所示;单击"Power Pivot"选项卡下的"管理"按钮,进入"Power Pivot for Excel"管理后台,然后单击"粘贴"按钮,如图 8-11b 所示。

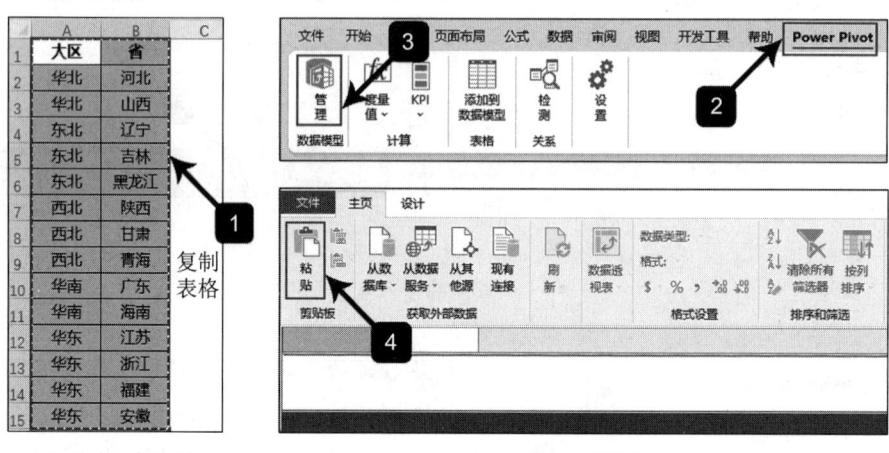

a)选中目标区域　　　　　　　　　　b)粘贴数据

图 8-11　从剪贴板粘贴数据

2）在弹出的"粘贴预览"对话框中根据需要重命名表名称(如"区域划分表"),保持默认勾选的"使用第一行作为列标题"选项,单击"确定"按钮,如图 8-12 所示。

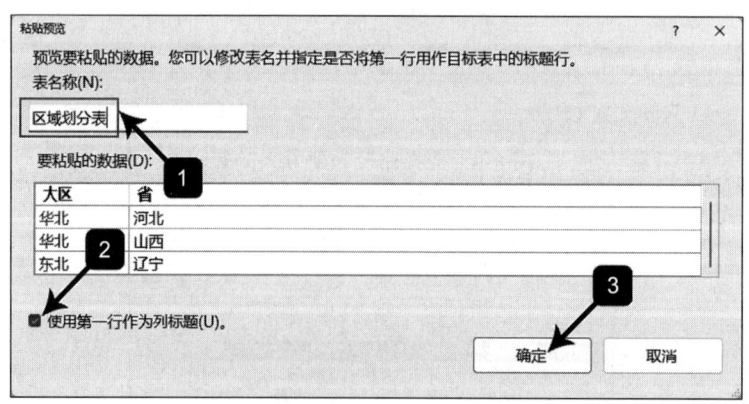

图 8-12　修改表名并指定标题行

3）导入成功后,在 Power Pivot 管理后台中即可看到从剪贴板导入的数据表,如图 8-13 所示。

使用 Power Pivot 从剪贴板加载数据是一种简单高效的数据加载方式，尤其适用于表内容固定不变、后期无须更新数据的场景。它可以确保数据的快速连接和调用，同时操作便捷，对于需要长期保留的数据（如历史记录、静态分类数据等）非常有用。

8.5 将表格添加到数据模型中

使用 Power Pivot 将 Excel 工作表中的表格添加到数据模型中的具体操作步骤如下。

1）选中表格中任意单元格（如 A1），单击"Power Pivot"选项卡下的"管理"按钮，打开"创建表"对话框；在"创建表"对话框中检查自动引用的区域是否正确，根据情况决定是否勾选"我的表具有标题"；确认无误后单击"确定"按钮，如图 8-14 所示。

图 8-13 在 Power Pivot 管理后台查看从剪贴板导入的数据表

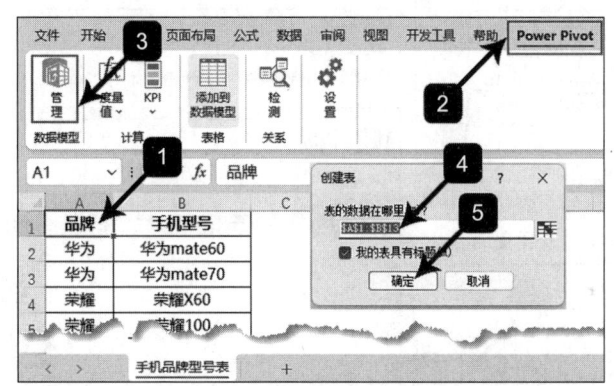

图 8-14 将 Excel 工作表中的表格添加到数据模型中

2）导入成功后，在 Power Pivot 管理后台中即可看到刚导入的数据表。在管理后台的底部双击数据表标签，将默认的名称（如"表1"）重命名为易记名称（如"手机品牌型号表"），以便后续在数据模型中快速识别，如图 8-15 所示。

当在 Excel 工作表中对数据表新增记录或对原有数据进行更改后，用户可以在 Power Pivot 管理后台一键刷新数据，方法为：在管理后台的"主页"选项卡中单击"刷新"按钮，即可一键刷新数据，如图 8-16 所示。

在数据处理工作中，当遇到需要频繁更新或依赖人工手动维护的数据时，可以将数据放置在 Excel 工作表中，再使用本节所阐述的方法将其添加到数据模型中。如果原始表格格式不规范，可以先使用 Power Query 进行数据清洗和转换，再将数据表添加到数据模型中。这样做不仅可以方便快捷地修改数据，还能快速关联数据模型中的其他数据表，提高工作效率。

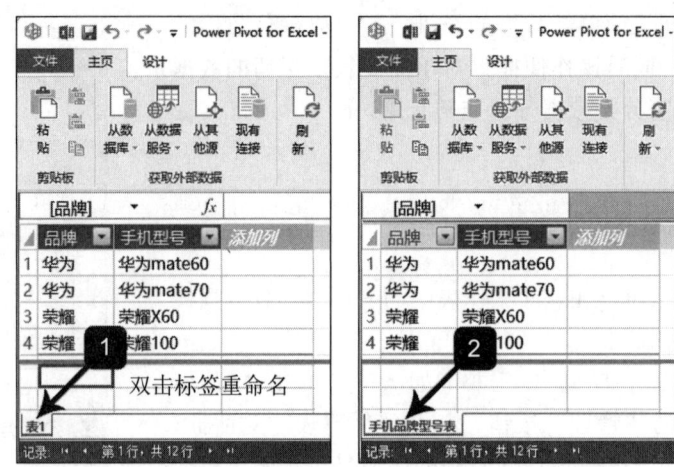

图 8-15 将管理后台中的默认表名重命名为易记名称

图 8-16 数据表更改后可以在管理后台一键刷新结果

8.6 添加 Power Query 的上载结果

将 Power Query 的转换结果添加到数据模型中的具体操作步骤如下。

1）在 Power Query 编辑器中完成对表格的转换或整合后,单击"主页"选项卡下的"关闭并上载"按钮,在其下拉菜单中选择"关闭并上载至"选项,如图 8-17a 所示;在弹出的"导入数据"对话中选择"仅创建连接"单选按钮,勾选"将此数据添加到数据模型"复选框,单击"确定"按钮,如图 8-17b 所示。

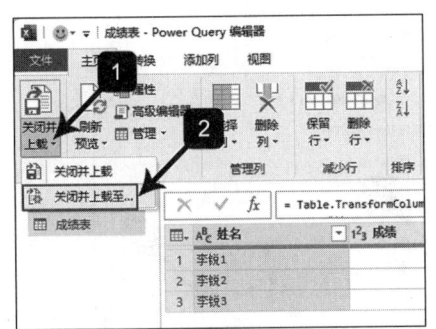 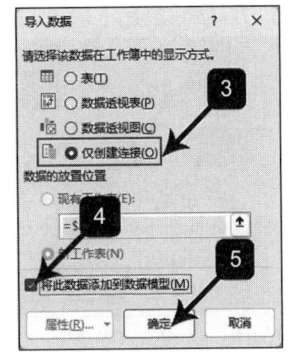

a）选择"关闭并上载至"选项　　b）在"导入数据"对话框中进行设置

图 8-17　将 Power Query 整合好的数据表添加到数据模型中

2）将 Power Query 整合好的数据表（如"成绩表"）添加到数据模型后，单击"Power Pivot"选项卡下的"管理"按钮，即可在 Power Pivot 管理后台中看到利用 Power Query 添加到数据模型中的数据表（如"成绩表"），如图 8-18 所示。

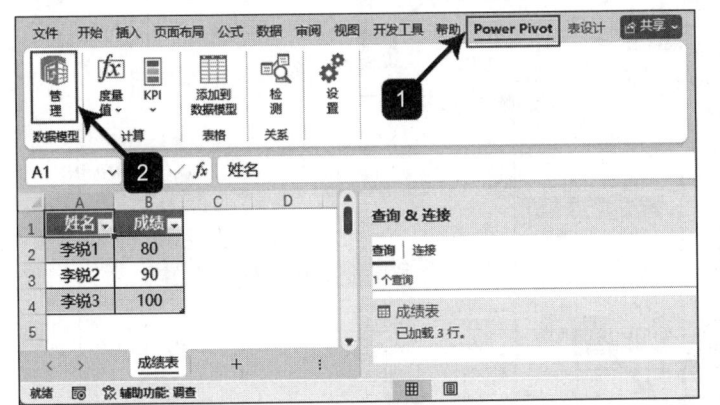 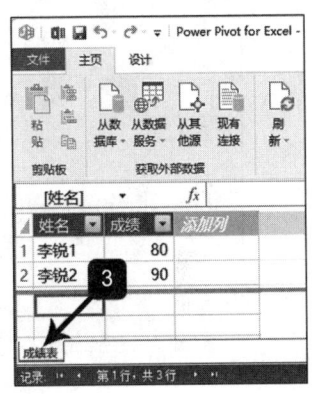

图 8-18　在 Power Pivot 管理后台中查看数据表

8.7　添加数据透视表的数据源

将数据透视表的数据源添加到数据模型中的具体操作步骤如下。

1）在 Excel 工作表中选择数据表中任意单元格（如 A1），单击"插入"选项卡下的"数据透视表"按钮，创建数据透视表；在弹出的"来自表格或区域的数据透视表"对话框中勾选"将此数据添加到数据模型"选项，单击"确定"按钮，如图 8-19 所示。

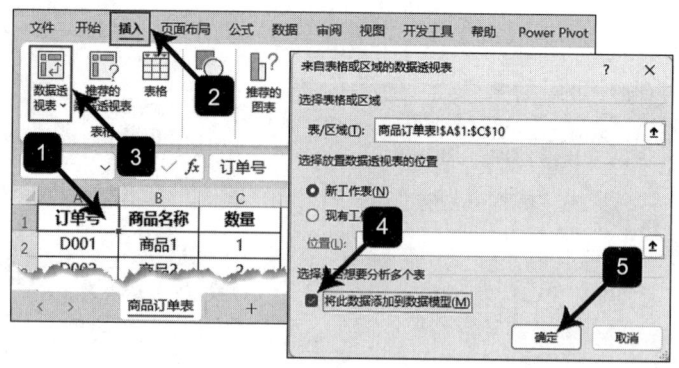

图 8-19　利用数据透视表将数据添加到数据模型

2) Excel 会在创建数据透视表的同时,将该透视表的数据源表添加到 Power Pivot 数据模型中。此时,单击"Power Pivot"选项卡下的"管理"按钮,即可在 Power Pivot 管理后台中看到利用数据透视表添加到数据模型中的数据表(如"区域");双击底部的数据表标签,将表重命名为易记名称(如"商品订单表"),如图 8-20 所示。

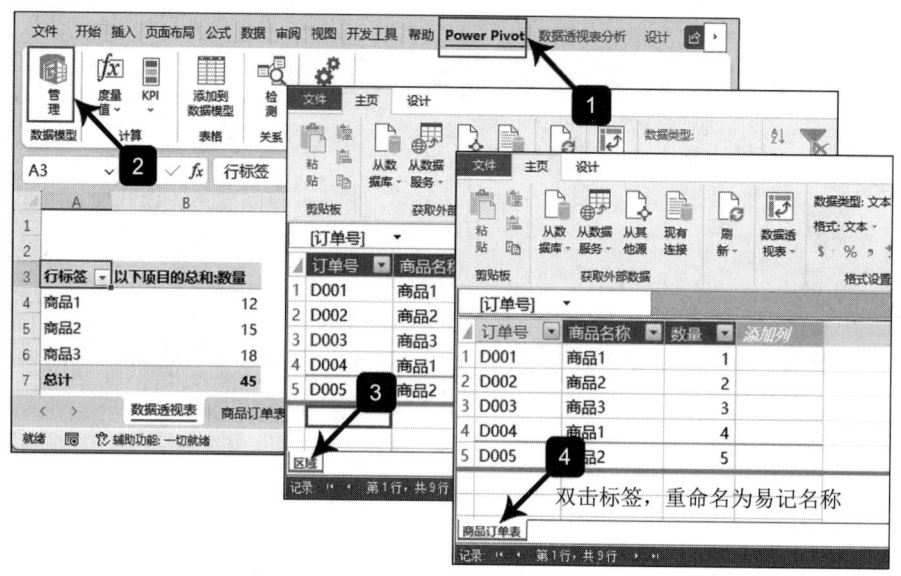

图 8-20　在管理后台中查看数据表并重命名

> **注意** 当通过透视表向导勾选"将此数据添加到数据模型"选项,将数据导入 Power Pivot 时,数据模型中的表将始终与透视表数据源保持关联。不过,若数据源为普通区域(即非 Excel 超级表格式),则数据模型将不会随数据源范围的扩大而自动更新。为确保数据模型的动态更新特性,建议在使用前先将数据源转换为 Excel 超级表(可通过 Ctrl+T 组合键实现)。这一技术细节的把握对于保证数据分析的准确性和自动化更新至关重要。

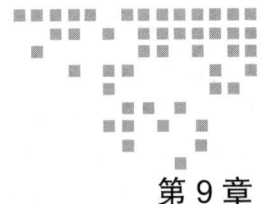

第 9 章 使用 Power Pivot 进行数据建模

在当今以数据为驱动的商业环境下，构建高效的数据模型已成为提升分析效率的核心能力。本章将系统讲解使用 Power Pivot 进行数据建模的全流程，全面涵盖基础概念、环境配置要求、多表关联方法、计算列与度量值的创建等内容，最后深入剖析 Power Pivot 与 Excel 的本质区别及各自的适用场景。掌握这些知识不仅有助于突破传统电子表格在数据处理方面的局限，更能为构建商业智能分析体系奠定基础。

9.1 两大核心要求

创建 Power Pivot 数据模型需要满足数据规范以及创建表关系这两大核心要求。

1. 数据规范要求

创建数据模型时，对数据的规范性和质量有较高要求，具体说明如下。

1）数据准确性：数据应准确无误，避免包含错误值或重复值。

2）数据完整性：确保数据表中没有缺失值或空值，特别是关键字段（如主键、外键）。

3）格式统一性：数据表中同一字段下的数据应保持格式统一，避免同一列中存在多种数据类型（如数字和文本混合），这会影响后期计算和数据分析。

2. 创建表关系要求

如果要进行多表数据建模，需通过主键和外键在多表之间建立关系。

1）主键用于唯一标识表中的每一行记录，作为主键的字段不能包含重复值和空值，主键是其他表引用的基础。例如，"客户 ID"字段能够唯一标识每个客户。

2）外键用于引用另一个表的主键，从而建立两个表之间的关联关系。外键用于维护表之间的关系和数据完整性。

创建多表关联需满足以下 3 点要求。

1）主键唯一：每张表应有一个唯一标识符（主键），如订单号、用户 ID 等，用于建立与其他表的关联。

2）结构规范：表结构应遵循数据库设计的规范化原则，避免冗余数据。例如，应将重复信息（如产品信息）存储在单独的表中，而非分散在多个表中。

3）清晰命名：字段和表名应简洁明了，避免使用模糊或容易混淆的命名。

9.2 创建数据模型的方法

如图 9-1 所示，某企业的员工信息表、基本工资表和奖金表分散在不同的 Excel 工作表中。现需要按照"应发工资 = 基本工资 + 奖金"的计算规则统计每位员工的基本工资、奖金和应发工资。

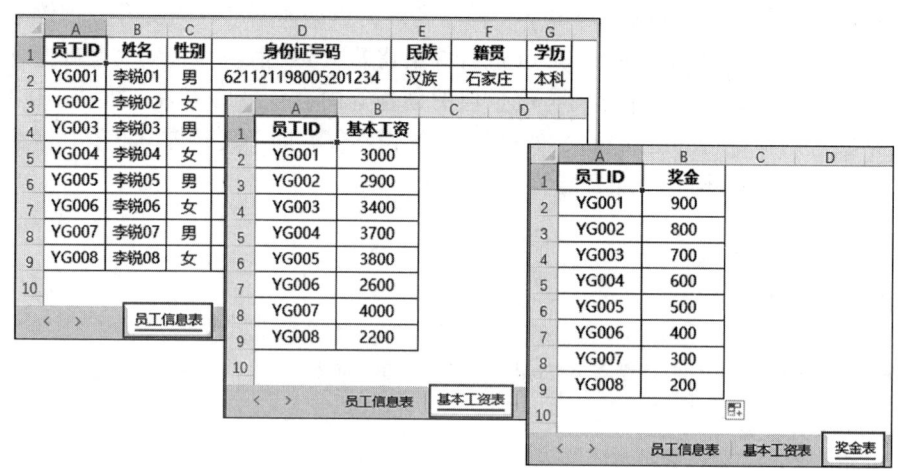

图 9-1　某企业的员工信息表、基本工资表和奖金表

基于 Power Pivot 创建数据模型的具体操作步骤如下。

1. 导入数据源

创建数据模型时，应将所需数据导入 Power Pivot 中，方法为：选中员工信息表中任意单元格，单击"Power Pivot"选项卡下的"添加到数据模型"，然后在 Power Pivot 管理后台中双击底部的表标签，将它重命名为"员工信息表"。采用同样的方法将基本工资表、奖金表导入 Power Pivot 数据模型，并分别重命名为"基本工资表"和"奖金表"。

在 Power Pivot 管理后台界面中，从上向下分别是功能区、数据区和计算区，如图 9-2 所示。

图 9-2　Power Pivot 管理后台界面的区域划分

1）功能区是用户与 Power Pivot 交互的主要区域，其中包含诸多选项卡和按钮，用于执行各种操作。

2）数据区用于展示和编辑数据模型中的表格和字段，是数据管理的主要区域。

3）计算区用于创建和编辑计算列及度量值，支持通过 DAX 语言进行复杂的数据计算。

2. 创建表关系

导入数据后，需要建立数据表之间的关系，方法为：在管理后台界面的功能区单击"关系图视图"按钮，切换到关系图视图区域，然后依次将"基本工资表"和"奖金表"中的"员工 ID"字段拖动至"员工信息表"对应的"员工 ID"字段上，创建 3 张数据表之间的关联关系，如图 9-3 所示。

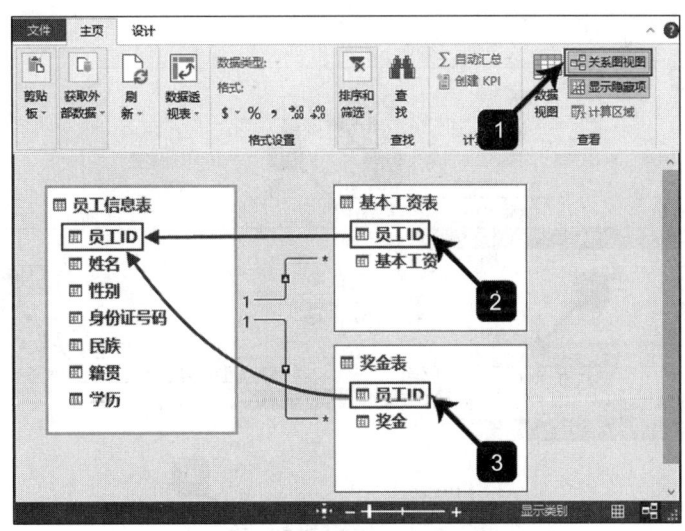

图 9-3　创建数据表之间的关系

在执行创建关系的操作时，需要注意字段拖动的方向。此示例要在"员工信息表"中按照"员工 ID"调取"基本工资表"和"奖金表"中的基本工资与奖金，所以将"员工信息表"作为关系的一端,将"基本工资表"和"奖金表"作为关系的多端,以便后续从一端调取多端的数据。

3. 创建度量值

在数据模型中创建好数据表之间的关系后,应按要求创建度量值,具体操作步骤如下。

1)单击"数据视图"按钮切换主数据视图界面;选中"基本工资表"中计算区的任意单元格,单击"自动汇总"按钮,即可创建度量值"基本工资的总和",如图 9-4 所示。

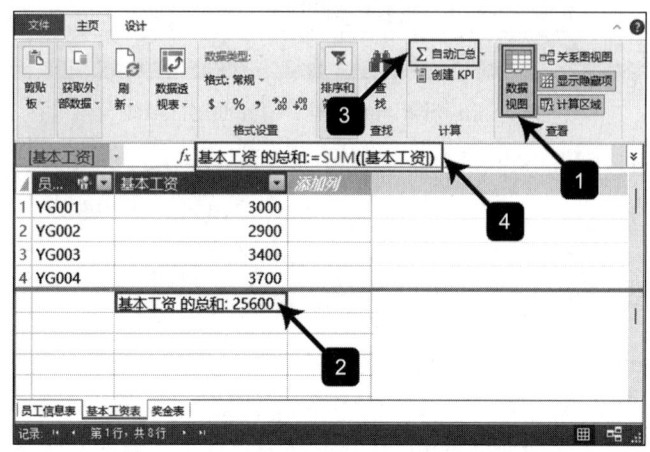

图 9-4 创建度量值"基本工资的总和"

2)单击"奖金表"计算区,继续创建度量值"奖金的总和"和"应发工资",如图 9-5 所示。

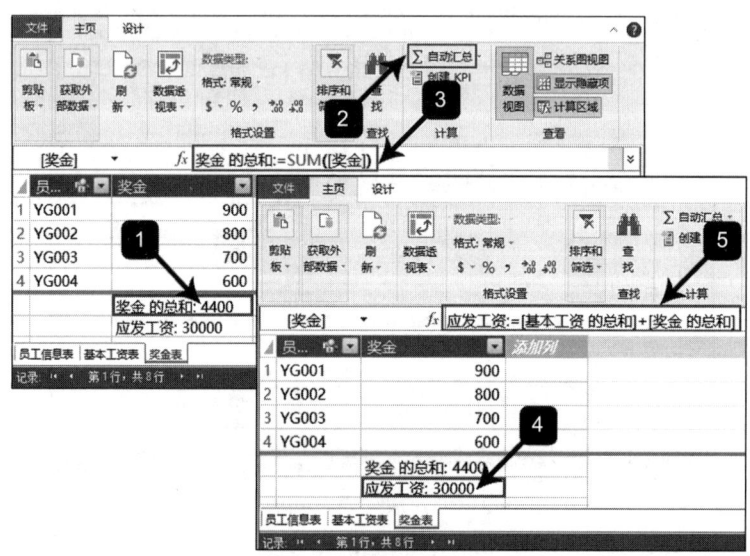

图 9-5 创建度量值"奖金的总和"和"应发工资"

4．创建透视表

创建好需要的度量值后，即可着手创建数据透视表，方法为：在 Power Pivot 管理后台中单击"数据透视表"选项卡，在弹出的"创建数据透视表"对话框中勾选"新工作表"选项，单击"确定"按钮；然后按需要勾选相应的字段和度量值，设置数据透视表的字段布局，如图 9-6 所示。

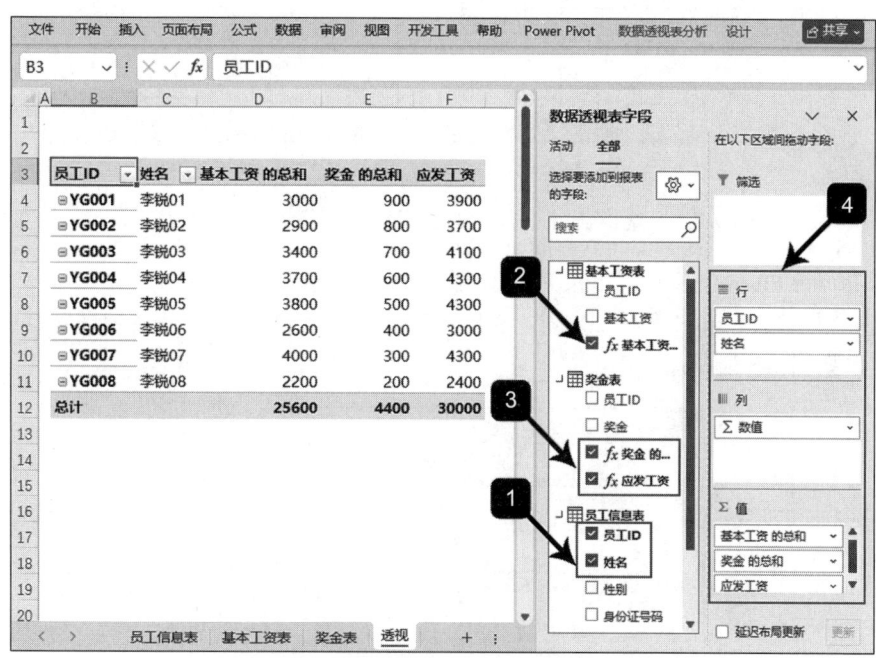

图 9-6　创建数据透视表并设置字段布局

在 Excel 中，当用户勾选数据透视表字段并设置字段布局时，可以实时在工作表区域查看交互结果。完成设置后，数据透视表已经按照要求统计出了每位员工的基本工资、奖金和应发工资。

在这个示例中，每个数据表中的"员工 ID"都是唯一的，没有重复出现的情况，因此数据表之间是一对一的关系。然而，在实际工作中，我们经常会遇到一对多关系的数据表，这时应该怎么办呢？

9.3　一对多关系的数据模型

如何使用 Power Pivot 建立一对多关系的数据模型呢？让我们来看一个示例。某电商公司系统导出的"订单表"和"客户 ID 表"中分别包含商品订单数据和客户信息，如图 9-7 所示，其中一个客户可能会产生多笔订单。现需要按照客户分类汇总统计其购买的商品情况和消费金额。这种需求可以利用 Power Pivot 轻松实现。

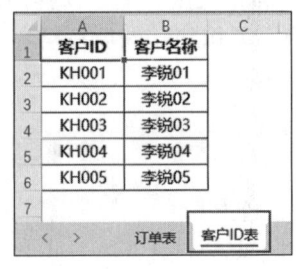

a）订单表　　　　　　　　b）客户ID表

图 9-7　某电商公司系统导出的"订单表"和"客户ID表"

使用 Power Pivot 创建一对多关系数据模型的具体操作步骤如下。

1）将"订单表"和"客户 ID 表"导入 Power Pivot 数据模型，并在管理后台重命名数据表名称，如图 9-8 所示。

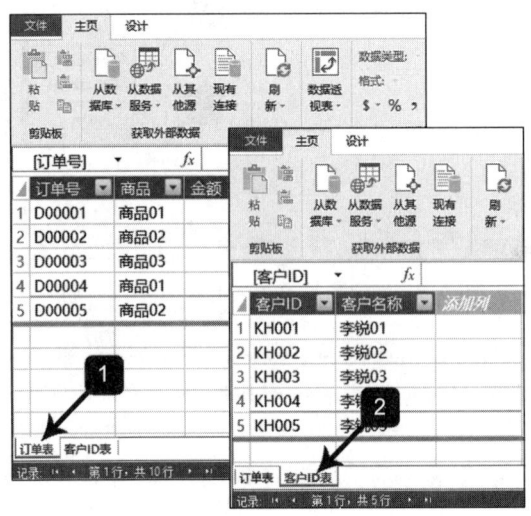

图 9-8　导入数据源并重命名

2）在 Power Pivot 管理后台的功能区单击"关系图视图"，切换到"关系图视图"界面；在"订单表"中单击"客户 ID"字段，按住鼠标左键将该字段拖动至"客户 ID 表"的"客户 ID"字段，创建两张数据表之间的一对多关系。其中"客户 ID 表"是一端，"订单表"是多端，如图 9-9 所示。

3）在管理后台的功能区中单击"数据视图"按钮，在"订单表"的计算区输入图 9-10 中所示的公式，创建名为"总金额"的度量值。

4）在管理后台的功能区中单击"数据透视表"按钮，在弹出的"创建数据透视表"对话框中勾选"新工作表"选项，单击"确定"按钮，如图 9-11 所示。

第 9 章　使用 Power Pivot 进行数据建模　◆　197

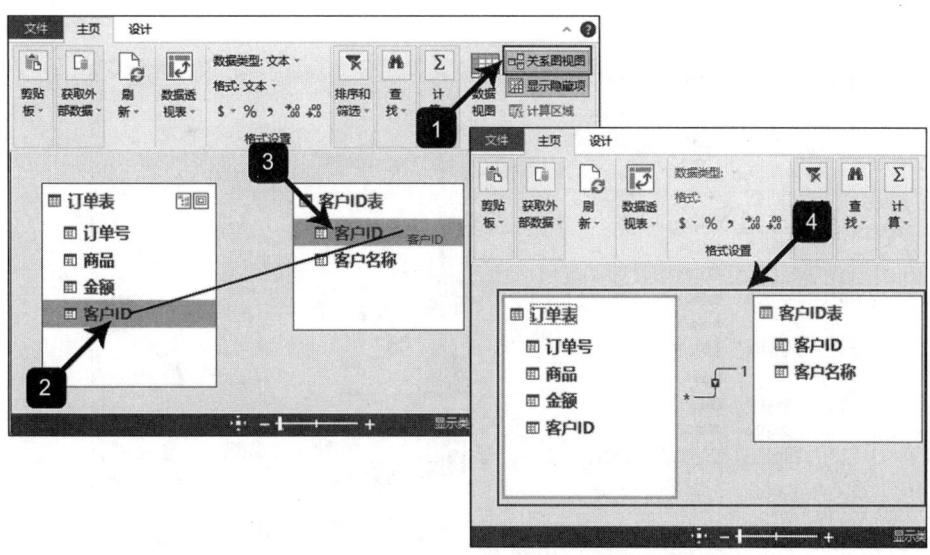

图 9-9　创建两张数据表之间的一对多关系

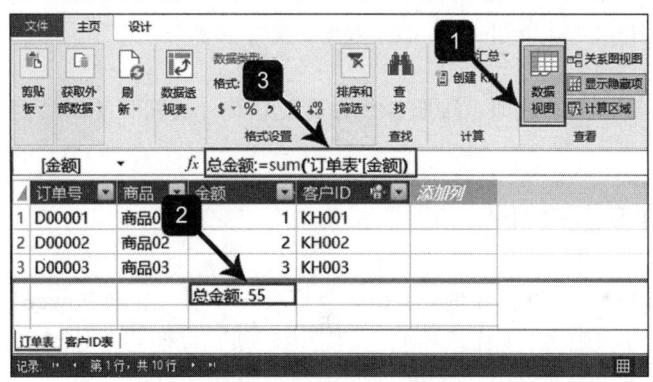

图 9-10　创建度量值"总金额"

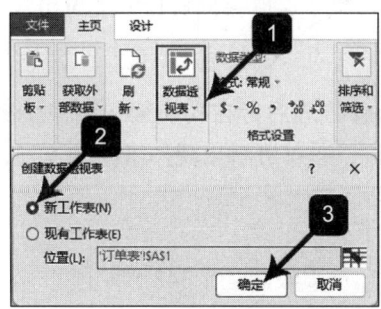

图 9-11　创建数据透视表

5）在 Excel 工作表界面中按需要勾选字段和度量值，设置数据透视表的字段布局，如图 9-12 所示。

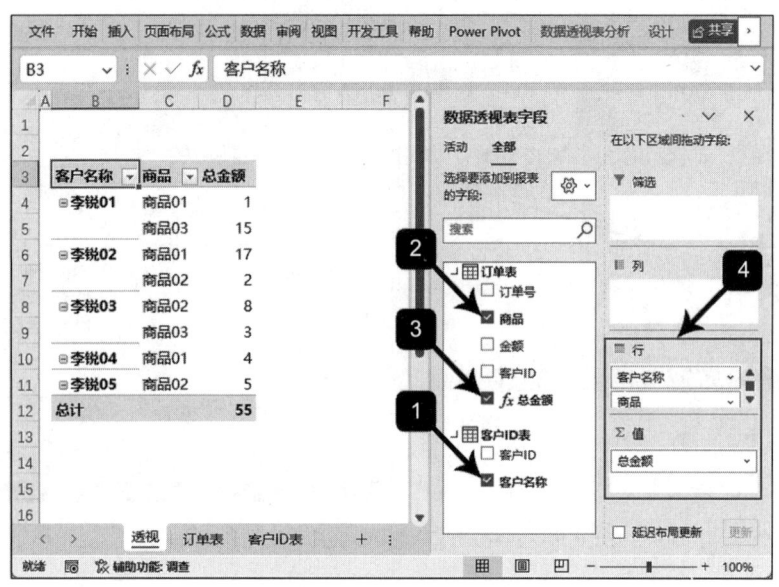

图 9-12　设置数据透视表字段布局

设置完成后，数据透视表即可按照客户分类汇总统计其购买的商品情况和消费金额。

9.4　与 Excel 环境对比

在创建 Power Pivot 数据模型时，Excel 会打开一个独立的"Power Pivot 窗口"。用户可以在管理后台窗口和 Excel 工作表界面之间自由切换，以便同时处理不同的操作任务。掌握 Power Pivot 与 Excel 的核心差异是高效运用数据分析工具的关键。本节将首先剖析两者的 9 项显著区别，然后系统对比 Power Pivot 的功能优势与固有局限性，最后结合典型应用场景给出使用建议，帮助读者在数据建模与分析任务中做出最优技术决策。

1. 9 种显著区别

Excel 工作表与 Power Pivot 管理后台在功能架构和操作逻辑上存在本质差异。下面从 9 个关键维度展开系统对比分析，通过清晰呈现两者间的差异，助力用户根据实际业务需求选择最适合的数据处理方案。

（1）最大行数限制

- 在 Excel 工作表中，最大行数限制是 1 048 576 行。
- 在 Power Pivot 中，没有明确的"最大行数限制"。Power Pivot 可以处理的数据文件大小上限为 2GB。这意味着其理论上可以加载的数据量取决于数据的复杂程度和压缩效率。

(2)数据表存放方式
- 在 Excel 工作表中,工作表以页标签形式存放在工作簿中。数据表可以位于工作簿中的任何工作表内,一个工作表内可以包含多个数据表。
- 在 Power Pivot 中,数据表以单个选项卡式的网页形式进行存放。一个页面内只能存储一个数据表,不允许一个页面内包含多个数据表。

(3)单元格编辑限制
- 在 Excel 工作表中,用户可以直接编辑表格中任意单元格内的值。
- 在 Power Pivot 中,用户无法对单个单元格进行编辑操作。

(4)公式计算方式
- Excel 工作表使用 Excel 函数库中的函数公式进行计算。
- Power Pivot 使用 DAX 进行计算。

(5)是否支持 VBA
- Excel 工作表支持使用 VBA 进行编程。
- Power Pivot 不支持使用 VBA 进行编程。

注意 VBA 是 Microsoft 开发的编程语言,内置于许多 Microsoft Office 应用程序中,如 Excel、Word、Access 和 PPT。

(6)图表可视化展示
- Excel 工作表支持柱形图、折线图、饼图、条形图等多种图表可视化展示。
- Power Pivot 不支持图表可视化展示。

(7)计算引擎功能
- Excel 工作表采用传统计算引擎,用于执行单元格内的计算、公式运算和数据处理等操作。当数据量接近百万级或涉及复杂的数据关系时,传统计算引擎可能会出现性能瓶颈,导致计算速度变慢,同时生成的文件体积也会较大。
- Power Pivot 采用了 xVelocity 内存引擎,它是一种专门为高效处理和分析大量数据而设计的内存优化引擎。该引擎支持千万级数据的计算,从而能够显著提升海量数据的处理速度和性能,并大幅减少文件体积。

(8)多表关联与多维分析
- Excel 工作表中没有内置专门的多表关联工具,但可以使用 Excel 公式来跨表查询和引用数据,进而整合多表数据并进而关联计算。此外,利用数据透视表的多维分析功能,再结合切片器,可以进行多维数据分析。
- Power Pivot 中有专门的多表关联工具。在"关系图视图"中,只需拖动关联字段即可快速建立多表之间的关联。同时还可以使用 DAX 公式创建计算列和度量值,以处理复杂的数据模型,实现多维度的动态分析。

(9)透视表计算方式
- 在 Excel 工作表中,数据透视表通过辅助列、计算项和计算字段来完成各种计算任务。
- 在 Power Pivot 中，超级数据透视表通过计算列和度量值实现计算功能。其中，计算列可以直接在数据模型中添加计算字段，不需要在源数据中创建辅助列。度量值相当于普通透视表中的"计算字段"，但功能更加强大。度量值不仅支持基本的数学运算，还可以进行复杂的统计分析和条件判断。

2. 优势与局限性

Excel 工作表和 Power Pivot 的功能优势与局限性如下所示。

(1) Excel 工作表的优势
- 简单直观，易于上手，适合大多数用户。
- 提供了强大的函数公式、数据透视表和图表可视化功能，能够满足日常的数据处理需求。
- 支持灵活的数据管理，如筛选、排序、填充和合并单元格等。

(2) Power Pivot 的优势
- 支持海量数据的处理，性能优越，能够轻松应对几百万行甚至更多数据的操作和分析任务。
- 提供了强大的数据建模功能，支持多表关联和多维数据分析。
- 允许用户使用 DAX 公式进行复杂计算，并设计自定义的度量值和汇总方式。

(3) Excel 工作表的局限性
- Excel 工作表有数据量限制，单个工作表最多支持约 104 万行数据，处理大规模数据时性能受限。
- 复杂分析能力有限，在需要动态更新或进行高级分析的场景，Excel 的功能可能无法满足要求。

(4) Power Pivot 的局限性
- 有使用门槛，学习难度较大，需要掌握 DAX 公式和数据建模的相关知识。
- 对于简单的数据处理任务，使用 Power Pivot 可能过于复杂，不如 Excel 灵活直观。

3. 适用场景

基于上述功能对比和特性分析，Excel 工作表和 Power Pivot 的适用场景分别建议如下。

(1) Excel 工作表的适用场景

Excel 工作表特别适合处理中小规模数据集（通常 10 万行以内）。在需要快速完成表格编辑、制作常规报表、进行基础数据管理及开展交互式可视化分析等场景中表现优异。

(2) Power Pivot 的适用场景

Power Pivot 专为处理海量数据（10 万行级以上）和进行多维关系分析而进行了优化，在处理复杂数据建模、多表关联计算以及需要使用 DAX 公式实现动态业务指标分析等高级场景中具有显著优势。

9.5 计算列

1. 计算列概述

Power Pivot 中的计算列拥有非常实用的功能，它允许用户通过定义公式向数据模型中的表添加新的数据列。这些新列通过 DAX 公式进行计算，无须手动导入或粘贴数据。

与静态数据列不同，计算列的值是根据其他列的值动态计算得出的。例如，用户可以使用公式来计算出商品利润。

计算列的作用如下。

- 动态生成数据：计算列的值会随着基础数据的变化而自动更新。
- 扩展分析能力：通过创建新的计算列，可以扩展数据模型的分析能力，满足更多复杂的数据分析需求。
- 灵活构建报表：计算列字段可以像静态数据列的字段一样，用于数据透视表、数据透视图的行区域、列区域以及切片器中。

2. 命名和排列

在默认情况下，新的计算列将被添加到其他列的右侧，并且会自动为该列分配默认名称"计算列1""计算列2"等。创建计算列后，可以根据需要对列进行重新排列和重命名操作。

计算列的命名存在以下限制。

- 每个计算列的名称在同一个数据表中应是唯一的。
- 计算列的名称不能与度量值的名称重复，也应该避免与同一工作簿中其他数据表的计算列重名。尽管不同数据表的计算列可以具有相同的名称，但如果名称不唯一，则很容易混淆，导致后期调用时出现计算错误。

3. 计算列的性能

- 计算列一般会比度量值更耗费内存资源。这是因为计算列会对数据表中的每一行数据进行计算，而度量值仅针对数据透视表结果或数据透视图中使用的单元格进行计算。
- 在默认设置下，修改数据时会导致计算列的公式自动重新计算并更新结果。如果数据表中包含的行数较多且数据修改频繁，为了避免浪费内存资源，可以将"计算选项"设置为"手动计算模式"，具体操作步骤为：在 Power Pivot 管理后台单击"设计"选项卡下的"计算选项"按钮，在其下拉菜单中选择"手动计算模式"，如图 9-13 所示。
- 计算列的计算结果依赖于其计算公式中的对象引用，如其他列或度量值表达式。如果计算列引用的对象引用发生错误，会导致计算列结果错误。

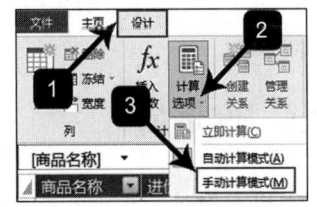

图 9-13 设置"手动计算模式"只框选"手动计算"

❑ 如果计算列引用了其他关联数据表的数据，当用户更改或删除表之间的关系后，会导致计算列的公式变为无效。

4. 创建计算列

如何在 Power Pivot 中创建计算列呢？下面让我们来看一个示例。如图 9-14 所示，某公司的商品信息表中包含每种商品的进价和售价。工作人员希望将商品信息表导入数据模型后，按照"利润 = 售价 – 进价"的公式计算每种商品的利润。这种需求利用计算列可以轻松实现。

在 Power Pivot 中创建计算列的具体操作步骤如下。

1）将"商品信息表"导入 Power Pivot，并在管理后台中对数据表进行重命名。

图 9-14　某公司的商品信息表

2）在管理后台的数据区单击"商品信息表"右侧的"添加列"选项，输入相应的公式；添加计算列后，其默认名称为"计算列 1"；双击列字段"计算列 1"，将它重命名为"利润"，如图 9-15 所示。

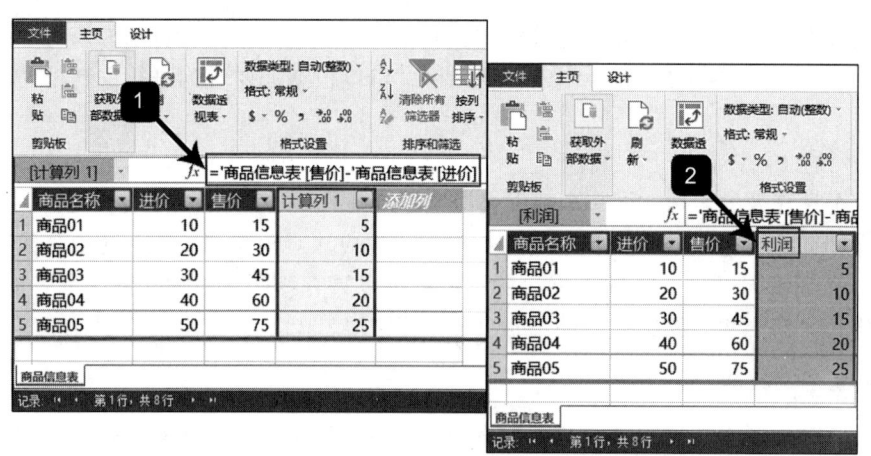

图 9-15　在 Power Pivot 中创建计算列的操作步骤

3）按"Ctrl+S"组合键或单击顶部的"保存"按钮，计算列将被添加并保存到数据模型中。

在 Power Pivot 中使用计算列，可显著提升数据分析的灵活性和效率。

9.6　度量值

度量值是一种强大的数据分析工具，主要用于在数据表、数据透视表或数据透视图中进行动态计算。

1. 度量值概述

度量值是使用 DAX 公式创建的，其结果会基于上下文动态变化。

度量值通常放置在数据透视表或数据透视图的“值”区域，它会根据周围的上下文（如行标签、列标签和筛选器）动态调整计算结果，进行灵活的动态分析。

需要注意的是，度量值仅根据上下文进行计算，并非对数据表中的所有行进行计算。相比计算列，度量值更节省内存资源，在运算效率方面也具有明显优势。此外，度量值的名称不能与已有度量值和计算列的名称重复。在命名度量值时，应选用易于记忆且能清晰表明其用途的名称，以便后续轻松识别。

2. 度量值的作用

度量值在实际工作中具有广泛的应用，为数据分析和报表制作提供了强大的计算支持。度量值不仅可以满足常见的标准聚合计算需求，还可以利用 DAX 进行复杂的高级计算。

（1）标准聚合计算

- 总和（SUM）：计算指定列中所有数值的总和。
- 平均值（AVERAGE）：计算指定列数值的平均值。
- 计数（COUNTA）：计算指定列中非空单元格的数量。
- 非重复计数（DISTINCTCOUNT）：计算指定列中不重复的非空单元格数量。
- 最大值（MAX）：计算指定列中的最大值。
- 最小值（MIN）：计算指定列中的最小值。

（2）DAX 高级计算

- 基于 DAX 公式的高级计算：如条件判断、聚合计算、文本查找与替换、数学计算、时间日期计算等。
- 借助 DAX 函数的复杂计算：如使用 DAX 的时间智能函数、关系函数、筛选器函数、表操作函数等，进行智能计算和动态分析。

3. 创建度量值

度量值按照创建方式的不同，可以分为隐式度量值和显式度量值。下面我们结合一个示例，介绍在 Power Pivot 中创建两种度量值的具体方法。

某公司的订单记录表中包含各商品的订单销售金额，如图 9-16 所示。工作人员希望按照商品分类对销售金额进行统计汇总。

订单号	商品名称	金额
D0001	商品01	1
D0002	商品02	2
D0003	商品03	3
D0004	商品01	4
D0005	商品02	5
D0006	商品03	6
D0007	商品01	7
D0008	商品02	8
D0009	商品03	9

订单记录表

图 9-16　某公司的订单记录表

（1）创建隐式度量值

在 Power Pivot 中创建隐式度量值的具体操作步骤如下。

1）将“订单记录表”导入 Power Pivot 并重命名；在管理后台中单击“数据透视表”按钮，在弹出的“创建数据透视表"对话框中保持勾选"新工作表"选项,单击"确定"按钮,如图9-17所示。

2)在数据透视表中根据需要设置字段布局:将字段"金额"拖动到数据透视表字段列表的"值"区域时,Excel系统会自动创建隐式度量值"以下项目的总和:金额",如图9-18所示。

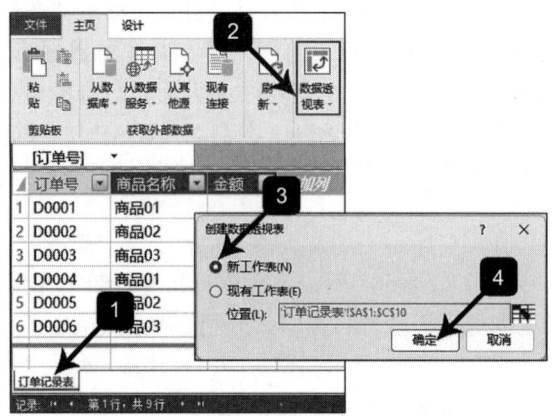

图9-17 在Power Pivot中创建数据透视表

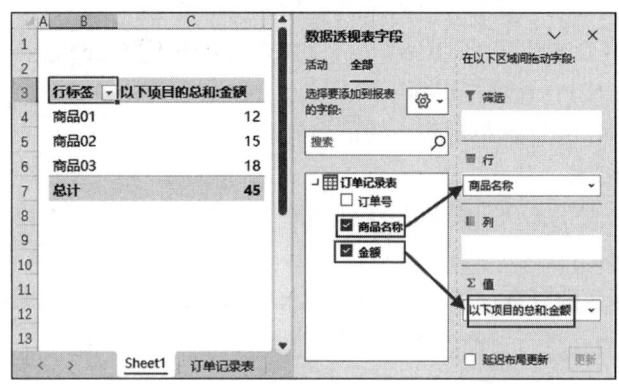

图9-18 在Power Pivot中创建隐式度量值

隐式度量值只能使用标准聚合函数(SUM、AVERAGE、COUNTA、DISTINCTCOUNT、MAX或MIN),并且必须使用为相应聚合定义的数据格式。此外,隐式度量值只能被创建它的数据透视表或图表所使用。

隐式度量值与它所基于的字段紧密关联,这种关联性会影响后续对度量值的删除或修改操作。例如,如果用户删除了度量值所基于的字段,那么该隐式度量值也会随之消失;同样,如果用户修改了度量值所基于的字段(如改变字段名称或数据类型),那么隐式度量值可能也会受到影响。

因此,在处理隐式度量值时,用户需要小心谨慎,避免破坏它所基于的字段。相比之下,显式度量值不仅更加灵活,还提供了更加强大的计算功能。

(2)创建显式度量值

在Power Pivot中创建显式度量值的具体操作步骤如下。

1）在 Power Pivot 管理后台中以"数据视图"形式打开"订单记录表",在数据表下方的计算区中选中任意单元格,输入如下 DAX 公式:

总金额:=sum('订单记录表'[金额])

2）输入公式后,按对勾或"Enter"键确认输入,Excel 会自动创建显式度量值"总金额",如图 9-19 所示。

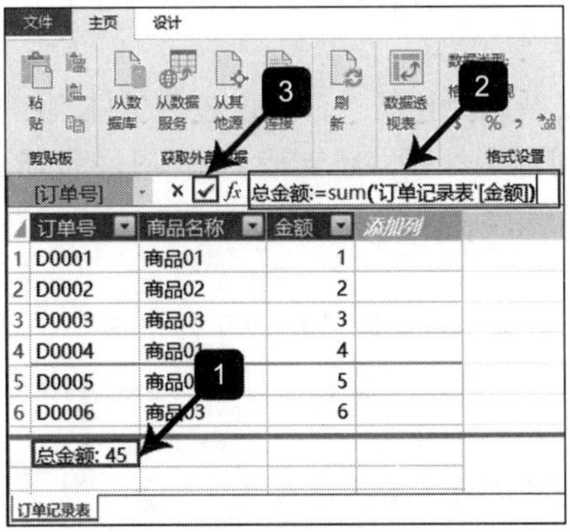

图 9-19　在 Power Pivot 中创建显式度量值

之后,就可以在数据透视表中使用显式度量值进行计算了,方法为:在"数据透视表字段"对话框中将字段"fx 总金额"拖动到数据透视表字段列表的"值"区域。可以发现,两种度量值的计算结果是完全一致的,如图 9-20 所示。

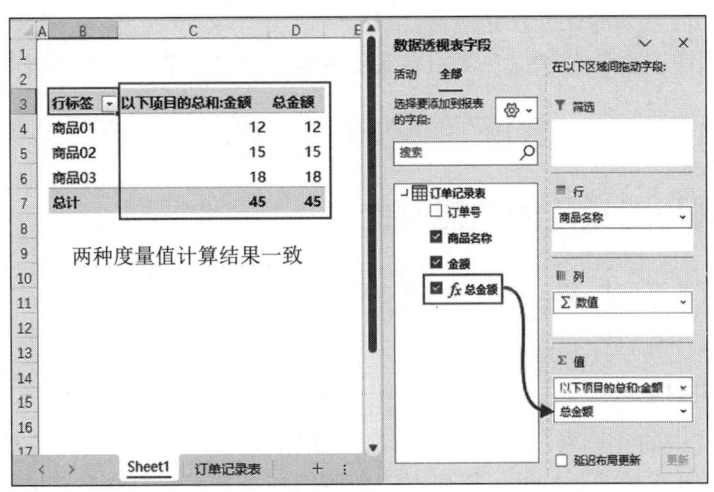

图 9-20　在数据透视表中使用显式度量值进行计算

4. 两种度量值的对比与使用建议

显然,隐式度量值和显式度量值在某些简单场景下的计算结果是一致的。然而,这种一致性并不意味着两者可以随意互换。为了更好地在两者之间进行取舍，我们需要根据实际工作需求和应用场景来选择合适的度量值类型。

（1）创建方式对比
- 隐式度量值由系统自动生成。
- 显式度量值由用户使用 DAX 公式显式定义生成。

（2）计算功能对比
- 隐式度量值仅满足基本的聚合计算，如求和、求平均值、计数、非重复计数、求最大值、求最小值等。
- 显式度量值能满足复杂的计算需求，不仅包括条件判断、聚合计算、文本查找与替换、数学计算、时间日期计算，还支持 DAX 时间智能函数、关系函数、筛选器函数、表操作函数等高级智能计算和动态分析。

（3）与字段耦合关系对比
- 隐式度量值与字段耦合紧密，删除或修改字段可能会导致度量值失效。
- 显式度量值与字段耦合松散，字段变化时一般不影响度量值。

（4）可复用性对比
- 隐式度量值仅能在为其创建的数据透视表中使用，不能被其他度量值引用，可复用性很弱。
- 显式度量值可被其他度量值引用，或衍生出新的度量值，使用灵活，可复用性强。

（5）在实际工作中的使用建议。
- 隐式度量值适合在简单的工作场景下使用，用于进行基本的聚合计算。
- 显式度量值通过 DAX 公式定义，不仅功能更加强大，还具有更高的灵活性和可复用性，适合复杂的业务计算场景。

在实际应用中，推荐大家优先使用显式度量值，尤其是在需要进行复用和多维分析的情况下。

9.7 计算列与度量值的功能对比

计算列与度量值是 Power BI 数据分析的两大核心工具，正确理解二者的差异对数据建模至关重要。

1. 6 种显著区别

Power Pivot 中的计算列和度量值虽然都使用 DAX 公式创建，但是它们基于两种不同的计算原理，并且在功能、特性、使用方式和使用场景方面都存在显著区别。下面从多个方面对两者进行详细对比。

（1）概念
- 计算列是直接添加到数据表中的特殊列，用于对整列数据进行计算。

❑ 度量值是基于报表上下文动态计算得出的结果，仅对显示结果进行计算。

（2）计算原理

❑ 计算列基于表的行级别进行计算，对表中的每一行都进行计算。

❑ 度量值基于报表上下文进行计算，仅对经过行/列筛选后显示的行进行计算。

（3）计算耗时

❑ 计算列在面临海量数据时耗时较长。

❑ 度量值在面临海量数据时耗时较短。

（4）生成结果

❑ 计算列生成的结果是固定的值，不依赖上下文，不会随筛选条件的变化而变化。

❑ 度量值生成的结果是值或表，依赖上下文，会随筛选条件的变化而变化。

（5）使用方式

❑ 计算列可以像普通列一样在数据透视表的行区域、列区域、值区域、页筛选和切片器中使用。

❑ 度量值仅能在数据透视表的值区域中使用，无法放置在行区域、列区域、页区域或切片器中。

（6）占用内存

❑ 计算列占用内存资源较大。

❑ 度量值占用内存资源较小。

2. 适用场景

（1）计算列的适用场景

❑ 数据预处理：例如根据日期生成对应的月份、季度或年份。

❑ 辅助列添加：例如基于特定条件对数据进行分组或返回分类结果。

❑ 原始数据整理：例如按需求拆分、合并或提取数据。

❑ 与其他表建立关系：例如生成新字段作为键值，用于实现表间关联。

❑ 构建报表布局：例如将计算列放置在数据透视表的行区域或列区域。

❑ 构建筛选器：例如将计算列用于数据透视表的页筛选或切片器筛选。

（2）度量值的适用场景

❑ 聚合计算：例如计算总销售额、不重复的客户数量等。

❑ 动态计算：例如按指定的区域、商品等条件筛选计算销售额。

❑ 智能计算：例如计算月累计、年累计销售额或进行同比、环比计算。

❑ 复杂条件计算：例如按指定的多条件对销售额进行分类汇总计算。

❑ 构建表：例如按指定条件构建单列表或多字段的数据表。

❑ 交互式分析：例如根据指定的筛选条件动态更新结果。

在实际工作中，读者可根据上述描述选择使用计算列还是度量值。当遇到计算列和度量值都可以解决的问题时，建议优先使用度量值，这样可以尽可能地提升数据模型的运算效率。

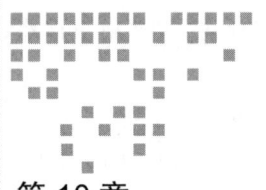

第 10 章 使用 Power Pivot 对数据模型进行管理与优化

在数据分析过程中,构建高效、稳定的数据模型是确保分析结果准确性和提升系统性能的关键。本章将深入探讨 Power Pivot 数据模型的管理与优化技巧,涵盖数据刷新、连接管理、表间关系管理、度量值管理、降低内存占用以及提升计算效率等内容。这些核心技能可确保数据模型的实时性、完整性和高效性,从而为执行复杂分析任务打下坚实基础。

10.1 数据刷新

数据模型的刷新功能允许用户从外部数据源重新加载数据,确保模型中的数据是最新的。这对于需要动态更新数据的场景(如实时订单监控、实时促销分析等)尤为重要。

在 Power Pivot 管理后台中单击"主页"选项卡下的"刷新"按钮,可以刷新当前数据表;单击"刷新"下拉菜单中的"全部刷新"按钮,可以刷新所有数据表,如图 10-1 所示。

刷新数据时需要注意如下事项。

1)外部数据源可用:需确保外部数据源在刷新时可用,否则可能导致刷新失败。

2)关闭数据源文件:需确保外部数据源文件未处于打开状态,否则会导致刷新失败。如果外部数据源文件处于打开状态,可关闭数据源文件后再次刷新即可。

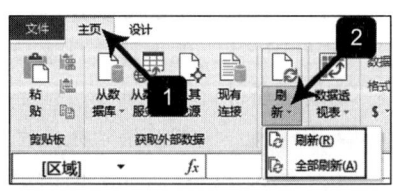

图 10-1 在数据模型中刷新数据的方法

3)具备操作权限:如果数据源放在共享文件夹或需要用户名和密码进行验证,应确保具备相应的操作权限。

4）数据源路径正确：需确保数据源文件的存放路径和文件名称没有变更，否则会导致刷新失败。若数据源文件更改了路径或文件名称，可在数据模型中重新设置数据源路径并建立连接，之后执行刷新操作即可。

10.2 连接管理

在 Power Pivot 数据模型中，当遇到数据刷新失败的情况时，可以通过以下步骤排查，确保数据实时更新。

1）数据源路径是否已更改。
2）数据源文件是否被移动或重命名。
3）数据源连接的配置是否有误。
下面介绍测试和修改数据源连接的具体操作步骤。

1. 测试数据源连接

在 Power Pivot 管理后台中测试数据源连接的具体操作步骤如下。

1）单击"现有连接"按钮，在弹出的"现有连接"对话框中选择数据源连接，单击"编辑"按钮，如图 10-2 所示。

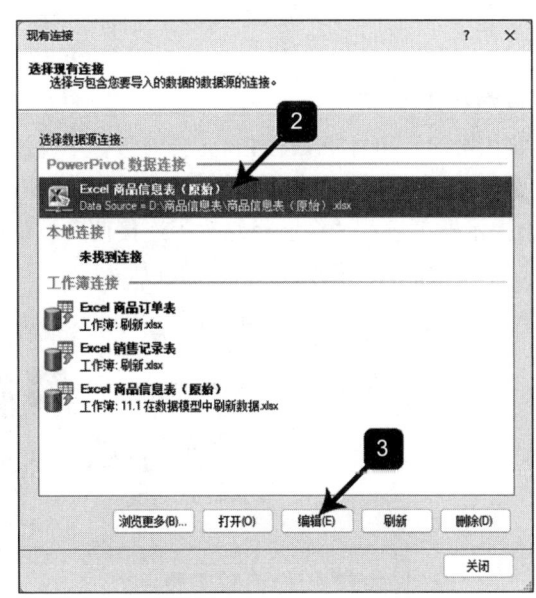

a）单击"现有连接"按钮　　b）在"现有连接"对话框中进行设置

图 10-2　在 Power Pivot 管理后台的现有连接中选择数据源

2）弹出"编辑连接"对话框后，单击"测试连接"按钮。如果连接正常，则"Power

Pivot for Excel"对话框会弹出"连接测试成功"提示,单击"确定"按钮,如图 10-3 所示。

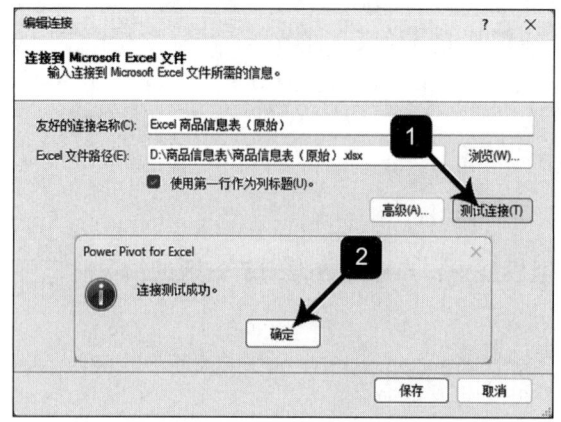

图 10-3　在"编辑连接"对话框中测试连接

如果连接失效,则会弹出"无法连接到服务器"的错误提示,如图 10-4 所示。

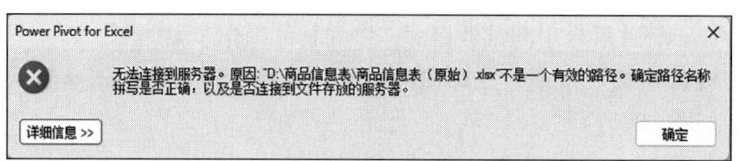

图 10-4　连接失败的提示

2. 修改数据源连接

遇到连接失败时,可在 Power Pivot 管理后台中修改数据源连接,方法为:在"编辑连接"对话框中单击"浏览"按钮,从存放数据源文件的路径中重新选择数据源文件;此时,Excel 会弹出提示框,显示"您已经修改了连接信息。请保存并刷新表以验证连接。"测试连接完成后,单击"保存"按钮,如图 10-5 所示。

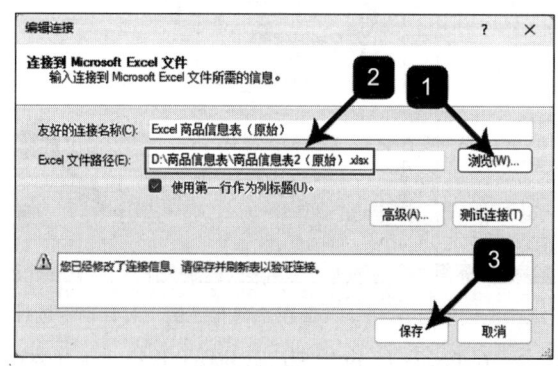

图 10-5　在 Power Pivot 管理后台中修改数据源连接

10.3 表间关系管理

在 Power Pivot 数据模型中,表间关系的管理包含创建、查看、编辑或删除等操作。

1. 创建表间关系

在数据模型中创建表间关系,可以从以下两种方法中任选。

(1)方法 1:使用鼠标拖放关联字段

单击需要关联的字段(如"区域"),并拖动到目标数据表的对应字段上,然后松开即可完成字段的关联操作,如图 10-6 所示。

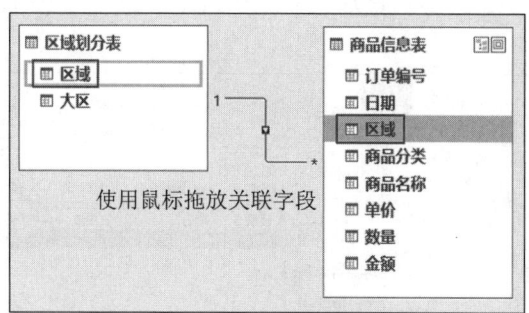

图 10-6　使用鼠标拖放关联字段

(2)方法 2:使用功能菜单创建关联字段

单击"设计"选项卡下的"创建关系"按钮,在弹出的"创建关系"对话框中选择数据表名称和关联字段名称,单击"确定"按钮,同样可以完成字段的关联操作,如图 10-7 所示。

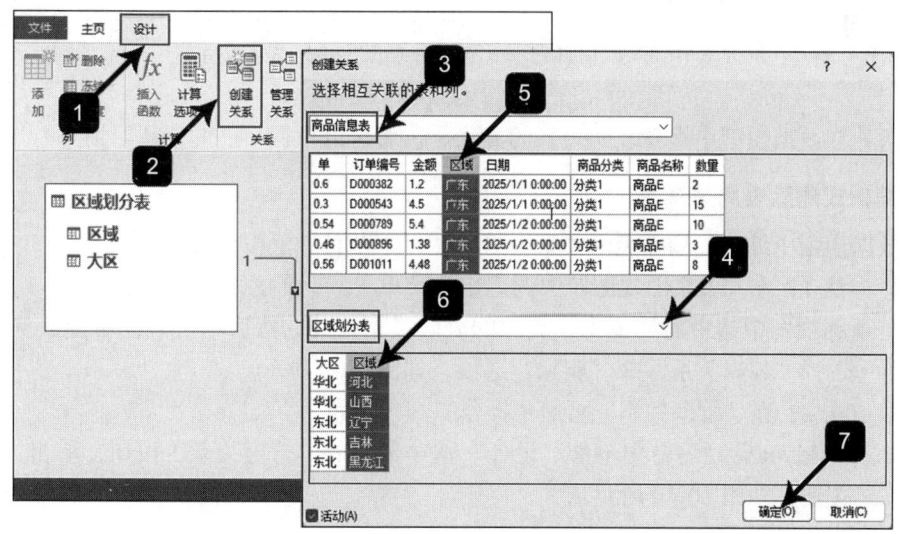

图 10-7　使用功能菜单创建关联字段

推荐读者采用方法 1 创建表间关系，更加方便快捷。

2. 查看表间关系

在数据模型中查看表间关系，可以从以下两种方法中任选。

（1）方法 1：在关系图视图中直接查看

在 Power Pivot 管理后台中单击"主页"选项卡下的"关系图视图"按钮，即可以关系图形式查看数据模型中的表间关系。

（2）方法 2：在"管理关系"页面中查看

在 Power Pivot 管理后台中单击"设计"选项卡下的"管理关系"按钮，在弹出的"管理关系"对话框中以信息行形式查看数据模型中的表间关系，如图 10-8 所示。

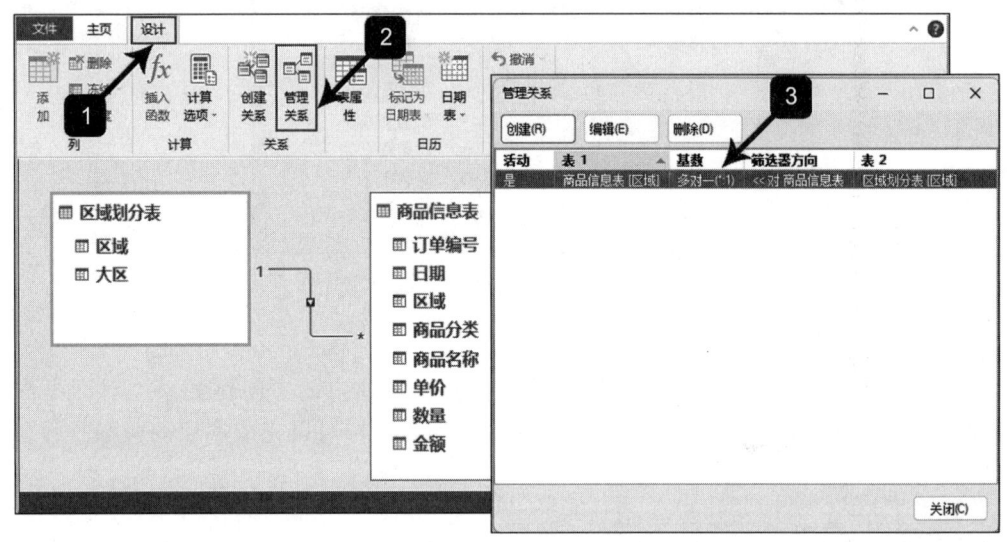

图 10-8　以信息行形式查看数据模型中的表间关系

这两种在数据模型中查看表间关系的方法，读者可以根据自己的使用习惯自行选择。

3. 编辑或删除表间关系

在数据模型中编辑或删除表间关系，可以从以下两种方法中任选。

（1）方法 1：在"关系图视图"中调用快捷菜单

在关系图视图中选中需要编辑或删除的表间关系连线，然后单击鼠标右键，从弹出的快捷菜单中选择"编辑关系"或"删除"选项，如图 10-9 所示。

（2）方法 2：在"管理关系"页面中操作

在 Power Pivot 管理后台中单击"设计"选项卡下的"管理关系"按钮，单击"编辑"或"删除"按钮，如图 10-10 所示。

第 10 章 使用 Power Pivot 对数据模型进行管理与优化 ❖ 213

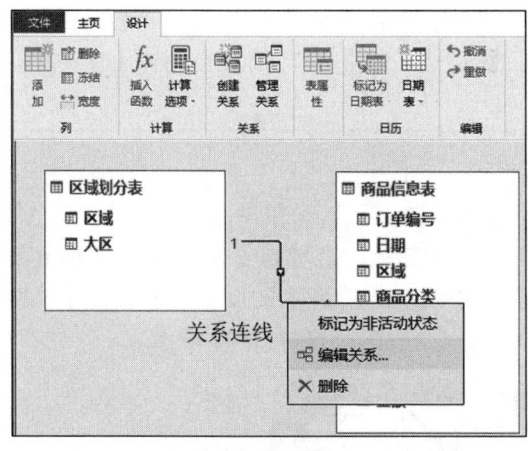

图 10-9 方法 1

图 10-10 方法 2

10.4 度量值管理

在 Power Pivot 数据模型中，管理度量值是确保数据分析效率和准确性的关键环节。度量值的管理包含创建、编辑、命名以及删除等操作。

1. 创建度量值

在 Power Pivot 数据模型中创建度量值，可以从以下两种方法中任选。

（1）方法 1：在数据表的计算区域创建度量值

1）在计算区域中选中任意单元格，将鼠标光标定位至编辑栏，输入度量值名称和双引号（如"总金额："）。其中，"总金额"是度量值名称，双引号"："要求在英文半角模式下输入。

2）继续在编辑栏中输入以"="开头的度量值公式，按 Enter 键确认或单击编辑栏左侧的对勾按钮，如图 10-11 所示。

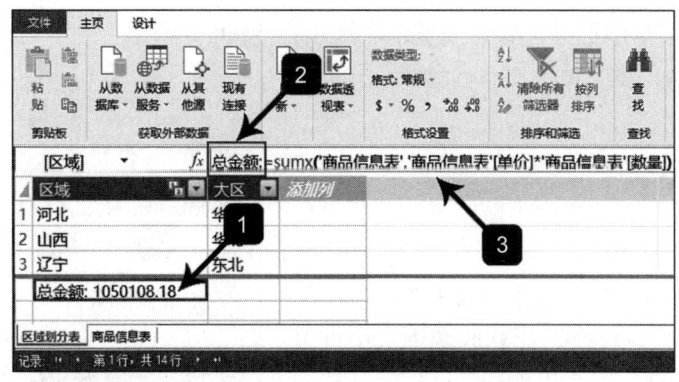

图 10-11 在数据表的计算区域创建度量值

> **注意** 在 Power Pivot 数据模型中输入 DAX 公式时，输入单引号"'"可以自动弹出包含数据表和字段名称的快捷下拉菜单，输入左中括号"["可以自动弹出包含字段和度量值名称的快捷下拉菜单。

（2）方法 2：使用"度量值"工具创建度量值

单击"Power Pivot"选项卡下的"度量值"按钮，在其下拉菜单中选择"新建度量值"选项；在弹出的"度量值"对话框的"表名"输入框中输入"区域划分表"，在"度量值名称"输入框中输入"度量值 1"，在公式编辑栏中输入以"="开头的度量值公式，在"类别"下拉菜单中选择"常规"，检查无误后单击"确定"按钮，如图 10-12 所示。

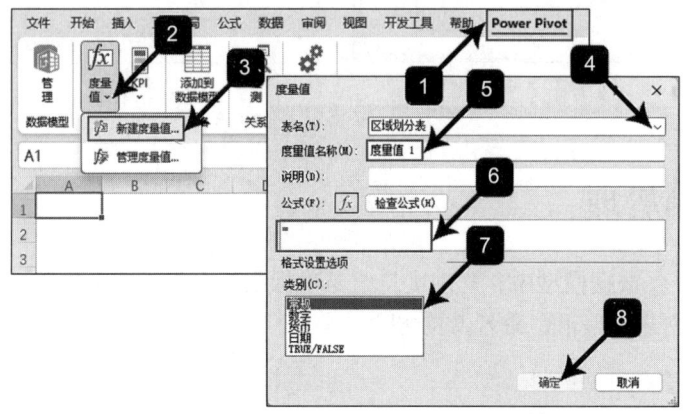

图 10-12　使用"度量值"工具创建度量值

2. 编辑度量值

在 Power Pivot 数据模型中编辑度量值，可以从以下两种方法中任选。

（1）方法 1：使用编辑栏编辑度量值

在数据表的计算区域选中度量值，在编辑栏中对度量值的名称或公式进行修改。

（2）方法 2：使用"度量值"工具编辑度量值

单击"Power Pivot"选项卡下的"度量值"按钮，在其下拉菜单中选择"管理度量值"选项；然后选中需要编辑的度量值，对其名称或公式进行修改。

3. 删除度量值

在 Power Pivot 数据模型中删除度量值，可以从以下两种方法中任选。

（1）方法 1：在计算区域中直接删除度量值

在度量值所在的数据表计算区域中选中度量值，按"Delete"键，在弹出的"确认"对话框中单击"从模型中删除"按钮，如图 10-13 所示。

图 10-13　在计算区域中直接删除度量值

(2)方法2：在"管理度量值"对话框中删除度量值

单击"Power Pivot"选项卡下的"度量值"按钮，在其下拉菜单中选择"管理度量值"选项；在弹出的"管理度量值"对话框中选中需要删除的度量值，按"Delete"按钮，在弹出的"是否要删除所选度量值"对话框中单击"是"按钮，如图10-14所示。

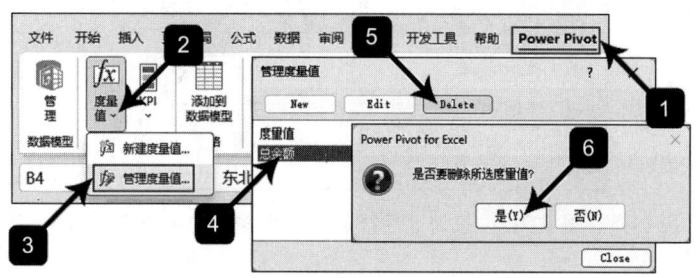

图10-14 在"管理度量值"页面中删除度量值

10.5 降低内存占用

在Power Pivot数据模型中，优化内存占用对于提升系统性能至关重要，尤其是在处理大型数据集和执行复杂计算时。通过合理的优化措施，可以显著提高数据分析的效率。

1. 降低内存占用的方法

Power Pivot使用VertiPaq存储引擎对数据进行高效压缩。该引擎采用强大的压缩技术，可以将数据大小缩小至原来的1/10～1/7，同时确保数据的完整性不受影响。

为了有效降低Power Pivot的内存占用，具体可以采取以下方法。

1）删除不必要的列和行：与分析目标无关的列或行应从数据源中移除。特别是当某些列包含大量唯一值时，这些列会占据较大的存储空间，删除它们可以显著减少内存占用。

2）忽略事实表中的主键列：在导入包含多维数据的"事实数据表"时，可以忽略主键列。虽然主键在数据库规范化中非常重要，但在数据模型中，它们通常不会对分析结果产生直接影响，因此省略主键可以节省空间。

3）优化日期时间列：如果分析仅需要按年、月或季度汇总，可以从日期时间列中去除小时、分钟、秒等不必要的信息。这种优化措施可以减少数据模型的复杂性和存储需求。

2. 排除不必要的列

如何在Power Pivot导入数据时排除不必要的列呢？让我们结合一个示例具体说明。

1）在"表导入向导"对话框的"表和视图"选项区域中，用户可单击"预览并筛选"按钮查看工作表，并勾选数据分析需要的工作表进行导入，如图10-15所示。

2）在"预览所选表"页面中，用户可以根据需要选择特定列。建议仅勾选数据分析必需的字段，并清除无关列字段的勾选状态，然后单击"确定"按钮，如图10-16所示。

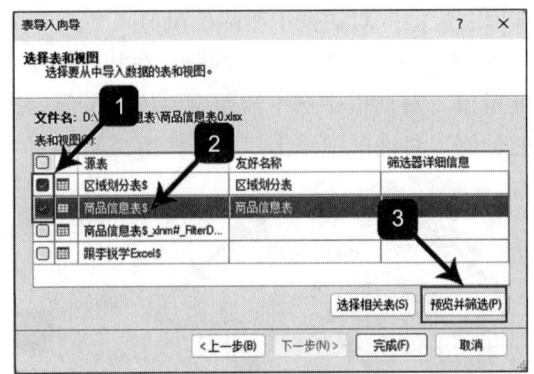

图 10-15　仅勾选后续数据分析需要的工作表

图 10-16　仅勾选后续数据分析必需的字段

3）为确保数据模型的高效性，用户在导入模型之前应该先筛选出必要的字段。若不慎遗漏了某些重要的列字段，也无须担心，后续还可以再次勾选这些字段并重新导入模型，方法为：在 Power Pivot 管理后台中单击"设计"选项卡下的"表属性"按钮；在弹出的"编辑表属性"对话框中重新对需要的字段进行勾选，然后单击"保存"按钮，如图 10-17 所示。

除了排除不必要的列之外，为了进一步保证数据模型的内存占用，用户还应该仅筛选出必要的行。

3. 仅筛选出必要的行

如何在 Power Pivot 导入数据时仅筛选出必要的行呢？让我们继续结合这个示例具体说明。

第 10 章 使用 Power Pivot 对数据模型进行管理与优化 ❖ 217

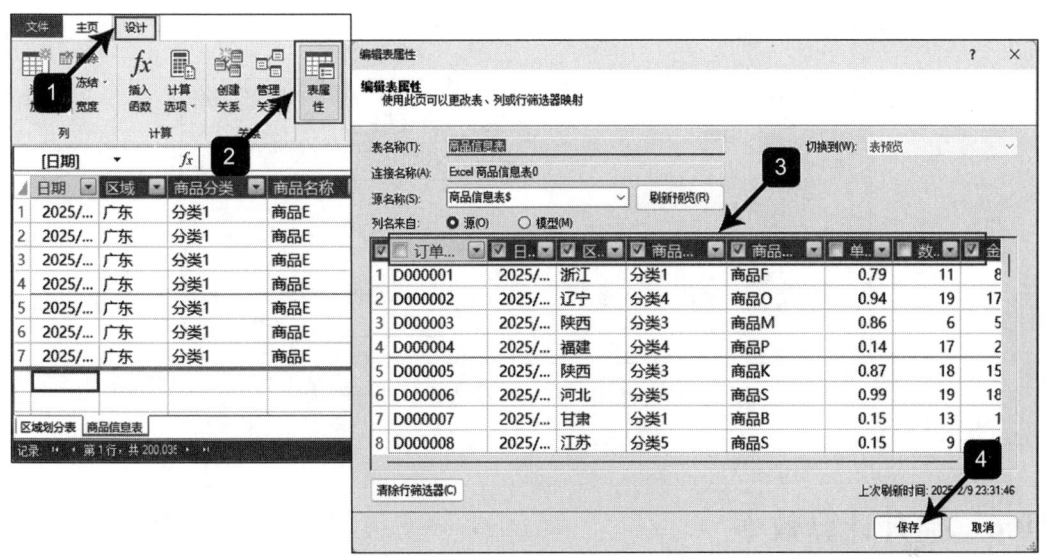

图 10-17 在"编辑表属性"对话框中重新对需要的字段进行勾选

1）在"表导入向导"对话框的"预览所有表"选项区域中，单击字段右侧的筛选按钮，根据需要仅筛选出必要的记录行。Power Pivot 会根据用户所选的字段类型，提供日期筛选器、文本筛选器或数字筛选器进行筛选，如图 10-18 所示。

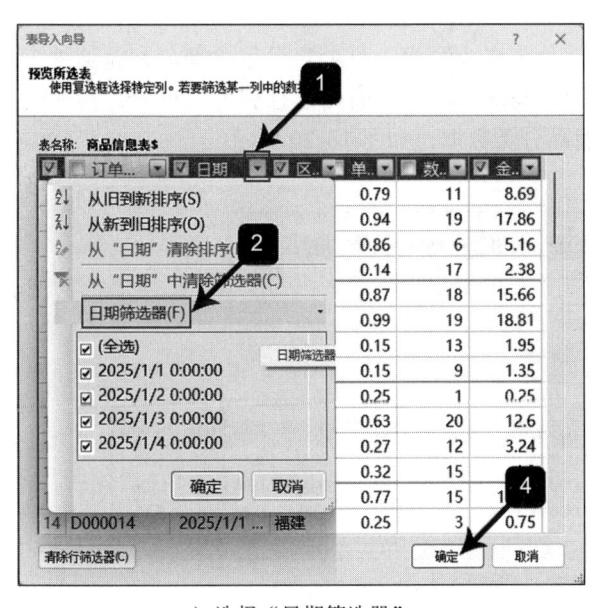

a）选择"日期筛选器" b）筛选界面

图 10-18 根据需要仅筛选出必要的记录行

2）用户也可以使用快捷菜单中最下方的"自定义筛选器"，根据需要按指定条件进行筛选，如图10-19所示。

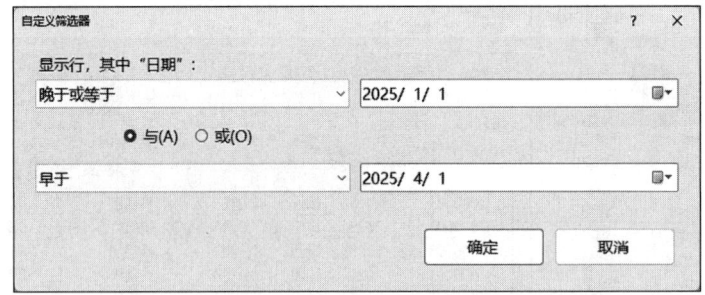

图10-19　使用"自定义筛选器"进行筛选

10.6　提升计算效率

要想有效提升Power Pivot数据模型的计算效率，可以通过拆分原始表格和使用DAX动态计算代替静态列这两种方法。

1．拆分原始表格

拆分原始表格是优化数据模型结构的重要方法，其核心目的是减少冗余数据，提升查询效率，并增强数据模型的灵活性。通过合理拆分表格，可有效降低内存占用，同时提高计算性能。

拆分表格的思路是将一个宽表拆分为多个窄表，每个表只包含部分列。这种方法适用于表中不同列的访问频率或权限不同的情况。例如，商品信息表可以拆分为商品订单表和商品分类表，分别存储商品订单和商品分类数据，如图10-20所示。

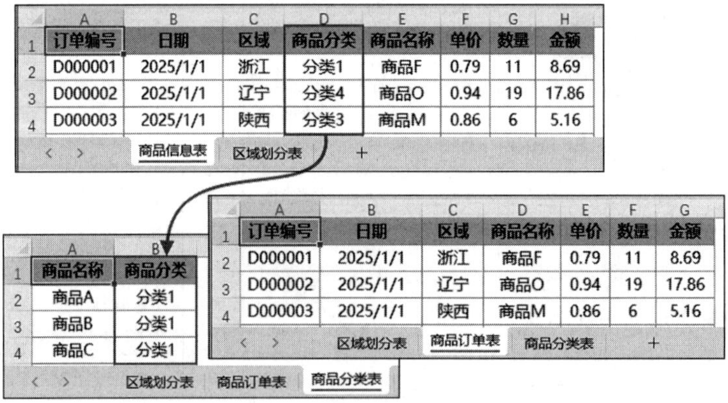

图10-20　商品信息表可以拆分为商品订单表和商品分类表

完成表格拆分后，可通过外键建立表与表之间的关系。外键能够确保数据的完整性和一致性，同时减少重复数据。设置好表关系后的数据模型如图 10-21 所示。

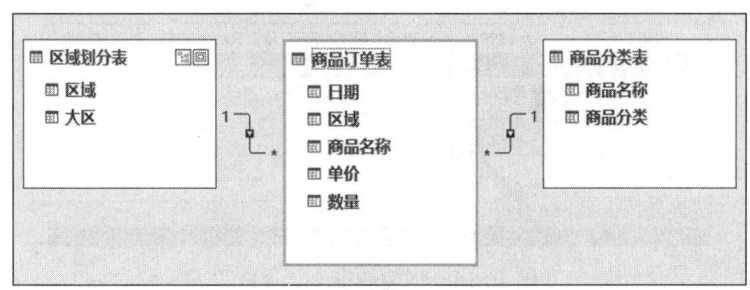

图 10-21　通过外键建立表间关系

2. 使用 DAX 动态计算代替静态列

使用 DAX 动态计算代替静态列，不仅可以优化数据模型的存储空间，还能仅在查询时占用算力，避免对每行数据进行重复计算，从而有效提升数据模型的计算效率，尤其适合处理大规模数据集。下面将结合一个示例，介绍使用 DAX 动态计算代替静态列的具体操作步骤。

1）假设有一个"商品订单表"数据表，其中包含"单价""数量"和"金额"字段（其中金额 = 单价 × 数量），如图 10-22 所示。

	A	B	C	D	E	F	G
1	订单编号	日期	区域	商品名称	单价	数量	金额
2	D000001	2025/1/1	浙江	商品F	0.79	11	8.69
3	D000002	2025/1/1	辽宁	商品O	0.94	19	17.86
4	D000003	2025/1/1	陕西	商品M	0.86	6	5.16
5	D000004	2025/1/1	福建	商品P	0.14	17	2.38
6	D000005	2025/1/1	陕西	商品K	0.87	18	15.66
7	D000006	2025/1/1	河北	商品S	0.99	19	18.81

图 10-22　商品订单表中的字段布局

2）在 Power Pivot 导入数据时，可以仅导入"单价"和"数量"字段，无须导入"金额"字段，而是使用 DAX 动态计算代替静态列"金额"。

3）将数据源导入 Power Pivot 后，在"商品订单表"的计算区域中输入图 10-23 所示的 DAX 公式，创建度量值"金额"。

4）度量值"金额"是使用 DAX 公式根据上下文和查询的筛选条件进行动态计算的，它仅针对数据透视表的结果行进行计算。这种动态计算方式使得计算速度更快，效率更高。使用度量值创建的数据透视表如图 10-24 所示。

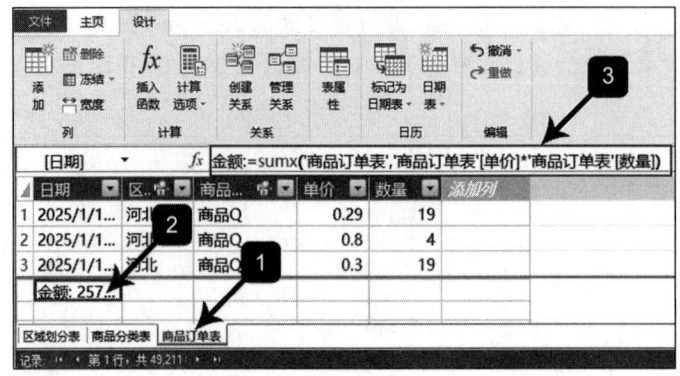

图 10-23 创建度量值"金额"

图 10-24 使用度量值创建的数据透视表

通过上述示例，我们可以看到动态计算列在节省存储空间和优化计算效率方面具有显著优势。

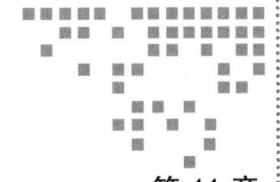

第 11 章 Chapter 11

DAX 必知必会

在当今以数据为驱动的商业环境中,高效的数据分析能力已成为职场人士的核心竞争力。本章将系统介绍 Power Pivot 中的 DAX,内容涵盖 DAX 的基本功能、常用术语以及语法规范,深入剖析 DAX 的数据类型、运算符特性以及 DAX 与 Excel 公式的关键差异,开启专业级数据分析的大门。

11.1 DAX 功能简介

DAX 是一种专为 Power Pivot 和 Power BI 设计的数据建模语言。DAX 不是编程语言,而是一种公式语言,它允许用户通过公式进行高级计算,创建计算列和度量值,从而增强数据分析能力。

1. DAX 的计算功能

DAX 在 Power Pivot 中的计算功能可以归纳为以下 4 点。

1)计算列:用户可以通过 DAX 表达式定义新列,新列的值基于表中其他列计算得出。
2)度量值:度量值是动态计算的结果,常用于数据透视表和图表的汇总分析。
3)聚合与筛选:通过 CALCULATE、FILTER 等函数实现复杂的数据聚合和筛选计算。
4)时间智能:DAX 可以智能处理时间序列数据,方便用户灵活进行同比、环比、滚动平均等计算与分析。

2. DAX 的重要作用

DAX 在 Power Pivot 中扮演着至关重要的角色,它不仅增强了数据建模的能力,还显著提升了数据分析的灵活性和深度。具体来说,DAX 对 Power Pivot 的重要性和作用可以归纳为以下 3 点。

（1）增强数据建模能力

DAX 允许用户在 Power Pivot 数据模型中创建复杂的计算。它通过计算列和度量值帮助用户从现有数据中提取更多信息，为数据分析提供更丰富的维度。

（2）支持复杂的业务逻辑

DAX 能够处理复杂的业务逻辑，如条件判断、数据查询、表格构建和时间智能分析。这使得用户可以创建高度灵活的数据模型，轻松实现同比、环比分析等操作，满足用户多样化的业务需求。

（3）提高数据分析效率

DAX 可以在数据模型中直接进行计算，避免了将数据导出到 Excel 中进行额外处理的烦琐流程。这不仅节省了时间，还提高了数据分析的效率。通过使用 DAX，用户可以进行复杂的计算、时间智能分析和动态报表展示，为业务决策提供更及时、更准确的支持。

11.2 DAX 的常用术语

DAX 的常用术语是数据建模和分析的核心概念。掌握这些术语不仅能够提高建模效率，还能增强数据分析能力，更有助于实现跨工具协作。下面将对 DAX 的常用术语进行详细介绍。

1. 标量

标量是只有大小、没有方向的量，如数值、文本或日期等。在 DAX 中，标量通常表现为单个值，如数字（60）、文本（"李锐"）或日期（2025-02-10）等。

标量的特性可以总结为以下 3 点。

1）单一性：标量代表单一的数据点，不涉及多行或多列的数据集合。

2）数据类型：标量包括数值、文本、日期/时间或布尔值等。

3）应用场景：标量常用于聚合计算、条件判断等操作后生成的单一结果。

2. 计算表

计算表是一种通过编写 DAX 查询公式生成的动态数据表，它可以按需求筛选并创建表格。将计算表添加到数据模型后，可以更好地实现多表关联与动态计算。

计算表的特性可以总结为以下 5 点。

1）动态性：计算表通过 DAX 公式动态生成，用户可以根据需求灵活调整筛选条件或计算逻辑。

2）关联性：计算表可以与其他表建立关系，便于用户进行数据整合和分析。

3）存储性：计算表适合存储中间计算结果，避免重复计算，提高分析效率。

4）快速性：Power Pivot 使用内存中的计算引擎，支持快速的数据处理和查询，尤其适合大数据量的分析。

5）集成性：Power Pivot 计算表可以与数据透视表无缝集成，用于数据可视化和进一步的分析。

计算表的应用场景主要有以下 3 种。

1）多表关联与复杂计算：使用 DAX 查询，可以轻松实现多表之间的关联和复杂计算。

2）动态数据分析：Power Pivot 计算表支持动态更新。当数据源发生变化时，计算表的结果会自动刷新，确保分析结果的实时性。

3）数据透视表与图表集成：Power Pivot 计算表可以与数据透视表和图表直接关联，实现数据可视化和深入分析。

3. 上下文

上下文是描述计算 DAX 公式的环境。按照应用场景，上下文可以分为两种基本类型：行上下文和筛选上下文。行上下文表示"当前行"，常用于计算列和迭代函数计算；筛选上下文表示查询和筛选条件，常用于度量值计算。这两种基本类型又可进一步细分为 4 种类型，包括行上下文、多行上下文、查询上下文和筛选上下文。

1）行上下文：表示"当前行"，在表格中，它会逐行进行计算，且每一行的计算过程都独立于其他行。计算结果仅依赖于当前行的数据。

2）多行上下文：表示在表格或表格子集上进行计算，它会综合考虑整个表格或子集的上下文信息。计算过程是基于整个表格或筛选后的子集进行的，结果可能依赖于多行数据。

3）查询上下文：表示在查询过程中对数据进行筛选，用于定义度量值的计算范围。例如，将度量值拖放到数据透视表中，每当向数据透视表添加行或列标题时，都会更改计算度量值的查询上下文。此外，切片器和筛选运算也会对查询上下文产生影响。

4）筛选上下文：是指在公式中使用参数，按筛选条件生成数据子集，用于定义计算范围。它基于行上下文或查询上下文应用筛选条件。例如，在添加到数据透视表的度量值内，用户可以通过指定筛选运算（如使用 FILTER 函数）或清除筛选运算（如使用 ALL 函数）的方式来控制公式度量值的计算范围。

这 4 种上下文类型共同构成了 DAX 公式计算的环境，它们分别适用于不同的计算场景。灵活运用这些上下文类型能够更高效地构建 DAX 公式，实现复杂的数据分析和建模需求。

4. 时间智能

在 Power Pivot 中，时间智能指的是一组专门针对时间维度分析而设计的函数。这些函数主要用于计算与时间相关的度量值，其应用将在 13.2 节中结合示例进行详细讲解。

时间智能的特性可以总结为以下 3 点。

1）简化复杂的时间序列计算，如同比、环比或累计百分比计算。

2）提供直观的时间维度分析，帮助用户快速理解数据变化趋势。

3）支持动态时间筛选，便于创建交互式报告。

5. DAX 表达式

DAX 表达式是用于计算并返回结果的 DAX 逻辑单元，主要用于定义计算列、度量值和数据模型中的其他计算逻辑。

DAX 表达式的组成元素包含以下 4 种。

1）模型对象：包括表、列或度量值，是表达式中引用的数据源。

2）函数：DAX 提供了数百种内置函数，包括逻辑判断、聚合、筛选、文本处理、数学计算、日期处理、关系匹配、表操作等。

3）运算符：用于连接表达式中的元素，包括加法（+）、大于（>）、文本连接（&）、逻辑或（||）等。

4）常量：固定值，如数字、文本或日期。

DAX 表达式的功能和作用可以总结为以下 4 点。

1）灵活性：支持动态分析，如时间智能函数能够快速实现同比、环比等分析。

2）复杂计算：能够处理汇总、筛选、比较等多种计算需求，支持动态计算和上下文调整。

3）性能优化：通过声明变量（将在 15.1 节详细讲解）和减少重复计算，显著提高计算效率。

4）易读性与可维护性：通过声明变量和采用清晰的命名方式，DAX 表达式更易于理解和调试。

11.3　DAX 的数据类型

在 Power Pivot 中，DAX 支持多种数据类型，这些数据类型决定了列中可以存储的数据种类以及相应的计算方式。

1. 7 种常用的数据类型

DAX 支持以下 7 种常用的数据类型。

1）整数（Integer）：用于存储不包含小数部分的数值。整数可以是正数，也可以是负数。

2）十进制数（Decimal）：用于存储带小数的数值，也叫实数，其有效位数限制为 15 位。

3）货币（Currency）：专门用于货币值的存储，其本质上为具有 4 位小数的十进制数。它的存储范围与整数相同。

4）日期/时间（DateTime）：用于存储日期和时间值。其本质上为实数，其中整数部分表示自 1899 年 12 月 30 日以来的天数，小数部分则对应当天的时间（小时、分钟和秒）。

5）布尔值（Boolean）：用于存储逻辑值，只有 TRUE 或 FALSE 两种取值。

6）文本（String）：以 Unicode 字符串的形式存储文本或字符串。

7）变体（Variant）：顾名思义，变体可能会返回不同的数据类型，仅可用于度量值，无法用于数据表中的常规列。变体最终返回的数据类型取决于度量值的条件表达式。

除了以上 7 种常用的数据类型，DAX 中还有一种特殊的数据类型——BLANK（空）。BLANK 用于表示数据源中缺失的数据，是 DAX 中用于表示和替换 SQL 中 null 值的数据类型。可以使用 BLANK 函数创建空值，使用逻辑函数 ISBLANK 测试某个值是否为空。

2. "表"数据类型

在 DAX 中，"表"是一种特殊的数据类型，用于表示数据模型中的表结构。它可以包含多行和多列数据，并且列中也可以包含各种不同的数据类型。

"表"数据类型的作用可以总结为以下 3 点。

1）作为函数参数：许多 DAX 函数会将表作为参数。例如，COUNTROWS 函数用于计算表中行的数量，其参数就是一个表。

2）作为函数返回值：一些 DAX 函数会返回表类型的结果。例如，SUMMARIZE 函数可以按需求返回一个汇总表。

3）内存中的临时表：表类型的数据通常存储在内存中，可以作为中间结果传递给其他函数，用于进一步的数据处理。

11.4 DAX 运算符

在 Power Pivot 中，DAX 运算符是构建 DAX 公式的重要工具，用于执行算术运算、比较、逻辑运算和字符串连接等操作。

1. 类型

DAX 运算符中的括号运算符、算术运算符较为常见，不再介绍。这里只介绍一下比较运算符、文本运算符与逻辑运算符。

（1）比较运算符

比较运算符用于比较两个值并返回逻辑值（TRUE 或 FALSE），具体介绍如下。

❑ 等于（=）：表达式为 =A=B，如果 A 和 B 相等，则返回 TRUE。
❑ 不等于（<>）：表达式为 =A <>B，如果 A 和 B 不相等，则返回 TRUE。
❑ 大于（>）：表达式为 =A>B，如果 A 大于 B，则返回 TRUE。
❑ 小于（<）：表达式为 =A <B，如果 A 小于 B，则返回 TRUE。
❑ 大于或等于（>=）：表达式为 =A>=B，如果 A 大于或等于 B，则返回 TRUE。
❑ 小于或等于（<=）：表达式为 =A <=B，如果 A 小于或等于 B，则返回 TRUE。

（2）文本运算符

文本运算符（&）用于连接字符串，其表达式为 ="A" & "B"，表示将两个文本值连接为一个字符串 "AB"。

（3）逻辑运算符

逻辑运算符用于组合多个条件，并返回逻辑值（TRUE 或 FALSE），具体介绍如下。

❑ 与（&&）：表达式为 =A && B，如果 A 和 B 都为 TRUE，则返回 TRUE。
❑ 或（||）：表达式为 =A || B，如果 A 或 B 至少有一个为 TRUE，则返回 TRUE。
❑ 非（NOT）：表达式为 =NOT A，如果 A 为 FALSE，则返回 TRUE。

- 包含（IN）：表达式为 =A IN {A，B，C，…}，用于检查值 A 是否被包含于指定的值列表 {A，B，C，…}。

2. 使用注意事项

使用 DAX 运算符时要注意以下 3 点。

1）数据类型转换：在使用运算符进行运算时，DAX 会自动将数据类型转换为所需的类型。例如，若参与运算的数据中包含文本，DAX 会自动将文本转换为数值类型，再进行算术运算。

2）逻辑运算符的短路计算：在涉及"&&"和"||"的逻辑运算中，如果已经可以确定结果，DAX 会停止计算剩余的部分，以提高效率。

3）运算符优先级：运算符具有优先级规则，例如乘法和除法优先于加法和减法。可以使用括号来改变优先级。关于优先级的更多信息请自行查找，因为相对简单，这里不再展开介绍。

11.5　DAX 的语法要求

使用规范的语法是编写高效、可维护 DAX 表达式的基础，它直接影响计算结果的准确性和数据分析的效率。本节将系统讲解 DAX 的核心语法规范，帮助读者规避常见错误，养成严谨的 DAX 编码习惯。

（1）公式结构要求
- 公式开头：所有 DAX 公式必须以等号（=）开头。
- 表达式内容：等号后面可以是一个简单的计算表达式，也可以是一个包含函数、运算符和值的复杂表达式。
- 标量与表：DAX 公式可以计算标量值（如数字、文本或布尔值），也可以返回一个表。

（2）表命名要求
- 在 Power Pivot 数据模型中，每个表的名称必须唯一，不允许重复。
- DAX 中的表名称不区分大小写。例如，A 和 a 表示同一对象。
- 表名称中的前导空格或尾随空格会被自动忽略。
- 如果表名称中包含空格、其他特殊字符或任何非英文字母和数字字符，则需要用单引号（'）引起来，如 ' 北京 2025 年 '。
- 表名中不能包含如图 11-1 所示的字符。

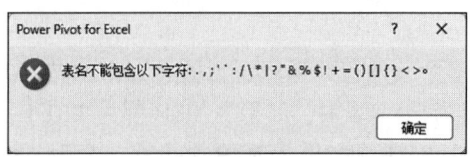

图 11-1　表名中不能包含的字符

(3)度量值命名要求
- 在 Power Pivot 数据模型中，每个度量值的名称必须唯一，不允许重复。
- 度量值名称必须用方括号（[]）括起来，如 [总金额]。
- 度量值名称中可以包含空格。
- DAX 中的度量值名称不区分大小写。

(4)列命名要求
- 在同一个表的上下文中，列名称必须是唯一的。不过不同表中的列名称允许重复。在 DAX 中引用不同表中的同名列时，可以通过完全限定列名称（下面会详细讲解）来消除歧义，避免混淆。
- 列名称中可以包含空格。
- DAX 中的列名称不区分大小写。
- 某些 DAX 函数要求在参数中必须使用完全限定的列名称，如 VALUES 函数。

在 DAX 中，完全限定列名称和非限定列名称是两种不同的列引用方式。

- 完全限定列名称是指通过指定表名称和列名称来唯一标识一个列。其格式为：表名称后面跟随用方括号括起来的列名称，如北京订单表 [销售金额]、上海订单表 [销售金额]。
- 非限定列名称是指直接使用列名称，而不指定其所属的表，如 [销售金额]。

当多个表中存在相同名称的列时，使用完全限定列名称可以明确指定 DAX 查询的列所属的表，有效避免歧义。

11.6 DAX 与 Excel 公式的 8 种显著区别

虽然 DAX 公式与 Excel 公式在形式上存在相似之处，但作为专业数据分析语言，DAX 在底层逻辑和应用场景上与 Excel 有着本质区别。

1）引用方式对比：Excel 公式可以引用单元格、区域或数组，但无法引用表；DAX 公式可以引用列或表，但无法引用单元格或区域。

2）计算逻辑对比：Excel 公式的计算逻辑主要依赖于单元格坐标和函数的顺序执行；DAX 公式的计算逻辑则基于上下文动态计算，它会根据数据环境的变化自动调整计算结果。

3）数据类型对比：Excel 公式无法使用"表"数据类型。在 Excel 中，日期类型的数据实质上是整数，时间类型的数据实质上是小数。DAX 公式可以使用"表"数据类型，并且使用专门的日期时间（Date Time）类型来存储日期和时间值。

4）运算符对比：Excel 公式不支持逻辑运算符：与（&&）、或（||）、非（NOT）、含（IN）；DAX 公式支持逻辑运算符：与（&&）、或（||）、非（NOT）、含（IN）。

5）返回结果对比：Excel 公式的返回结果是标量或数组，无法返回表；DAX 公式的返回结果是标量、列或表。

6）函数库对比：Excel 函数库与 DAX 函数库有很大差异，不但包含的函数数量和分类不同，而且即使是同样的函数名称，对参数的要求和用法也不尽相同。

① Excel 函数库包含 500 多个函数，DAX 函数库包含 250 多个函数。

② Excel 拥有查找引用函数、工程函数、多维数据集函数和 Web 函数，DAX 拥有关系函数、筛选器函数、表操作函数、时间智能函数和父函数子函数。

③ Excel 支持通过 VBA 编程自定义函数，DAX 不支持通过 VBA 编程自定义函数。

7）数据模型对比：Excel 通过使用函数公式跨表引用和定义名称来构建数据模型；DAX 则通过使用表间关系、计算列和度量值来构建数据模型。

8）适用场景对比：Excel 公式和 DAX 公式在设计上各有侧重，适合不同的应用场景。

① Excel 公式的适用场景及限制如下所示。

❑ 适用于制作能够单独编辑单元格和行记录的表格。

❑ 适合处理中小规模数据集，操作直观，便于日常使用。

❑ 限制是无法高效处理超过百万行的大型数据集，这在数据分析中可能成为瓶颈。

② DAX 公式的适用场景及限制如下所示。

❑ 专为大型数据集和复杂的多表关联动态分析设计。

❑ 具有强大的计算能力，支持动态上下文和跨表操作。

❑ 限制是无法像 Excel 那样单独编辑单元格或行记录，操作范围固定于整个列或表。

这种设计差异使得 Excel 和 DAX 在不同场景下都能发挥各自的优势，用户可以根据实际需求选择合适的工具。

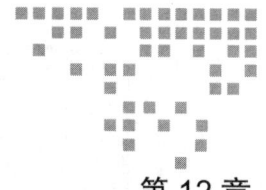

第 12 章 基于 DAX 的逻辑、聚合与数据处理

在 Power BI 数据分析体系中，DAX 函数是构建数据模型和实现复杂计算的基石。本章将系统讲解逻辑判断、聚合运算、文本处理、数学计算以及日期处理五大类核心 DAX 函数，这些函数不仅能提升数据处理效率，更是实现动态分析的关键工具。

12.1 常用的 DAX 逻辑函数

DAX 逻辑函数用于执行条件判断和逻辑运算，并根据条件返回相应的结果。它们在数据分析和条件筛选中非常有用。

12.1.1 IF 函数：按条件自动返回结果

如何使用 IF 函数按条件自动返回结果呢？让我们来看一个示例。

（1）函数应用示例

某企业的订单表中包含"商品名称"及"金额"等字段。

工作人员希望根据以下规则自动判断订单是否为大单。

1）如果"金额"大于或等于 1000，则返回"大单"。

2）如果"金额"小于或等于 1000，则不进行任何标识，返回空。

工作人员的需求可以使用 IF 函数轻松实现，具体方法为：在 Power Pivot 数据表中创建计算列，将其重命名为"是否大单"，然后输入如下公式：

$$=if('订单表'[金额])>=1000,"大单")$$

计算列就会按照要求自动返回期望的结果，如图 12-1 所示。

[是否大单]	▼	f_x =if('订单表'[金额]>=1000,"大单")		
	订单号	商品名称	金额	是否大单
1	D0001	商品01	500	
2	D0002	商品02	600	
3	D0003	商品03	1267	大单
4	D0004	商品04	1722	大单
5	D0005	商品05	800	
6	D0006	商品06	368	
7	D0007	商品07	1547	大单
8	D0008	商品08	890	

图 12-1　使用 IF 函数按条件自动判断订单是否为大单

（2）公式原理解析

此公式的计算原理如下。

1）判断数据表每一行中的"金额"是否大于或等于 1000，如果满足条件，则返回"大单"。

2）否则返回 BLANK。

（3）函数用法说明

IF 函数通过判断指定条件是否成立返回不同的结果，其语法结构如下：

=IF(逻辑判断表达式 , 满足条件时的返回值 [, 不满足条件时的返回值])

参数说明如下。

1）第 1 个参数：逻辑判断表达式，返回布尔值（TRUE 或 FALSE）的任意表达式。

2）第 2 个参数：满足条件时的返回值，即逻辑判断为 TRUE 时返回的值。

3）第 3 个参数：不满足条件时的返回值（可选），即逻辑判断为 FALSE 时返回的值。如果省略，则默认返回 BLANK。

（4）与 Excel 中 IF 函数的区别

DAX 中的 IF 函数省略第 3 个参数时，默认返回 BLANK；Excel 中的 IF 函数省略第 3 个参数时，默认返回逻辑值 FALSE。

12.1.2　SWITCH 函数：按多条件判断结果

如何使用 SWITCH 函数按多条件判断结果呢？让我们来看两个示例。

1. 函数应用示例 1

（1）根据供应商编码自动判断供应商名称

某企业的原料供应表中包含"原料名称"和"供应商编码"等字段。

工作人员希望按照以下规则，根据供应商编码自动判断供应商名称。

这种按多条件判断结果的需求可以使用 SWITCH 函数轻松实现，具体方法为：在 Power Pivot 数据表中创建计算列，将其重命名为"供应商名称"，输入如图 12-2 所示的公式。计算列便会按照要求自动返回期望的结果。

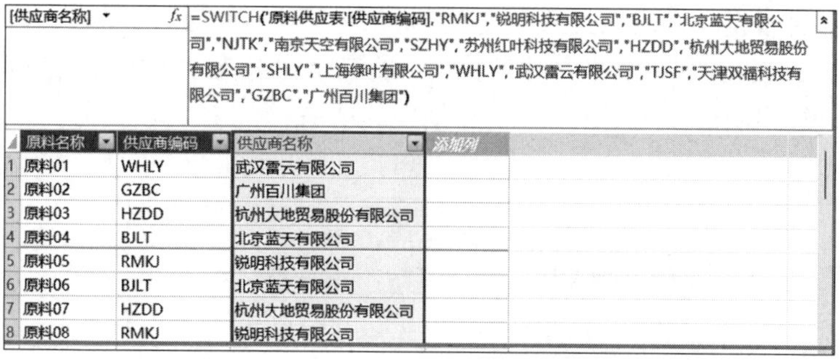

原料名称	供应商编码	供应商名称	添加列
原料01	WHLY	武汉雷云有限公司	
原料02	GZBC	广州百川集团	
原料03	HZDD	杭州大地贸易股份有限公司	
原料04	BJLT	北京蓝天有限公司	
原料05	RMKJ	锐明科技有限公司	
原料06	BJLT	北京蓝天有限公司	
原料07	HZDD	杭州大地贸易股份有限公司	
原料08	RMKJ	锐明科技有限公司	

公式栏：=SWITCH('原料供应表'[供应商编码],"RMKJ","锐明科技有限公司","BJLT","北京蓝天有限公司","NJTK","南京天空有限公司","SZHY","苏州红叶科技有限公司","HZDD","杭州大地贸易股份有限公司","SHLY","上海绿叶有限公司","WHLY","武汉雷云有限公司","TJSF","天津双福科技有限公司","GZBC","广州百川集团")

图 12-2　使用 SWITCH 函数按多条件判断供应商名称

（2）函数用法说明

SWITCH 函数是一个多条件匹配函数，用于根据表达式和值列表之间的匹配关系进行条件判断，并返回对应的匹配结果。其语法结构如下：

=SWITCH(表达式 , 值 1, 结果 1 [, 值 2, 结果 2]…[, 其他])

SWITCH 函数的判断过程是：如果"表达式"存在"值"的匹配项，将返回对应"结果"中的标量值；如果不存在"值"的匹配项，则返回"其他"中的值；如果没有任何"值"的匹配项且未指定"其他"，则返回 BLANK。

参数说明如下。
- 第 1 个参数：表达式，用于返回单个标量值的 DAX 表达式。其中，表达式会在每行 / 上下文中进行独立计算。
- 第 2 个参数：值，是要与表达式结果相匹配的常量值。
- 第 3 个参数：结果，是当表达式结果与对应的值匹配时返回的值（可为标量或表达式）。
- 第 4 个参数：其他，是当表达式的结果与值列表中的任何值都不匹配时返回的值（可为标量或表达式）。

除了示例 1 展示的常规用法之外，SWITCH 函数的另一个经典用途是替换多个嵌套 IF 语句。这是通过将表达式设置为 TRUE 来实现的。

2. 函数应用示例 2

某学校的学生成绩表中包含"姓名"和"成绩"字段。
教学管理人员希望按照以下规则，根据学生成绩自动生成评定等级。
1）若成绩为 100 分，评定等级为"满分"。
2）若成绩大于或等于 90 分，评定等级为"优秀"。
3）若成绩大于或等于 80 分，评定等级为"良好"。
4）若成绩大于或等于 60 分，评定等级为"及格"。
5）若成绩小于 60 分，评定等级为"不及格"。

这种按多条件根据学生成绩自动生成评定等级的需求可以使用 SWITCH 函数轻松实现，方法为：在 Power Pivot 数据表中创建计算列，将其重命名为"评定等级"；输入如图 12-3 所示的公式，计算列便会按照要求自动返回期望的结果。

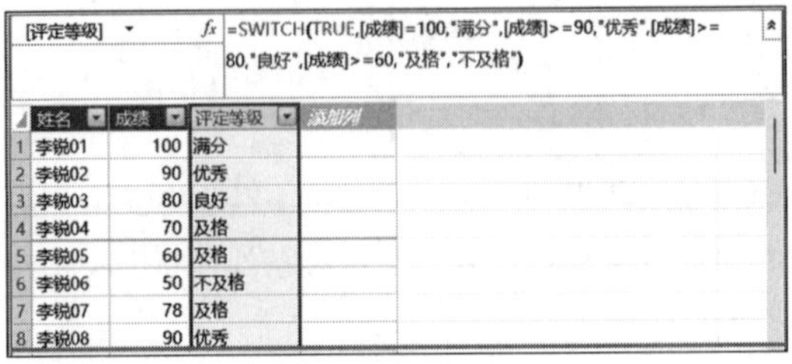

图 12-3　根据学生成绩自动生成评定等级

在示例 2 的公式中，SWITCH 函数的第 1 个参数使用逻辑值 TRUE，将后续一系列区间范围的计算表达式结果与该逻辑值进行匹配。当某个表达式的结果满足条件（即返回逻辑值 TRUE）时，该表达式的结果会与第 1 个参数 TRUE 相匹配，从而返回对应的等级作为公式结果。

3. 与 Excel 中 SWITCH 函数的区别

1) DAX 中的 SWITCH 函数省略最后一个参数"其他"时，默认返回 BLANK；Excel 中的 SWITCH 函数省略最后一个参数"其他"时，默认返回错误值 #N/A。

2) DAX 中的 SWITCH 函数要求所有"结果"参数和"其他"参数的数据类型必须相同，否则会返回错误；Excel 中的 SWITCH 函数无此要求。

12.1.3　IFERROR 函数：自动容错显示

如何使用 IFERROR 函数进行自动容错显示呢？让我们来看一个示例。

1. 函数应用示例

某企业的项目收入表中包含"项目名称""计划收入"和"实际收入"字段。

工作人员希望按照以下公式计算每个项目的计划完成率：

$$计划完成率 = \frac{实际收入}{计划收入}$$

因为表格中某些项目的计划收入为空，所以使用 DAX 公式直接计算时会返回"∞"（无穷大）。工作人员希望将 DAX 公式结果中的"∞"显示为空，同时正常显示其他计算结果。这种需求使用 IFERROR 函数可以轻松实现，具体操作步骤如下。

1) 在 Power Pivot 数据表中创建计算列，将其重命名为"计划完成率"；输入以下公式：

=IFERROR([实际收入]/[计划收入],blank())

2）按 Enter 键输入公式后，单击 Power Pivot 中"主页"选项卡下的"%"按钮，将其设置为以百分比格式显示即可，如图 12-4 所示。

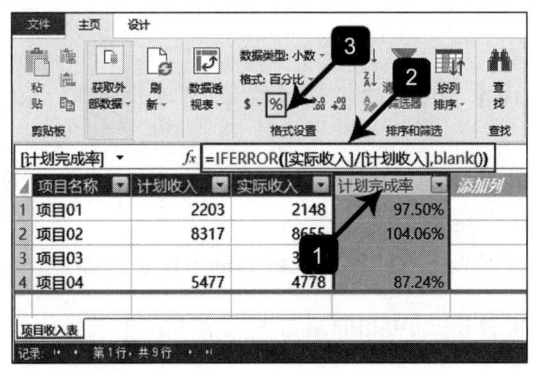

图 12-4　使用 IFERROR 函数自动容错并以百分比格式显示

2. 公式原理解析

该公式的计算原理是，当公式计算结果为错误值时，会返回 BLANK；否则会正常返回计算结果。

3. 函数用法说明

IFERROR 函数是常用的容错函数，可以在公式计算结果出错时返回用户指定的值，其语法结构如下：

=IFERROR 函数（表达式，出错时返回的值）

参数说明如下。
❑ 第 1 个参数：表达式，可以是任何值或表达式。
❑ 第 2 个参数：出错时返回的值，可以是任何值或表达式。

IFERROR 函数的计算过程为：如果第 1 个参数的"表达式"返回错误，则会按照第 2 个参数"出错时返回的值"返回结果；否则会返回"表达式"本身的求值结果。

4. 与 Excel 中 IFERROR 函数的区别

DAX 中的 IFERROR 函数要求其第 2 个参数与第 1 个参数必须属于相同的数据类型，否则 DAX 公式会返回错误；而 Excel 中的 IFERROR 函数无此要求。

12.2　常用的 DAX 聚合函数

DAX 聚合函数是一类重要的函数，用于对表中的数据进行汇总计算，并返回单个标量值。这些函数在创建度量值和计算列时非常常用，能够高效地处理数据并生成符合要求的统计结果。

12.2.1 SUM 函数：统计某列数值的总和

如何使用 SUM 函数统计某列数值的总和呢？让我们来看一个示例。

1. 函数应用示例

某公司的项目收入成本表中包含“项目编号”“项目收入”和“项目成本”字段，如图 12-5 所示。

工作人员希望对所有项目收入进行汇总计算，以得出总收入。这种需求使用 SUM 函数可以轻松实现，具体操作步骤如下。

1）在 Power Pivot 数据表下方的计算区域中输入以下内容：

```
总项目收入:=SUM('项目收入成本表'[项目收入])
```

2）按 Enter 键输入公式后，Power Pivot 将会创建度量值“总项目收入”并返回计算结果 800，如图 12-5 所示。

[项目收入] fx 总项目收入:=SUM('项目收入成本表'[项目收入])

	项目编号	项目收入	项目成本	添加列
1	XM001	78	68	
2	XM002	92	48	
3	XM003	86	52	
4	XM004	88	71	
5	XM005	90	67	
6	XM006	86	20	
7	XM007	81	47	
8	XM008	67	35	
		总项目收入: 800		

图 12-5 对所有项目收入汇总计算求得总收入

2. 公式原理解析

该公式的计算原理为：对数据表“项目收入成本表”中“项目收入”字段中的所有数值进行求和，将返回的结果 800 赋予度量值“总项目收入”。

3. 函数用法说明

SUM 函数是工作中很常用的汇总求和函数，用于对数据表某个列中的所有数值进行求和。SUM 函数的语法结构如下：

```
=SUM(列名称)
```

参数说明如下。

- 列名称指的是包含要进行求和操作的数值的那一列。

4. 与 Excel 中 SUM 函数的区别

DAX 中的 SUM 函数具有如下特性。

1）DAX 中的 SUM 函数只能将列作为引用，无法引用单元格或区域。
2）DAX 中的 SUM 函数只能对单列进行求和计算，不支持多列计算。
3）DAX 中的 SUM 函数只能在指定数据表中进行计算，不支持跨表计算。
4）DAX 中的 SUM 函数只能对整列进行求和计算，不支持筛选计算。
而 Excel 中的 SUM 函数没有这些限制。

12.2.2　SUMX 函数：对表中每一行的计算表达式进行求和

如何使用 SUMX 函数对表中每一行的计算表达式进行求和呢？让我们来看一个示例。

1. 函数应用示例

在 12.2.1 节的示例中，工作人员希望按照以下规则计算项目利润：

$$项目利润 = 项目收入 - 项目成本$$

这种需求可以使用 SUMX 函数轻松实现，具体操作步骤如下。

1）在 Power Pivot 数据表下方的计算区域中输入公式。

2）按 Enter 键输入公式后，Power Pivot 将会创建度量值"项目利润"，对表中的每一行分别计算项目利润，并将所有行的计算结果进行求和，如图 12-6 所示。

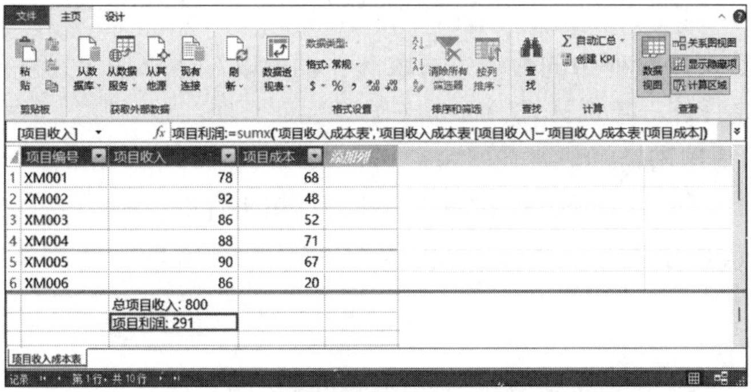

图 12-6　使用 SUMX 函数对表中每一行的计算表达式进行求和

2. 公式原理解析

该公式的计算原理为：在第 1 个参数指定的"项目收入成本表"中，对表中每一行字段"项目收入"和"项目成本"按照表达式（[项目收入]−[项目成本]）进行计算，再将所有行的计算结果进行汇总求和。

3. 函数用法说明

SUMX 函数是工作中常用的高级聚合函数，用于对表中每一行的计算表达式进行求和。SUMX 函数的语法结构如下。

=SUMX(表 , 表达式)

参数说明如下。
- 第1个参数：表，指定需要进行计算的表对象。该参数也可以是一个返回表的表达式。
- 第2个参数：表达式，定义对表中每一行数据执行的具体运算规则，该表达式需返回一个可计算的单值结果。

SUMX函数的计算逻辑为：在第1个参数指定的表中按照第2个参数指定的运算规则进行计算，再将每一行的计算结果进行求和。

12.2.3　SUM函数与SUMX函数的对比

SUM函数和SUMX函数是DAX中两种常用的求和函数，但它们在定义、功能和适用场景等方面都存在显著区别。

（1）区别1：概念
- SUM函数用于对一组数值进行直接求和。
- SUMX函数能够遍历表中的每一行，并对每一行应用指定的计算逻辑后，再对所有行的计算结果进行求和。

（2）区别2：功能用法
- SUM函数直接对列中的所有数值进行求和，不支持多列计算、跨表计算、筛选计算。
- SUMX函数可以对列中的数值进行求和，也可以对计算表达式进行求和，支持多列计算、跨表计算、筛选计算。

（3）区别3：适用场景
- SUM函数用于简单的数值求和场景，适用于单表计算。
- SUMX函数用于需要逐行计算表达式并求和的场景，适用于跨表计算或筛选计算。

（4）区别4：迭代能力
- SUM函数无须迭代，直接对指定数据进行求和。
- SUMX函数是一个迭代器函数，需要遍历表中的每一行，然后进行逐行计算。

（5）区别5：灵活性
- SUM函数灵活性较低，不能处理复杂的逻辑表达式，也不支持跨表操作。
- SUMX函数灵活性较高，支持复杂的逻辑运算和跨表计算。

了解SUM和SUMX函数的区别及其适用场景后，工作中就能根据实际需求选择合适的函数了。

12.2.4　COUNTROWS函数：计算指定表中的行数

如何使用COUNTROWS函数计算指定表中的行数呢？让我们来看一个示例。

1. 函数应用示例

某公司的会议签到表中包含"签到姓名"字段。

工作人员希望统计会议签到表中的签到行数。这种需求可以使用 COUNTROWS 函数轻松实现，具体操作步骤如下。

1) 在 Power Pivot 数据表下方的计算区域中输入以下内容：

签到行数 :=countrows(' 会议签到表 ')

2) 按 Enter 键输入公式后，Power Pivot 将会创建度量值"签到行数"，并计算"会议签到表"中的行数，最后返回 6 作为计算结果，如图 12-7 所示。

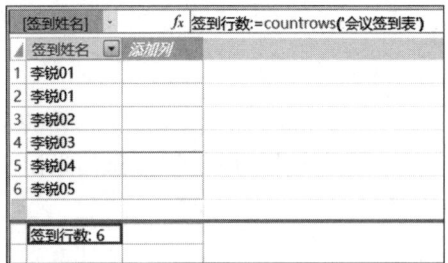

图 12-7　使用 COUNTROWS 函数计算指定表中的行数

2. 公式原理解析

该公式的计算原理为：统计"会议签到表"中的行数，并返回一个整数作为结果。

3. 函数用法说明

COUNTROWS 函数用于对指定表或表达式定义的表中的行数目进行计数，其语法结构如下：

=COUNTROWS(表)

参数说明如下。
- 表（可选），可以是需统计行数的表名称，也可以是一个能够返回表的表达式。如果未提供此参数，则默认使用当前数据表。

4. 扩展说明

1) COUNTROWS 函数可用于计算基表中的行数，但更常用于计算经过筛选或应用了上下文后的表中的行数。

2) 当 COUNTROWS 函数的表参数不包含任何行时，该函数会返回 BLANK。

3) COUNTROWS 函数会统计表参数中的所有行，即使表中包含重复行，也会将重复行纳入统计结果。

12.2.5　DISTINCTCOUNT 函数：统计列中非重复值的数量

如何使用 DISTINCTCOUNT 函数统计列中非重复值的数量呢？让我们来看一个示例。

1. 函数应用示例

某公司的订单表中包含"订单号""客户名称"和"订单金额"字段。

有的客户可能会多次下单，导致“客户名称”中可能会包含重复值。工作人员希望排除重复值，仅统计非重复的客户数。这种需求可以使用 DISTINCTCOUNT 函数轻松实现，具体操作步骤如下。

1）在 Power Pivot 数据表下方的计算区域中输入以下内容：

```
客户数 :=distinctcount([ 客户姓名 ])
```

2）按 Enter 键输入公式后，Power Pivot 将会创建度量值“客户数”，并计算“客户姓名”列中不重复的客户数，最后返回 5 作为计算结果，如图 12-8 所示。

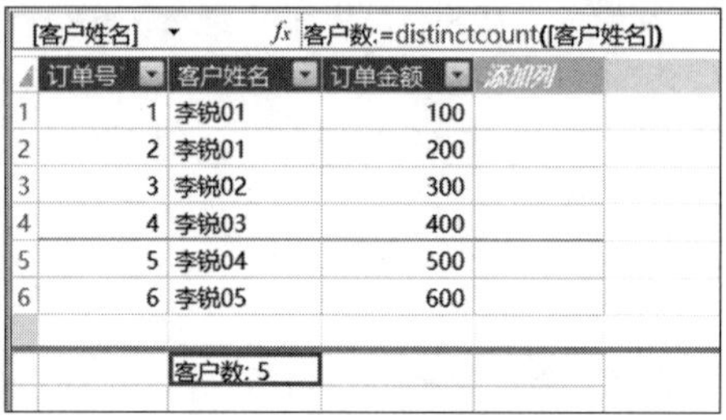
[客户姓名] ▾ fx 客户数:=distinctcount([客户姓名])

	订单号	客户姓名	订单金额	添加列
1	1	李锐01	100	
2	2	李锐01	200	
3	3	李锐02	300	
4	4	李锐03	400	
5	5	李锐04	500	
6	6	李锐05	600	
		客户数: 5		

图 12-8　某公司的订单表

2. 公式原理解析

该公式的原理是：仅对指定字段“客户姓名”列中的非重复值进行计数统计，返回非重复值的数量作为公式结果。

3. 函数用法说明

DISTINCTCOUNT 函数用于对列中的非重复值数量进行计数，其语法结构如下：

```
=DISTINCTCOUNT( 列 )
```

参数说明如下。

列指的是需要统计不重复值的列。该列可以包含任何类型的数据。

DISTINCTCOUNT 函数的计算逻辑为：对指定列中的非重复值进行计数统计。如果找不到要计数的行，函数将返回 BLANK。

12.3　常用的 DAX 文本函数

DAX 文本函数是一类用于操作和处理文本数据的工具。它们基于 Excel 中的字符串函数库，但经过了优化，以适应表格模型的数据处理需求。这些函数在 Power BI 等数据分析工具中广泛使用，用于提取、格式化、连接和转换文本数据。以下是 DAX 文本函数的作用及其主要功能：

1）提取字符串的一部分数据（如 LEFT、RIGHT、MID 函数）。
2）查找字符串中的特定文本（如 FIND、SEARCH 函数）。
3）替换或删除字符串中的特定部分（如 REPLACE、SUBSTITUTE 函数）。
4）格式化日期、时间和数字为文本（如 FORMAT 函数）。

DAX 中的 LEFT 函数、RIGHT 函数和 MID 函数的用法与 Excel 中的同名函数极为相似，简要说明如下。

1）LEFT：从文本字符串的开头返回指定数量的字符。
2）RIGHT：从文本字符串的末尾返回指定数量的字符。
3）MID：从文本字符串中提取从指定位置开始的、具有指定长度的字符。

12.3.1　FIND 函数：查找特定值在文本字符串中的位置

如何使用 FIND 函数查找特定值在文本字符串中的位置呢？让我们来看一个示例。

1. 函数应用示例

某公司的产品型号表中包含"产品型号"字段，其中记录着电子产品的完整型号代码。

工作人员希望在"产品型号"中查找"Pro"首次出现的位置。这种需求使用 FIND 函数可以轻松实现，具体操作步骤如下。

1）在 Power Pivot 数据表中创建计算列，将其重命名为"Pro 的出现位置"，然后输入以下公式：

=find("Pro",' 产品型号表 '[产品型号],1,BLANK())

2）按 Enter 键输入公式后，计算列就会按照要求自动返回期望的结果，如图 12-9 所示。

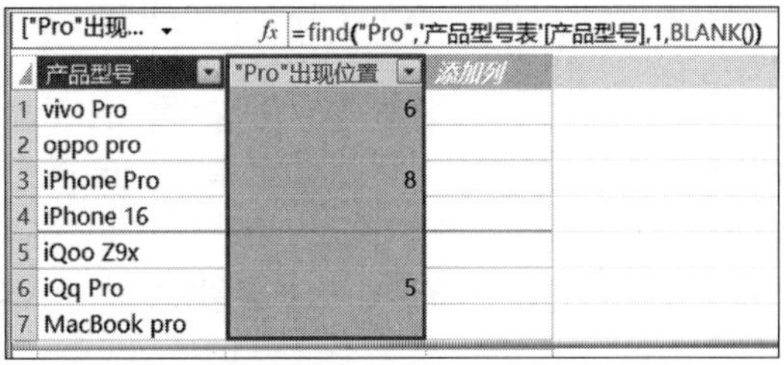

图 12-9　使用 FIND 函数查找特定值在文本字符串中的位置

2. 公式原理解析

该公式的计算原理为：在 [产品型号] 字段的完整型号代码中，从第 1 位字符开始搜索，以区分大小写的方式精确查找特定值"Pro"。查找成功后，返回其首次出现的起始位置；如果查找发现没有匹配结果，则返回 BLANK。

3. 函数用法说明

FIND 函数是工作中很常用的文本查找函数，用于返回一个文本字符串在另一个文本字符串中的起始位置。FIND 函数的语法结构如下：

=FIND(查找值,包含要查找值的字符串 [,搜索起始位置] [,无匹配结果时返回的值])

参数说明如下。
- 第 1 个参数：查找值，指定要查找的文本。
- 第 2 个参数：包含要查找值的字符串。
- 第 3 个参数：搜索起始位置（可选）。如果省略，则从第 1 位字符开始搜索。
- 第 4 个参数：无匹配结果时返回的值（可选）。指定在第 2 个参数的"字符串"中查找不到第 1 个参数的"查找值"时，函数应返回的值。如果未指定，则返回错误。建议在使用时手动设置此参数，不要省略。

4. 与 Excel 中 FIND 函数的区别

DAX 中的 FIND 函数比 Excel 中的同名函数多一个参数：第 4 个参数（无匹配结果时返回的值）。Excel 中的 FIND 函数只有 3 个参数，无法由用户指定无匹配结果时返回的值。

5. 扩展说明

1）建议在使用 FIND 函数时，手动设置第 4 个参数。虽然 FIND 函数的第 4 个参数是可选参数，但是如果省略不写，很可能会导致公式结果返回错误。

2）FIND 函数能够以区分大小写的方式进行精确查找，但是不支持通配符。

12.3.2 SEARCH 函数：查找特定值在文本字符串中的位置

如何使用 SEARCH 函数查找特定值在文本字符串中的位置呢？让我们来看一个示例。

1. 函数应用示例

某企业的订单地址表中包含"订单号"和"省市地址"字段，其中记录着每笔订单的省市地址。

工作人员希望从"省市地址"中提取省份。这种需求使用 SEARCH 函数可以轻松实现，具体操作步骤如下。

1）在 Power Pivot 数据表中创建计算列，将其重命名为"省份"，然后输入以下公式：

=LEFT([省市地址],SEARCH(" 省 ",[省市地址],,BLANK()))

2）按 Enter 键确认输入后，计算列就会按照要求自动返回期望的结果，如图 12-10 所示。

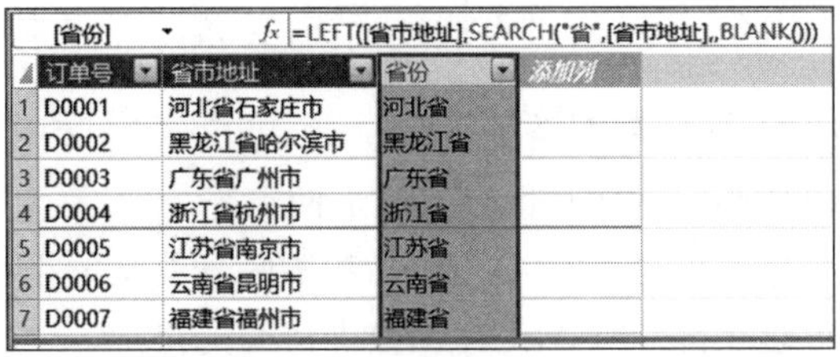

[省份]　fx =LEFT([省市地址],SEARCH("省",[省市地址],,BLANK()))

	订单号	省市地址	省份	添加列
1	D0001	河北省石家庄市	河北省	
2	D0002	黑龙江省哈尔滨市	黑龙江省	
3	D0003	广东省广州市	广东省	
4	D0004	浙江省杭州市	浙江省	
5	D0005	江苏省南京市	江苏省	
6	D0006	云南省昆明市	云南省	
7	D0007	福建省福州市	福建省	

图 12-10　使用 SEARCH 函数查找特定值在文本字符串中的位置

2. 公式原理解析

该公式的计算原理为：先使用 SEARCH 函数在 [省市地址] 中查找“省”，返回其首次出现的起始位置（比如 3）；然后将“省”所在位置的数字传递给 LEFT 函数，从 [省市地址] 左侧截取省份长度（如截取 3 位）的字符串。

3. 函数用法说明

SEARCH 函数是工作中很常用的文本查找函数，用于返回一个文本字符串在另一个文本字符串中的起始位置。SEARCH 函数以不区分大小写的形式进行查找，支持使用通配符。

SEARCH 函数的语法结构如下：

```
=SEARCH( 查找值 , 包含要查找值的字符串 [, 搜索起始位置 ] [, 无匹配结果时
 返回的值 ])
```

- 第 1 个参数：查找值，指定要查找的文本。可以在查找值中使用通配符问号（?）和星号（*），问号可以匹配任何单个字符，星号可以匹配任何长度的字符串。如果要查找实际的问号或星号，则在字符前键入一个波形符（～）。
- 第 2 个参数：包含要查找值的字符串。
- 第 3 个参数：搜索起始位置（可选）。如果省略，则从第 1 位字符开始搜索。
- 第 4 个参数：无匹配结果时返回的值（可选），指定当在第 2 个参数的“字符串”中查找不到第 1 个参数的“查找值”时，函数应返回的值。如果未指定此参数，则返回错误。建议在使用时手动设置此参数，不要省略。

4. 与 Excel 中 SEARCH 函数的区别

DAX 中的 SEARCH 函数比 Excel 中的同名函数多了一个参数：第 4 个参数（无匹配结果时返回的值）。Excel 中的 SEARCH 函数只有 3 个参数，无法由用户指定无匹配结果时返回的值。

5. 扩展说明

1）建议在使用 SEARCH 函数时手动设置第 4 个参数。虽然 SEARCH 函数的第 4 个参数是可选参数，但是如果省略不写，很可能会导致公式结果返回错误。

2）SEARCH 函数以不区分大小写的形式进行查找，但是它支持使用通配符。

6. FIND 函数和 SEARCH 函数的区别

FIND 函数和 SEARCH 函数的明显区别有以下两点。

1）FIND 函数区分英文大小写，SEARCH 函数不区分英文大小写。

2）FIND 函数不支持通配符，SEARCH 函数支持通配符。

12.3.3 REPLACE 函数：按字符长度替换文本

如何使用 REPLACE 函数按字符长度替换文本呢？让我们来看一个示例。

1. 函数应用示例

某企业的产品编码表中包含“产品编码”字段。

工作人员希望将产品编码的前两位替换为“NPS”。这种需求使用 SEARCH 函数可以轻松实现，具体操作步骤如下。

1）在 Power Pivot 数据表中创建计算列，将其重命名为“新编码”，然后输入如下公式：

```
=REPLACE([产品编码],1,2,"NPS")
```

2）按 Enter 键确认输入后，计算列就会按照要求自动返回期望的结果，如图 12-11 所示。

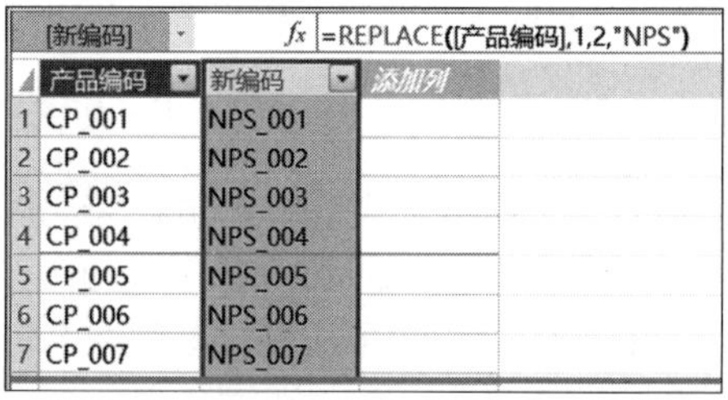

[新编码] fx =REPLACE([产品编码],1,2,"NPS")

	产品编码	新编码	添加列
1	CP_001	NPS_001	
2	CP_002	NPS_002	
3	CP_003	NPS_003	
4	CP_004	NPS_004	
5	CP_005	NPS_005	
6	CP_006	NPS_006	
7	CP_007	NPS_007	

图 12-11 使用 REPLACE 函数按字符长度替换文本

2. 公式原理解析

该公式的计算原理为：将 [产品编码] 从第 1 位开始长度为 2 的字符串替换为“NPS”。

3. 函数用法说明

REPLACE 函数是工作中常用的文本替换函数，用于根据指定的字符数将部分文本字符串替换为不同的文本字符串，其语法结构如下：

```
=REPLACE(字符串,要替换的起始位置,要替换的字符长度,替换成的新文本)
```

参数说明如下。

- ❑ 第 1 个参数：字符串，需处理的原始文本或包含文本的列引用。
- ❑ 第 2 个参数：要替换的起始位置。
- ❑ 第 3 个参数：要替换的字符长度。如果此参数为 0，则将“替换成的新文本”插入到“要替换的起始位置”，而不替换任何字符。

- 第 4 个参数：替换成的新文本。

4. 与 Excel 中 REPLACE 函数的区别

DAX 中的 REPLACE 函数使用 Unicode 编码，因此它将所有字符都视为相同长度，无论它们是单字节字符还是双字节字符，所以 DAX 中只有 REPLACE 函数，没有 REPLACEB 函数。而 Excel 函数库中同时包含 REPLACE 函数和 REPLACEB 函数，它们分别用于面向使用单字节字符集（Single Byte Character Set，SBCS）和双字节字符集（Double Byte Character Set，DBCS）的语言。

5. 扩展说明

当 REPLACE 函数的第 3 个参数（要替换的字符长度）为 0 时，不会替换任何字符，而是将“替换成的新文本”插入到“要替换的起始位置”。下面结合一个示例展示这种用法。

工作人员希望在 [产品编码] 的第 3 位插入年份信息“2025”，使用 REPLACE 函数将其第 3 个参数设置为 0 即可实现插入效果，如图 12-12 所示。

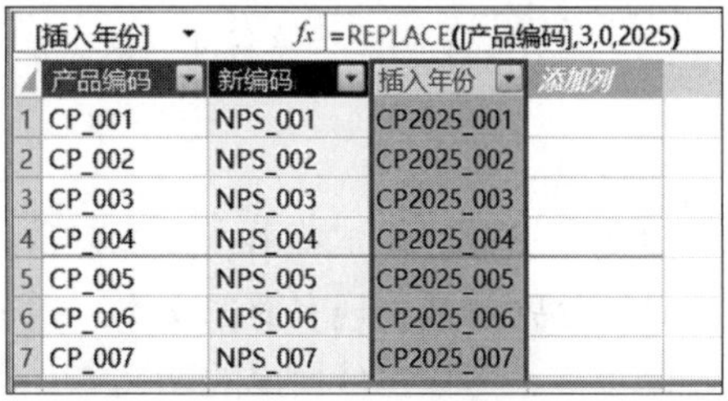
[插入年份] fx =REPLACE([产品编码],3,0,2025)

	产品编码	新编码	插入年份	添加列
1	CP_001	NPS_001	CP2025_001	
2	CP_002	NPS_002	CP2025_002	
3	CP_003	NPS_003	CP2025_003	
4	CP_004	NPS_004	CP2025_004	
5	CP_005	NPS_005	CP2025_005	
6	CP_006	NPS_006	CP2025_006	
7	CP_007	NPS_007	CP2025_007	

图 12-12　在产品编码中插入年份信息“2025”

12.3.4　SUBSTITUTE 函数：按指定值替换文本

如何使用 SUBSTITUTE 函数按指定值替换文本呢？让我们来看一个示例。

1. 函数应用示例

某企业的文件编号表中包含“文件编号”字段。

工作人员希望将文件编号中的年份（如 2025）替换为 2026。这种需求使用 SUBSTITUTE 函数可以轻松实现，具体操作步骤如下。

1）在 Power Pivot 数据表中创建计算列，将其重命名为“新编号”，然后输入以下公式：

```
=SUBSTITUTE([ 文件编号 ],2025,2026)
```

2）按 Enter 键确认输入后，计算列就会按照要求自动返回期望的结果，如图 12-13 所示。

2. 公式原理解析

该公式的计算原理为：将 [文件编号] 中的所有“2025”替换为“2026”。

3. 函数用法说明

SUBSTITUTE 函数是工作中常用的文本替换函数，用于在文本字符串中将现有的旧文本替换为新文本，其语法结构如下：

[新编号] fx =SUBSTITUTE([文件编号],2025,2026)

	文件编号	新编号	添加列
1	数据分析部2025-001	数据分析部2026-001	
2	数据分析部2025-002	数据分析部2026-002	
3	财务部2025-015	财务部2026-015	
4	财务部2025-016	财务部2026-016	
5	销售一部2025-501	销售一部2026-501	
6	销售一部2025-502	销售一部2026-502	
7	总办2025-251	总办2026-251	
8	总办2025-252	总办2026-252	

图 12-13　使用 SUBSTITUTE 函数按指定值替换文本

```
=SUBSTITUTE( 字符串 , 现有的旧文本 , 替换成的新文本 [, 第几次出现 ])
```

参数说明如下。

- 第 1 个参数：字符串，指定要替换字符的文本字符串对应的列引用。
- 第 2 个参数：现有的旧文本，指定字符串中要替换的现有旧文本。
- 第 3 个参数：替换成的新文本，指定用来替换旧文本的新文本。
- 第 4 个参数：第几次出现（可选）。如果字符串中包含多个旧文本，此参数用于指定要对第几次出现的旧文本进行替换；如果省略，则会对字符串中包含的所有旧文本进行全部替换。

4. 扩展说明

SUBSTITUTE 函数执行替换时严格区分大小写。如果第 2 个参数“现有的旧文本”和第 1 个参数“字符串”之间的大小写不匹配，则 SUBSTITUTE 函数不会执行替换操作。

5. SUBSTITUTE 函数和 REPLACE 函数的区别

1）SUBSTITUTE 函数基于“旧文本”进行替换，可以灵活控制替换次数；REPLACE 函数基于“位置”进行替换，替换范围是固定的。

2）SUBSTITUTE 函数无法实现文本插入；REPLACE 函数可以实现文本插入。

在实际应用中，应根据需要替换的内容是“文本内容”还是“位置”来选择合适的函数。如果要替换文本字符串中的特定文本，建议使用 SUBSTITUTE 函数；如果要替换文本字符串中特定位置的字符或需要在特定位置插入文本，则选择 REPLACE 函数更为合适。

12.3.5　FORMAT 函数：按指定格式转换数据

如何使用 FORMAT 函数按指定格式转换数据呢？让我们来看一个示例。

1. 函数应用示例

某企业的日期表中包含“日期”字段，工作人员希望根据日期（如“2025-1-15”）自动生成对应的年－月（如“2025-01”）和年－季度（如“2025-Q1”）。相关示意图。

这种需求使用 FORMAT 函数可以轻松实现，具体操作步骤如下。

1）在 Power Pivot 数据表中创建两个计算列，将其分别重命名为"年–月"和"年–季度"，然后分别输入如图 12-14 所示的公式。

2）按 Enter 键确认输入后，计算列就会按要求自动返回期望的结果。

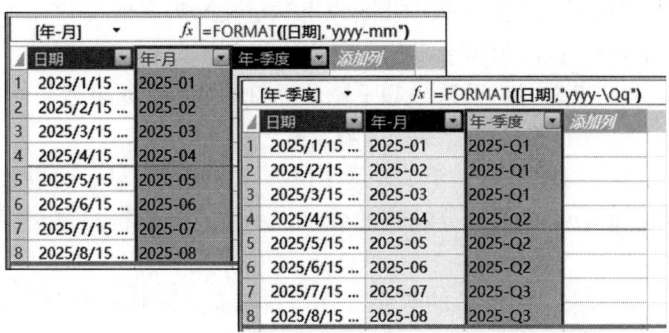

图 12-14　使用 FORMAT 函数按指定格式转换数据

2. 公式原理解析

1）公式 1 的计算原理为：将 [日期] 按照"四位年份–两位月份"的格式进行显示。

2）公式 2 的计算原理为：使用反斜杠（\）将后续紧跟的字符"Q"进行强制显示，然后将 [日期] 按照"四位年份-Q 季度"的格式进行显示。

3. 函数用法说明

FORMAT 函数是 DAX 文本函数中一个功能十分强大的格式转换函数，用于根据指定的格式将值转换为文本。它与 Excel 中的 TEXT 函数相似，但支持的格式字符串和返回效果会有部分差异。FORMAT 函数的语法结构如下：

=FORMAT(值 , 格式字符串 [, 区域设置])

参数说明如下。
- 第 1 个参数：值，即需要转换格式的值或者计算结果为单个值的表达式。
- 第 2 个参数：格式字符串，即具有预定义格式设置模板的格式字符串。
- 第 3 个参数：指定区域化格式规则（可选）。

FORMAT 函数的计算逻辑为：将第 1 个参数的值按照第 2 个参数指定的格式字符串进行转换，格式转换的具体结果与第 3 个参数（计算机用户使用的区域设置）相关。一般情况下可以省略第 3 个参数，使用计算机的默认设置。

如果 FORMAT 函数第 1 个参数的"值"为 BLANK，则返回空字符串；如果第 2 个参数"格式字符串"为 BLANK，则使用"常规数字"或"常规日期"格式（根据"值"的数据类型）设置值的格式。

4. 格式字符串详解

FORMAT 函数的格式转换功能主要取决于第 2 个参数"格式字符串",下面对它进行具体介绍。

（1）预定义的数字格式

FORMAT 函数可以在第 2 个参数中指定以下预定义的数字格式。

1）"General Number"：显示不带千位分隔符的数字。

2）"Currency"：显示带有货币符号和千位分隔符的数字（如果适用），同时显示小数点分隔符右侧的两位数。输出格式基于系统区域设置。

3）"Fixed"：小数点分隔符左侧至少显示 1 位数，右侧至少显示两位数。

4）"Standard"：显示带有千位分隔符的数字，小数点分隔符左侧至少显示 1 位数，右侧至少显示两位数。

5）"Percent"：显示乘以 100 后的数字，并在右侧立即附加百分号（%）；始终显示小数点分隔符右侧的两位数。

6）"Scientific"：使用标准科学表示法表示，提供两位有效数。例如,1234 显示为 1.23E+03。

7）"Yes/No"：如果数字是 0，则显示 "No"；否则，显示 "Yes"。

8）"True/False"：如果数字是 0，则显示 "False"；否则，显示 "True"。

9）"On/Off"：如果数字是 0，则显示 "Off"；否则，显示 "On"。

（2）自定义的数字格式字符

FORMAT 函数可以在第 2 个参数中指定以下自定义的数字格式字符。

1）无：显示不带格式的数字。

2）"0"：数字占位符，显示一个数字或零。

3）"#"：数字占位符，显示一个数字或不显示任何内容。

4）"."：小数点占位符，用于确定小数点分隔符左侧和右侧显示的位数。

5）"%"：百分比占位符，用于将表达式乘以 100 并插入百分比字符（%）。

6）","：千位分隔符，用于在具有 4 位或更多位数的数字中分隔千位与百位。

7）":"：时间分隔符，用于分隔小时、分钟和秒。

8）"/"：日期分隔符，用于分隔日期、月份和年份。

9）"\"：强制显示下一个字符。若要显示反斜杠，应使用两个反斜杠（\\）。

（3）预定义的日期/时间格式

FORMAT 函数可以在第 2 个参数中指定以下预定义的日期/时间格式。

1）"General Date"：显示日期和/或时间，如 2025/2/15 23：07：31。

2）"Long Date" 或 "Medium Date"：显示长日期格式，如 2025 年 2 月 15 日。

3）"Short Date"：显示短日期格式，如 2025/2/15。

4）"Long Time"：显示长时间格式，通常包括小时、分钟、秒，如 23：07：31。

5）"Medium Time"：以 12 小时格式显示时间，如 11：07 下午。

6)"Short Time"：以 24 小时格式显示时间，如 23：07。

（4）自定义的日期/时间格式

FORMAT 函数可以在第 2 个参数中指定以下格式字符，来创建自定义的日期/时间格式。

1）c：将日期显示为 ddddd，并按此顺序将时间显示为 ttttt。如果没有小数部分，则只显示日期；没有整数部分，则只显示时间。

2）d：将日期显示为不带前导零的数字，如 1～31。

3）dd：将日期显示为带有前导零的数字，如 01～31。

4）ddd：以缩写形式（Sun～Sat）显示日期。

5）dddd：以全称形式（Sunday～Saturday）显示日期。

6）ddddd：显示短日期格式，默认为 yyyy/mm/dd/。

7）dddddd：显示长日期格式，默认为 yyyy 年 mm 月 dd 日。

8）w：将一周中的天显示为数字。例如，1 代表星期一，2 代表星期二……7 代表星期日。

9）ww：将一年中的周显示为数字，即 1～54。

10）m：将月份显示为不带前导零的数字，即 1～12。如果 m 紧接在 h 或 hh 之后，则显示分钟而不是月份。

11）mm：将月份显示为带有前导零的数字即 01～12。如果 mm 紧接在 h 或 hh 之后，则显示分钟而不是月份。

12）mmm：以缩写形式（Jan～Dec）显示月份。

13）mmmm：以全称形式（January～December）显示月份。

14）q：将一年中的季度显示为数字，即 1～4。

15）y：将日期显示为该年第几天的数字，即 1～366。

16）yy：将年份显示为 2 位数字，即 00～99。

17）yyyy：将年份显示为 4 位数字，即 100～9999。

18）h：将小时显示为不带前导零的数字，即 0～23。

19）hh：将小时显示为带有前导零的数字，即 00～23。

20）n：将分钟显示为不带前导零的数字，即 0～59。

21）nn：将分钟显示为带有前导零的数字，即 00～59。

22）s：将秒显示为不带前导零的数字，即 0～59。

23）ss：将秒显示为带有前导零的数字，即 00～59。

24）ttttt：显示完整的时间，默认时间格式为 h：mm：ss。

25）AM/PM：中午之前显示为 AM，中午到晚上显示为 PM。

26）am/pm：中午之前显示为 am，中午到晚上显示为 pm。

27）A/P：中午之前显示为 A，中午到晚上显示为 P。

28）a/p：中午之前显示为 a，中午到晚上显示为 p。

29）AMPM：中午之前显示为"上午"，中午到晚上显示为"下午"。

5. 扩展说明

FORMAT 函数的第 2 个参数“格式字符串”不仅支持一段式格式字符串，还支持两段式或三段式格式字符串，其中分号（；）用作各段之间的分隔符具体说明如下。

1）一段式：适用于所有数值。

2）两段式：第一段用于正值和 0，第二段用于负值。

3）三段式：第一段用于正值，第二段用于负值，第三段用于 0。

例如，在下面示例的公式中，FORMAT 函数的第 2 参数就使用了三段式的格式字符串，分别应用于正值、负值和 0。

在 Power Pivot 数据表中创建计算列，并将其重命名为“自定义显示”，输入以下公式，即可实现对比同期销量百分比的自定义显示。

```
=FORMAT([ 对比同期销量 ]," 增长 0% ↑ ; 减少 0% ↓ ; 持平 ")
```

该公式及计算效果如图 12-15 所示。

[自定义显示] ▾ fx =FORMAT([对比同期销量],"增长0%↑;减少0%↓;持平")

	商品名称	对比同期销量	自定义显示	添加列
1	商品01	0.8	增长80%↑	
2	商品02	0.5	增长50%↑	
3	商品03	0.3	增长30%↑	
4	商品04	0	持平	
5	商品05	-0.1	减少10%↓	
6	商品06	-0.2	减少20%↓	
7	商品07	-0.3	减少30%↓	
8	商品08	-0.4	减少40%↓	

图 12-15　实现对比同期销量百分比的自定义显示

该公式的计算原理为：将 [对比同期销量] 按照三段式格式字符串进行转换，具体如下所示。

1）当第 1 个参数为正值时，按照 " 增长 0% ↑ " 的格式进行转换。

2）当第 1 个参数为负值时，按照 " 减少 0% ↓ " 的格式进行转换。

3）当第 1 个参数为 0 时，按照 " 持平 " 的格式进行转换。

如果 FORMAT 函数使用多段式格式字符串，但是分号（；）之间没有内容，则按照正值部分的格式字符串对缺失的部分进行格式转换。例如，以下两个公式的转换效果完全一致。

```
=FORMAT([ 对比同期销量 ]," 增长 0% ↑ ;; 持平 ")
=FORMAT([ 对比同期销量 ]," 增长 0% ↑ ; 增长 0% ↑ ; 持平 ")
```

第 1 个公式使用了三段式格式字符串，但是其中第二段为空，所以按照正值部分的格式字符串（" 增长 0% ↑ "）对缺失部分进行补充。补全以后的完整形式就是第 2 个公式中的三段式格式字符串。

12.4　常用的 DAX 数学函数

DAX 数学函数是一类专门用于执行数值计算的工具，它们在数据分析和建模中扮演着重要角色。

12.4.1　INT 函数：向下舍入到最接近的整数

如何使用 INT 函数将数字向下舍入到最接近的整数呢？让我们来看一个示例。

1. 函数应用示例

在下方的示例数据表中，创建计算列“INT 取整”，使用 INT 函数对“数据”字段中的数值进行舍入计算。使用的公式及计算结果如图 12-16 所示。

[INT取整]　fx =INT([数据])

	数据	INT取整	添加列
1	3.1	3	
2	3.5	3	
3	3.9	3	
4	5	5	
5	-4.1	-5	
6	-5.6	-6	
7	-6.9	-7	

图 12-16　使用 INT 函数将数字向下舍入到最接近的整数

2. 函数用法说明

INT 函数是工作中很常用的取整函数，用于将数值向下取整到最接近的整数。其功能与 Excel 中的 INT 函数一致。它的语法结构如下：

```
=INT( 数值 )
```

数值可以是直接输入的数值、计算字段、表达式或函数返回的结果。

INT 函数的计算逻辑：将数字向下取整（非四舍五入），即向 0 的反方向进行取整，返回一个整数类型的标量值。INT 函数的取整方向始终是向下的，但是它对正数和负数截断后的取整效果明显不同，如下所示。

1）对正数：直接截断小数部分，返回整数，如 INT（3.9）=3。

2）对负数：截断小数后，向更小的方向取整，如 INT（−4.1）=−5。

3. 注意事项

使用 DAX 中的 INT 函数时，需要注意以下两点。

1）INT 函数的参数只能是数值类型。若参数为非数值类型（如文本），会返回错误。

2）DAX 中的 INT 函数虽然与 Excel 中的同名函数功能一致，但在 DAX 中使用时需注意上下文（如行上下文、筛选上下文）的影响。

12.4.2　MOD 函数：返回数字除以除数后的余数

如何使用 MOD 函数返回数字除以除数后的余数呢？让我们来看一个示例。

1. 函数应用示例

在下方的示例数据表中，创建计算列“余数”，使用 MOD 函数根据“被除数”和“除数”字段计算余数。使用的公式及计算结果如图 12-17 所示。

[余数] fx =MOD([被除数],[除数])

	被除数	除数	余数	添加列
1	5	2	1	
2	6	3	0	
3	7.2	4	3.2	
4	–5	3	1	
5	5	–3	–1	
6	1	–1	0	
7	–1	1	0	

图 12-17　使用 MOD 函数返回余数

2. 函数用法说明

MOD 函数是用于计算余数的常用函数，其功能与 Excel 中的 MOD 函数一致。它通过被除数和除数的相除运算返回余数，结果可能是整数或浮点数。它的语法结构如下：

```
=MOD( 被除数 , 除数 )
```

参数说明如下。

- ❑ 第 1 个参数：被除数，需要计算余数的数值。
- ❑ 第 2 个参数：除数，用于除法的数值。

MOD 函数的计算逻辑为：根据被除数和除数计算两者相除的余数，余数的符号始终与除数一致，具体说明如下。

1）除数为正数，返回的余数为正数，如 MOD（–5，3）=1。

2）除数为负数，返回的余数为负数，如 MOD（5，–3）=–1。

3. 注意事项

使用 DAX 中的 MOD 函数时，需要注意以下两点。

1）MOD 函数的参数只能是数值类型。若参数为非数值类型（如文本），会返回错误。

2）除数不能为 0，否则会返回错误。

12.4.3　ROUND 函数：将数值四舍五入

如何使用 ROUND 函数将数值四舍五入到指定的位数呢？让我们来看一个示例。

1. 函数应用示例

在下方的示例数据表中，创建计算列“ROUND”，对“数据”字段中的数值按照“小数位数”中的值进行四舍五入计算。使用的公式及计算结果如图 12-18 所示。

[ROUND] fx =ROUND([数据],[小数位数])

	数据	小数位数	ROUND	添加列
1	123.456	2	123.46	
2	123.456	2.5	123.456	
3	123.456	0	123	
4	123.456	–1	120	
5	123.456	–2	100	
6	2.5	0	3	
7	–2.5	0	–3	
8	2.1	0	2	
9	–2.1	0	–2	

图 12-18　使用 ROUND函数将数值四舍五入

2. 函数用法说明

ROUND 函数是 DAX 中很常用的舍入函数，用于将数值四舍五入到指定的小数位数。其功能与 Excel 中的 ROUND 函数大部分一致，仅在第 2 个参数为小数时的截断方式不同。ROUND 函数的语法结构如下：

```
=ROUND( 数值 , 小数位数 )
```

参数说明如下。
- 第 1 个参数：数值，需要四舍五入的数值或表达式。
- 第 2 个参数：小数位数，指定保留的小数位数。若为正数，表示保留小数点后的位数；若为负数，表示保留整数部分的位数。例如，–1 表示舍入到十位。

ROUND 函数的计算逻辑为：遵循标准的四舍五入规则，将数值四舍五入到指定的小数位数。

3. 注意事项

使用 ROUND 函数进行计算时，需要注意以下两点。

1）ROUND 函数的参数只能是数值类型。若参数为非数值类型（如文本），会返回错误。

2）当第 2 个参数"小数位数"为小数时，DAX 会将该值四舍五入到整数再参与计算。

4. 与 Excel 中 ROUND 函数的区别

当第 2 个参数"小数位数"为小数时，DAX 和 Excel 中的 ROUND 函数对该值采取的截断方式不同。

1）DAX 中的 ROUND 函数会将小数四舍五入到整数再参与计算。

例如，第 2 个参数为 2.5 时，DAX 会将该值舍入为 3 再参与计算。

2）Excel 中的 ROUND 函数会将小数截尾取整为整数再参与计算。

例如，第 2 个参数为 2.5 时，Excel 会将该值截尾取整为 2 再参与计算。

12.4.4 ROUNDUP 函数：按远离 0 的方向舍入数字

如何使用 ROUNDUP 函数按远离 0 的方向舍入数字呢？让我们来看一个示例。

1. 函数应用示例

在下方的示例数据表中，创建计算列"ROUNDUP"，对"数据"字段中的数值按照"小数位数"中的值按远离 0 的方向舍入。使用的公式及计算结果如图 12-19 所示。

数据	小数位数	ROUNDUP
123.1234	2.1	123.13
123.1234	2.5	123.124
123.1234	0	124
123.1234	–1	130
123.456	–2	200
2.5	0	3
–2.5	0	–3
2.1	0	3
–2.1	0	–3

图 12-19　使用 ROUNDUP 函数按远离 0 的方向进行舍入

2. 函数用法说明

ROUNDUP 函数是工作中很常用的向上舍入函数，用于将数值按远离 0 的方向向上舍入到指定的小数位数。其功能与 Excel 中的 ROUNDUP 函数大部分一致，仅在第 2 个参数为小数时的截断方式不同。ROUNDUP 函数的语法结构如下：

$$=\text{ROUNDUP}(\text{数值}, \text{小数位数})$$

参数说明如下。
- 第 1 个参数：数值，需要向上舍入的实数或表达式。
- 第 2 个参数：小数位数，要舍入的位数。若为正数，则按远离 0 的方向舍入到小数点右侧指定的小数位数；若为负数，则按远离 0 的方向舍入到小数点左侧指定的小数位数；若为 0 或省略，则按远离 0 的方向舍入为最接近的整数。

ROUNDUP 函数的计算逻辑为：遵循按远离 0 的方向舍入的规则，将数值向上舍入到指定的小数位数。

3. 注意事项

使用 ROUNDUP 函数进行计算时，需要注意以下两点。

1）ROUNDUP 函数的参数只能是数值类型。若参数为非数值类型（如文本），会返回错误。

2）当第 2 个参数"小数位数"为小数时，DAX 会将该值四舍五入到整数再参与计算。

4. 与 Excel 中 ROUNDUP 函数的区别

当第 2 个参数"小数位数"为小数时，DAX 和 Excel 中 ROUNDUP 函数对该值采取的截断方式不同。

1）DAX 中的 ROUNDUP 函数会将小数四舍五入到整数再参与计算。例如，第 2 个参数为 2.5 时，DAX 会将该值四舍五入为 3 再参与计算。

2）Excel 中的 ROUNDUP 函数会将小数截尾取整为整数再参与计算。例如，第 2 个参数为 2.5 时，Excel 会将该值截尾取整为 2 个再参与计算。

12.4.5 ROUNDDOWN 函数：按趋向 0 的方向舍入数字

如何使用 ROUNDDOWN 函数按趋向 0 的方向舍入数字呢？让我们来看一个示例。

1. 函数应用示例

在下方的示例数据表中，创建计算列"ROUNDDOWN"，对"数据"字段中的数值按照"小数位数"中的值按趋向 0 的方向舍入。使用的公式及计算结果如图 12-20 所示。

[ROUNDD...　=ROUNDDOWN([数据],[小数位数])

	数据	小数位数	ROUNDDOWN	添加列
1	123.1234	2.1	123.12	
2	123.1234	2.5	123.123	
3	123.1234	0	123	
4	123.1234	−1	120	
5	123.456	−2	100	
6	2.5	0	2	
7	−2.5	0	−2	
8	2.1	0	2	
9	−2.1	0	−2	

图 12-20　使用 ROUNDDOWN 函数按趋向 0 的方向舍入数字

2. 函数用法说明

ROUNDDOWN 函数是工作中很常用的向下舍入函数，用于将数值按趋向 0 的方向向下舍入到指定的小数位数。其功能与 Excel 中的 ROUNDDOWN 函数大部分一致，仅在第 2 个参数为小数时的截断方式不同。

3. ROUNDUP 函数与 ROUNDDOWN 函数的区别

ROUNDDOWN 函数与 ROUNDUP 函数的唯一区别就是在舍入计算时的方向不同。

1）ROUNDUP 函数按照远离 0 的方向进行舍入。

2）ROUNDDOWN 函数按照趋向 0 的方向进行舍入。

除了舍入方向不同，ROUNDDOWN 函数的语法结构和注意事项与 ROUNDUP 函数完全相同，此处不再赘述。

12.4.6　DIVIDE 函数：自动屏蔽除数为 0 的错误值

如何使用 DIVIDE 函数自动屏蔽除数为 0 的错误值呢？让我们来看一个示例。

1. 函数应用示例

在下方的示例数据表中，创建计算列“DIVIDE”，计算“被除数”字段中的数值除以“除数”字段值的商。使用的公式及计算结果如图 12-21 所示。

[DIVIDE]　=DIVIDE([被除数],[除数])

	被除数	除数	DIVIDE	添加列
1	1	1	1	
2	2	0		
3	3	2	1.5	
4	4			
5	5	2	2.5	
6	6	3	2	

图 12-21　使用 DIVIDE函数自动屏蔽除数为 0 的错误值

2. 函数用法说明

DIVIDE 函数是工作中很常用的安全除法函数，用于执行除法运算，并自动处理除数为 0 或空值的情况，避免出现运行时错误。DIVIDE 函数的语法结构如下：

```
=DIVIDE(被除数,除数[,当分母为0或空时返回的值])
```

参数说明如下。

- 第 1 个参数：被除数，即被除的数值（分子）。
- 第 2 个参数：除数，即要除以的数值（分母）。
- 第 3 个参数：当分母为 0 或空时返回的值（可选）。如果省略，则默认值 BLANK。

DIVIDE 函数的计算逻辑为：从参数中代入被除数和除数执行除法运算，并在除数为 0 或空时返回备用结果或 BLANK。

3. 3 种安全除法的区别

在 DAX 函数中，为了避免除数为 0 或空时返回错误值，可以采用以下 3 种函数之一。

1）使用 DIVIDE 函数执行安全除法。

2）使用 IF 函数判断除数是否为 0 或空。

3）使用 IFERROR 函数进行容错显示。

这 3 种方法都可以避免除数为 0 或空时返回错误值，但是它们的执行效率差异很大。建议当分母可能为 0 或空时，优先使用 DIVIDE 函数。

DIVIDE 函数的突出优势在于它无须在表达式中首先检测分母的值。与 IF 函数和 IFERROR 函数相比，DIVIDE 函数在检测分母值时的性能更优。因为在大数据模型中，检查除数是否为 0 会耗费大量算力，所以强烈建议大家优先选择 DIVIDE 函数进行安全除法运算，可以使 DAX 表达式更为简洁顺畅。

12.5 常用的 DAX 日期和时间函数

DAX 中的日期和时间函数主要用于处理与日期、时间相关的数据，支持生成日期序列、标识星期名称（或序号）、推算日期、计算时间差值以及按需求进行工作日计算等。

12.5.1 WEEKDAY 函数：返回日期对应的星期序号

如何使用 WEEKDAY 函数返回日期对应的星期序号？让我们来看一个示例。

1. 函数应用示例

在下方的示例数据表中，创建计算列“WEEKDAY”，根据“日期”字段中的日期标识并返回对应的星期信息。使用的公式及计算结果如图 12-22 所示。

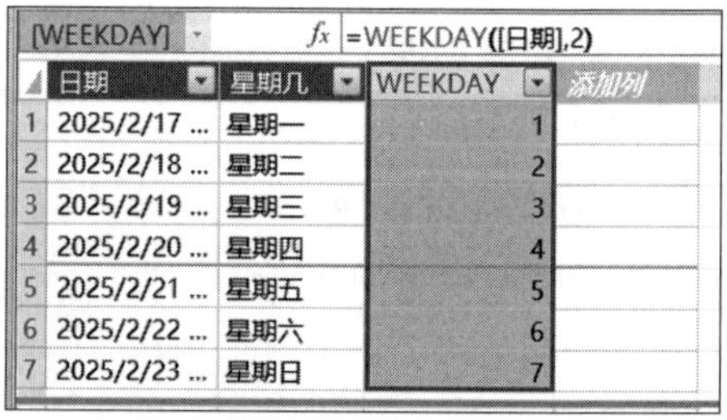

	日期	星期几	WEEKDAY	添加列
1	2025/2/17 ...	星期一	1	
2	2025/2/18 ...	星期二	2	
3	2025/2/19 ...	星期三	3	
4	2025/2/20 ...	星期四	4	
5	2025/2/21 ...	星期五	5	
6	2025/2/22 ...	星期六	6	
7	2025/2/23 ...	星期日	7	

图 12-22 使用 WEEKDAY 函数标识星期几的数字

2. 公式原理解析

该公式的计算原理为：使用 WEEKDAY 函数按照“返回值类型 2”，将 [日期] 字段中的值转换为对应的星期序号。

3. 函数用法说明

WEEKDAY 函数是工作中常用的 DAX 日期函数，用于返回指示日期对应的星期序号，其语法结构如下：

=WEEKDAY(日期 [, 返回值类型])

参数说明如下。

1）第 1 个参数：日期，需解析的日期值，应为日期/时间格式。可使用 DATE 函数、日期表达式或其他公式生成。

2）第 2 个参数：返回值类型（可选），用于指定数字与日期的映射规则。如果省略，默认为 1。具体说明如下。

- 返回类型：1，周从星期日（1）开始，到星期六（7）结束。编号为 1 到 7。
- 返回类型：2，周从星期一（1）开始，到星期日（7）结束。编号为 1 到 7。
- 返回类型：3，周从星期一（0）开始，到星期日（6）结束。编号为 0 到 6。

4. 注意事项

使用 WEEKDAY 函数进行计算时，需要注意以下两点。

1）WEEKDAY 函数的第 1 参数"日期"只能是日期/时间（datetime）格式。若参数为非日期类型（如文本），会返回错误。

2）当第 2 个参数"返回值类型"为小数时，DAX 会将该值四舍五入为整数再参与计算。

5. 与 Excel 中 WEEKDAY 函数的区别

当 WEEKDAY 函数的第 2 个参数"返回值类型"为小数时，DAX 和 Excel 对其采取的取整方式不同。

1）DAX 中的 WEEKDAY 函数会将第 2 个参数四舍五入为整数再参与计算。例如，第 2 个参数为 2.5 时，DAX 会将该值四舍五入为 3 再参与计算。

2）Excel 中的 WEEKDAY 函数会将第 2 个参数截尾取整为整数再参与计算。例如，第 2 个参数为 2.5 时，Excel 会将该值截尾取整为 2 再参与计算。

12.5.2　EDATE 函数：返回指定月份数之前或之后的日期

如何使用 EDATE 函数返回指定月份数之前或之后的日期呢？让我们来看一个示例。

1. 函数应用示例

某企业的项目工期表中，工作人员希望根据项目的"开工日期"和"预计工期（月）"自动计算竣工日期。

这种需求使用 EDATE 函数可以轻松实现，具体操作步骤如下。

1）在数据表中创建计算列"竣工日期"，根据项目的"开工日期"和"预计工期

（月）"使用EDATE函数推算竣工日期。

2）输入如图12-23所示的公式后按Enter键确认，计算列便会根据"开工日期"和"预计工期（月）"返回项目的竣工日期。

项目编号	开工日期	预计工期（月）	竣工日期	添加列
项目01	2025/2/17	1	2025/3/17	
项目02	2025/3/21	2	2025/5/21	
项目03	2025/4/22	3	2025/7/22	
项目04	2025/5/24	4	2025/9/24	
项目05	2025/6/25	5	2025/11/25	
项目06	2025/7/27	6	2026/1/27	
项目07	2025/8/28	7	2026/3/28	
项目08	2025/9/29	8	2026/5/29	
项目09	2025/10/31	9	2026/7/31	

[竣工日期] =EDATE([开工日期],[预计工期（月）])

图 12-23　使用EDATE函数推算竣工日期

2．公式原理解析

该公式的计算原理为：使用EDATE函数将"开工日期"作为开始日期，向后延伸"预计工期（月）"个月份数，然后返回竣工日期。

3．函数用法说明

EDATE函数是工作中常用的DAX日期推算函数，用于返回在开始日期之前或之后指定月份数的日期。它的语法结构如下：

$$=EDATE(开始日期,月份数)$$

参数说明如下。

❑ 第1个参数：开始日期，需为日期/时间格式的值或返回日期的表达式。
❑ 第2个参数：月份数，需增减的月份数。如果为正数，则向后（未来）推算；如果为负数，则向前（过去）推算。

EDATE函数的计算逻辑为：以第1个参数"开始日期"作为基准日期，增加或减去第2个参数的"月份数"，然后返回对应的日期。

4．注意事项

使用EDATE函数进行计算时，需要注意以下两点。

1）EDATE函数第1个参数"开始日期"只能是日期/时间（datetime）格式。若参数为非日期类型（如文本），会返回错误。

2）当第2个参数"月份数"为小数时，DAX会将其四舍五入为整数再参与计算。

5. 与 Excel 中 EDATE 函数的区别

当 EDATE 函数的第 2 个参数“月份数”为小数时，DAX 和 Excel 对其采取的取整方式不同。

1）DAX 中的 EDATE 函数会将第 2 个参数四舍五入为整数再参与计算。例如，第 2 个参数为 2.5 时，DAX 会将其四舍五入为 3 再参与计算。

2）Excel 中的 EDATE 函数会将第 2 个参数截尾取整为整数再参与计算。例如，第 2 个参数为 2.5 时，Excel 会将其截尾取整为 2 再参与计算。

12.5.3　EOMONTH 函数：返回指定月份数之前或之后的月末日期

如何使用 EOMONTH 函数返回指定月份数之前或之后的月末日期呢？让我们来看一个示例。

1. 函数应用示例

如图 12-24 所示，某企业的借款记录表中记录着多笔内部人员借款的日期和期限，要求每笔借款的最晚还款日期为到期日所在的月末日期。工作人员希望根据每笔借款的“借款日期”和“借款期限（月）”自动计算最晚还款日期。

这种需求使用 EOMONTH 函数可以轻松实现，具体操作步骤如下。

在数据表中创建计算列“还款日期”，根据每笔借款的“借款日期”和“借款期限（月）”使用 EOMONTH 函数推算还款日期。输入公式后，计算列则会根据每笔借款的“借款日期”和“借款期限（月）”自动推算还款日期。使用的公式及计算结果如图 12-24 所示。

[还款日期]　fx　=EOMONTH([借款日期],[借款期限（月）])

	借款单号	借款日期	借款期限（月）	还款日期	添加列
1	JK001	2025/2/17 ...	1	2025/3/31 ...	
2	JK002	2025/3/25 ...	2	2025/5/31 ...	
3	JK003	2025/4/30 ...	3	2025/7/31 ...	
4	JK004	2025/6/5 0:...	4	2025/10/31...	
5	JK005	2025/7/11 ...	5	2025/12/31...	
6	JK006	2025/8/16 ...	6	2026/2/28 ...	
7	JK007	2025/9/21 ...	7	2026/4/30 ...	
8	JK008	2025/10/27...	8	2026/6/30 ...	

图 12-24　使用 EOMONTH 函数自动推算还款日期

2. 公式原理解析

该公式的计算原理为：使用 EOMONTH 函数将“借款日期”作为开始日期，向后延伸“借款期限（月）”个月份数，然后返回当月最后一天作为到期日期。

3. 函数用法说明

EOMONTH 函数是工作中常用的 DAX 日期推算函数，用于根据开始日期返回指定月份数之前或之后的月末日期，其语法结构如下：

=EOMONTH(开始日期,月份数)

参数说明如下。
- 第1个参数：开始日期，需为日期/时间格式的值或返回日期的表达式。
- 第2个参数：月份数，需增减的月份数。如果为正数，则向后（未来）推算；如果为负数，则向前（过去）推算。

EOMONTH函数的计算逻辑为：以第1个参数"开始日期"作为基准日期，增加或减去第2个参数的"月份数"，然后返回目标月份最后一天的日期。

4. 注意事项

使用EOMONTH函数进行计算时，需要注意以下两点。

1) EOMONTH函数第1个参数"开始日期"只能是日期/时间（datetime）格式。若参数为非日期类型（如文本），会返回错误。

2) 当第2个参数的"月份数"为小数时，DAX会将其四舍五入为整数再参与计算。

5. 与 Excel 中 EOMONTH 函数的区别

当EOMONTH函数的第2个参数"月份数"为小数时，DAX和Excel对其采取的取整方式不同。

1) DAX中的EOMONTH函数会将第2个参数的"月份数"四舍五入为整数再参与计算。例如，第2个参数为2.5时，DAX会将其四舍五入为3再参与计算。

2) Excel中的EOMONTH函数会将第2个参数"月份数"截尾取整为整数再参与计算。例如，第2个参数为2.5时，Excel会将其截尾取整为2再参与计算。

12.5.4　YEARFRAC 函数：精确计算两个日期之间的年数间隔

如何使用YEARFRAC函数精确计算两个日期之间的年数间隔呢？让我们来看一个示例。

1. 函数应用示例

某企业的员工离职表中记录着多位员工的入职日期和离职日期。工作人员希望以年为单位精准计算每位员工的工龄。

这种需求使用YEARFRAC函数可以轻松实现，具体操作步骤如下。

在数据表中创建计算列"工龄"，根据每位员工的"入职日期"和"离职日期"使用YEARFRAC函数精准计算工龄年数。输入公式后，计算列则会自动返回每位员工的精准工龄。使用的公式及计算结果如图12-25所示。

2. 公式原理解析

该公式的计算原理为：将"入职日期"和"离职日期"之间的间隔天数作为分子，将其间每年包含的天数作为分母，使用YEARFRAC函数用分子除以分母来精确计算年数间隔，最后返回一个支持高精度显示的小数。

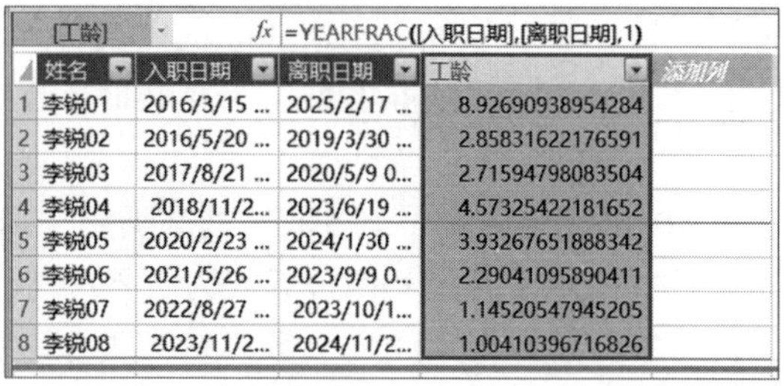

[工龄]　f_x =YEARFRAC([入职日期],[离职日期],1)

	姓名	入职日期	离职日期	工龄	添加列
1	李锐01	2016/3/15 ...	2025/2/17 ...	8.92690938954284	
2	李锐02	2016/5/20 ...	2019/3/30 ...	2.85831622176591	
3	李锐03	2017/8/21 ...	2020/5/9 0...	2.71594798083504	
4	李锐04	2018/11/2...	2023/6/19 ...	4.57325422181652	
5	李锐05	2020/2/23 ...	2024/1/30 ...	3.93267651888342	
6	李锐06	2021/5/26 ...	2023/9/9 0...	2.29041095890411	
7	李锐07	2022/8/27 ...	2023/10/1...	1.14520547945205	
8	李锐08	2023/11/2...	2024/11/2...	1.00410396716826	

图 12-25　使用 YEARFRAC 函数计算员工的工龄

3. 函数用法说明

YEARFRAC 函数是 DAX 中能够精确计算年数间隔的核心函数，用于根据开始日期和结束日期计算两个日期之间的间隔年数。它的语法结构如下：

```
=YEARFRAC(开始日期,结束日期[,基准类型])
```

参数说明如下。

1）第 1 个参数：开始日期，需为日期 / 时间格式的值或返回日期的表达式。

2）第 2 个参数：结束日期，需为日期 / 时间格式的值或返回日期的表达式。

3）第 3 个参数：基准类型（可选），表示计算两个日期之间的天数间隔时采用的基准类型。如果省略此参数，则默认值为 0。如果此参数为小数，则先四舍五入为整数后再参与计算。

该参数有如下 5 种类型。

- 0：美国（NASD）30/360 基准类型，每月 30 天，每年 360 天（忽略闰年和月末调整）。
- 1：实际天数 / 实际天数基准类型（精确计算，包括闰年）。
- 2：实际天数 /360 基准类型（分子按实际天数，分母固定为 360）。
- 3：实际天数 /365 基准类型（分子按实际天数，分母固定为 365）。
- 4：欧洲 30/360 基准类型（类似美国的基准类型，但对月末处理不同）。

YEARFRAC 函数的计算逻辑为：根据第 1 个参数“开始日期”和第 2 个参数“结束日期”，按照第 3 个参数“基准类型”计算两个日期的天数间隔，将该值作为分子，将每年包含的天数作为分母，然后用分子除以分母，返回精准的年份间隔数。

4. 注意事项

使用 YEARFRAC 函数进行计算时，需要注意以下两点。

1）YEARFRAC 函数的前两个参数只能是日期 / 时间（datetime）格式。若参数为非日期类型（如文本），会返回错误。

2）第 2 个参数“基准类型”要求使用 0 ～ 4 之间的整数。如果超出允许范围（小于 0 或大于 4），会返回错误。

5. 与 Excel 中 YEARFRAC 函数的区别

当 YEARFRAC 函数的第 3 个参数"基准类型"为小数时，DAX 和 Excel 对其采取的取整方式不同。

1）DAX 中的 YEARFRAC 函数会将第 3 个参数"基准类型"四舍五入为整数再参与计算。例如，第 3 个参数为 1.5 时，DAX 会将其四舍五入为 2 再参与计算。

2）Excel 中的 YEARFRAC 函数会将第 3 个参数"基准类型"截尾取整为整数再参与计算。例如，第 2 个参数为 1.5 时，Excel 会将其截尾取整为 1 再参与计算。

第 13 章 Chapter 13

智能计算与深度分析：DAX 高阶函数应用

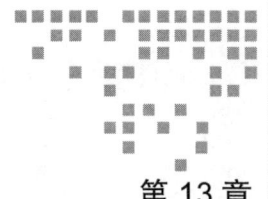

本章将深入探讨 Power Pivot 中 DAX 高阶函数的实战应用技术，包括筛选器函数、时间智能函数、关系函数以及表操作函数。通过学习这些进阶技术，读者可显著提升复杂数据分析与建模能力，实现从基础计算到深度业务分析的快速跨越。

13.1 常用的 DAX 筛选器函数

在 Power BI 数据分析与建模过程中，DAX 筛选器函数是实现动态计算和复杂业务逻辑的核心工具。本节将系统解析 5 种常用的筛选器函数。掌握这些函数不仅能提升数据建模效率，还能为动态分析以及复杂场景下的业务洞察奠定坚实基础。

13.1.1 FILTER 函数：按条件筛选表中的行

如何使用 FILTER 函数按条件筛选表中的行呢？让我们来看一个示例。

1. 函数应用示例

在学生成绩表中，工作人员希望筛选所有男生的成绩，该需求可以利用 FILTER 函数创建度量值"男生成绩表"轻松实现。使用的公式及计算结果如图 13-1 所示。

这个公式的计算原理为：在学生成绩表中按照条件（[性别]=" 男 "）进行逐行筛选，返回所有满足条件的行记录。公式返回的结果并不是一个标量值，而是包含 7 条男生记录的成绩表。

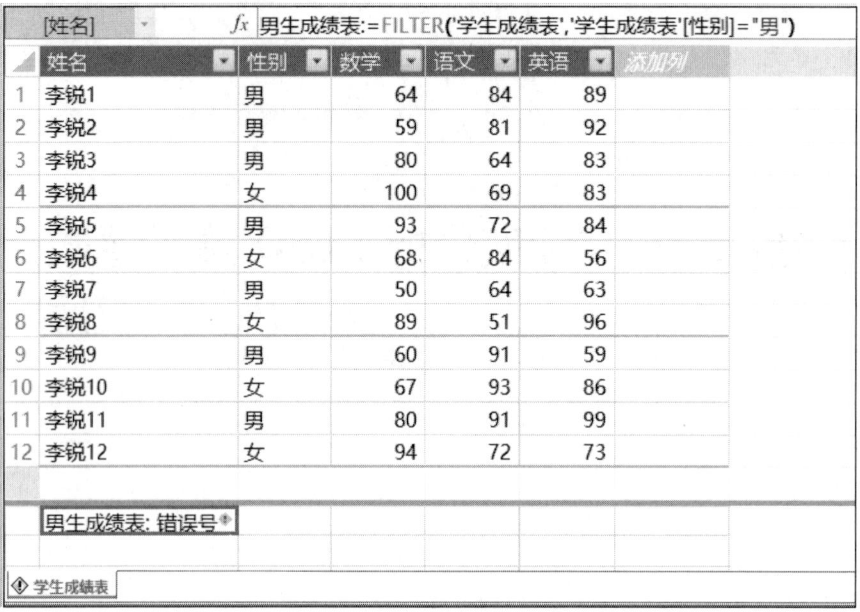

	姓名	性别	数学	语文	英语	添加列
1	李锐1	男	64	84	89	
2	李锐2	男	59	81	92	
3	李锐3	男	80	64	83	
4	李锐4	女	100	69	83	
5	李锐5	男	93	72	84	
6	李锐6	女	68	84	56	
7	李锐7	男	50	64	63	
8	李锐8	女	89	51	96	
9	李锐9	男	60	91	59	
10	李锐10	女	67	93	86	
11	李锐11	男	80	91	99	
12	李锐12	女	94	72	73	

图 13-1　FILTER 函数按条件筛选表中的行的公式及计算结果

度量值“男生成绩表”在 Power Pivot 的计算区域显示为“错误号”，但是这里并不是真的发生了计算错误，而是提示用户在单个单元格中无法显示 FILTER 函数返回的多行结果。

当用户将鼠标悬浮到“错误号”右侧的感叹号上时，即可看到具体提示“语义错误：该表达式引用多列。多列不能转换为标量值”，如图 13-2 所示。

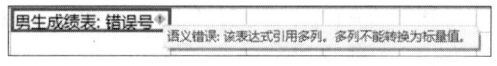

图 13-2　语义错误提示

为了验证 FILTER 函数返回的结果是否正确，我们可以在原有公式的外层嵌套一个 COUNTROWS 函数，公式如下：

```
=COUNTROWS(FILTER('学生成绩表','学生成绩表'[性别]="男"))
```

该公式的目的是计算 FILTER 函数返回表的记录行数，从而将表结果转换为标量值，让结果可以在 Power Pivot 计算区域正确显示，如图 13-3 所示。

COUNTROWS 函数返回的结果为 7，同时不再显示“错误号”提示，说明 FILTER 函数返回了所有男生的成绩。

为了帮助读者更清晰地理解 FILTER 函数的筛选过程，我将原始数据表及 FILTER 函数筛选后的结果整理到一起，如图 13-4 所示。

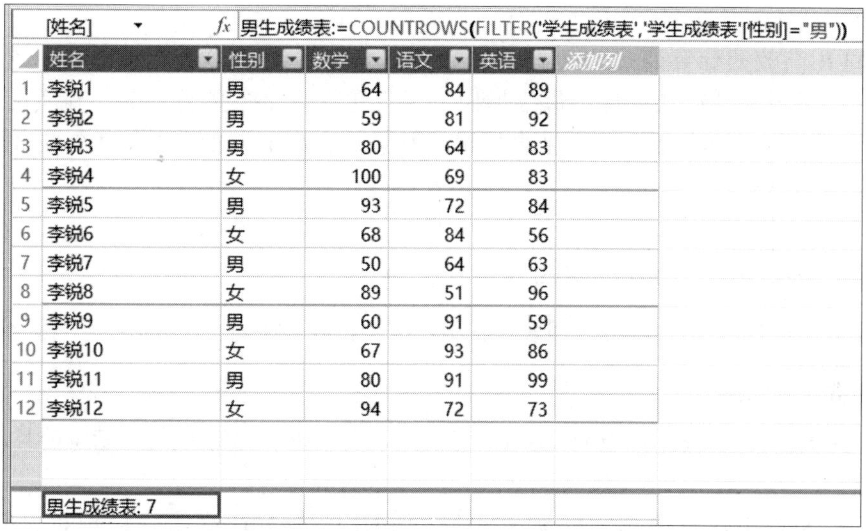

[姓名]　fx 男生成绩表:=COUNTROWS(FILTER('学生成绩表','学生成绩表'[性别]="男"))

	姓名	性别	数学	语文	英语	添加列
1	李锐1	男	64	84	89	
2	李锐2	男	59	81	92	
3	李锐3	男	80	64	83	
4	李锐4	女	100	69	83	
5	李锐5	男	93	72	84	
6	李锐6	女	68	84	56	
7	李锐7	男	50	64	63	
8	李锐8	女	89	51	96	
9	李锐9	男	60	91	59	
10	李锐10	女	67	93	86	
11	李锐11	男	80	91	99	
12	李锐12	女	94	72	73	

男生成绩表: 7

图 13-3　使用 COUNTROWS 函数计算返回表的记录行数

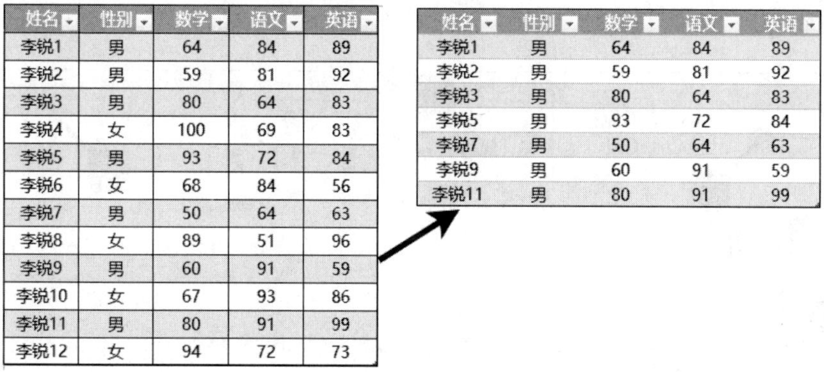

姓名	性别	数学	语文	英语
李锐1	男	64	84	89
李锐2	男	59	81	92
李锐3	男	80	64	83
李锐4	女	100	69	83
李锐5	男	93	72	84
李锐6	女	68	84	56
李锐7	男	50	64	63
李锐8	女	89	51	96
李锐9	男	60	91	59
李锐10	女	67	93	86
李锐11	男	80	91	99
李锐12	女	94	72	73

a）原始数据表

姓名	性别	数学	语文	英语
李锐1	男	64	84	89
李锐2	男	59	81	92
李锐3	男	80	64	83
李锐5	男	93	72	84
李锐7	男	50	64	63
李锐9	男	60	91	59
李锐11	男	80	91	99

b）FILTER函数的筛选结果

图 13-4　原始数据表及 FILTER 函数的筛选结果

2. 函数用法说明

FILTER 函数是 DAX 中一个非常强大的筛选器函数，用于根据特定条件筛选表中的行。它的语法结构如下：

```
=FILTER( 表 , 筛选条件 )
```

参数说明如下。

- 第 1 个参数：表，要筛选的表，也可以是一个返回表的 DAX 表达式。
- 第 2 个参数：筛选条件，用于条件判断的布尔表达式，结果返回 TRUE 或 FALSE。

该表达式逐行检查表中的每一行。

FILTER 函数的计算原理为逐行迭代计算，它会按照筛选条件遍历表中的每一行，检查每一行是否满足筛选条件，最终返回一个仅包含满足条件行的表。在实际使用中，FILTER 函数通常与其他聚合函数结合使用，根据需求条件动态调整表中参与计算的记录范围。

13.1.2 EVALUATE 函数：返回表达式结果

如何使用 EVALUATE 函数返回表达式结果呢？让我们来看一个示例。

1. 函数应用示例

在学生成绩表中，使用 EVALUATE 函数返回 FILTER 函数生成的表结果的具体操作步骤如下。

1）在 Excel 工作表中选中任意单元格（如 H1），按 Ctrl+C 组合键进行复制；单击 "Power Pivot" 选项卡下的 "管理" 按钮，进入 Power Pivot 管理后台；单击 "主页" 选项卡下的 "粘贴" 按钮，在弹出的 "粘贴预览" 对话框中单击 "确定" 按钮完成数据粘贴，如图 13-5 所示。

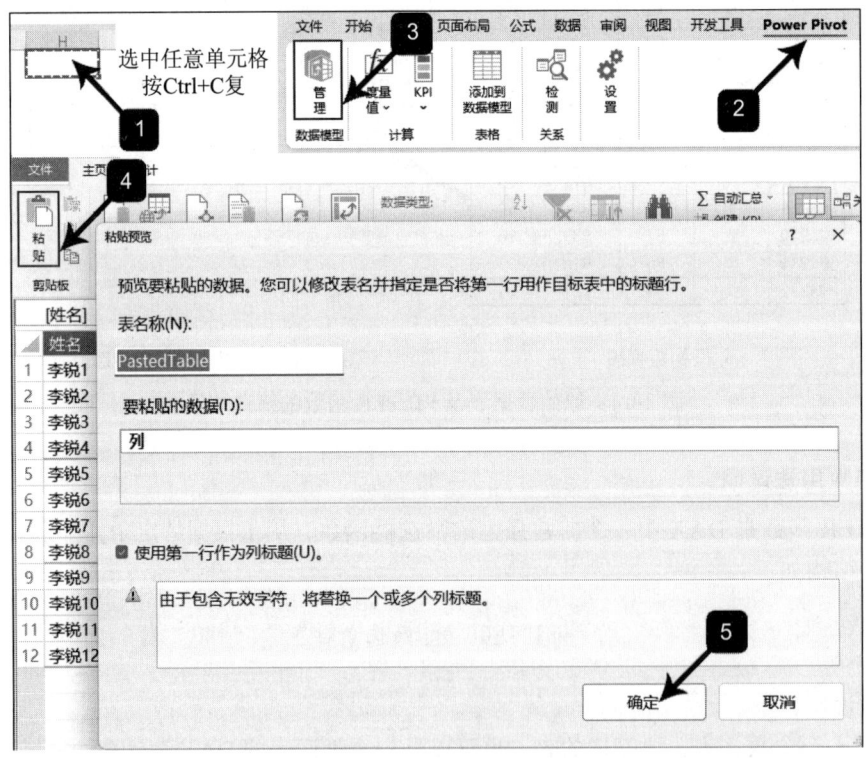

图 13-5　完成数据粘贴

2）在 Excel 中新建一张工作表（如 Sheet1），用于放置返回的表结果；选中任意空单元格（如 B4），单击"数据"选项卡下的"现有连接"按钮；在弹出的"现有连接"对话框中单击"表格"页标签，选中"连接"下方的空白表，单击"打开"按钮；在弹出的"导入数据"对话框中选择"表"，然后单击"确定"按钮，如图 13-6 所示。

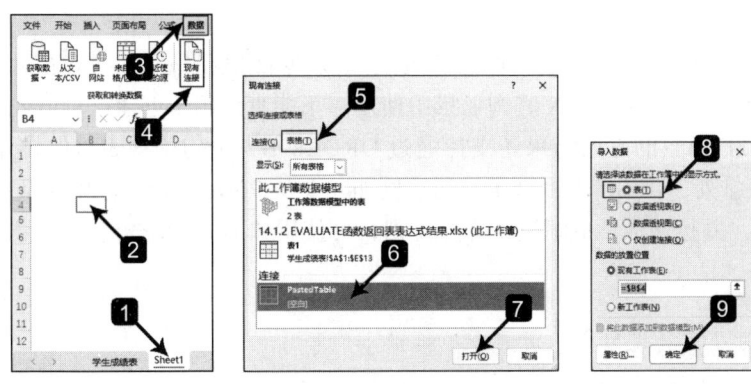

图 13-6　导入数据

3）在 Excel 工作表返回的空表中（如 B5）单击鼠标右键，在展开的快捷菜单中单击"表格"选项，在其子菜单中选择"编辑 DAX"选项；在弹出的"编辑 DAX"对话框中将"命令类型"切换为"DAX"，输入 DAX 表达式，单击"确定"按钮，即可直观查看返回的表结果，如图 13-7 所示。

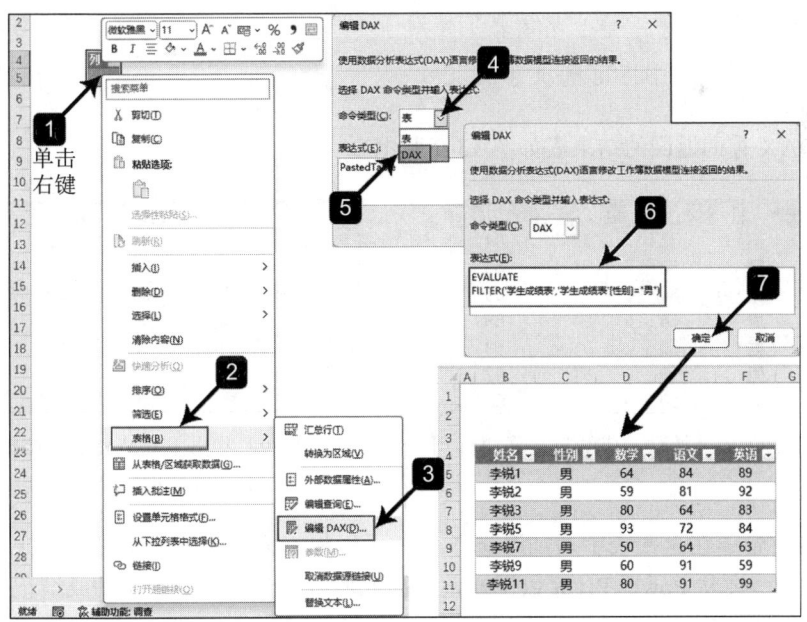

图 13-7　查看返回的表结果

2. 函数用法说明

EVALUATE 函数是 DAX 查询中不可或缺的数据提取及查询工具，用于执行表达式并返回结果表。它的语法结构如下：

=EVALUATE(表达式)

EVALUATE 函数的参数是一个 DAX 表达式，返回值是按照 DAX 表达式生成的表。EVALUATE 函数仅可以在 DAX 查询场景中使用，不能直接用于创建度量值或计算列。

EVALUATE 函数的返回结果还支持通过 ORDER BY 子句调整表格的排序方式，其中 ASC 表示升序排列，DESC 表示降序排列。例如，要从 Power Pivot 数据模型中提取所有男生的成绩记录，并按照数学成绩进行降序排列，可使用如下 DAX 查询语句：

EVALUATE

FILTER(' 学生成绩表 ',' 学生成绩表 '[性别]=" 男 ")

ORDER BY [数学] DESC

以上 DAX 查询返回的结果表如图 13-8 所示。

在此基础上，如果要将数学成绩相同的记录再按照语文成绩进行降序排列，可使用如下 DAX 查询语句：

EVALUATE

FILTER(' 学生成绩表 ',' 学生成绩表 '[性别]=" 男 ")

ORDER BY [数学] DESC,[语文] DESC

以上 DAX 查询返回的结果表如图 13-9 所示。

姓名	性别	数学	语文	英语
李锐5	男	93	72	84
李锐3	男	80	64	83
李锐11	男	80	91	99
李锐1	男	64	84	89
李锐9	男	60	91	59
李锐2	男	59	81	92
李锐7	男	50	64	63

图 13-8 将男生成绩按数学成绩进行降序排列

姓名	性别	数学	语文	英语
李锐5	男	93	72	84
李锐11	男	80	91	99
李锐3	男	80	64	83
李锐1	男	64	84	89
李锐9	男	60	91	59
李锐2	男	59	81	92
李锐7	男	50	64	63

图 13-9 将男生成绩表依次按数学、语文成绩进行降序排列

如果用户希望在返回表中增加筛选条件，可以根据需求进一步调整 FILTER 函数的条件参数。例如，要从 Power Pivot 数据模型中提取所有数学及格的男生的成绩记录，可使用如下 DAX 查询语句：

EVALUATE

FILTER('学生成绩表 ','学生成绩表 '[性别]=" 男 " && '学生成绩表 '[数学]>=60)

以上 DAX 查询返回的结果表如图 13-10 所示。

在此基础上，如果还要继续增加筛选条件，如同时要求英语成绩及格，可使用如下 DAX 查询语句：

EVALUATE
FILTER('学生成绩表 ','学生成绩表 '[性别]=" 男 " && '学生成绩表 '[数学]>=60 && '学生成绩表 '[英语]>=60)

以上 DAX 查询返回的结果表如图 13-11 所示。

姓名	性别	数学	语文	英语
李锐1	男	64	84	89
李锐3	男	80	64	83
李锐5	男	93	72	84
李锐9	男	60	91	59
李锐11	男	80	91	99

图 13-10 提取所有数学及格的男生的成绩记录

姓名	性别	数学	语文	英语
李锐1	男	64	84	89
李锐3	男	80	64	83
李锐5	男	93	72	84
李锐11	男	80	91	99

图 13-11 提取数学和英语都及格的男生的成绩记录

13.1.3 CALCULATE 函数：按条件进行筛选计算

如何使用 CALCULATE 函数按条件进行筛选计算呢？让我们来看一个示例。

1. 函数应用示例

某公司的产品销售表如图 13-12 所示。

产品编码	产品类别	颜色	单价	销售额	添加列
1 C001	A	红色	10	100	
2 C002	B	黄色	30	200	
3 C003	A	蓝色	9	300	
4 C004	A	红色	11	400	
5 C005	B	黑色	31	500	
6 C006	C	红色	50	600	
7 C007	A	黄色	12	700	
8 C008	B	蓝色	32	800	
9 C009	C	白色	52	1000	

图 13-12 某公司的产品销售表

现工作人员希望计算产品 A 的总销售额。这种需求可以利用 CALCULATE 函数轻松实现，具体操作步骤如下。

1）创建度量值"总销售额"，使用的公式如下：

$$=\text{SUM}('产品销售表'[销售额])$$

创建度量值"产品 A 的销售额"，使用的公式如下：

$$=\text{CALCULATE}([总销售额],'产品销售表'[产品类别]="A")$$

该公式的计算原理为：在产品销售表中按照条件（[产品类别]="A"）对度量值"总销售额"进行筛选计算，然后返回产品 A 的销售额之和。

2）度量值"产品 A 的销售额"的返回结果为 1500，计算过程为将"产品销售表"中所有"产品类别"为"A"的销售额相加，即 100+300+400+700。

2. 函数用法说明

CALCULATE 函数是 DAX 中非常重要且功能强大的筛选器函数，用于在筛选上下文中对指定的 DAX 表达式进行求值。它的语法结构如下：

$$=\text{CALCULATE 函数}（表达式,[筛选条件1,筛选条件2,\cdots]）$$

参数说明如下。
- 第 1 个参数：表达式，即需要计算的 DAX 表达式。
- 筛选条件 1，筛选条件 2，…：一个或多个筛选条件（可选项），用于修改或转换筛选上下文。

CALCULATE 函数具备一个非常重要的特性：在 DAX 计算中，它可以覆盖、修改或删除当前的筛选上下文，然后基于新的上下文对表达式进行求值。它的筛选器包含以下 3 种形式。

1）布尔筛选器表达式：即计算结果为 TRUE 或 FALSE 的表达式。

2）表筛选器表达式：即将表对象作为筛选器应用。它可以是直接引用的模型表，也可以是返回表对象的函数（如 FILTER 函数）。

3）筛选器修改函数：即可以删除筛选器或修改筛选范围的函数（如 ALL 函数、ALLEXCEPT 函数等）。

上下文转换是 CALCULATE 函数最核心且容易混淆的功能，主要涉及如下 3 种场景。

1）行上下文：在计算列或迭代函数中，逐行处理数据时产生的上下文。

2）筛选上下文：由当前筛选条件（如切片器、透视表的行列筛选）确定的数据范围。

3）上下文转换：在行上下文中使用 CALCULATE 函数时，DAX 会自动将行上下文转换为等效的筛选上下文。

CALCULATE 函数除了可以修改和转换筛选上下文，还可以实现多条件筛选包括"与"

和“或”条件)。下面结合两个示例进行讲解。

1）要计算红色产品 A 的销售额，可使用以下公式：

```
=CALCULATE([总销售额],'产品销售表'[产品类别]="A",'产品销售表'[颜色]="红色")
```

2）要计算红色和黄色产品 A 的销售额，可使用以下公式：

```
=CALCULATE([总销售额],'产品销售表'[产品类别]="A",'产品销售表'[颜色] IN {"红色","黄色"})
```

13.1.4　ALL 函数：清除筛选条件并返回表中所有行

如何使用 ALL 函数清除筛选条件并返回表中所有行呢？让我们来看一个示例。

1. 函数应用示例

在销售表（见图 13-13）中，工作人员希望按照区域、产品、品牌对销售额进行分类汇总，并计算各区域和产品的销售占比。这种需求可以利用 CALCULATE 函数配合 ALL 函数轻松实现。

	区域	产品	品牌	销售额	添加列
1	北京	手机	小米	1000	
2	北京	电脑	小米	2000	
3	北京	电视机	海信	3000	
10	上海	手机	华为	10000	
11	上海	电脑	小米	11000	
12	上海	电视机	康佳	12000	

销售表

记录: 第 1 行，共 12 行

图 13-13　销售表

按照多级条件分类汇总销售额并计算销售占比的具体操作步骤如下。

1）创建度量值“总销售额”，使用的公式如下：

```
=SUM('销售表'[销售额])
```

创建度量值“ALL 总销售额”，使用的公式如下：

```
=CALCULATE([总销售额],ALL('销售表'))
```

创建度量值“销售占比”，使用的公式如下：

=DIVIDE([总销售额],[ALL总销售额])

2）在 Power Pivot 管理后台的计算区域中，因为没有任何筛选限制，所以度量值"总销售额"和"ALL总销售额"的计算结果一致（都是 78 000），度量值"销售占比"的计算结果为 1。

3）选中度量值"销售占比"所在位置，单击功能区菜单中"格式设置"组中的"%"按钮，将结果转换为百分比格式进行显示，如图 13-14 所示。

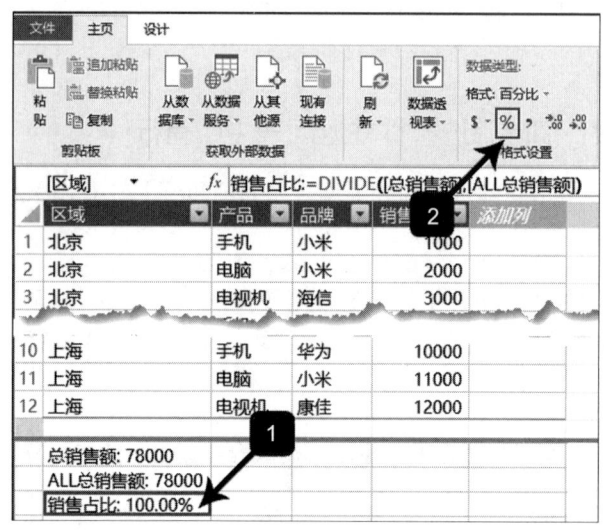

图 13-14　将销售占比结果转换为百分比格式进行显示

4）在 Power Pivot 管理后台的"主页"选项卡中单击"数据透视表"按钮，按照需求创建数据透视表。数据透视表字段的布局设置如图 13-15 所示。

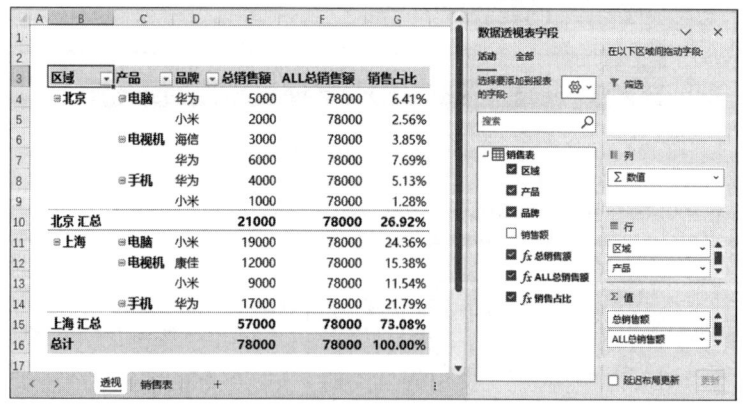

图 13-15　按照需求创建数据透视表

在数据透视表中经过行筛选后，可以发现度量值"总销售额"和"ALL总销售额"的计算结果出现了明显差异，如下所示。

1）度量值"总销售额"在数据透视表中按照多个行字段的多级筛选进行计算，生成了特定区域、产品、品牌的销售数据。

2）度量值"ALL 总销售额"在定义时，通过在 CALCULATE 函数的第 2 个参数中使用 ALL 函数，强制清除了所有筛选条件并返回了表中所有行，所以每行的结果都是 78 000。

度量值"销售占比"同样利用 ALL 函数删除筛选器的特性，顺利实现了各区域和产品销售占比的正确计算。

2. 函数用法说明

ALL 函数是 DAX 中很重要的筛选器函数，用于忽略已应用的筛选条件，返回表中的所有行或列中的所有值。它的语法结构如下：

$$=ALL(表)或 ALL(列1,列2,\cdots)$$

- 表：需要清除筛选条件的表。
- 列：需要清除筛选条件的列。

ALL 函数的参数必须是对基表或基列的引用，不能在 ALL 函数的参数中使用表达式或列表达式。

在实际工作中，ALL 函数经常用于清除筛选条件并基于全表数据进行计算。它是处理上下文转换的重要工具，常用于计算总计值、占比等场景。

13.1.5　EARLIER 函数：处理嵌套行上下文

如何使用 EARLIER 函数处理嵌套行上下文呢？让我们来看一个示例。

1. 函数应用示例

在某学校的成绩表中，工作人员希望创建一个计算列，按照成绩统计每位学生的排名。成绩表及需要实现的排名效果如图 13-16 所示。

这种需求可以利用 FILTER 函数和 EARLIER 函数轻松实现，使用的公式如下：

=COUNTROWS(FILTER('成绩表','成绩表'[成绩]>EARLIER('成绩表'[成绩])))+1

该公式的计算过程为：在成绩表中逐行筛选大于当前行成绩的记录行数，再将返回结果加 1，即可得到当前行成绩的排名。例如，已知第 1 行成绩为 100，在成绩表中逐行筛选出大于 100 的记录行数为 0，返回 0+1，得到当前成绩的排名为 1。

2. 函数用法说明

EARLIER 函数是 DAX 中一个用于处理嵌套行上下文的特殊函数。它允许用户在计算中访问外层迭代的行值，通常用于需要逐行比较或迭代的场景。它的语法结构如下：

=EARLIER(列 ,[回溯层数])

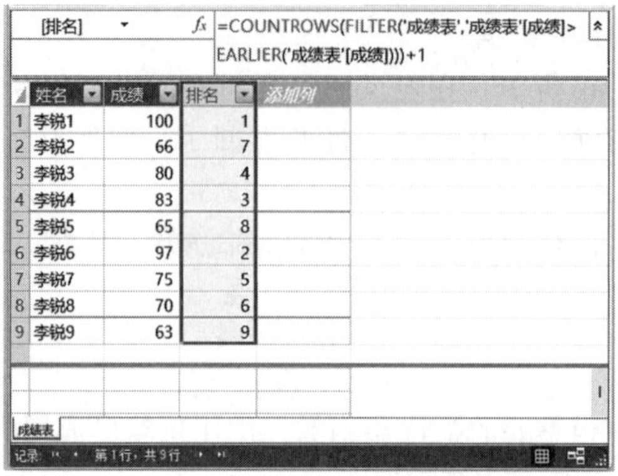

图 13-16 使用 EARLIER 函数统计成绩排名

参数说明如下。
- 第 1 个参数：需要引用的列或返回结果为列的 DAX 表达式。
- 第 2 个参数：回溯层数（可选项）。如省略则默认为 1，即外层。

当用户需要在计算列或迭代函数（如 FILTER 函数、SUMX 函数）中嵌套另一个迭代操作时，若需要在内部迭代中访问外层迭代的行值，可使用 EARLIER 函数穿透内层行上下文，直接引用外层的值。

下面以图 13-16 中的公式为例，进一步深入剖析 EARLIER 函数的底层逻辑。

=COUNTROWS(FILTER(' 成绩表 ',' 成绩表 '[成绩]>EARLIER(' 成绩表 '[成绩])))+1

此公式的运算包含 3 个关键点。

1) FILTER (' 成绩表 ')：FILTER 函数是迭代函数，用于对成绩表进行逐行扫描，遍历每个成绩。

2) ' 成绩表 '[成绩]：内层行上下文，用于逐行遍历每个成绩，从中筛选出所有高于外层当前成绩的行。

3) EARLIER (' 成绩表 '[成绩])：外层行上下文。EARLIER 函数的第 2 个参数被省略，默认回溯层数为 1，即向外回溯 1 层，始终指向外层当前行的成绩。

理解行上下文和上下文转换是掌握 EARLIER 函数的关键。EARLIER 函数依赖行上下文信息，因此仅能在计算列或迭代函数中使用，用于访问外层迭代的值。如果嵌套超过两层，可以通过它的第 2 个参数指定回溯层数，如 EARLIER（列，2）。

13.2 常用的 DAX 时间智能函数

在 Power Pivot 中，DAX 时间智能函数可以高效完成基于时间序列的复杂分析任务。本节从构建标准化日期表的基础配置出发，逐步解析如何通过时间智能函数实现跨时间维度的智能计算，包括动态聚合月、季、年的累计值以及灵活实现日期的智能偏移计算。

13.2.1 TOTALMTD 函数：计算月累计值

如何在数据模型中计算月累计值呢？让我们来看一个示例。

1. 函数应用示例

如图 13-17 所示，某企业 2025 年的销售记录表中包含不同日期下各区域、渠道、产品的销售金额。现工作人员希望按月统计销售额。

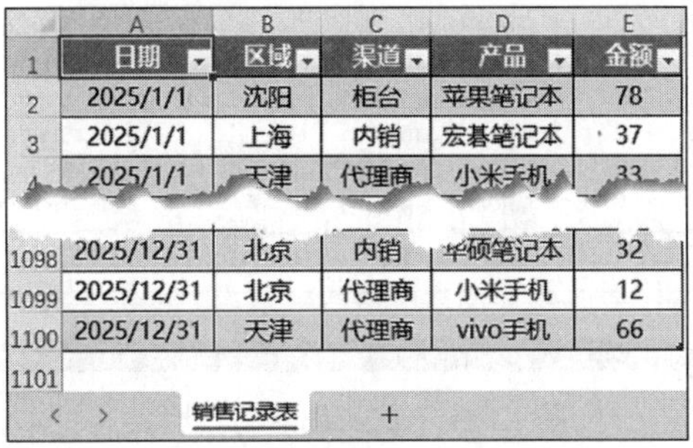

图 13-17 某企业 2025 年的销售记录表

这种需求可以利用 TOTALMTD 函数轻松实现。在数据模型中计算月累计值的具体操作步骤如下。

1）将"销售记录表"导入 Power Pivot 数据模型。

2）进入 Power Pivot 管理后台，单击"设计"选项卡下的"日期表"按钮，从展开的下拉菜单中选中"新建"选项，即可新建日期表，如图 13-18 所示。

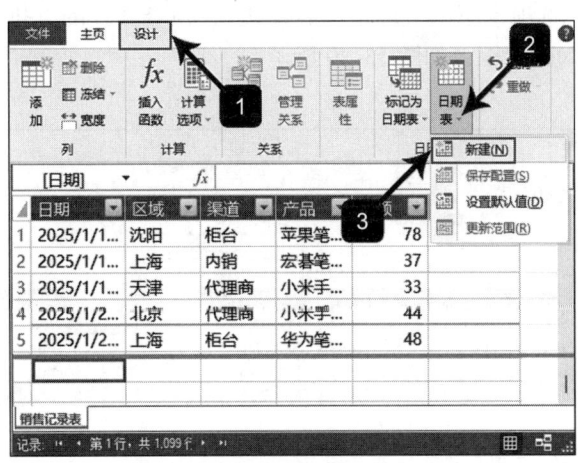

图 13-18 在数据模型中新建日期表

3）数据模型中的"销售记录表"中包含 2025 年的销售记录，所以新建的日期表会自动创建从 2025 年 1 月 1 日至 2025 年 12 月 31 日的完整日期范围。默认创建的日期表采用美国习惯的星期编号方式，所以每周是从周日开始计算的。例如，2025 年 1 月 1 日是星期三，但其"星期序号"会显示为 4。默认创建的日期表如图 13-19 所示。

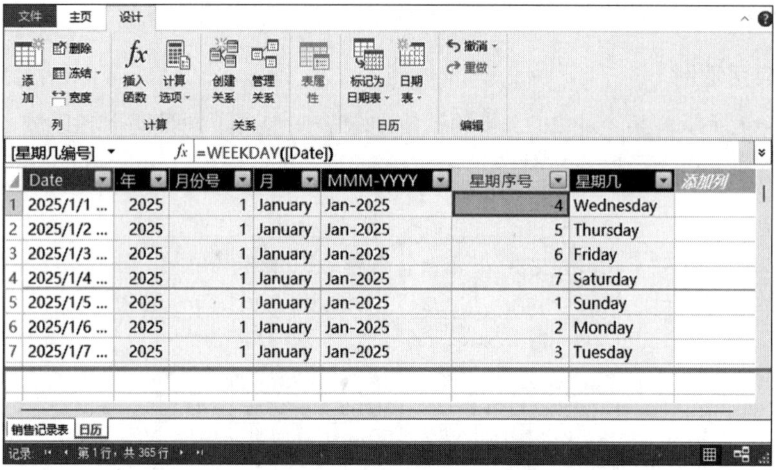

图 13-19　默认创建的日期表

4）要将默认的"星期序号"按照国内习惯显示，仅需将 WEEKDAY 函数的第 2 个参数改为 2 即可，使用公式如下：

=WEEKDAY([Date],2)

该公式的计算原理是将周一作为每周的开始日期，从而生成符合国内习惯的"星期序号"。

5）单击"设计"选项卡下的"标记为日期表"，检查展开的下拉菜单中的"标记为日期表"选项是否处于勾选状态，如图 13-20 所示。

图 13-20　进行显式标记

> **注意** 在新版 Power Pivot 中，当用户新建日期表时，系统会自动对其进行显式标记，避免用户遗忘标记操作，从而导致错误。

6）单击"主页"选项卡下的"关系图视图"按钮，在日期表（日历）与销售记录表之间建立一对多关系，如图 13-21 所示。

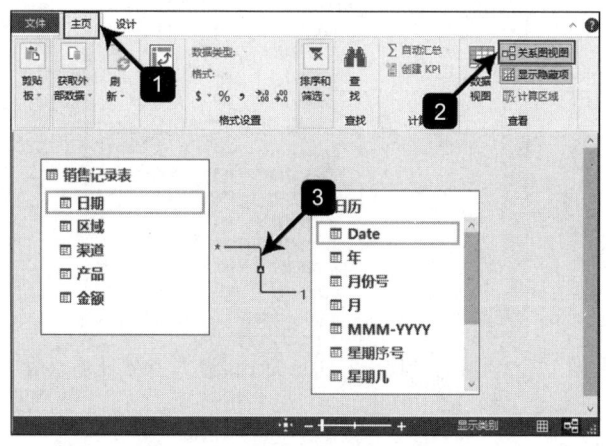

图 13-21　在日期表与销售记录表之间建立一对多关系

7）在 Power Pivot 管理后台中创建度量值"总金额"，公式如下：

=SUM('销售记录表'[金额])

接着创建度量值"月累计"，公式如下：

=TOTALMTD([总金额],'日历'[Date])

8）创建好度量值后，单击"主页"选项卡下的"数据透视表"按钮，以创建数据透视表，如图 13-22 所示。

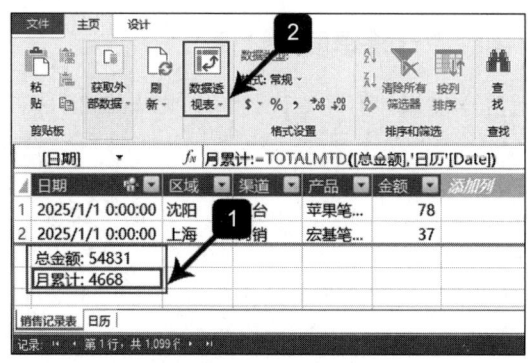

图 13-22　创建数据透视表

9）在数据透视表字段布局设置中，从"日历"表中将"年""月份号"和"Date"字段拖入透视表行区域，从"销售记录表"中将"总金额"和"月累计"度量值拖入透视表值区域，销售金额的每天汇总值与月累计汇总值如图 13-23 所示。

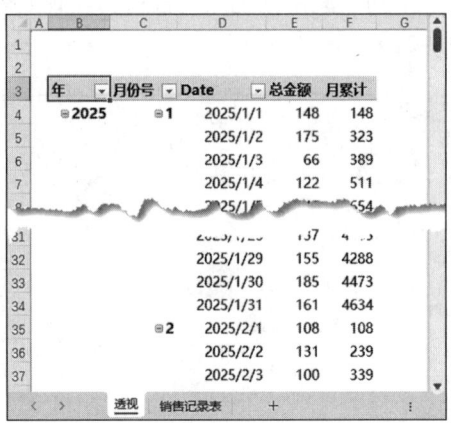

图 13-23　查看销售金额的每天汇总值与月累计汇总值

2. 函数用法说明

TOTALMTD 函数用于计算从当前月份的第一天到指定日期（或筛选器上下文中的最后日期）的累计值，其语法结构如下：

=TOTALMTD(表达式 , 日期列 ,[筛选条件])

参数说明如下。
❑ 第 1 个参数：表达式，需要计算的 DAX 表达式。
❑ 第 2 个参数：日期列，日期表中的日期列或返回单列日期的表达式。
❑ 第 3 个参数：筛选条件（可选项），需要额外添加的筛选条件。
TOTALMTD 函数会返回一个标量值，计算给定表达式和指定日期范围内的累计值。

13.2.2　TOTALQTD 函数：计算季度累计值

如何在数据模型中计算季度累计值呢？让我们继续以 13.2.1 节中的示例进行讲解。

1. 函数应用示例

在图 13-17 所示的销售记录表中，现工作人员希望按季度统计销售额。这种需求可以利用 TOTALQTD 函数轻松实现。

在数据模型中计算季度累计值，前 7 个操作步骤与 13.2.1 节完全相同，下面从步骤 8）继续讲解。

1）创建度量值"季度累计"，公式如下：

=TOTALQTD([总金额],'日历'[Date])

2）创建好度量值后，单击"主页"选项卡下的"数据透视表"按钮，以创建数据透视表；然后从"销售记录表"中将"总金额"和"季度累计"度量值拖入透视表值区域，销售金额的每月汇总值与季度累计汇总值如图 13-24 所示。

2. 函数用法说明

TOTALQTD 函数用于计算从当前季度的第一天到指定日期（或筛选器上下文中的最后日期）的累计值，其语法结构如下：

=TOTALQTD(表达式,日期列,[筛选条件])

参数说明与 TOTALMTD 函数相同。

TOTALQTD 函数会返回一个标量值，计算给定表达式和指定日期范围内的累计值。

图 13-24　销售金额的每月汇总值与季度累计汇总值

13.2.3　TOTALYTD 函数：计算年度累计值

如何在数据模型中计算年度累计值呢？我们在 13.2.1 节的示例中增加 2026 年的销售数据后进行讲解。

1. 函数应用示例

在图 13-17 所示的销售记录表中增加 2026 年的销售记录后，工作人员希望按年度统计销售额。这种需求可以利用 TOTALYTD 函数轻松实现。

在数据模型中计算年度累计值，前 7 个操作步骤与 13.2.1 节完全相同，下面从步骤 8）继续讲解。

1）创建度量值"年度累计"，公式如下：

=TOTALYTD([总金额],'日历'[Date])

2）创建好度量值后，单击"主页"选项卡下的"数据透视表"按钮，以创建数据透视表；然后从"销售记录表"中将"总金额"和"年度累计"度量值拖入透视表值区域，销售金额的每月汇总值与年度累计汇总值如图 13-25 所示。

图 13-25　销售金额的每月汇总值与年度累计汇总值

2. 函数用法说明

TOTALYTD 函数用于计算从当前年份的第一天到指定日期（或筛选器上下文中的最后日期）的累计值，其语法结构如下：

=TOTALYTD(表达式,日期列,[筛选条件],[年结束日期])

参数说明如下。
- 前 3 个参数说明与 TOTALMTD 函数相同。
- 第 4 个参数：年结束日期（可选项），是用于指定年结束日期的文本字符串。例如，若财年结束于 6 月 30 日，则第 4 个参数设置为 "6-30"。如果省略此参数，则默认 "12-31" 为年结束日期。

TOTALYTD 函数会返回一个标量值，计算给定表达式和指定日期范围内的累计值。

13.2.4 SAMEPERIODLASTYEAR 函数：返回去年同期值

如何使用 SAMEPERIODLASTYEAR 函数返回去年同期值呢？让我们来看一个示例。

1. 函数应用示例

如图 13-26 所示，某企业 2025 年至 2026 年的销售表中包含不同日期下各产品的销售金额。现工作人员希望统计 2026 年销售额相较于 2025 年的同比变化情况以及同比增长率。这种需求可以利用 SAMEPERIODLASTYEAR 函数轻松实现。

	A	B	C
1	日期	产品	金额
2	2025/1/1	A	95
3	2025/1/2	B	72
4	2025/1/3	C	12
5	2025/1/4	A	77
6	2025/1/5	B	33
728	2026/12/28	A	45
729	2026/12/29	B	47
730	2026/12/30	C	48
731	2026/12/31	A	24
732			

图 13-26　某企业 2025 年至 2026 年的销售表

使用 SAMEPERIODLASTYEAR 函数计算 2026 年销售额相较于 2025 年的同比变化情况以及同比增长率的具体操作步骤如下。

1）将"销售表"导入 Power Pivot 数据模型。
2）新建日期表并进行显式标记。
3）在"日期表"与"销售表"之间按照日期建立一对多关系。
4）在 Power Pivot 管理后台中创建度量值"总金额"，公式如下：

=SUM('销售表'[金额])

创建度量值"去年销售额"，公式如下：

=CALCULATE([总金额],SAMEPERIODLASTYEAR('日历'[Date]))

创建度量值"同比变化值"，公式如下：

=[总金额]-[去年销售额]

创建度量值"同比增长率"，并将其设置为百分比格式，公式如下：

=DIVIDE([同比变化值],[去年销售额])

5）在数据模型中创建好度量值后，单击"主页"选项卡下的"数据透视表"按钮，以创建数据透视表，如图 13-27 所示。

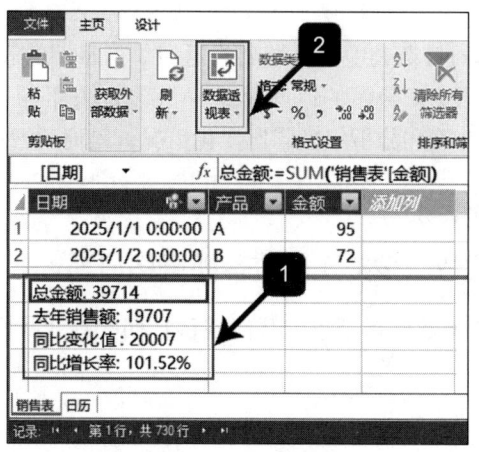

图 13-27　创建数据透视表

6）在数据透视表字段布局设置中，从"日历"表中将"年"和"月份号"字段拖入透视表行区域，从"销售表"中将"总金额""去年销售额""同比变化值"和"同比增长率"度量值拖入透视表值区域，然后在"年"字段中筛选 2026 年的数据，即可在数据透视表中查看 2026 年各月销售额与去年同期的对比情况，包括当月销售额、去年同期数据、同比变化值以及同比增长率。筛选后的透视表如图 13-28 所示。

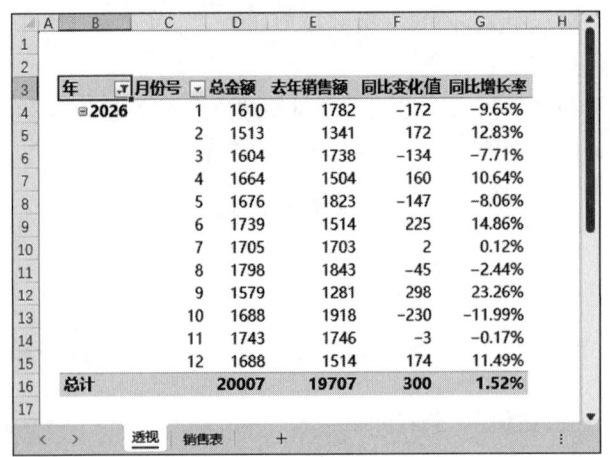

图 13-28　在数据透视表中查看销售同比变化值及同比增长率

2.函数用法说明

SAMEPERIODLASTYEAR 函数是 DAX 中常用的时间智能函数，用于快速比较当前时间段与去年同一时间段的数据，如销售额、订单量等。它的语法结构如下：

$$=\text{SAMEPERIODLASTYEAR}(日期列)$$

参数说明如下。

其中，日期列表示返回日期表中的日期列或返回单列日期的表达式。

SAMEPERIODLASTYEAR 函数的返回值是一个包含去年同一时间段日期范围的单列表。它可以帮助用户快速计算和分析年度同比变化情况，是商业智能分析中非常实用的 DAX 函数。

13.2.5　DATEADD 函数：按指定单位智能偏移日期

如何使用 DATEADD 函数按指定单位智能偏移日期呢？让我们来看一个示例。

1.函数应用示例

某企业 2025 年至 2026 年的销售表（见图 13-26）中包含不同日期下各产品的销售金额。现工作人员希望统计两年间每月销售额的环比变化情况以及环比增长率。这种需求可以利用 DATEADD 函数轻松实现。

使用 DATEADD 函数计算两年间每月销售额环比变化情况及环比增长率的具体操作步骤如下。

1）在数据模型中导入数据源、创建日期表并进行显示标记、创建表间关系的步骤与 13.2.4 中相同，此处不再赘述。

2）在 Power Pivot 管理后台中创建度量值"总金额"，公式如下：

=SUM('销售表'[金额])

创建度量值"上月销售额",公式如下:

=CALCULATE([总金额],DATEADD('日历'[Date],-1,MONTH))

创建度量值"环比变化值",公式如下:

=[总金额]-[上月销售额]

创建度量值"环比增长率",并将其设置为百分比格式,公式如下:

=DIVIDE([环比变化值],[上月销售额])

3)在数据模型中创建好度量值后,单击"主页"选项卡下的"数据透视表"按钮,以创建数据透视表,如图13-29所示。

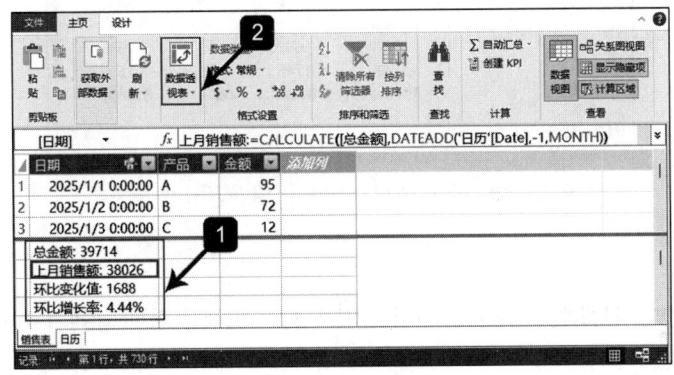

图13-29 创建数据透视表

4)在数据透视表字段布局设置中,从"日历"表中将"年"和"月份号"字段拖入透视表行区域,从"销售表"中将"总金额""上月销售额""环比变化值"和"环比增长率"度量值拖入透视表值区域,即可在数据透视表中查看两年间的每月销售额、上月销售额、环比变化值以及环比增长率,如图13-30所示。

2. 函数用法说明

DATEADD函数是DAX中十分常用且功能强大的时间智能函数,用于将日期范围在时间轴上向前或向后移动指定的间隔(如年、季度、月、日)。它比SAMEPERIODLASTYEAR函数的灵活性更高,支持自定义偏移量和时间单位。DATEADD函数的语法结构如下:

=DATEADD(日期列,偏移量,间隔单位)

	A	B	C	D	E	F	G
1							
2							
3	年 ▼	月份号	总金额	上月销售额	环比变化值	环比增长率	
4	⊟ 2025	1	1782		1782		
5		2	1341	1782	−441	−24.75%	
6		3	1738	1341	397	29.60%	
7		4	1504	1738	−234	−13.46%	
8		5	1823	1504	319	21.21%	
9		6	1514	1823	−309	−16.95%	
10		7	1703	1514	189	12.48%	
11		8	1843	1703	140	8.22%	
12		9	1281	1843	−562	−30.49%	
13		10	1918	1281	637	49.73%	
14		11	1746	1918	−172	−8.97%	
15		12	1514	1746	−232	−13.29%	
16	⊟ 2026	1	1610	1514	96	6.34%	
17		2	1513	1610	−97	−6.02%	
18		3	1604	1513	91	6.01%	
19		4	1664	1604	60	3.74%	
20		5	1676	1664	12	0.72%	
21		6	1739	1676	63	3.76%	
22		7	1705	1739	−34	−1.96%	
23		8	1798	1705	93	5.45%	
24		9	1579	1798	−219	−12.18%	
25		10	1688	1579	109	6.90%	
26		11	1743	1688	55	3.26%	
27		12	1688	1743	−55	−3.16%	
28	总计		39714	38026	1688	4.44%	

图 13-30　查看销售环比变化值及环比增长率

参数说明如下。

❑ 第 1 个参数：日期列，表示返回日期表中的日期列或返回单列日期的表达式。

❑ 第 2 个参数：偏移量。这是一个整数，正数表示向未来偏移，负数表示向过去偏移，用于指定要在日期中添加或减去的间隔数。

❑ 第 3 个参数：要移动日期的间隔单位，可选值为 YEAR（年）、QUARTER（季度）、MONTH（月）、DAY（天）。

DATEADD 函数的返回值是按指定要求偏移后的日期范围的单列表。它可以根据用户需求处理任意时间单位和偏移量，更具通用性和灵活性，可以在数据模型中高效实现时间趋势分析，如同比、环比、移动平均等。

13.3　常用的 DAX 关系函数

在 Power BI 数据分析中，高效处理表间关系是构建精准计算模型的关键。本节将重点解析 DAX 关系函数中的两大核心工具：RELATED 函数与 RELATEDTABLE 函数。这两个函数可以帮助用户突破单表计算的局限，实现跨维度数据的智能关联。

13.3.1　RELATED 函数：实现多对一查询匹配

如何使用 RELATED 函数实现多对一查询匹配呢？让我们来看一个示例。

1. 函数应用示例

如图 13-31 所示，某企业的销售表和成本表中包含各产品的订单金额和成本价。工作人员希望跨表计算各产品的总订单金额和总利润，这种需求可以利用 RELATED 函数轻松实现。

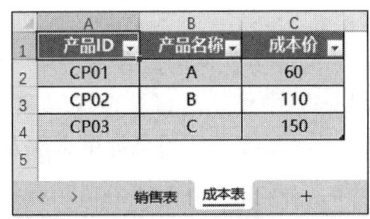

a）销售表　　　　　　　b）成本表

图 13-31　某企业的销售表和成本表

使用 RELATED 函数跨表计算各产品的总订单金额或总利润的具体操作步骤如下。

1）在数据模型中导入"销售表"和"成本表"，按照"产品 ID"创建表间关系，如图 13-32 所示。

2）在 Power Pivot 管理后台的"销售表"中创建计算列"利润"，使用的公式和计算效果如图 13-33 所示。

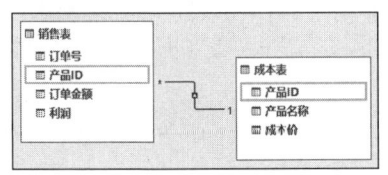

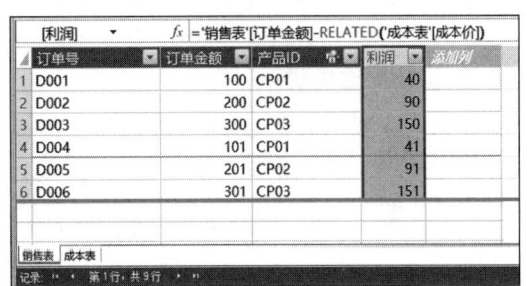

图 13-32　导入销售表和成本表并创建表间关系　　　图 13-33　跨表查询成本并计算利润

公式中，RELATED（'成本表'[成本价]）的作用是按照销售表中的"产品 ID"跨表查询成本表中的"成本价"。该公式要求销售表和成本表按"产品 ID"进行关联才能返回正确结果，否则会报错。

3）创建度量值"总订单金额"，公式如下：

=SUM('销售表'[订单金额])

创建度量值"总利润"，公式如下：

=SUM('销售表'[利润])

4）计算出需要的度量值后，单击"主页"选项卡下的"数据透视表"按钮，如图 13-34 所示。

5）在数据透视表字段布局设置中，从"成本表"中将"产品名称"字段拖入透视表行区域，从"销售表"中将"总订单金额"和"总利润"度量值拖入透视表值区域，即可使用数据透视表跨表计算各产品的总订单金额及总利润，如图 13-35 所示。

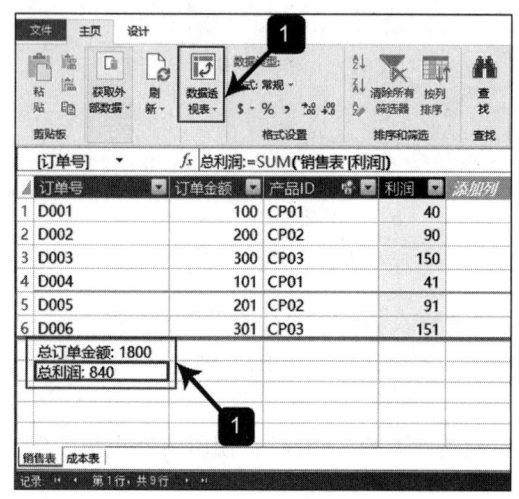

图 13-34　计算度量值后创建数据透视表

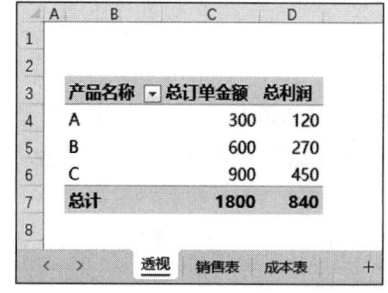

图 13-35　跨表计算各产品的总订单金额及总利润

2. 函数用法说明

RELATED 函数是 DAX 中非常重要的函数，主要用于在存在表间关系的情况下跨表获取关联数据。它的语法结构如下：

=RELATED(一端表的列)

一端表的列是指，在多对一（或一对一）关系中处于"一端"的列字段。

RELATED 函数的返回值是与当前行匹配的关联表中的值。

RELATED 函数的计算原理为：从关联表（通常是"一端"表）中获取与当前表（通常是"多端"表）匹配的字段值。此函数的使用前提是表之间必须已经建立有效的关系，否则公式结果会报错。

13.3.2 RELATEDTABLE 函数：实现一对多查询匹配

如何使用 RELATEDTABLE 函数实现一对多查询匹配呢？让我们来看一个示例。

1. 函数应用示例

如图 13-36 所示，某企业的客户表和订单表中包含各个客户的客户 ID 和订单金额，工作人员希望跨表统计每个客户的总订单数量和总订单金额。这种需求可以利用 RELATEDTABLE 函数轻松实现。

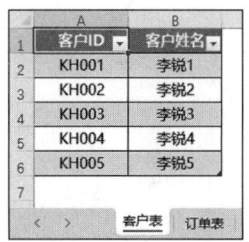

a）客户表　　　　　　b）订单表

图 13-36　某企业的客户表和订单表

使用 RELATEDTABLE 函数实现一对多查询匹配的具体操作步骤如下。

1）在数据模型中导入"客户表"和"订单表"，按照"客户 ID"创建表间关系，如图 13-37 所示。

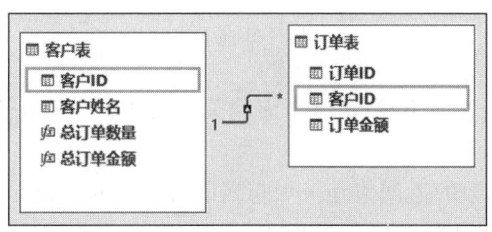

图 13-37　导入客户表和订单表并创建表间关系

2）在 Power Pivot 管理后台的"客户表"中创建度量值"总订单数量"，公式如下：

=COUNTROWS(RELATEDTABLE(' 订单表 '))

创建度量值"总订单金额"，公式如下：

=CALCULATE(SUM(' 订单表 '[订单金额]),RELATEDTABLE(' 订单表 '))

3）计算出需要的度量值后，单击"主页"选项卡下的"数据透视表"按钮，以创建数据透视表，如图 13-38 所示。

4）在数据透视表字段布局设置中，从"客户表"中将"客户姓名"字段拖入透视表行区域，将"总订单数量"和"总订单金额"度量值拖入透视表值区域，即可使用数据透视表跨表统计每个客户的总订单数量和总订单金额，如图 13-39 所示。

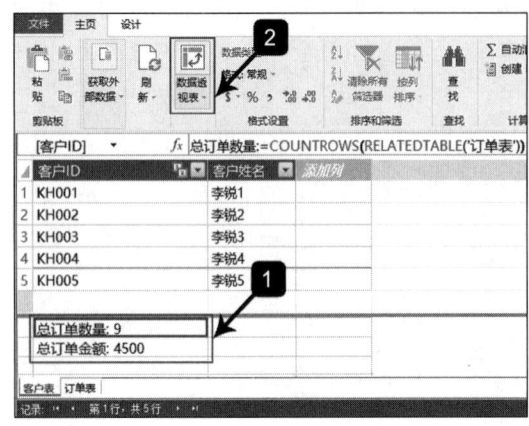

图 13-38　创建数据透视表

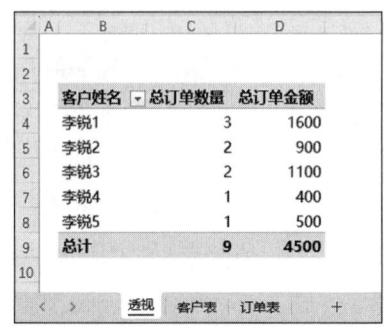

图 13-39　跨表统计每个客户的总订单数量和总订单金额

2. 函数用法说明

RELATEDTABLE 函数是 DAX 中用于处理表间关系的核心函数，尤其在涉及一对多关系时非常实用，主要用于从当前行上下文出发，返回与当前行相关联的另一个表中的所有行。它的语法结构如下：

$$=\text{RELATEDTABLE}(\text{表名称})$$

其中，表名称必须是已通过关系与当前表关联的表，即在一对多关系中处于"多端"的表。

RELATEDTABLE 函数的返回值是一个与当前行匹配的、包含所有相关行的表（多值数据集）。RELATEDTABLE 函数的计算原理为：从关联表（通常是"多端"表）中获取与当前表（通常是"一端"表）匹配的所有相关行。此函数的使用前提是表之间必须已经建立有效的关系，否则公式结果会报错。

13.4　常用的 DAX 表操作函数

在 Power BI 数据建模与多维分析过程中，熟练掌握 DAX 表操作函数是构建高效数据模型的核心技能。本节将深入剖析 DISTINCT、VALUES、SUMMARIZE 等关键表函数，帮助读者系统掌握表操作函数在数据清洗、维度表构建及多维分析中的实战技巧。

13.4.1　DISTINCT 函数：删除重复值并返回唯一值

如何使用 DISTINCT 函数删除重复值并返回唯一值呢？让我们来看一个示例。

1. 函数应用示例

如图 13-40 所示，某企业的客户订单表中记录了所有客户的订单信息，其中可能包含重复值（如前两行记录）。工作人员希望删除重复值并统计订单数量和客户数量。这种需求可以利用 DISTINCT 函数轻松实现。

订单ID	区域	客户名称	订单金额
D0001	北京	客户A	100
D0001	北京	客户A	100
D0002	北京	客户A	200
D0003	北京	客户A	300
D0004	北京	客户B	400
D0005	北京	客户B	500
D0006	上海	客户C	600
D0007	上海	客户C	700
D0008	上海	客户C	800
D0009	上海	客户C	900

客户订单表

图 13-40　某企业的客户订单表

使用 DISTINCT 函数删除重复值并统计订单数量和客户数量的具体操作步骤如下。

1）在数据模型中导入“客户订单表”，在 Power Pivot 管理后台中创建度量值“DISTINCT 订单数量”，公式如下：

```
=COUNTROWS(DISTINCT('客户订单表'))
```

创建度量值“DISTINCT 客户数量”，公式如下：

```
=COUNTROWS(DISTINCT('客户订单表'[客户名称]))
```

2）计算出需要的度量值后，单击“主页”选项卡下的“数据透视表”按钮创建数据透视表，如图 13 41 所示。

3）在数据透视表字段布局设置中，从“客户订单表”中将“区域”字段拖入透视表行区域，将“DISTINCT 订单数量”和“DISTINCT 客户数量”度量值拖入透视表值区域，即可使用数据透视表删除重复值并统计订单数量和客户数量，如图 13-42 所示。

2. 函数用法说明

DISTINCT 函数用于从指定列中删除重复值并返回唯一值，或者从指定表中删除重复行并返回仅包含不重复行的表。它的语法结构如下：

$$=DISTINCT(列名或表名)$$

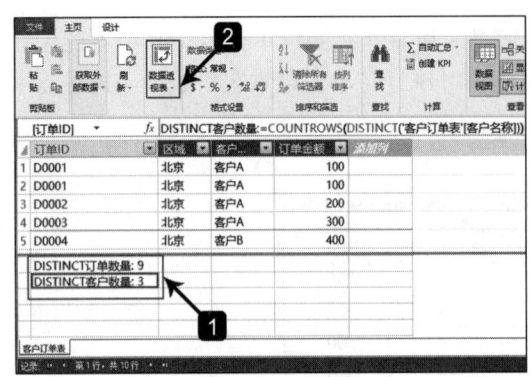

图 13-41　创建数据透视表

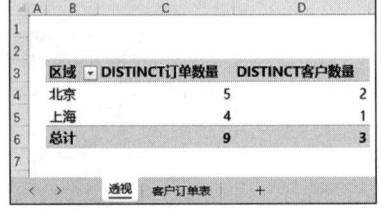

图 13-42　删除重复值并统计订单数量和客户数量

列名或表名是指，需要从中返回唯一值的列或表，也可以是返回列或表的表达式。

根据参数的不同，DISTINCT 函数分为以下两种。

1）单列去重：返回指定列中不重复的值，生成单列表。

2）整表去重：返回由所有列值组合都不同的行组成的新表。

合理使用 DISTINCT 函数，可以高效处理数据唯一性问题，尤其在数据清洗和聚合计算中非常实用。

13.4.2　VALUES 函数：获取唯一值列表或基于上下文返回相关行表

如何使用 VALUES 函数获取唯一值列表或基于上下文返回相关行表呢？让我们来看一个示例。

1. 函数应用示例

仍然使用 13.4.1 节中的示例（见图 13-40），使用 VALUES 函数获取唯一值列表，并对比 VALUES 函数与 DISTINCT 函数的区别，具体操作步骤如下。

1）在 Power Pivot 管理后台中创建度量值"VALUES 订单数量"，公式如下：

$$=COUNTROWS(VALUES('客户订单表'))$$

创建度量值"VALUES 客户数量"，公式如下：

$$=COUNTROWS(VALUES('客户订单表'[客户名称]))$$

2）计算出需要的度量值后，单击"主页"功能区中的"Excel 图标"按钮，切换回 Excel 工作表界面，如图 13-43 所示。

第 13 章　智能计算与深度分析：DAX 高阶函数应用　❖　289

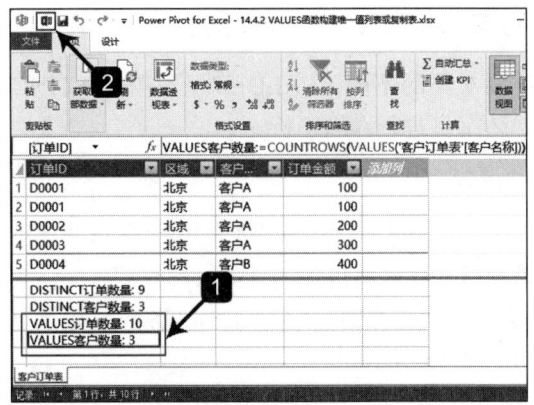

图 13-43　使用 VALUES 计算度量值后切换回 Excel 工作表

3）在数据透视表字段布局设置中，从"客户订单表"中将"VALUES 订单数量"和"VALUES 客户数量"度量值拖入透视表值区域，即可在数据透视表中直观查看 VALUES 函数与 DISTINCT 函数计算结果的异同，如图 13-44 所示。

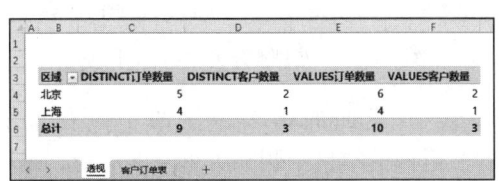

图 13-44　比较 VALUES 函数和 DISTINCT 函数计算结果的异同

通过对比可以发现，VALUES 函数和 DISTINCT 函数在处理单列数据（客户数量）时结果一致，而在处理整表数据（订单数量）时产生了差异。这是为什么呢？下面我们对 VALUES 函数展开详细讲解。

2. 函数用法说明

VALUES 函数用于从指定列中删除重复值并返回唯一值（可以包含 BLANK 值），或者从指定表中复制数据并返回包含所有行的表。它的语法结构如下：

=VALUES(列名或表名)

参数说明如下。
❑ 列名或表名：需要进行数据处理的列或表，也可以是返回列或表的表达式。
根据参数的不同，VALUES 函数分为如下两种。
1）单列去重：返回指定列中不重复的值，生成单列表，其中可以包括 BLANK 值。
2）整表复制：返回表中所有可见行，保留重复的行，其中可以包含 BLANK 行。

13.4.3 VALUES 函数与 DISTINCT 函数的区别

在 DAX 中，根据引用对象的不同，VALUES 函数与 DISTINCT 函数的计算结果可能会出现差异。下面通过具体示例进行详细解析。

1. 处理整表数据时的区别

在处理整表数据时，VALUES 函数会返回表中所有可见行，并保留重复的行；而 DISTINCT 函数会删除重复行，仅返回包含不重复行的表。

以图 13-40 所示的客户订单表为例，VALUES（'客户订单表'）和 DISTINCT（'客户订单表'）的差异对比如图 13-45 所示。

订单ID	区域	客户名称	订单金额
D0001	北京	客户A	100
D0001	北京	客户A	100
D0002	北京	客户A	200
D0003	北京	客户A	300
D0004	北京	客户B	400
D0005	北京	客户B	500
D0006	上海	客户C	600
D0007	上海	客户C	700
D0008	上海	客户C	800
D0009	上海	客户C	900

a）VALUES（'客户订单表'）

订单ID	区域	客户名称	订单金额
D0001	北京	客户A	100
D0002	北京	客户A	200
D0003	北京	客户A	300
D0004	北京	客户B	400
D0005	北京	客户B	500
D0006	上海	客户C	600
D0007	上海	客户C	700
D0008	上海	客户C	800
D0009	上海	客户C	900

b）DISTINCT（'客户订单表'）

图 13-45　处理整表时两者的区别

VALUES（'客户订单表'）返回的结果中保留了所有重复的行（即前两行），而 DISTINCT（'客户订单表'）返回的结果中删除了重复的一行，返回了由所有列值组合都不同的行组成的表。

2. 处理单列数据时的区别

在处理单列数据时，VALUES 函数和 DISTINCT 函数的表现会受到数据模型中表间关系匹配情况的影响。

1）当数据模型中仅有一张表或包含多张表且表间关系完整匹配（即不存在无效关联）时，两者返回结果相同，如图 13-44 所示。

2）当数据模型中的多表关系未完整匹配（即存在无效关联）时，两者返回结果不同。下面通过一个示例具体说明。

某企业的产品类别表和订单表中分别存放着产品类别数据和订单数据，其中订单表中有的产品名称（如“开心果”）没有在产品类别表中划分类别，如图 13-46 所示。

按以下操作步骤查看并对比 VALUES 函数与 DISTINCT 的区别。

1）将产品类别表和订单表导入数据模型，并按照“产品名称”创建关联关系，如图 13-47 所示。

2）在数据模型中创建度量值“DISTINCT 产品名称”，公式如下：

```
=COUNTROWS(DISTINCT('产品类别表'[产品名称]))
```

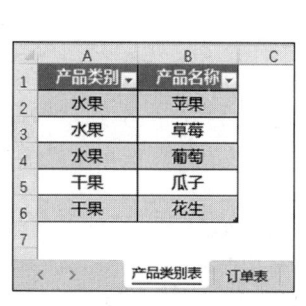 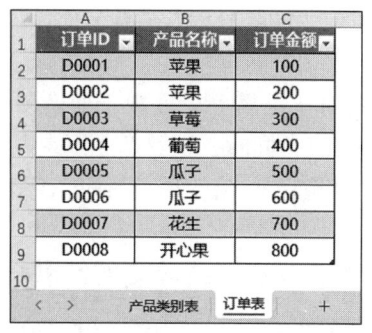

a）产品类别表　　　　　　　　　b）订单表

图 13-46　某企业的产品类别表和订单表

创建度量值"VALUES 产品名称"，公式如下：

=COUNTROWS(VALUES('产品类别表'[产品名称]))

3）在 Power Pivot 计算区域中可以发现两者的结果差异：前者计算结果为 5，而后者计算结果为 6，如图 13-48 所示。

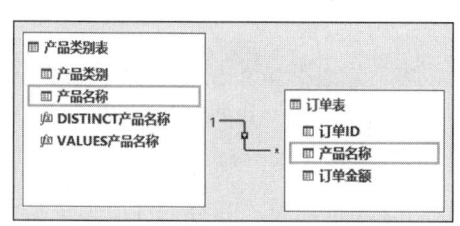 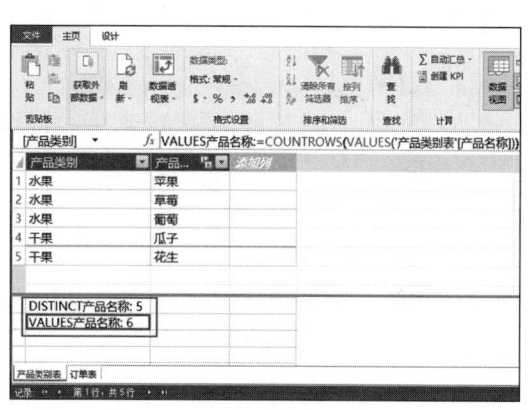

图 13-47　在数据模型中按照"产品名称"　　　　图 13-48　两者的结果差异
　　　　　创建表间关系

度量值"DISTINCT 产品名称"和"VALUES 产品名称"结果不同的原因是"产品类别表"和"订单表"两表关系未完整匹配，即存在无效关联。具体而言，"订单表"中存在"产品类别表"中没有的值（如"开心果"），导致度量值"VALUES 产品名称"多产生了一个 BLANK 空值，用于与"订单表"中的无效关联行记录相对应，以确保数据模型的匹配关系保持完整。与之不同的是，度量值"DISTINCT 产品名称"并不会处理数据模型中的无效关联，因此不会返回空值。

为了更清晰地展示这种差异，在 Power Pivot 管理后台单击"主页"选项卡下的"数据透视表"按钮，跳转到 Excel 工作表；从"产品类别表"中将"产品类别"字段拖入透视表行区域，将度量值“DISTINCT 产品名称”和“VALUES 产品名称”拖入透视表值区域，如图 13-49 所示。

从透视表中的对比结果可以发现，度量值“VALUES 产品名称”比“DISTINCT 产品名称”的计算结果多 1；同时，在数据透视表行区域下的“产品类别”字段中，Power Pivot 自动生成了一个“（空白）”值，用于对应“VALUES 产品名称”多出来的那个空值。

13.4.4 SUMMARIZE 函数：按条件进行分类汇总

如何使用 SUMMARIZE 函数按条件进行分类汇总呢？让我们来看一个示例。

1. 函数应用示例

某企业的订单表中包含各类别、各品牌的订单数据，其中同一类别和品牌可能会在多笔订单中重复出现，如图 13-50 所示。

产品类别	DISTINCT产品名称	VALUES产品名称
干果	2	2
水果	3	3
(空白)		1
总计	5	6

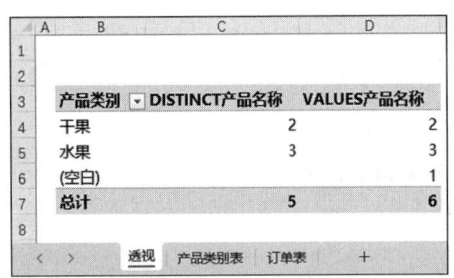

图 13-49 在数据透视表中按“产品类别”观察两者结果差异

订单ID	类别	品牌	金额
D0001	手机	华为	7000
D0002	手机	小米	6000
D0002	手机	小米	5000
D0003	手机	vivo	4000
D0004	手机	OPPO	3000
D0005	电脑	联想	4500
D0006	电脑	华硕	4000
D0007	电脑	戴尔	3500
D0008	打印机	惠普	3000
D0009	打印机	佳能	2000

图 13-50 某企业的订单表

为了方便后续的销售分析，工作人员希望实现以下 5 种需求，并且当订单表更新后可以同步刷新结果。

1）从订单表中提取不重复的产品类别列表。

2）根据类别和品牌两个字段删除重复记录，返回仅包含类别和品牌字段的不重复数据列表。

3）按类别分类汇总订单金额。

4）按类别和品牌两个字段分类汇总订单金额。

5）按产品类别分类汇总订单金额，并计算每种类别的平均订单金额。

这些需求可以利用 SUMMARIZE 函数轻松实现，具体操作步骤如下。

（1）数据准备

1）将“订单表”导入 Power Pivot 数据模型。

2）在 DAX 编辑器中编写表达式，使用 EVALUATE 函数返回所需的表结果。具体操作步骤参考 13.1.2 节的图 13-5、图 13-6 和图 13-7，此处不再赘述。

（2）DAX 实现方案

1）**需求 1**：从订单表中提取不重复的产品类别列表，使用的 DAX 表达式如下：

```
EVALUATE
SUMMARIZE('订单表','订单表'[类别])
```

返回的结果表如图 13-51 所示。

2）**需求 2**：根据类别和品牌两个字段删除重复记录，返回仅包含类别和品牌字段的不重复数据列表，使用的 DAX 表达式如下：

```
EVALUATE
SUMMARIZE('订单表','订单表'[类别],'订单表'[品牌])
```

返回的结果表如图 13-52 所示。

类别
手机
电脑
打印机

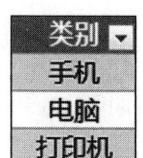

图 13-51 从订单表中提取不重复的产品类别列表

类别	品牌
手机	华为
手机	小米
手机	vivo
手机	OPPO
电脑	联想
电脑	华硕
电脑	戴尔
打印机	惠普
打印机	佳能

图 13-52 返回仅包含类别和品牌字段的不重复数据列表

3）**需求 3**：按类别分类汇总订单金额，使用的 DAX 表达式如下：

```
EVALUATE
SUMMARIZE('订单表','订单表'[类别],"总金额",SUM('订单表'[金额]))
```

返回的结果表如图 13-53 所示。

4）**需求 4**：按类别和品牌两个字段分类汇总订单金额，使用的 DAX 表达式如下：

```
EVALUATE
SUMMARIZE('订单表','订单表'[类别],'订单表'[品牌],"总金额",SUM('订单表'[金额]))
```

返回的结果表如图 13-54 所示。

类别	总金额
手机	25000
电脑	12000
打印机	5000

图 13-53　按类别分类汇总订单金额 1

类别	品牌	总金额
手机	华为	7000
手机	小米	11000
手机	vivo	4000
手机	OPPO	3000
电脑	联想	4500
电脑	华硕	4000
电脑	戴尔	3500
打印机	惠普	3000
打印机	佳能	2000

图 13-54　按类别和品牌两个字段分类汇总订单金额 1

5）**需求 5**：按产品类别分类汇总订单金额，并计算每种类别的平均订单金额，使用的 DAX 表达式如下：

```
EVALUATE
SUMMARIZE('订单表','订单表'[类别],"总金额",SUM('订单表'[金额]),"平均金额",
AVERAGE('订单表'[金额]))
```

返回的结果表如图 13-55 所示。

（3）数据刷新

当“订单表”中的数据更新时，在 Excel 功能区菜单栏单击“数据”选项卡下的“全部刷新”按钮，即可一键刷新 DAX 表达式生成的所有结果表，如图 13-56 所示。

类别	总金额	平均金额
手机	25000	5000
电脑	12000	4000
打印机	5000	2500

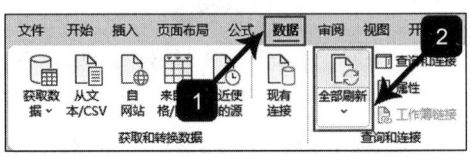

图 13-55　按产品类别统计订单金额和平均金额 1

图 13-56　一键刷新所有 DAX 结果表

2. 函数用法说明

SUMMARIZE 函数是 DAX 中一个功能强大的表操作函数，主要用于对表格数据进行分组并执行聚合计算。它的语法结构如下：

```
=SUMMARIZE(表名,分组列1,[分组列2],聚合列名1,表达式1,[聚合列名2,表达式2])
```

参数说明如下。

- 表名：需要处理的表名称，也可以是一个返回表的 DAX 表达式。
- 分组列：用于分组的列，可以是单列，也可以是多列组合。这些列必须是表中实际存在的列名，不支持使用表达式返回的列作为分组列。
- 聚合列名：为聚合计算后生成的新列指定的字段名，该名称必须使用双引号括起来。
- 表达式：返回单个标量值的 DAX 聚合计算表达式（如 SUM、AVERAGE 函数等），该表达式会针对每个分组上下文分别进行计算。

SUMMARIZE 函数的返回值是一个分类汇总表，包含选定的分组列和对应的聚合计算结果。

作为 DAX 中常用的分组聚合工具，SUMMARIZE 函数虽然在大多数场景中表现优异，但在实际工作中，当需要处理大规模数据或进行多层复杂计算时，其性能瓶颈会逐渐凸显出来。这是由于 SUMMARIZE 函数在计算过程中会对 DAX 表达式进行重复遍历，当遇到以下情况时尤为明显：

1) 原始数据表超过百万行。
2) 需要嵌套多个关联表进行计算。
3) 涉及多层级的分组条件与复杂度量值的组合。

针对这些性能挑战，微软在更新版本（Excel 2019 版本及以后版本）中专门开发的 SUMMARIZECOLUMNS 函数提供了更高效的解决方案。该函数通过优化内存和并行计算机制有效减少了计算耗时，优化了运算效率。

13.4.5 SUMMARIZECOLUMNS 函数：生成汇总表

如何使用 SUMMARIZECOLUMNS 函数生成汇总表呢？让我们来看一个示例。

1. 函数应用示例

仍旧以 13.4.4 节中的"订单表"为例进行讲解，本节要实现以下 3 种需求。
1) 按类别分类汇总订单金额。
2) 按类别和品牌两个字段分类汇总订单金额。
3) 按产品类别统计订单金额和每种类别的平均订单金额。

这些需求可以利用 SUMMARIZECOLUMNS 函数轻松实现，具体操作步骤如下。

（1）数据准备
1) 在 Power Pivot 数据模型中导入数据源。
2) 在 DAX 编辑器中编写表达式，使用 EVALUATE 函数返回所需的表结果。具体操作步骤参考 13.1.2 节中的图 13-5、图 13-6 和图 13-7，此处不再赘述。

（2）DAX 实现方案

需求 1：按类别分类汇总订单金额，使用的 DAX 表达式如下：

EVALUATE
SUMMARIZECOLUMNS('订单表'[类别],"总金额",SUM('订单表'[金额]))

返回的结果表如图 13-57 所示。

需求 2：按类别和品牌两个字段分类汇总订单金额，使用的 DAX 表达式如下：

EVALUATE
SUMMARIZECOLUMNS('订单表'[类别],'订单表'[品牌],"总金额",SUM('订单表'[金额]))

返回的结果表如图 13-58 所示。

图 13-57　按类别分类汇总订单金额 2

图 13-58　按类别和品牌两个字段分类汇总订单金额 2

需求 3：按产品类别统计订单金额和每种类别的平均订单金额，使用的 DAX 表达式如下：

EVALUATE
SUMMARIZECOLUMNS('订单表'[类别],"总金额",SUM('订单表'[金额]),"平均金额",AVERAGE('订单表'[金额]))

返回的结果表如图 13-59 所示。

图 13-59　按产品类别统计订单金额和平均金额 2

2. 函数用法说明

（1）函数语法结构

SUMMARIZECOLUMNS 函数是 DAX 中一个功能非常强大的表操作函数，主要用于按条件生成汇总表，对表格数据进行分组并执行聚合计算。它比 SUMMARIZE 函数更高效、更灵活，尤其是在处理复杂的数据模型时。它的语法结构如下：

```
=SUMMARIZECOLUMNS(分组列 1,[分组列 2],[筛选表],聚合列名 1,表达式 1,[聚合列名 2,
    表达式 2])
```

参数说明如下。
- 分组列：用于分组的列，可以是单列，也可以是多列组合；必须使用完全限定列的引用形式（即表名[列名]）；必须是表中实际存在的列名，不支持使用表达式返回的列作为分组列。
- 筛选表（可选项）：用于添加筛选条件的 DAX 表达式，如 FILTER 或其他返回表的函数。如果省略，则默认使用整张表进行计算。
- 聚合列名：为分组并聚合计算后生成的新列指定的字段名，该名称必须使用双引号括起来。
- 表达式：返回单个标量值的 DAX 聚合计算表达式，如 SUM、AVERAGE 函数等。

（2）函数生成汇总表的规则

SUMMARIZECOLUMNS 函数的返回值是一个按条件动态生成的汇总表，仅包含符合条件的分组列和聚合计算结果。其生成汇总表的过程遵循以下 3 种规则。

规则 1：指定表结构规则。汇总表中仅包含如下两类数据。
① 分组列，如类别、品牌等指定分组字段。
② 聚合列，如通过 SUM、AVERAGE 等聚合计算表达式生成的结果。

规则 2：非空筛选规则。汇总表中仅保留同时满足以下条件的行。
① 符合筛选条件，如类别为"手机"。
② 至少有一个聚合列的结果为非空值。

规则 3：自动剔除空值规则。若某分组的所有聚合列计算结果均为 BLANK（例如，某类别的订单金额均为空或无匹配数据），该分组行会被自动排除，不会出现在最终结果表中。

（3）函数规则实践

为了让大家更清晰直观地理解这 3 种规则，下面通过一个更严苛的筛选条件（能排除某些分组）来观察 SUMMARIZECOLUMNS 函数的返回结果。

筛选条件：在单笔订单金额大于 3000 元的订单中按类别统计平均订单金额，使用的 DAX 表达式如下：

```
EVALUATE
SUMMARIZECOLUMNS('订单表'[类别],FILTER('订单表','订单表'[金额]>3000),"平均金额",AVERAGE('订单表'[金额]))
```

当增加了更严苛的筛选条件后，SUMMARIZECOLUMNS 函数返回的结果表中仅包含"手机"和"电脑"两个分组，因为"打印机"分组下的所有订单都不符合要求，所以被自动排除掉，不会出现在最终结果表中。订单表及返回的结果表如图 13-60 所示。

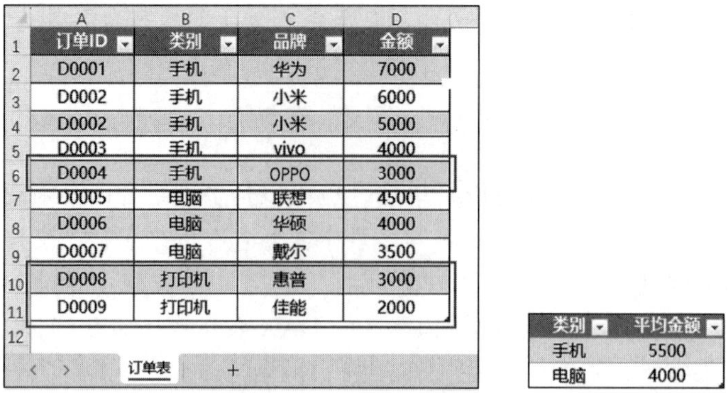

订单ID	类别	品牌	金额
D0001	手机	华为	7000
D0002	手机	小米	6000
D0002	手机	小米	5000
D0003	手机	vivo	4000
D0004	手机	OPPO	3000
D0005	电脑	联想	4500
D0006	电脑	华硕	4000
D0007	电脑	戴尔	3500
D0008	打印机	惠普	3000
D0009	打印机	佳能	2000

类别	平均金额
手机	5500
电脑	4000

a）订单表　　b）返回的结果表

图 13-60　未达要求的分组会被自动排除掉

此示例返回的汇总表的计算过程同时遵循了上述 3 种规则。

1）**规则 1：**指定表结构规则。汇总表中仅包含分组列“类别”和聚合列“平均金额”。

2）**规则 2：**非空筛选规则。汇总表中仅保留了满足条件的行：OPPO 手机的订单金额为 3000 元，不参与后续的平均金额统计。

3）**规则 3：**自动剔除空值规则。打印机分组中的所有行都未达到要求，所以自动剔除该分组，不在结果表中显示。

理解这些规则有助于我们更好地掌握 SUMMARIZECOLUMNS 函数并在实际工作中进行高效应用。该函数是 DAX 中用于生成动态汇总表的首选函数，尤其适合多表关联和需要高效过滤的场景，推荐大家在构建复杂数据模型或进行动态分析时优先使用该函数。

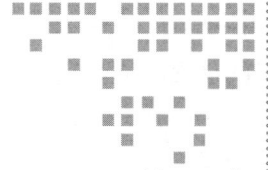

第 14 章

使用 Power Pivot 对数据模型进行改进与完善

在数据分析场景中,数据模型的性能优化与结构规范直接影响着决策效率与业务洞察深度。本章围绕 Power Pivot 数据模型的改进及完善策略展开讲解,从 DAX 表达式的优化技巧、表结构的动态重组到自动化日期表的构建与度量值的集中管理,系统性地提升模型的运行效率、可维护性与扩展性。这些方法既是应对复杂业务场景的必备技能,也是从初级迈向高级数据分析能力的分水岭。

14.1 使用 VAR 变量改进 DAX 表达式

VAR 变量是提升 DAX 表达式可读性与性能的关键工具。在构建复杂的数据模型及开展涉及多维度、多环节的数据分析工作时,通常需要定义多个度量值、嵌套多层函数、编写复杂的 DAX 表达式或复合表达式,并可能重复计算某个中间过程。这种情况下,可以使用 VAR 变量改进 DAX 表达式,拆解复杂逻辑,避免重复运算。合理使用 VAR 变量不仅可以提高 DAX 表达式的计算性能、可靠性和可读性,还能在降低复杂性的同时提高可维护性。

14.1.1 VAR 变量概述

VAR 变量会将表达式的结果存储为命名变量,然后作为参数传递给其他度量值表达式。VAR 变量为表达式计算出结果值后,即使该变量在另一个表达式中被引用,这些值也不会更改。

1. 语法结构

VAR 变量的语法结构如下：

$$VAR(变量名称,表达式)$$

参数说明如下。

（1）第 1 个参数：变量名称

变量名称用于定义存储中间结果的变量名称，要求遵循以下规则。

- 仅支持 a～z、A～Z、0～9 这些字符集。
- 不能以 0～9 作为开头字符。
- 不支持中文及其他特殊字符。
- 不允许使用系统保留关键字。
- 不允许使用现有表的名称。
- 不允许使用空格。

（2）第 2 个参数：表达式

表达式是指需要计算的 DAX 表达式，它支持返回标量值或表值。

VAR 的返回值要求使用 Return 语句返回最终结果，并且 Return 语句中可以引用已定义的变量。

2. 注意事项

VAR 变量在使用过程中需要注意以下 3 点。

1）变量作用域：仅在当前公式内有效。
2）变量顺序：必须先定义后使用。
3）不可递归：变量不能引用自身。例如，VAR X=X+1 会导致错误。

14.1.2 实例解析

下面通过一个实际案例对比传统方式表达式与使用 VAR 变量改进后的 DAX 表达式，帮助读者掌握 VAR 变量的使用方法及优势。

1. 案例背景及分析要求

某企业的产品表、销售表和成本表中分别包含各种产品的 ID、产品名称、销售数据和成本数据，如图 14-1 所示。

现需要统计每种产品的利润率，相关字段的相互关系如下：

$$销售金额 = 售价 \times 数量$$
$$成本 = 成本价 \times 数量$$
$$利润 = 销售金额 - 成本$$

利润率 = 利润 / 销售金额

产品ID	产品名称
P01	产品A
P02	产品B
P03	产品C
P04	产品D
P05	产品E

a）产品表

订单ID	产品ID	售价	数量
D0001	P01	100	9
D0002	P01	99	8
D0003	P05	500	7
D0004	P02	200	6
D0005	P02	199	5
D0006	P03	300	4
D0007	P03	299	3
D0008	P04	398	2
D0009	P04	400	1

b）销售表

产品ID	成本价
P01	80
P02	150
P03	200
P04	260
P05	300

c）成本表

图 14-1　某企业的产品表、销售表和成本表

2. 传统方式表达式

使用传统方式表达式统计产品利润率的具体操作步骤如下。

1）将产品表、销售表和成本表导入数据模型；在 Power Pivot 后台打开“销售表”，在计算区域中创建以下 4 个度量值。

创建“销售金额”，使用的公式如下：

```
=SUMX('销售表','销售表'[售价]*'销售表'[数量])
```

创建“成本”，使用的公式如下：

```
=SUMX('销售表','销售表'[数量]*RELATED('成本表'[成本价]))
```

创建“利润”，使用的公式如下：

```
=[销售金额]-[成本]
```

创建“利润率”并设置为百分比格式，使用的公式如下：

```
=DIVIDE([利润],[销售金额])
```

2）单击"主页"选项卡下的"数据透视表"按钮，以创建数据透视表，如图 14-2 所示。

3）在数据透视表字段布局设置中，从"产品表"中将"产品名称"拖入透视表行区域，从"销售表"中将度量值"销售金额""成本""利润"和"利润率"拖入透视表值区域中，即可统计各产品的利润率，如图 14-3 所示。

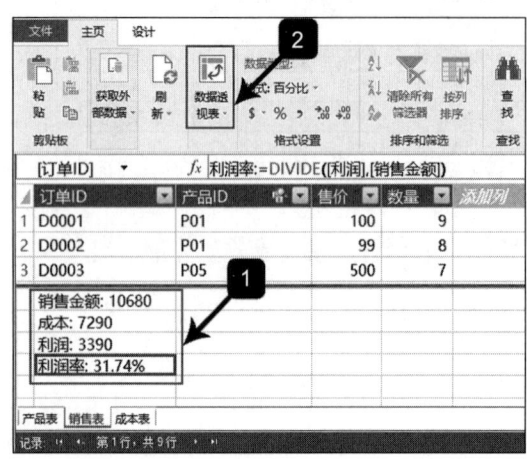

图 14-2　创建数据透视表

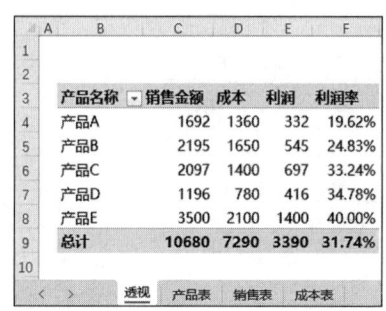

图 14-3　统计各产品的利润率

3. 使用 VAR 变量改进 DAX 表达式

使用 VAR 变量改进 DAX 表达式后，仅需创建一个度量值"VAR 利润率"并将该值设置为百分比格式即可，使用的公式如下：

=VAR Salesamount = SUMX('销售表','销售表'[售价]*'销售表'[数量])

VAR Cost = SUMX('销售表','销售表'[数量]*RELATED('成本表'[成本价]))

VAR Profit = SalesAmount − Cost

VAR ProfitRate = DIVIDE(Profit,SalesAmount)

RETURN

ProfitRate

在透视表字段布局设置中，将度量值"VAR 利润率"拖入透视表值区域，即可直观查看两种方法的结果对比，如图 14-4 所示。

通过观察可以发现，传统方式表达式与使用 VAR 变量改进后的 DAX 表达式的计算结果完全一致。后者集成了多步操作，将复杂逻辑拆解为简单模块，避免重复计算中间结果的同时增强了 DAX 表达式的可读性。当在实际工作中遇到更多步骤的复杂需求时，使用 VAR 变量改进表达式的优势也会愈加凸显。

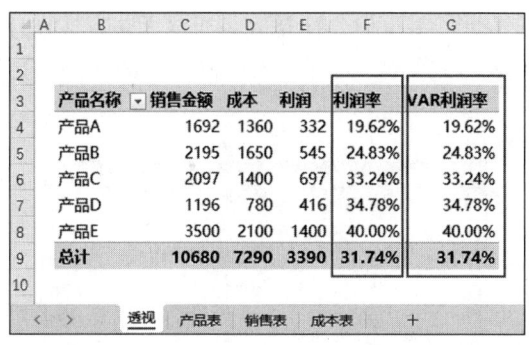

图 14-4　在数据透视表中对比两种方法的结果

14.2　使用 ADDCOLUMNS 函数改进表结构

如何使用 ADDCOLUMNS 函数改进表结构呢？让我们来看一个示例。

1. 函数应用示例

某企业的销售订单表如图 14-5 所示。

图 14-5　某企业的销售订单表

工作人员希望在原表基础上增加"金额"（金额＝单价＊数量）列。这种需求虽然可以通过创建计算列实现，但是计算列会永久存在于物理表中，不仅会占用数据模型的存储空间，还会在数据刷新时进行全表重算，可能导致计算延迟。针对这种情况，可以使用 ADDCOLUMNS 函数改进表结构，仅在查询时进行动态计算，不占用数据模型的存储空间。

使用 ADDCOLUMNS 函数改进表结构的具体操作步骤如下。

1）将"销售订单表"导入数据模型；创建度量值"改进表"，使用的公式如下：

=ADDCOLUMNS('销售订单表',"金额",'销售订单表'[单价]*'销售订单表'[数量])

2）该度量值返回的不是标量单值，而是表，所以无法直接在计算区域中显示，可以利用 EVALUATE 函数返回表达式结果（已在 13.1.2 节中讲解过）。度量值"改进表"的返回结果如图 14-6 所示。

订单ID	商品名称	单价	数量	金额
D0001	商品A	100	1	100
D0002	商品B	200	2	400
D0003	商品C	300	3	900
D0004	商品A	100	4	400
D0005	商品B	200	5	1000
D0006	商品C	300	6	1800
D0007	商品A	100	7	700
D0008	商品B	200	8	1600
D0009	商品C	300	9	2700

图 14-6　度量值"改进表"的返回结果

2. 函数用法说明

ADDCOLUMNS 函数是一个功能强大的 DAX 表函数，用于按照指定的表达式进行计算，动态地向现有表或虚拟表中添加新的列。它的语法结构如下：

= ADDCOLUMNS（表,新列名 1,表达式 1,[新列名 2,表达式 2]）

参数说明如下。
- 表：基础表，可以是物理表，也可以是返回表的表达式。
- 新列名：为生成的新列指定的名称。该新列名必须使用双引号进行引用，不得与已有列名相同；支持添加多个新列，每列需要指定名称和表达式。
- 表达式：返回标量值的表达式。该表达式在每一行的上下文中进行计算。表达式的数量必须与新列名的数量保持一致。

ADDCOLUMNS 函数的返回值是一个包含原始列和新添加列的新表。它不会修改原始数据模型，只是生成一个临时的扩展表以供使用。

3. 应用场景

ADDCOLUMNS 函数拥有十分广泛的应用场景，主要有以下 3 种。
1）动态添加计算列：不占用数据模型存储空间，仅在查询时进行动态计算。
2）按要求生成虚拟表：临时生成包含复杂逻辑的虚拟表，供后续计算使用。
3）组合多个计算：在一个步骤中一次性添加多个相关联的计算列。

14.3　使用 DAX 查询自动构建通用的日期表

日期表是时间智能分析的基石，手动维护易错且低效，可使用 DAX 查询来自动构建日期表。ADDCOLUMNS 函数提供了自动化构建日期表的通用方案，不仅可以按照用户指定范围生成日期，还能确保时间维度分析的准确性与扩展性。

1. 函数应用示例

在 Power Pivot 数据模型中自动构建通用日期表的具体操作步骤如下。

1）创建度量值"日期表"，使用的公式如下：

=ADDCOLUMNS(

CALENDAR(DATE(2025,1,1),DATE(2025,12,31)),

" 年 ",YEAR([Date]),

" 季度 ",FORMAT([Date],"Q"),

" 月 ",MONTH([Date]),

" 周 ",WEEKNUM([Date],2),

" 年季度 ",YEAR([date])& "Q" & FORMAT([Date],"Q"),

" 年月 ",YEAR([Date])* 100 + MONTH([Date]),

" 年周 ",YEAR([Date])* 100 + WEEKNUM([Date],2),

" 星期序号 ",WEEKDAY([Date],2)

)

2）该公式的返回值不是标量，而是表，所以无法直接在计算区域中显示，可以利用 EVALUATE 函数返回表达式结果（已在 13.1.2 节中讲解过）。度量值"日期表"的返回结果如图 14-7 所示。

图 14-7　度量值"日期表"的返回结果

2. 函数用法说明

创建度量值"日期表"所用的 DAX 公式在基于 CALENDAR 函数生成的日期

表基础上动态添加了年、季度、月、周等多种时间维度列。该公式的核心在于使用CALENDAR 函数根据指定的日期范围自动生成规范格式的日期数据。CALENDAR(DATE（2025,1,1),DATE(2025,12,31)) 的作用是创建一个从 2025-01-01 至 2025-12-31 的连续日期表，该表仅包含一列，共 365 行数据。

该公式的后续部分构建了多种时间维度列数据。下面以 "2025-1-1" 为例，对每个表达式进行原理解析。

1）YEAR([Date]) 的作用是提取年，返回代表年的数值，如 2025。

2）FORMAT([Date],"Q") 的作用是提取季度，返回代表季度的文本，如 "1"。

3）MONTH([Date]) 的作用是提取月，返回代表月的数值如 1。

4）WEEKNUM([Date],2) 的作用是计算第几周（以周一为一周的首日），返回代表周数的数值，如 1。

5）YEAR([date])& "Q" & FORMAT([Date],"Q") 的作用是合并年和季度。返回年和季度的文本组合，如 "2025Q1"。

6）YEAR([Date])*100+MONTH([Date]) 的作用是合并年和月，返回年和月的数值组合，如 202501。

7）YEAR([Date])*100+WEEKNUM([Date],2) 的作用是合并年和周，返回年 + 第几周的数值组合，如 202501。

8）WEEKDAY([Date],2) 的作用是计算星期序号（以周一为一周的首日），返回代表星期序号的数值，如 3。

FORMAT 函数（12.3.5 节）和 WEEKDAY 函数（12.5.1 节）的用法在之前章节中已讲解过，读者可自行前往回顾。

通过 ADDCOLUMNS 函数自动生成的多维度动态日期表可以在绝大部分场景下通用，满足各种时间智能分析需求，其中 ADDCOLUMNS 函数起到了改进并动态扩展表结构的关键作用。

14.4 使用 SELECTCOLUMNS 函数重组表结构

使用 SELECTCOLUMNS 函数重组表结构，可以从表中精准提取所需列字段，显著提升数据模型的性能与清晰度。

1. 函数应用示例

某企业的商品表和订单表如图 14-8 所示。

工作人员希望将两张原始表的数据进行重组，构建一张包含"订单号""商品名称""成本""收入"和"利润"字段的表格，其中的勾稽关系如下。

1）订单号对应订单表中的"订单 ID"字段。

2）商品名称对应商品表中的"商品"字段。

ID	商品	采购价
S001	商品1	100
S002	商品2	200
S003	商品3	300
S004	商品4	400
S005	商品5	500
S006	商品6	600
S007	商品7	700
S008	商品8	800
S009	商品9	900

a）商品表

订单ID	商品ID	销量	金额	客户	地址
D0001	S001	110	15000	客户1	地址1
D0002	S001	100	14000	客户2	地址2
D0003	S002	90	23000	客户3	地址3
D0004	S005	80	43000	客户4	地址4
D0005	S005	70	38000	客户5	地址5
D0006	S006	60	45000	客户6	地址6
D0007	S006	50	38000	客户7	地址7
D0008	S007	40	34000	客户8	地址8
D0009	S006	30	23000	客户9	地址9
D0010	S002	20	5800	客户10	地址10
D0011	S004	10	5000	客户11	地址11
D0012	S003	20	9000	客户12	地址12
D0013	S004	30	16000	客户13	地址13
D0014	S005	40	30000	客户14	地址14
D0015	S006	50	50000	客户15	地址15

b）订单表

图 14-8 某企业的商品表和订单表

3）成本的计算方式为：商品表中的“采购价”字段值乘以订单表中的“销量”字段值。

4）收入对应订单表的“金额”字段。

5）利润 = 收入 – 成本。

当两张原始表中的数据更新时，要求构建的结果表能够一键同步刷新。这些需求可以使用 SELECTCOLUMNS 函数轻松实现，具体操作步骤如下。

1）将“商品表”和“订单表”导入数据模型；创建度量值“重组表”，使用的公式如下：

```
SELECTCOLUMNS('订单表',
"订单号",'订单表'[订单ID],
"商品名称",RELATED('商品表'[商品]),
"成本",RELATED('商品表'[采购价])*'订单表'[销量],
"收入",'订单表'[金额],
"利润",'订单表'[金额]-RELATED('商品表'[采购价])*'订单表'[销量]
)
```

2）该度量值返回的不是标量单值，而是表，所以无法直接在计算区域中显示，可以利用 EVALUATE 函数返回表达式结果（已在 13.1.2 节中讲解过）。度量值“重组表”的返回结果如图 14-9 所示。

2. 函数用法说明

SELECTCOLUMNS 函数是一个功能强大的 DAX 表函数，用于按照指定的表达式进行计算，动态地从表中选择特定列或创建新的计算列。它的语法结构如下：

```
= SELECTCOLUMNS (表,新列名1,表达式1,[新列名2,表达式2])
```

订单号	商品名称	成本	收入	利润
D0001	商品1	11000	15000	4000
D0002	商品1	10000	14000	4000
D0003	商品2	18000	23000	5000
D0004	商品5	40000	43000	3000
D0005	商品5	35000	38000	3000
D0006	商品6	36000	45000	9000
D0007	商品6	30000	38000	8000
D0008	商品7	28000	34000	6000
D0009	商品6	18000	23000	5000
D0010	商品2	4000	5800	1800
D0011	商品4	4000	5000	1000
D0012	商品3	6000	9000	3000
D0013	商品4	12000	16000	4000
D0014	商品5	20000	30000	10000
D0015	商品6	30000	50000	20000

图 14-9 度量值"重组表"的返回结果

参数说明如下。

❑ 表：基础表，可以是物理表，也可以是返回表的表达式。

❑ 新列名：为生成的新列指定的名称。该新列名必须使用双引号进行引用，不得与已有列名相同；支持添加多个新列，每列需要指定名称和表达式。

❑ 表达式：返回标量值的表达式。该表达式在每一行的上下文中进行计算。表达式的数量必须与新列名的数量保持一致。

SELECTCOLUMNS 函数的返回值是一个仅包含指定列的新表（虚拟表），原始表中的其他列会被排除。该函数与 ADDCOLUMNS 函数在构建表结构方面具备相同的功能，不同之处在于：ADDCOLUMNS 函数是在原始表基础上改进表结构，不会修改原始数据模型；而 SELECTCOLUMNS 函数在添加新列之前以空表开头，仅保留指定的列。

3. 应用场景

SELECTCOLUMNS 函数拥有十分广泛的应用场景，主要有以下 3 种。

1）选择现有列：仅保留需要的列，排除无关列。

2）添加计算列：创建基于现有列的新列。

3）重命名列名：简化复杂列名或避免名称冲突。

无论 SELECTCOLUMNS 函数还是 ADDCOLUMNS 函数，都是 DAX 中灵活构建表的关键工具，都支持与其他函数（如 FILTER、CALCULATE 等）组合生成动态表。

14.5 使用计算表集中化管理度量值

在复杂数据分析场景中，集中化管理度量值是提升数据模型效率和可维护性的核心策略。下面将系统讲解集中管理度量值的方法，并通过实例演示如何通过创建专用计算表彻底解决度量值分散导致的定位困难、维护缓慢等问题。

14.5.1 计算表概述

在数据模型中使用计算表集中管理度量值的作用及优势可以总结为以下 3 点。

1）集中管理，统一维护：将所有度量值集中在同一个表中（如计算表），可避免度量值分散在多个表中导致的查找困难，有助于进行统一规范命名和调试管理。

2）增强可读性，界面友好：业务用户通过 Power Pivot 界面查看数据模型时，可快速定位到计算表查看所有度量值，清晰快速地理解数据模型的分析维度。

3）团队协作，避免冲突：团队其他成员修改数据模型时无须跨表搜索相关度量值，减少遗漏风险；新增度量值时也可快速参考已有度量值列表，避免重复定义或命名冲突。

在数据模型中集中管理度量值的具体操作步骤如下。

1）在 Power Pivot 数据模型中新建一个空表，将该表重命名为"计算表"，但无须导入任何数据。

2）在计算表的计算区域创建所有度量值。

14.5.2 实例解析

某企业的销售表、退款表和商品表中分别包含各种商品的 ID、销售金额、退款金额和商品名称，如图 14-10 所示。

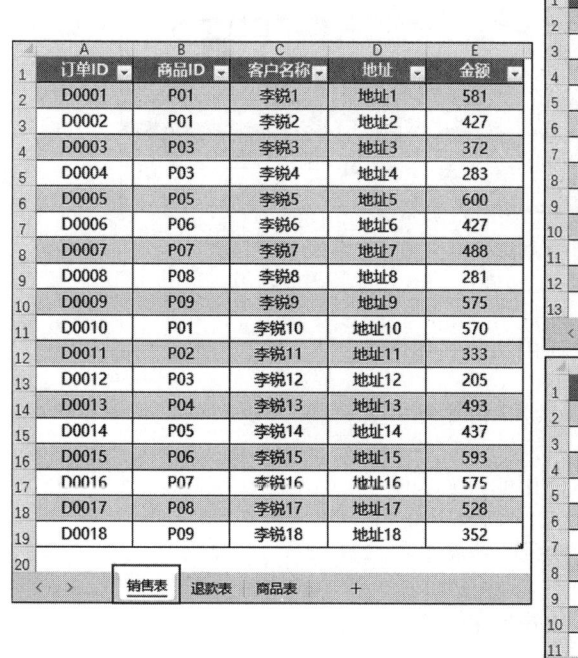

图 14-10 某企业的销售表、退款表和商品表

现需要统计每种商品的销售金额、退款金额、实际收入和退款率,相关字段的勾稽关系如下。

1)销售金额对应销售表中的"金额"字段。
2)退款金额对应退款表中的"金额"字段。
3)实际收入 = 销售金额 – 退款金额。
4)退款率 = 退款金额 / 销售金额。

集中管理度量值的具体操作步骤如下。

(1)新建空白计算表

将"销售表""退款表"和"商品表"导入 Power Pivot 数据模型;在 Excel 任意工作表中复制任意空白单元格,在 Power Pivot 管理后台单击"主页"选项卡下的"粘贴"按钮;在弹出的"粘贴预览"对话框中将表名称重命名为"计算表",单击"确定"按钮,即可新建一张空白的计算表,如图 14-11 所示。

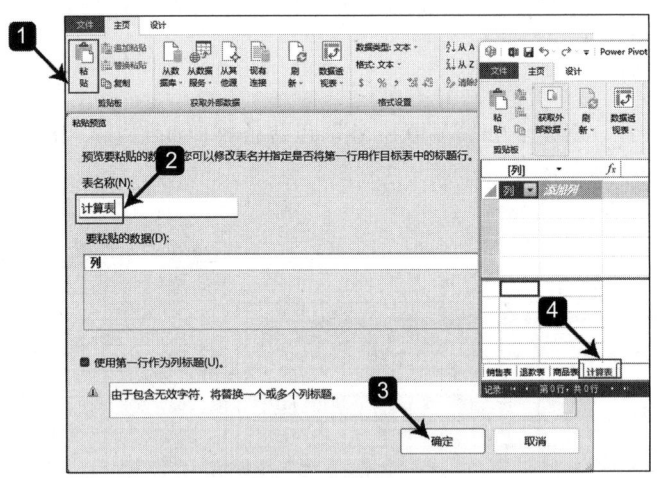

图 14-11 在数据模型中新建一张空白计算表

(2)创建度量值

1)创建度量值"销售金额",使用的公式如下:

$$=SUM('销售表'[金额])$$

2)创建度量值"退款金额",使用的公式如下:

$$=SUM('退款表'[金额])$$

3)创建度量值"实际收入",使用的公式如下:

$$=[销售金额]-[退款金额]$$

4)创建度量值"退款率"并设置为百分比格式,使用的公式如下:

=DIVIDE([退款金额],[销售金额])

5)在计算表中完成所有度量值的创建后,即可在计算区域查看计算结果,如图 14-12 所示。

图 14-12　在计算区域查看所有度量值的计算结果

(3)在透视分析中集中调用指标

1)首次新建计算表并创建度量值后,若直接创建数据透视表,会发现数据透视表字段布局中的"计算表"图标未显示 Σ 符号,如图 14-13 所示。

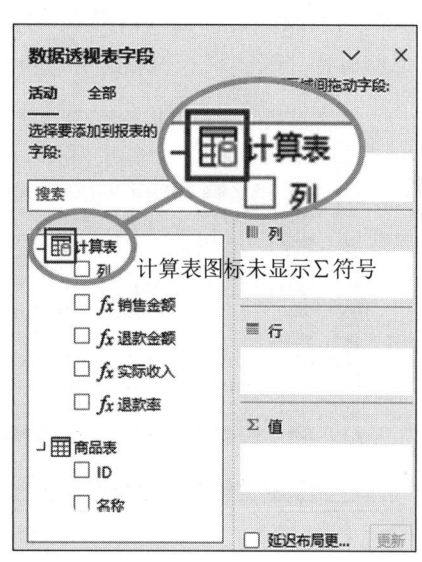

图 14-13　"计算表"图标未显示 Σ 符号

2)"计算表"图标未显示 Σ 符号的原因是计算表中包含空列,所以 Power Pivot 系统并未将其识别为计算表。只有将空列隐藏后,才能显示图标。

在计算表中选中"列"标题,单击鼠标右键,在弹出的快捷菜单中选中"从客户端工具中隐藏"选项;回到 Excel 界面刷新数据透视表,即可发现数据透视表字段布局中的"计算表"下方不再显示"列"信息，同时表图标变为Σ符号，如图14-14所示。

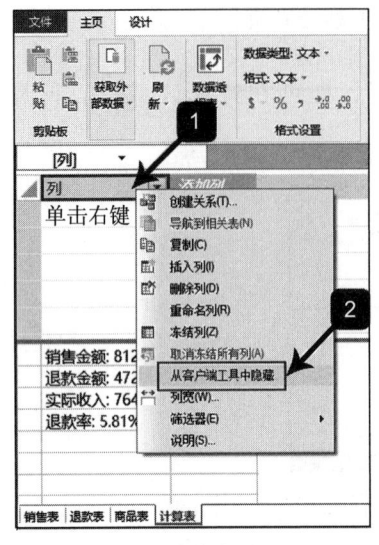

a）隐藏空列

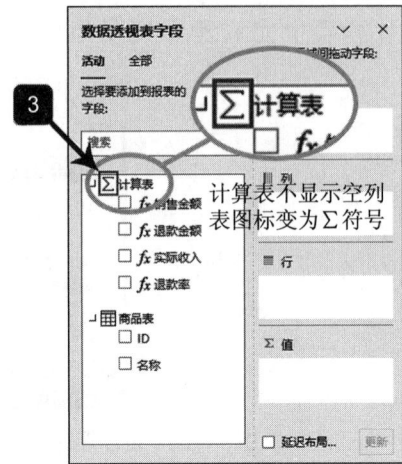

b）表图标变为Σ符号

图14-14　隐藏空列后表图标变为Σ符号

3）从"商品表"中将"名称"拖入透视表行区域，从"计算表"中集中调用所需的指标，将需要的所有度量值都拖入透视表的值区域，即可实现分析要求：统计每种商品的销售金额、退款金额、实际收入和退款率，如图14-15所示。

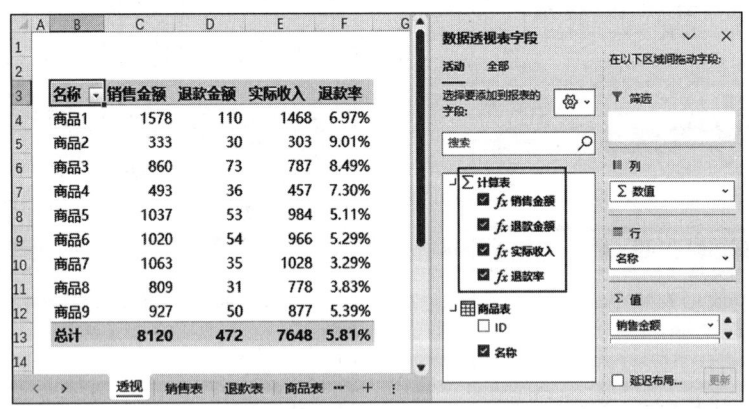

图14-15　在透视分析中集中调用指标

在 Power Pivot 中通过创建专用计算表和对度量值进行统一规范命名，不仅可以高效集中管理所有分析指标，还能显著提升数据模型的可维护性、可读性和团队协作效率。因此，建议大家在实际工作中处理复杂分析任务时，优先采用这种方案进行 Power Pivot 数据建模。

第 4 部分 *Part 4*

综合案例：看板搭建

■ 第 15 章 数据建模与数据分析案例

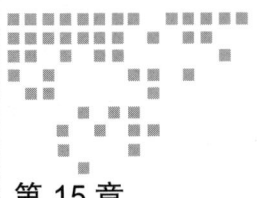

第 15 章
数据建模与数据分析案例

本章结合真实工作场景,详细讲解如何运用 Power Query 实现多源异构数据的自动化合并与清洗,深入解析如何利用 Power Pivot 建立关系型数据模型并编写 DAX 公式实现复杂指标的计算,并演示如何通过动态选择器与交互式图表组装出专业级的数据看板。

15.1 案例说明

掌握案例背景与业务需求是开展数据分析的首要前提。下面结合一个真实的工作场景系统介绍案例分析的基本方法。首先阐述案例的基本背景,明确数据来源与分析目标;随后解析数据结构,包括字段含义与数据特点;最后详细阐述业务需求,为后续的数据分析提供明确方向。

1. 案例背景

某公司下设多个销售事业部。为强化销售管理体系建设和目标管控效能,公司每年基于战略规划为各事业部制定年度及月度销售目标(目标表),并通过历史经营数据(订单表)建立分析基准;公司建立了月度经营分析机制,每月初召开销售绩效评审会议,通过数据可视化方式全面呈现公司整体及各事业部核心 KPI 的达成情况,深度复盘上月经营结果;对于重大不可抗力等外部环境变化,公司会动态调整未来周期内的月度销售目标(目标表),确保全年销售计划始终具备科学性和可执行性。

2. 数据结构

为保障后续数据整合、清洗、建模及分析工作的顺利开展,现对该公司数据源及其结构进行详细说明。

(1)数据源概述
- ❑ 订单表:由销售系统软件导出,存放在名为"订单表"的文件夹中。
- ❑ 目标表:由公司管理层制定,以人工方式下发,存放在与"订单表"文件夹同级的目录下。

(2)数据更新机制

1)订单表:每月初,工作人员会导出上个月的完整订单数据,这些数据涵盖所有销售部门的销售记录。目前已有 2025 年 1 ~ 5 月的数据,后续将按月补充 6 ~ 12 月的数据,如图 15-1 所示。

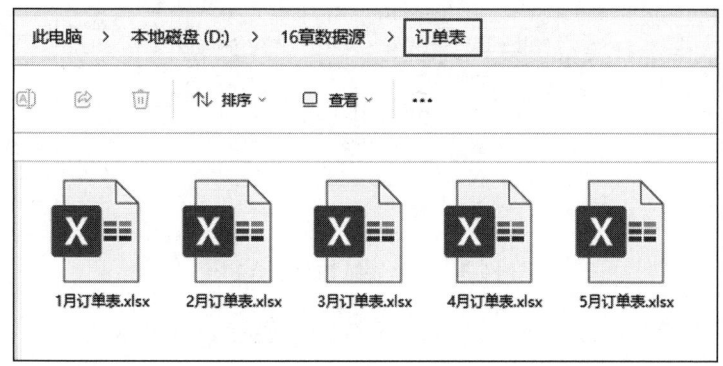

图 15-1 "订单表"文件夹中放置着每个月的订单表

2)目标表:年初制定全年 12 个月的销售目标,并针对各销售部门设定任务值。若遇不可抗力或重大市场变化,公司将对未来月份的目标进行动态调整。目标表与"订单表"文件夹在同一目录下,如图 15-2 所示。

图 15-2 目标表与"订单表"文件夹在同一目录下

(3)数据结构

订单表包含订单编号、日期、金额、部门、销售员 5 个字段,如图 15-3 所示。

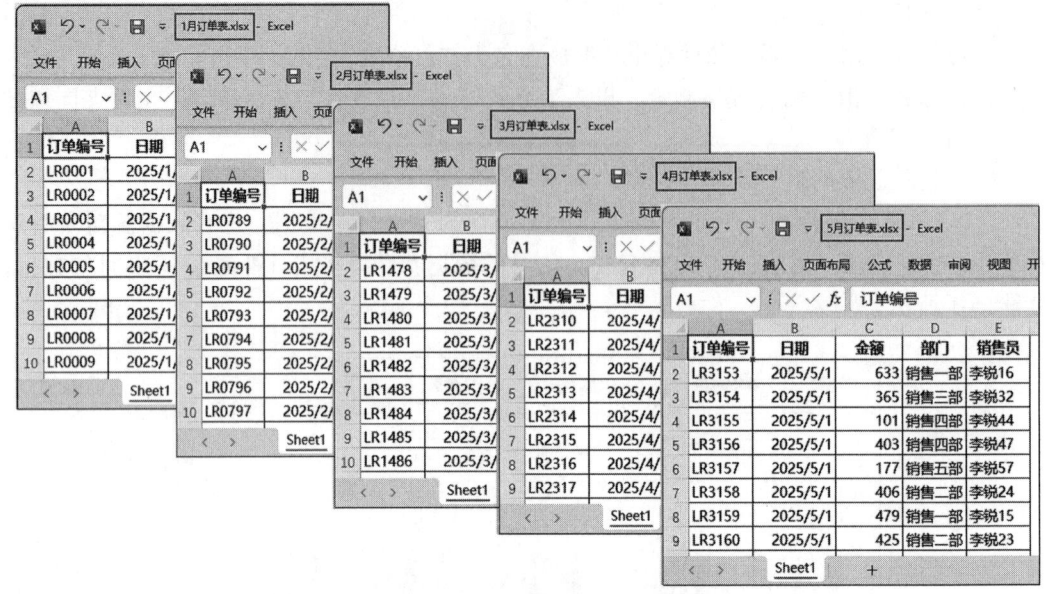

图 15-3　订单表结构及包含字段

目标表结构包含年、月、部门、金额 4 个字段，如图 15-4 所示。

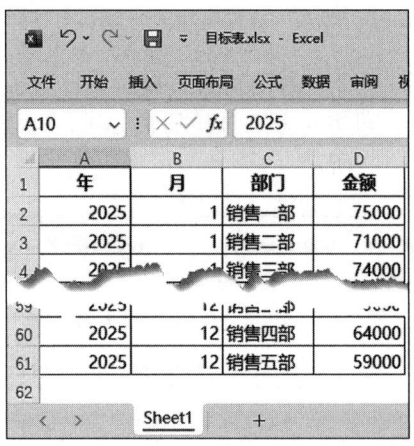

图 15-4　目标表结构及包含字段

3. 业务需求

在明确案例背景及数据结构的基础上，现梳理核心业务需求，以指导后续的数据分析工作。具体需求如下。

（1）销售目标达成分析

❑ 公司整体层面：计算指定月份的销售总额，并与月度目标进行对比，统计目标完成率。

❏ 部门层面：统计各销售部门在指定月份的实际销售额，对比其目标值，计算部门级完成率。

（2）销售趋势与对比分析

❏ 日销售趋势：基于指定月份的数据生成公司整体日销售趋势图，直观展示销售波动情况。

❏ 目标与实际对比：按部门统计目标值与实际销售额，生成对比图表，突出差异情况。

❏ 销售贡献占比：分析各部门销售额占比，生成结构图，体现各业务单元的贡献度。

（3）销售团队绩效分析

销售员排名：统计指定月份销售人员的业绩数据，生成 TOP20 业绩排名图，以识别出高绩效人员。

（4）动态数据看板需求

❏ 交互式查询：看板应支持用户自主选择月份，并能根据所选月份动态更新看板数据，实现灵活分析。

❏ 数据同步更新：当新增月度订单表或对目标表进行调整时，看板应支持一键刷新功能，确保数据实时性。

下面结合这些业务需求对该案例的数据源进行整合和清洗。

15.2　使用 Power Query 实现分散数据源的多表合并

使用 Power Query 对分散数据源进行多表合并的方法已在 7.4 节和 7.5 节中讲过，下面仅对关键操作步骤进行配图展示。

1. 创建"合并"工作簿

在"订单表"文件夹中新建一个 Excel 工作簿文件，将其重命名为"合并"，用于存放整合后的数据源，如图 15-5 所示。

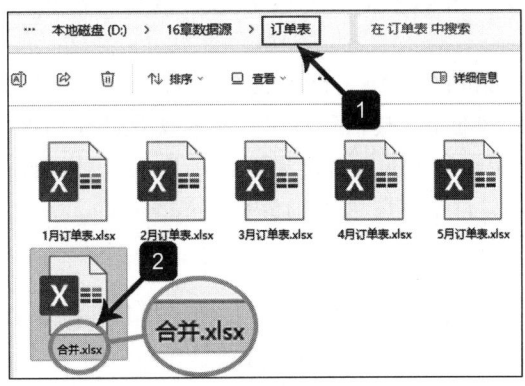

图 15-5　新建工作簿文件"合并"

2. 使用自定义名称"路径"存放数据源的动态路径

1）打开 Excel 工作簿文件"合并"，新建工作表"路径"；在 A1 单元格中输入以下公式，动态提取数据源文件夹的路径：

$$=\text{LEFT}(\text{CELL}("filename"),\text{FIND}("[",\text{CELL}("filename"))-1)$$

2）选中提取动态路径公式所在的 A1 单元格，单击"公式"选项卡下的"定义名称"按钮，在弹出的"新建名称"对话框中输入名称"路径"，单击"确定"按钮，如图 15-6 所示。

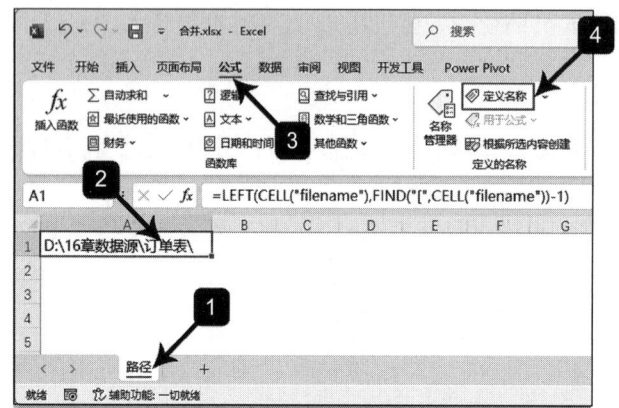
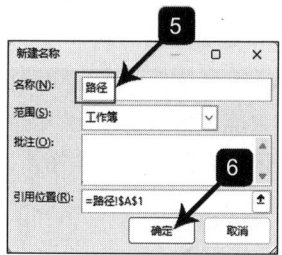

图 15-6 使用自定义名称"路径"存放数据源的动态路径

3. 导入订单表并进行整合和清洗

1）打开 Excel 工作簿文件"合并"，单击"数据"选项卡下的"获取数据"按钮，在其下拉菜单中选择"来自文件"选项，再在其子菜单中选择"从文件夹"选项；在弹出的"浏览文件夹"对话框中选择路径位置，单击"确定"按钮，导入数据源。

2）在 Power Query 编辑器中单击"主页"选项卡下的"高级编辑器"按钮；在弹出的"高级编辑器"对话框中将原有内容修改为 M 高级查询语句，单击"完成"按钮，如图 15-7 所示。

3）使用 M 高级查询语句合并多个订单表后，提取"年"和"月"两列信息，为后续按照指定月份筛选数据做好准备。提取年月后的显示效果如图 15-8 所示。

4）将 Power Query 编辑器中的整合结果上载回 Excel 工作表，系统会自动将工作表和工作簿中的表统一命名为"订单表"，如图 15-9 所示。

4. 导入目标表

1）单击"数据"选项卡下的"获取数据"按钮，在其下拉菜单中选择"来自文件"选项，再在其子菜单中选择"从 Excel 工作簿"选项；在弹出的"导入数据"对话框中选择路径位置，选中"目标表"，单击"导入"按钮，如图 15-10 所示。

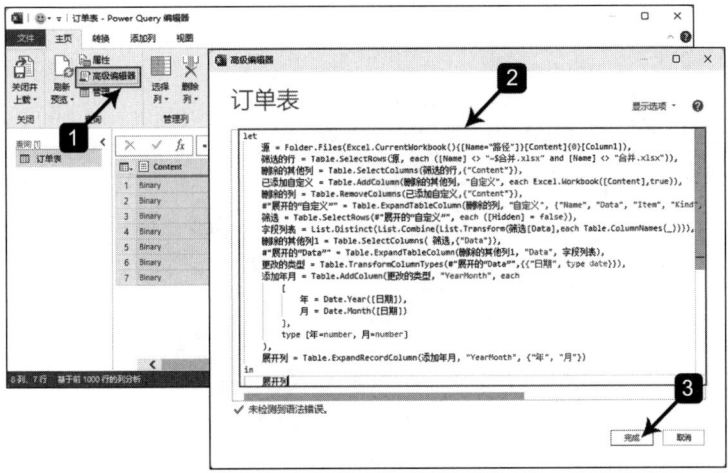

图 15-7 在高级编辑器中输入 M 高级查询语句

图 15-8 合并订单表并提取"年"和"月"信息

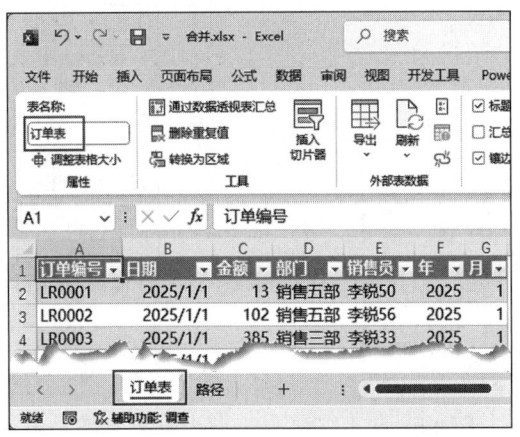

图 15-9 将结果上载回 Excel 工作表并命名为"订单表"

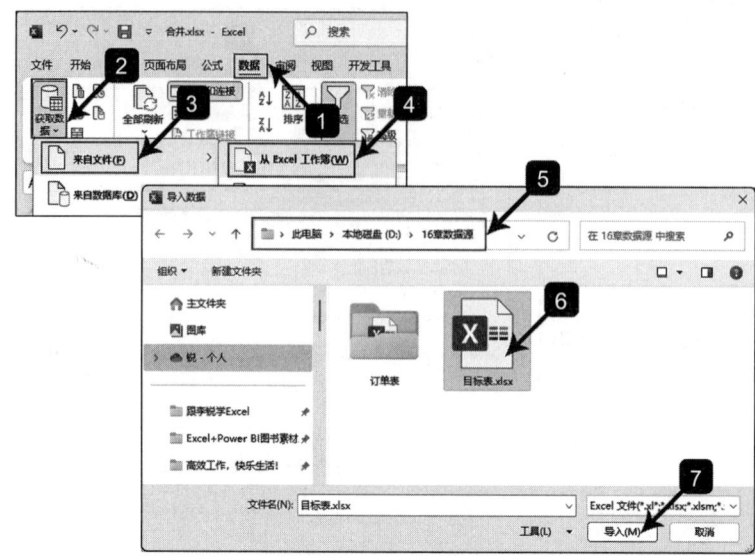

图 15-10　导入目标表

2）在弹出的预览窗口中单击"转换数据"按钮，进入 Power Query 编辑器；将查询名称重命名为"目标表"；单击"关闭并上载"按钮，将结果上载回 Excel 工作表，如图 15-11 所示。

3）上载成功后，将工作表和工作簿中的表都统一命名为"目标表"，如图 15-12 所示。

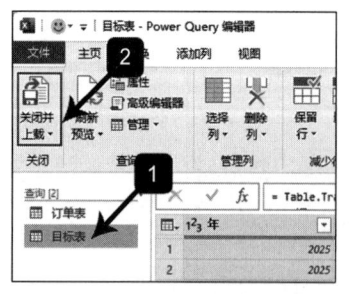

图 15-11　重命名查询并上载回 Excel 工作表

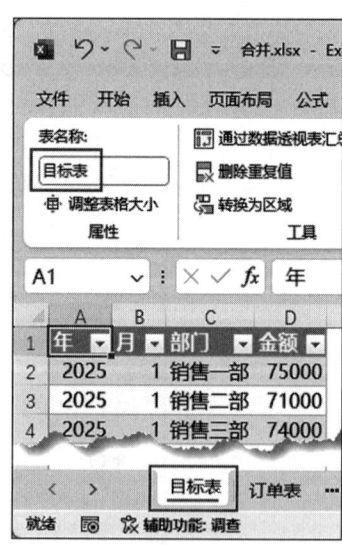

图 15-12　上载结果并统一命名为"目标表"

15.3 使用 Power Pivot 进行数据建模并计算度量值

本节将详细介绍如何利用 Power Pivot 进行高效的数据建模与度量值计算，这是实现动态业务分析的核心环节。

15.3.1 将订单表和目标表导入数据模型

将订单表导入数据模型的方法为：在 Excel 界面选中"订单表"，单击"Power Pivot"选项卡下的"添加到数据模型"按钮，订单表会被导入数据模型并自动命名为"订单表"，如图 15-13 所示。

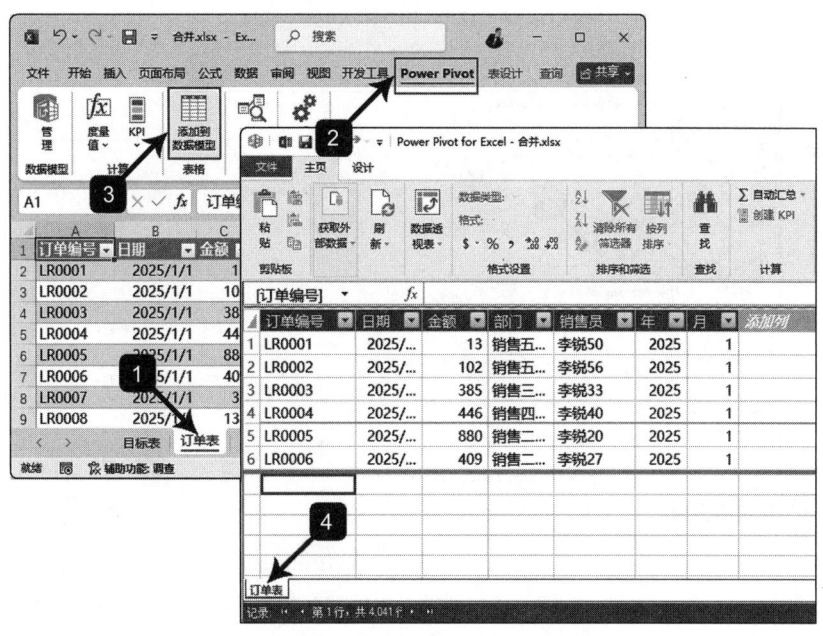

图 15-13　将订单表导入数据模型

使用相同的方法将目标表导入数据模型，如图 15-14 所示。

15.3.2 创建空白计算表

为了集中管理度量值，可在数据模型中创建一张空白计算表，这样做的好处是不仅方便后续在 Excel 界面生成 DAX 查询计算表，还可以集中管理度量值。

在数据模型中创建空白计算表的方法为：在 Excel 工作表中复制任意空单元格，在 Power Pivot 管理后台单击"粘贴"按钮；在弹出的"粘贴预览"对话框中将表名称改为"计算表"，单击"确定"按钮，如图 15-15 所示。

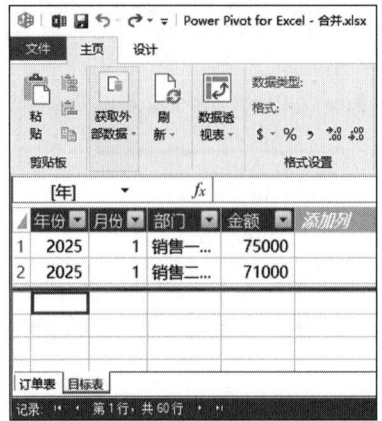

图 15-14　将目标表导入数据模型

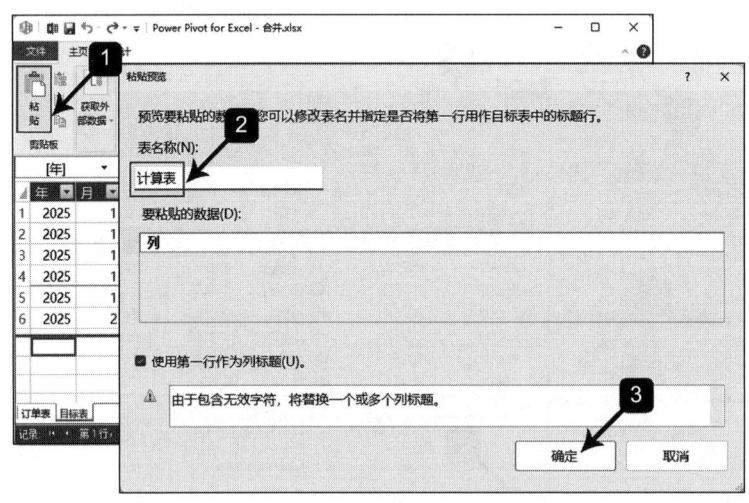

图 15-15　在数据模型中创建空白计算表

为了将计算表在数据透视表字段布局中的图标变成 Σ 符号，方便其他团队成员识别和使用，在计算表中选中"列"，单击鼠标右键，在弹出的快捷菜单中选中"从客户端工具中隐藏"选项，如图 15-16 所示。

15.3.3　创建通用日期表

现在数据模型中的"计算表"处于未定义或未建立有效关联的状态。可以利用这一点在 Excel 工作表界面创建所需的 DAX 查询表，如日期表。

使用 DAX 查询自动创建通用日期表的具体操作步骤如下。

1）单击"数据"选项卡下的"现有连接"按钮，在弹出的"现有连接"对话框中将导航栏切换到"表格"；选中连接中的"计算表"，单击"打开"按钮；在弹出的"导入数据"

对话框中选中"表"单选按钮,"数据的放置位置"选择"新工作表",单击"确定"按钮,如图 15-17 所示。

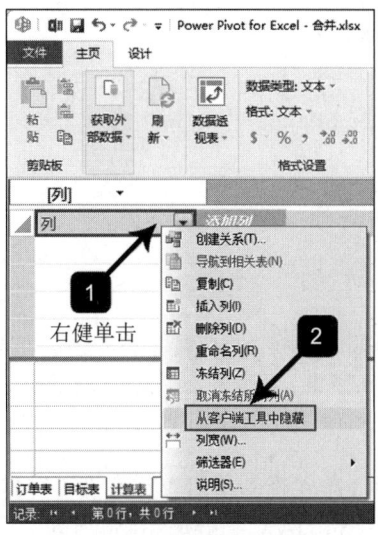

图 15-16　隐藏计算表中的列

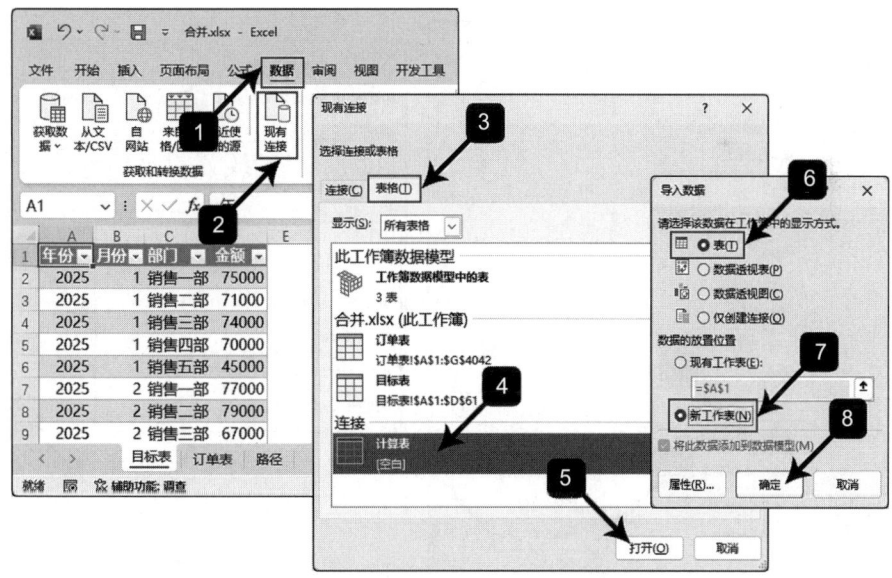

图 15-17　从现有连接中导入空白计算表

2)空白计算表导入成功后,Excel 工作表界面便会生成一个空白查询表,默认占用 A1:A2 单元格区域,如图 15-18 所示。

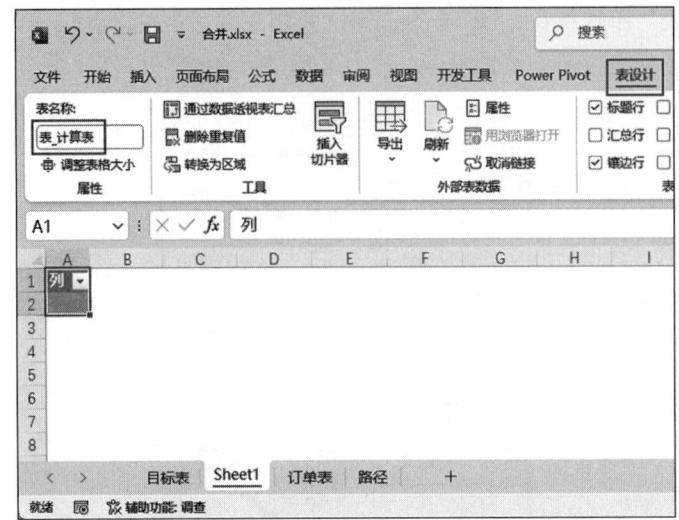

图 15-18 Excel 工作表中生成空白查询表

3）在空白查询表中（如 A2 单元格）单击鼠标右键，在弹出的快捷菜单中选中"表格"选项，再在其子菜单中选择"编辑 DAX"选项；在弹出的"编辑 DAX"对话框中将命令类型切换为"DAX"，在"表达式"输入框中输入 DAX 查询表达式，单击"确定"按钮，如图 15-19 所示。

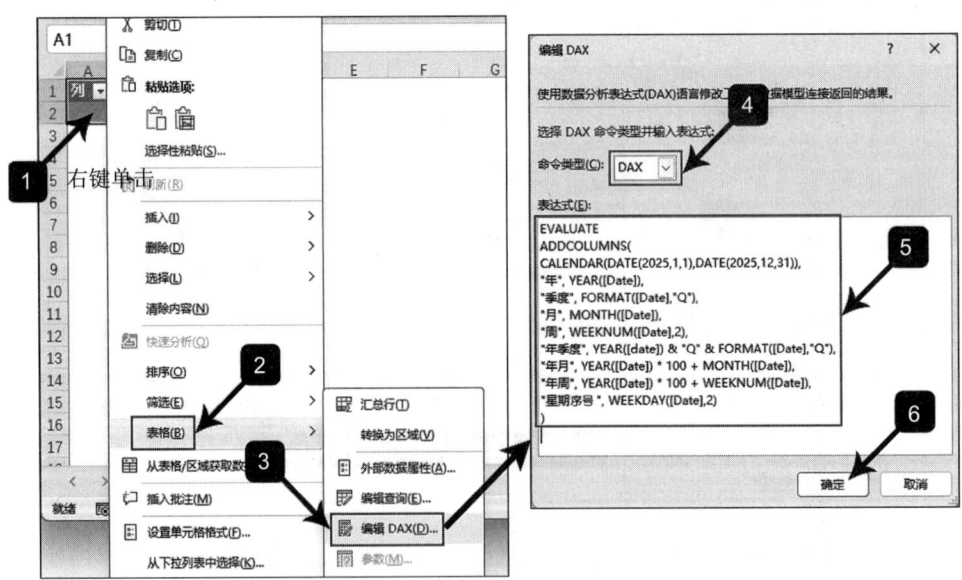

图 15-19 在"表达式"输入框中输入 DAX 查询表达式

4）Excel 工作表中会根据 DAX 表达式自动生成日期表，并将工作表名和工作簿中的表重命名为"日期表"，然后在工作表底部标签中将其放置到合适位置，如图 15-20 所示。

图 15-20　将 Excel 界面生成的查询表重命名为"日期表"

5）将 Excel 工作表中的"日期表"导入数据模型方法为：选中"日期表"中任意单元格，单击"Power Pivot"选项卡下的"添加到数据模型"按钮；Excel 界面的日期表便会添加到数据模型中，并自动进行规范命名，如图 15-21 所示。

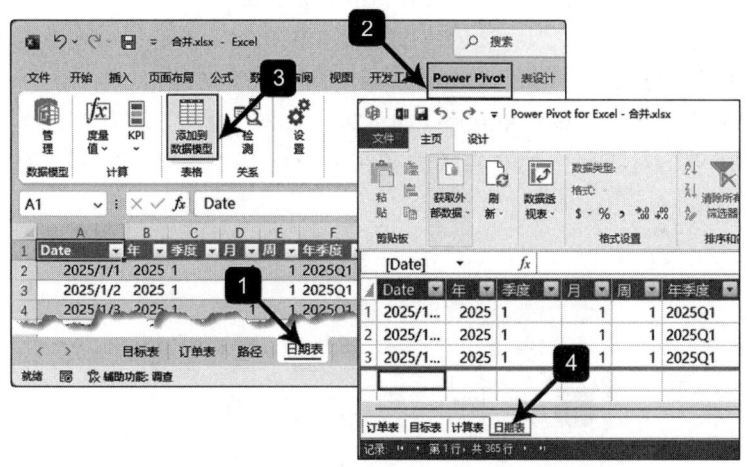

图 15-21　将 Excel 界面的日期表添加到数据模型

6）在 Power Pivot 管理后台的菜单栏中单击"设计"选项卡下的"标记为日期表"按钮，在其下拉菜单中选中"标记为日期表"选项；在弹出的"标记为日期表"对话框中选择"Date"，单击"确定"按钮，如图 15-22 所示。

15.3.4　创建用于交互选择月份的筛选条件表

在数据模型中创建日期表并进行显式标记后，还要准备一张筛选条件表，用于用户交互操作。这样，当用户在 Excel 前台界面的数据看板中选择条件（如指定月份）时，Power

Pivot 管理后台的数据模型能够一键刷新，得到相应的查询结果。

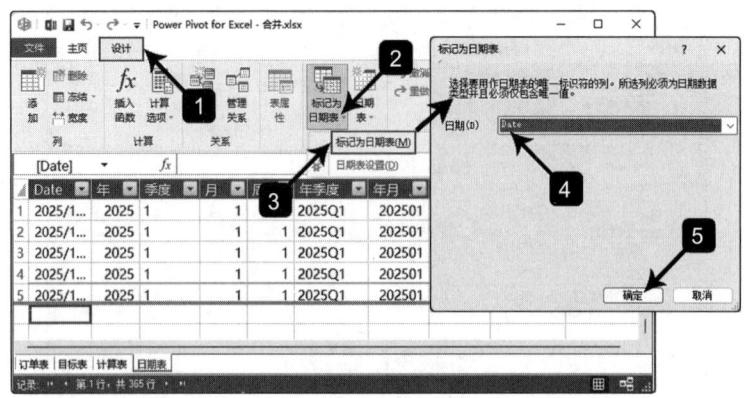

图 15-22　在数据模型中显式标记为日期表

创建用于交互选择月份的筛选条件表的具体操作步骤如下。

1）在 Excel 中新建一张工作表，将其命名为"条件"。

2）在 A1 单元格中输入"月"作为字段名称。

3）在 A2 单元格中预先输入一个代表月份的数字，如 3。

说明：①预先输入数字是为后续创建度量值提供初始筛选值；②在数据看板中插入选择器后，会利用公式将 A2 单元格与选择器进行自动关联。

4）在"条件"表中选中任意单元格（如 A2），单击"插入"选项卡下的"表格"按钮；在弹出的"创建表"对话框中检查表数据的来源范围是否正确，单击"确定"按钮，如图 15-23 所示。

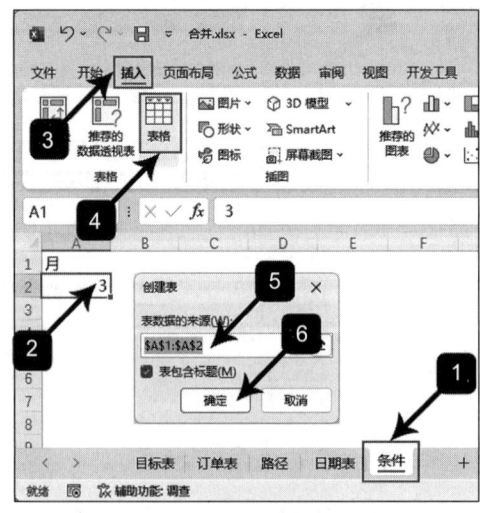

图 15-23　检查表数据的来源范围是否正确

5）将表名称修改为"条件"；单击"Power Pivot"选项卡下的"添加到数据模型"按钮，将"条件"表导入到数据模型中，如图 15-24 所示。

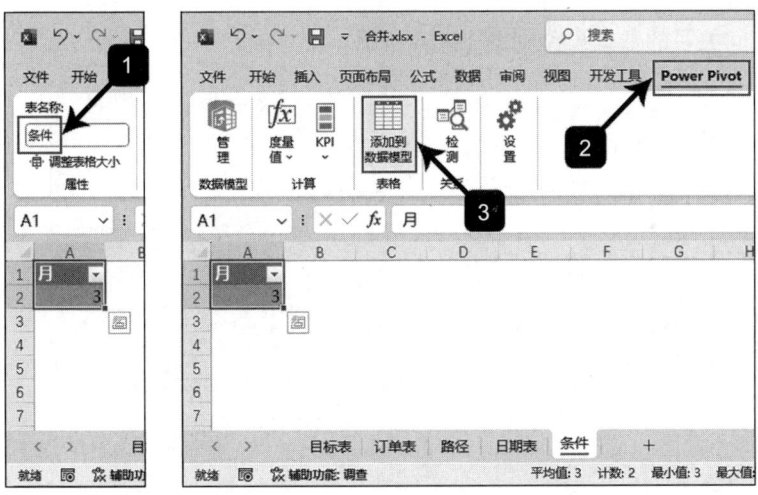

图 15-24　修改表名称并将表添加到数据模型中

6）在 Power Pivot 管理后台，可以看到"条件"表已经成功导入，如图 15-25 所示。

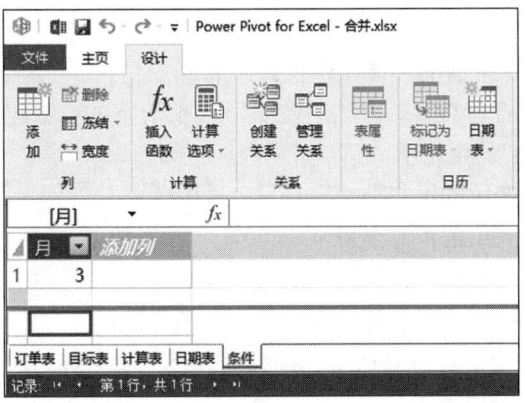

图 15-25　"条件"表已成功导入数据模型

15.3.5　根据业务需求创建表间关系

当所有需要的表都导入数据模型后，就可以开始创建表间关系了。

根据业务需求创建表间关系的具体步骤如下。

在 Power Pivot 管理后台单击"主页"选项卡下的"关系图视图"按钮，在表之间通过拖曳字段的方式创建表间关系。

本案例需要创建的表间关系明细如下。

- 日期表 [Date]（一端）→订单表 [日期]（多端）。
- 条件 [月]（一端）→日期表 [月]（多端）。
- 条件 [月]（一端）→目标表 [月]（多端）。

创建好表间关系的数据模型如图 15-26 所示。

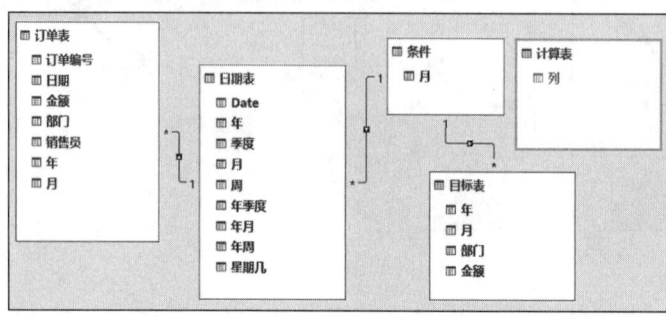

图 15-26　创建好表间关系的数据模型

15.3.6　按照业务需求创建度量值

在数据模型中创建好表间关系后，就可以开始计算需要的度量值了。

1. 创建度量值

按照业务需求创建度量值的具体操作步骤如下。

1）在 Power Pivot 管理后台，单击"主页"选项卡下的"数据视图"按钮。在"计算表"的计算区域创建需要的度量值。

- 订单金额：订单表中的汇总金额。
- 目标金额：目标表中的汇总金额。
- 条件订单金额：按指定月份筛选后的订单金额。
- 条件目标金额：按指定月份筛选后的目标金额。
- 条件月销表：按指定月份筛选后，按日期分类汇总条件订单金额，并生成一张包含该月每天销售额的报表。
- 条件排名表：按指定月份筛选后，按销售员分类汇总条件订单金额，并生成一张排名前 20 的销售员的销售额报表。

创建度量值对应的公式如下。

订单金额 :=SUM(' 订单表 '[金额])

目标金额 :=SUM(' 目标表 '[金额])

条件订单金额 :=CALCULATE([订单金额],' 日期表 '[月] IN VALUES(' 条件 '[月]))

条件目标金额 :=CALCULATE([目标金额],' 目标表 '[月] IN VALUES(' 条件 '[月]))

条件月销表 :=SUMMARIZECOLUMNS(' 订单表 '[日期]," 金额 ",[条件订单金额])

条件排名表 :=TOPN(20,SUMMARIZECOLUMNS(' 订单表 '[销售员],"金额",[条件订单金额]),[金额],DESC)

2）创建好度量值后的"计算表"如图 15-27 所示。

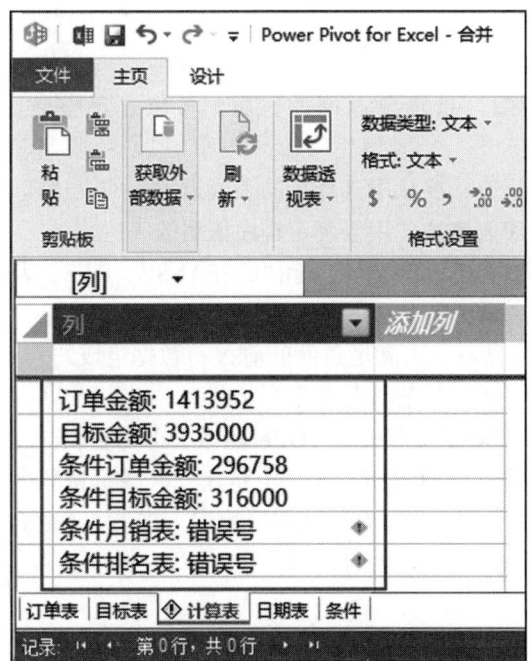

图 15-27　在计算表中创建度量值

2. 消除错误提示

在计算区域中，最后两个度量值"条件月销表"和"条件排名表"返回的不是标量值，而是表，所以在计算区域输入后会显示语义错误提示（错误号）。此提示不会影响生成表的功能。如果想消除计算区域显示的黄色感叹号提示，可以在原公式外层嵌套 COUNTROWS 函数。例如，以下两个经过修改的公式即可消除错误提示：

条件月销表 2:=COUNTROWS(SUMMARIZECOLUMNS(' 订单表 '[日期],"金额",[条件订单金额]))

条件排名表 2:=COUNTROWS(TOPN(20,SUMMARIZECOLUMNS(' 订单表 '[销售员],"金额",[条件订单金额]),[金额],DESC))

该案例中用到的大多数 DAX 函数都在以前章节中讲解过，包括 CALCULATE 函数（13.1.3 节）、VALUES 函数（13.4.2 节）和 SUMMARIZECOLUMNS 函数（13.4.5 节），读者可前往相应章节进行回顾。

3. TOPN 函数用法说明

最后一个度量值公式中用到的 TOPN 函数是 DAX 中的表操作函数，用于返回表中按照指定规则排序的前 N 行数据。它的语法结构如下：

$$=\text{TOPN}(行数,表,排序表达式,排序顺序)$$

参数说明如下。

- 第 1 个参数：行数，指定要返回的行数。可以是正整数，也可以返回正整数的表达式。
- 第 2 个参数：表，表示要从中选择行的表或返回表的表达式。
- 第 3 个参数：排序表达式，用于确定排序依据的表达式。
- 第 4 个参数：排序顺序（可选），其中 0、FALSE、DESC 表示降序排序（为默认设置），1、TRUE、ASC 表示升序排序。

TOPN 函数的返回值是一个由满足条件的前 N 行数据组成的表。

关于该函数的返回结果，补充说明以下 3 点。

1）如果第 1 个参数为 0 或负数，则 TOPN 函数会返回空表。

2）TOPN 函数只负责返回前 N 行，并不会将这 N 行数据按顺序输出。

3）如果有多个行在排序表达式上具有相同的值，TOPN 函数会返回所有相同的行，这可能导致返回的行数多于 N。

15.4　使用 DAX 查询动态生成目标数据计算表

在数据模型中完成度量值创建后，就可以使用 DAX 查询动态生成需要的计算表了。使用 DAX 查询动态生成计算表，不仅可以使表的结果随着数据模型的变化自动更新，还可以实现按需计算，减少不必要的重复计算，有效优化数据模型的性能。

根据当前案例的业务需求，在用户指定条件（按月筛选）后，需要动态生成条件月销表和条件排名表两张计算表。

15.4.1　生成条件月销表

生成空白计算表的操作方法已在 15.3.2 节和 15.3.3 节中详细讲解过，此处不再赘述。

动态生成"条件月销表"的 DAX 表达式如下：

EVALUATE

SUMMARIZECOLUMNS('订单表'[日期],"金额",[条件订单金额])

然后将工作表名称修改为"条件月销表"即可，如图 15-28 所示。

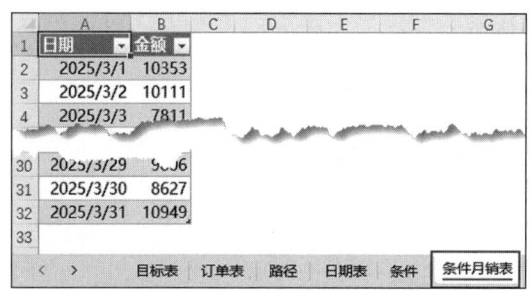

图 15-28　使用 DAX 查询动态生成"条件月销表"

15.4.2　生成条件排名表

生成条件排名表的方法与生成条件月销表的方法一样，唯一的区别在于"编辑 DAX"时需要使用的 DAX 表达式如下：

EVALUATE
TOPN(20,SUMMARIZECOLUMNS('订单表'[销售员],"金额",[条件订单金额]),
[金额],DESC)
ORDER BY [金额] DESC

生成结果后，将工作表名称修改为"条件排名表"，如图 15-29 所示。

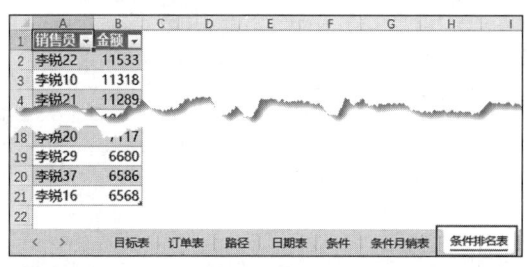

图 15-29　DAX 查询动态生成"条件排名表"

通过 DAX 动态查询生成的"条件月销表"和"条件排名表"具有以下 3 种优势。
1）实时计算：计算表会随着数据模型的变化而自动进行更新。
2）避免冗余：计算表不会额外增加文件大小，所有计算过程均在内存中完成。
3）优化性能：计算表仅在需要时计算，减少了不必要的数据处理。

15.5　创建动态图表

准备好后续分析需要的所有计算表后，就可以开始在数据看板中插入选择器创建动态图表了。在数据看板中灵活运用选择器，能够显著增强图表的交互性，提升数据分析效率。

本节将重点介绍插入选择器并创建动态图表的方法，从而打造更具洞察力的数据可视化看板。

15.5.1 创建数据看板并插入选择器

创建数据看板、插入选择器并设置序列来源的具体操作步骤如下。
（1）创建数据看板
在"合并"工作簿中新建一张工作表，将该表命名为"数据看板"。
（2）插入选择器
1）在 B2 单元格输入"选择月份："，在 C2 单元格设置下拉菜单作为选择器方法为：选中 C2 单元格，单击"数据"选项卡下的"数据验证"按钮；在弹出的"数据验证"对话框的"允许"下拉列表框中选择"序列"，在"来源"输入框中输入"1,2,3,4,5"，单击"确定"按钮完成设置，如图 15-30 所示。

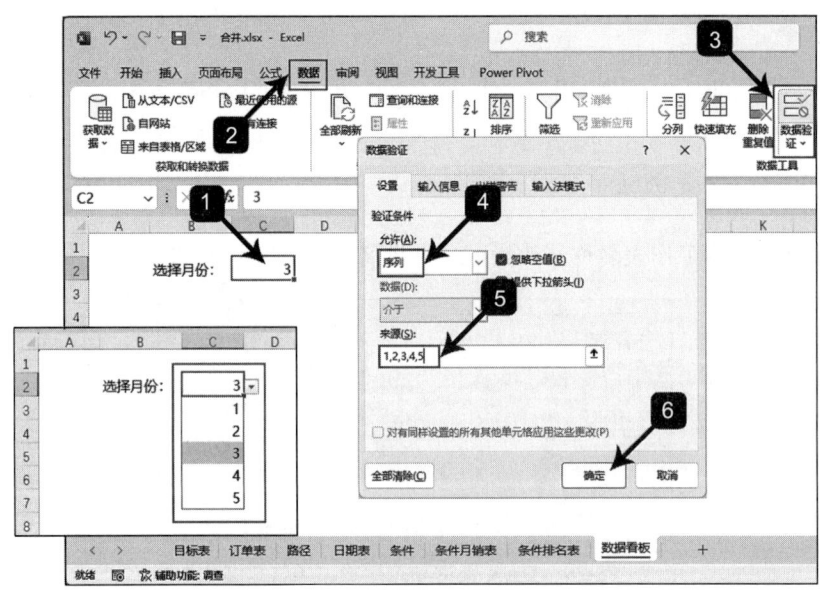

图 15-30　在单元格设置下拉菜单作为选择器

2）在 Excel 中设置下拉菜单后，当用户单击 C2 单元格时，单元格右侧将显示下拉按钮。单击该按钮即可展开下拉列表，方便用户快速选择所需内容，本例是月份，参见图 15-30。

（3）手动更新序列来源
当前数据源仅包含 1～5 月的订单记录，因此下拉菜单的序列来源设置为"1,2,3,4,5"（对应 1～5 月）。如需扩展月份选项，只需在原序列来源后继续添加数字并用英文逗号分隔即可。例如，添加 6 月时将来源修改为"1,2,3,4,5,6"，即可创建 1～6 月的下拉列表。

15.5.2 为选择器设置动态数据源

除了手动设置下拉菜单的选项来源，还可以通过 Excel 公式创建动态数据源。这样，当原始数据更新时，下拉菜单的选项列表会自动同步更新，无须手动调整，提高了数据管理的效率和准确性。

为选择器设置动态数据源的具体操作步骤如下。

（1）提取订单表中月份的唯一值列表

在 Excel 工作表中的任意空白区域（如"条件"工作表的 H2 单元格）输入以下公式：

=UNIQUE(MONTH(订单表 [日期]))

该公式会根据订单表的"日期"字段自动提取月份，删除重复值后返回月份的唯一值列表。

（2）将月份的唯一值列表封装到自定义名称中

1）如图 15-31 所示，单击"公式"选项卡下的"定义名称"按钮，在弹出的"新建名称"对话框中，在"名称"输入框中输入"数据源月份"，在"引用位置"栏中输入以下公式：

=OFFSET(条件 !H2,,,COUNT(条件 !$H:$H))

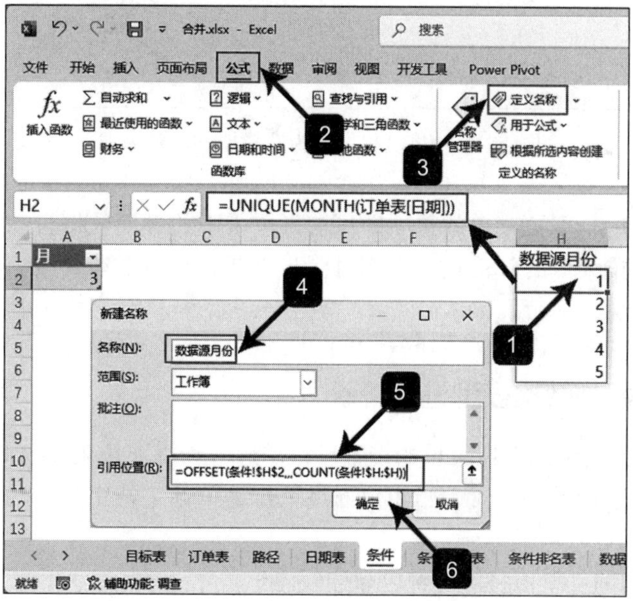

图 15-31　将订单表中的月份唯一值列表封装到自定义名称

该公式的作用是动态引用月份列表所在的区域，其计算原理为：使用 COUNT 条件计算月份唯一值的个数 N（如 5），然后使用 OFFSET 函数以 H2 单元格为基点，向下偏移引用

N 行，从而实现对月份列表区域的动态引用。

2）单击"确定"按钮后，即可完成封装过程，将公式 =UNIQUE（MONTH（订单表 [日期]））自动返回的月份唯一值列表封装到自定义名称"数据源月份"中。

（3）将名称设置为选择器的序列来源

打开"数据看板"工作表，选中 C2 单元格，单击"数据"选项卡下的"数据验证"按钮；在弹出的"数据验证"对话框中将"来源"改为"= 数据源月份"，单击"确定"按钮，即可将名称设置为选择器的序列来源，如图 15-32 所示。

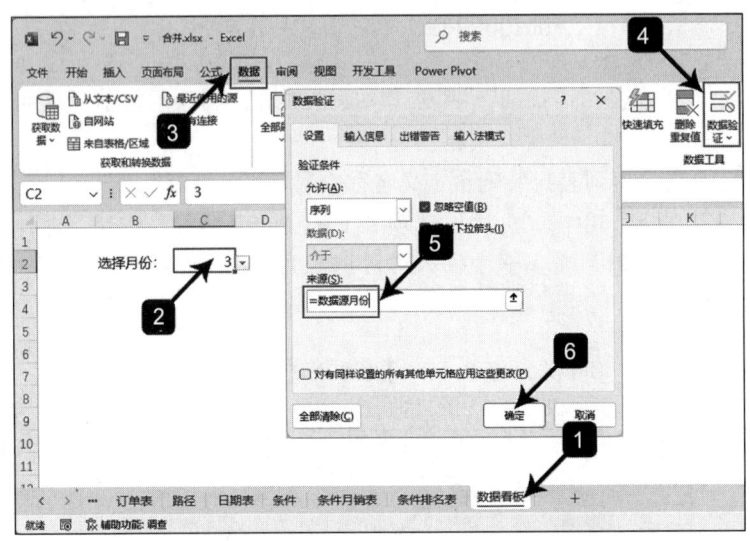

图 15-32　将名称设置为选择器的序列来源

完成上述设置后，下拉菜单的选项即可与订单表中的日期数据自动关联。当订单表新增日期记录时，下拉菜单的月份选项将实时同步更新，无须手动调整，确保了数据选择始终与源数据保持一致。

15.5.3　将选择器与数据模型进行关联

在 Excel 界面完成动态下拉菜单的设置后，需进一步将下拉菜单与 Power Pivot 数据模型建立关联。通过这种关联配置，当用户通过下拉菜单选定特定月份时，可实现以下联动效果。

1）数据模型中的度量值将实时响应筛选条件。

2）DAX 查询结果将自动更新为对应月份的数据集。

这种集成方式确保了前端交互与后端数据分析的实时同步，为动态报表分析提供了完整的解决方案。

1. 关联方法

将选择器（即 C2）与数据模型进行关联的具体操作步骤如下。

1）打开用于驱动数据模型的条件所在的工作表（如"条件"工作表），选中 A2 单元格，输入公式"= 数据看板!C2"，让计算公式结果与数据看板中用户指定的月份实现同步更新，如图 15-33 所示。

2）单击"数据"选项卡下的"全部刷新"按钮，即可一键更新所有与之关联的计算结果。

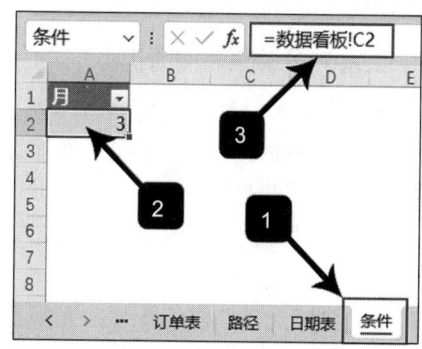

图 15-33 将选择器与数据模型进行关联

2. 动态更新效果

当用户在"数据看板"的下拉菜单中选择月份时，可以实现 Excel 前台与数据模型后台的动态更新，具体如下。

1）前台"条件"工作表的 A2 单元格会自动同步更新。
2）后台数据模型中的度量值会实时响应新的筛选条件。
3）后台 DAX 查询表会自动应用最新的月份筛选条件。

需要注意的是，Excel 前台数据会自动更新显示结果，数据模型后台的数据会自动更新关联条件，但相关计算结果需用户手动刷新后才会更新。

3. 技术优势说明

将选择器（前端）与数据模型（后端）进行关联，具有以下 3 点技术优势。

1）实现前端选择与后端计算的闭环联动。
2）确保报表数据与用户选择的条件实时一致性。
3）简化数据更新流程，避免无效刷新，提升运算效率。

15.5.4 创建日销售趋势图和销售业绩排名图

完成选择器与数据模型的关联设置后，就可以开始创建动态图表了。

1. 计算表基础

在公司日常运营中，精准把握销售趋势和识别高绩效销售人员至关重要。为此，15.4 节已经根据这两条核心业务需求生成了两张 DAX 计算表："条件月销表"和"条件排名表"。

1）"条件月销表"：聚焦日维度销售趋势分析，以直观呈现选定月份下公司的整体销售波动情况，最终输出动态日销售趋势图。

2）"条件排名表"：专注于销售人员绩效评估，根据业绩数据识别出指定月份的前 20 名的高绩效人员，最终输出销售员业绩排名图。

这两张计算表均支持动态月份筛选，且在创建动态图表时无须额外选择器，即可实现数据筛选与刷新。

2. 使用计算表制图的优势

使用 DAX 计算表创建动态图表，具备如下显著优势。

1）双表联动，数据协同：两张计算表基于同一月份选择器实现数据筛选，保证了数据的一致性和同步性。

2）一键刷新，高效便捷：通过"数据"选项卡即可同步更新所有计算结果，无须烦琐操作。

3）快捷交互，体验升级：无须重复设置筛选器，图表可根据用户选择进行自动交互。

3. 具体制图方法

（1）日销售趋势分析图

制作日销售趋势分析图的具体操作步骤如下。

1）打开"条件月销表"工作表，选中表中任意单元格（如 A1），单击"插入"选项卡下的"插入折线图或面积图"按钮；在展开的下拉列表中选中"带数据标记的折线图"按钮，即可创建出一张默认设置的折线图，如图 15-34 所示。

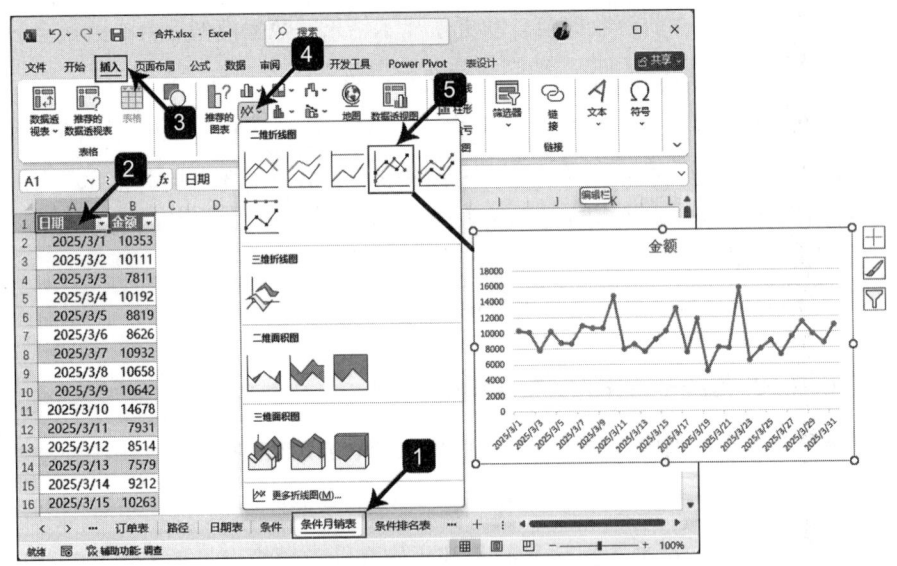

图 15-34　根据"条件月销表"生成默认设置的折线图

2）在默认设置的折线图基础上，用户可以自定义设置图表元素，进行专业图表美化。激活图表设置面板的方法为：选中图表边框线，双击边框或按"Ctrl+1"组合键，即可调出"设置数据系列格式"右边栏面板，方便用户进行自定义设置，如图 15-35 所示。

图表设置面板具备交互特性，支持元素级联设置。当用户选中不同图表元素时，右侧面板会自动切换至对应元素的设置子选项。

第 15 章　数据建模与数据分析案例　　337

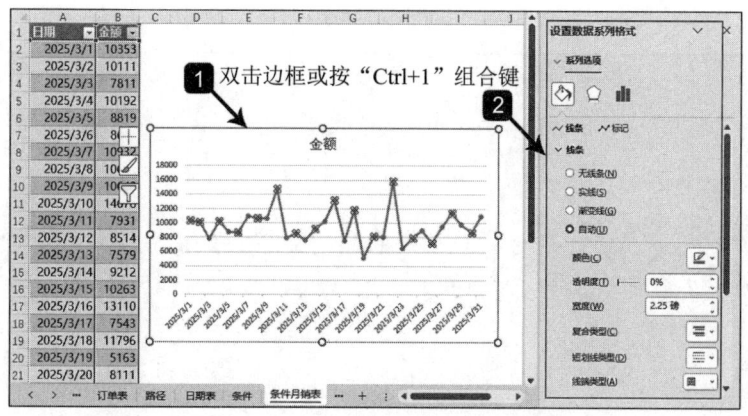

图 15-35　激活图表设置面板

该折线图的核心设置参数如下。

- 折线图线条：将"线条样式"设置为"平滑线"，采用"实线"线条，RGB 值为（2,79,108）；"线宽"设置为 3 磅。
- 数据标记：选择"内置"的数据标记，"类型"为"圆环"，"大小"设置为 7；采用纯色进行填充，"颜色"为"白色"；"边框"设置为"实线"，RGB 值为（0,189,242），"线宽"为 1 磅。
- 图表区：背景设置为"纯色填充"，RGB 值为（219,230,235）；"边框"设置为"无线条"。
- 绘图区：背景同样设置为"纯色填充"，RGB 值为（219,230,235）；"边框"设置为"无线条"。
- 坐标轴："坐标轴位置"设置在"刻度线上"，主刻度线"类型"为"外部"，标签位于"轴旁"；数字格式类别选择"自定义"，日期格式代码设置为"d"。
- 垂直参考线："线条类型"设置为"渐变线"，"类型"为"线性"，"渐变角度"为 90°；设置渐变光圈位置 0% 处的 RGB 值为（0,176,240），位置 100% 处的 RGB 值为（219,230,235）；设置线条宽度为 0.25 磅。

3）设置完成后的折线图效果如图 15-36 所示。

（2）销售员业绩排名图

制作销售员业绩排名图的具体操作步骤如下。

1）打开"条件排名表"工作表，选中表中任意单元格（如 A1），单击"插入"选项卡下的"插入柱形图或条形图"按钮；在展开的下拉列表中选中"簇状条形图"选项，即可创建出一张默认设置的条形图，如图 15-37 所示。

2）该条形图的核心设置参数如下。

- 垂直坐标轴：在坐标轴选项中勾选"逆序类别"复选框。
- 数据系列：采用纯色填充，RGB 值为（0,158,220）；在"系列选项"中将"间隙宽度"设置为 60%。

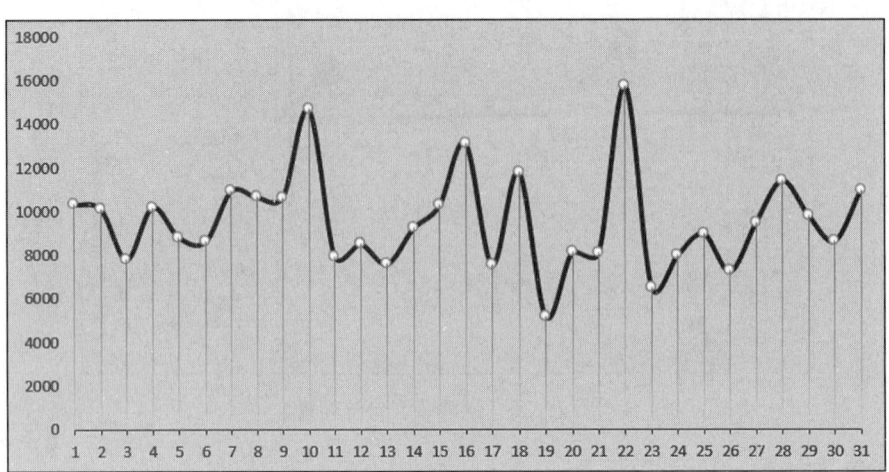

图 15-36　设置完成后的折线图效果

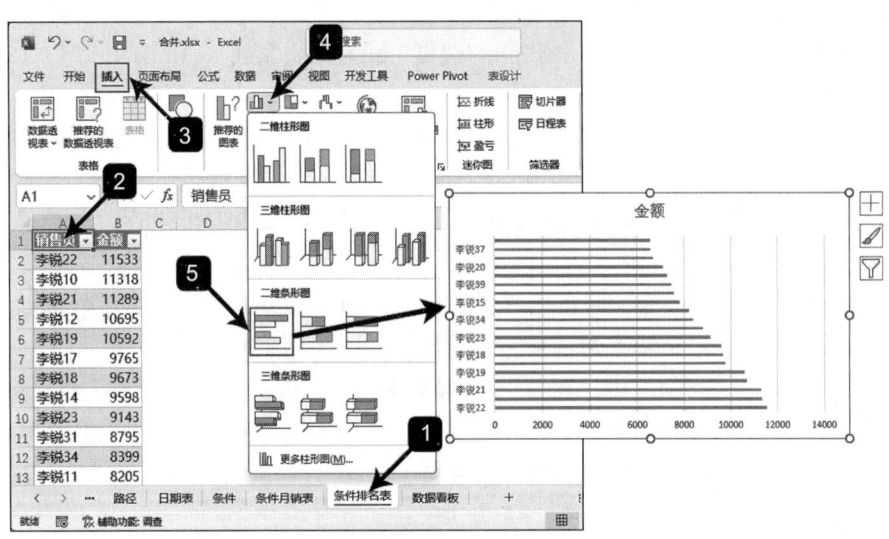

图 15-37　根据"条件排名表"生成簇状条形图

- 数据标签：在标签选项中勾选"值"复选框，并将标签位置设置为"数据标签外"。
- 图表区：背景设置为"纯色填充"，RGB 值为（219,230,235）；"边框"设置为"无线条"。
- 绘图区：背景同样设置为"纯色填充"，RGB 值为（219,230,235）；"边框"设置为"无线条"。

设置完成后的条形图效果如图 15-38 所示。

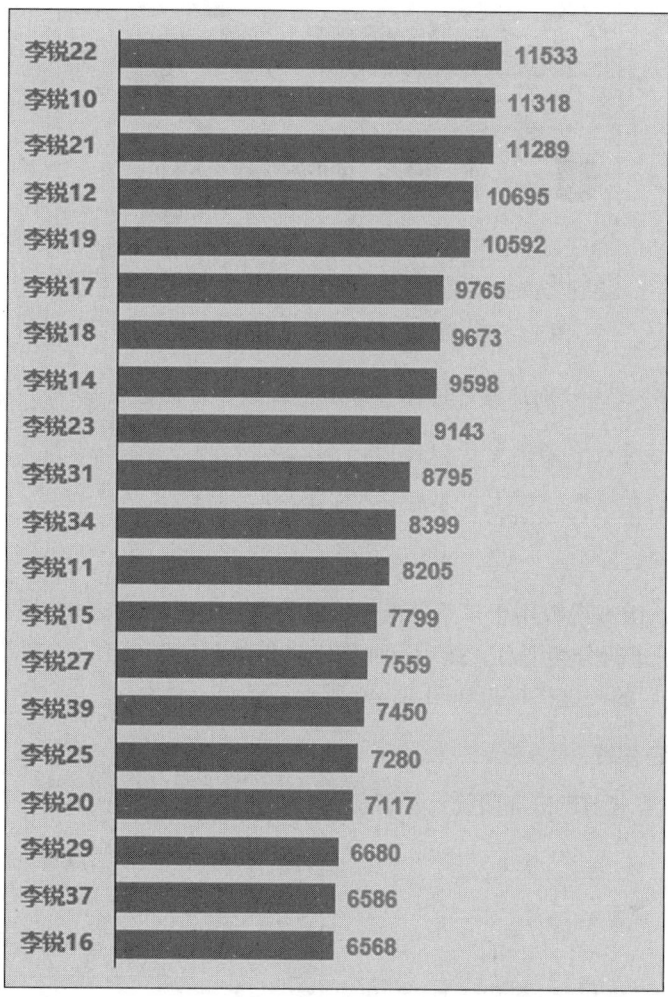

图 15-38　设置完成后的条形图效果

15.6　计算关键指标和制作数据汇总表

1. 计算关键指标

计算关键指标的具体操作步骤如下。

1）新建一张工作表，将其命名为"指标"，用于存放和计算关键指标。

2）在 B2 单元格中输入公式"= 数据看板 !C2"，用于将用户在数据看板中选择的月份信息传递给"指标"工作表，从而驱动计算关键指标。

3）根据业务需求创建关键指标表：月目标、月销售总额和目标达成率。

前 3 步操作演示如图 15-39 所示。

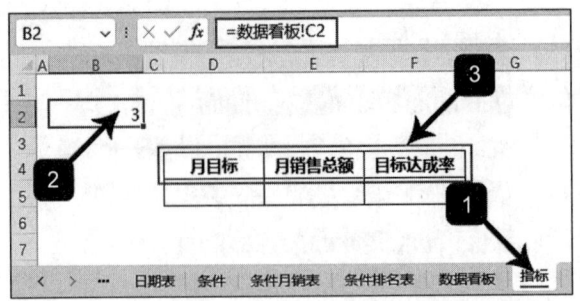

图 15-39　新建"指标"工作表和关键指标表

4）输入以下公式，分别计算月目标、月销售总额和目标达成率：

D5=SUMIFS(目标表[金额],目标表[月],B2)

E5=SUMIFS(订单表[金额],订单表[月],B2)

F5=E5/D5

公式中的 SUMIFS 函数用于多条件求和，其计算原理为：将表格中的"金额"按照 B2 单元格指定的月份进行分类汇总，然后返回指定月份的对应汇总值。

5）计算完成后的关键指标表如图 15-40 所示。

2. 制作数据汇总表

1）根据业务需求创建按部门统计销售额的分类汇总表，如图 15-41 所示。

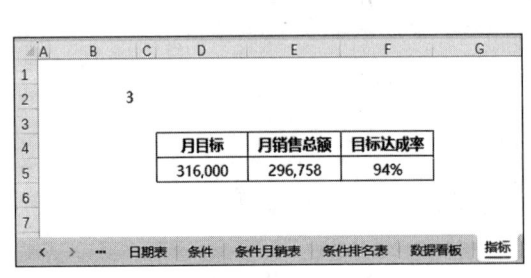

图 15-40　计算关键指标：月目标、月销售总额和目标达成率

图 15-41　创建按部门统计销售额的分类汇总表

2）输入以下公式，分别按部门计算实际销售额、目标销售额和完成率：

E9=SUMIFS(订单表[金额],订单表[月],B2,订单表[部门],D9)

F9=SUMIFS(目标表[金额],目标表[月],B2,目标表[部门],D9)

G9=E9/F9

公式计算原理为：将表格中的"金额"按照月和部门进行筛选，返回同时满足指定月份和指定部门的对应汇总值。

3）计算完成后的部门数据汇总表如图 15-42 所示。

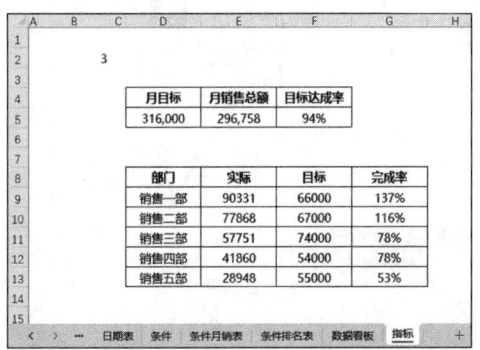

图 15-42　按部门计算实际销售额、目标销售额和完成率

15.7　创建部门对比图和销售占比图

关键指标和数据汇总表完成后，将其作为图表数据源，创建部门对比图和销售占比图。

15.7.1　各部门目标销售额与实际销售额对比图

创建各部门目标销售额与实际销售额对比图的具体操作步骤如下。

1）在"指标"工作表中选中 D8:F13 单元格区域，单击"插入"选项卡下的"插入柱形图或条形图"按钮；在展开的下拉列表中选中"簇状柱形图"选项，即可创建出一张默认设置的柱形图，如图 15-43 所示。

2）该柱形图的核心设置参数如下。

- 数据系列：填充方式为"纯色填充"，其中"实际"系列的 RGB 值为（0,176,240），"目标"系列的 RGB 值为（2,79,108）；"边框"设置为"无线条"；在"系列选项"中将"间隙宽度"设置为 60%。
- 数据标签：在标签选项中勾选"值"复选框；"标签位置"设置为"数据标签外"，数字格式代码设置为"0!.0,万"。
- 垂直坐标轴："标签位置"设置为无。
- 图表区：背景设置为"纯色填充"，RGB 值为（219,230,235）；"边框"设置为"无线条"。
- 绘图区：背景同样设置为"纯色填充"，RGB 值为（219,230,235）；"边框"设置为"无线条"。

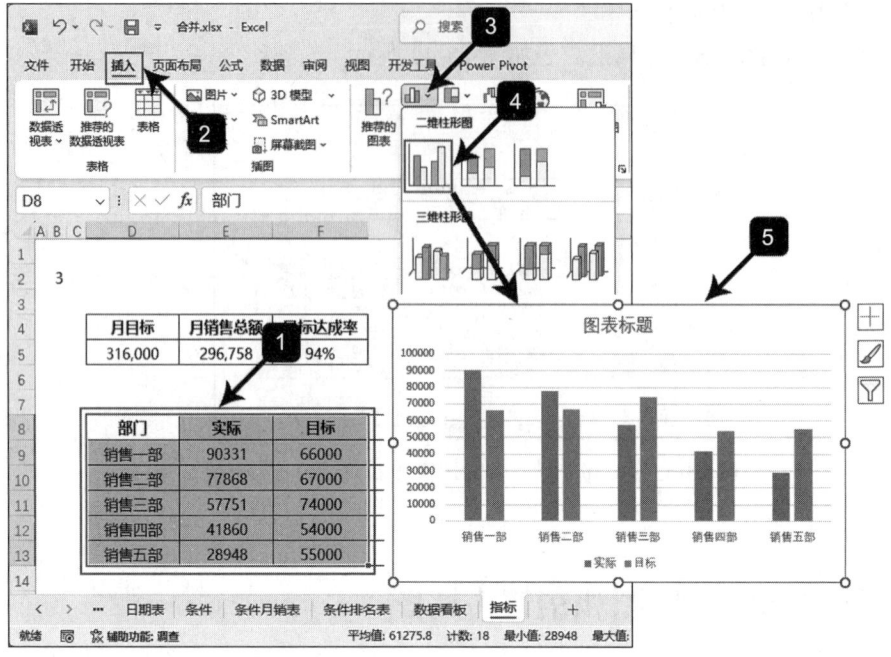

图 15-43　创建各部门目标销售额与实际销售额对比图

设置完成后的柱形图效果如图 15-44 所示。

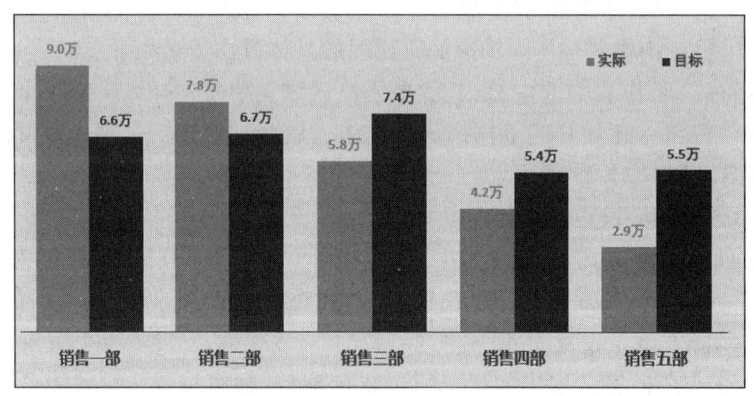

图 15-44　各部门目标销售额与实际销售额对比图

15.7.2　各部门销售贡献占比图

创建各部门销售贡献占比图的具体操作步骤如下。

1）在"指标"工作表中选中 D8:E13 单元格区域，单击"插入"选项卡下的"插入饼图或圆环图"按钮；在展开的下拉列表中选中"复合条饼图"选项，即可创建出一张默认的复合条饼图，如图15-45所示。

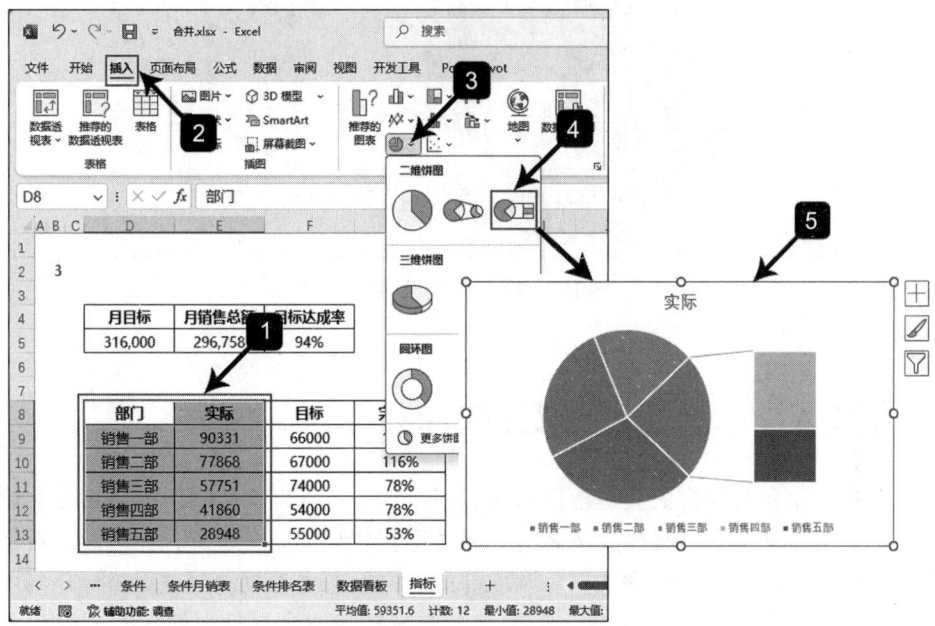

图15-45　创建各部门销售贡献占比图

2）该复合条饼图的核心设置参数如下。

❑ 数据系列——系列选项："第二绘图区中的值"设置为2，"点分离"设置为5%，"第二绘图区大小"设置为60%。

❑ 数据系列——填充与线条：采用"纯色填充"，并按扇区着色，其中销售一部的RGB值为（2,79,108），销售二部的RGB值为（0,158,220），销售三部的RGB值为（0,189,242），销售四部的RGB值为（69,152,166），销售五部的RGB值为（141,188,194）；"边框"设置为"白色实线"，"线宽"设置为0.25磅；在"系列选项"中将"间隙宽度"设置为60%。

❑ 数据标签：在"标签选项"中勾选"类别名称"和"百分比"复选框，"标签位置"设置为"数据标签内"。

❑ 图表区：背景设置为"纯色填充"，RGB值为（219,230,235）；"边框"设置为"无线条"。

❑ 绘图区：背景设置为"纯色填充"，RGB值为（219,230,235）；"边框"设置为"无线条"。

设置完成后的柱形图效果如图15-46所示。

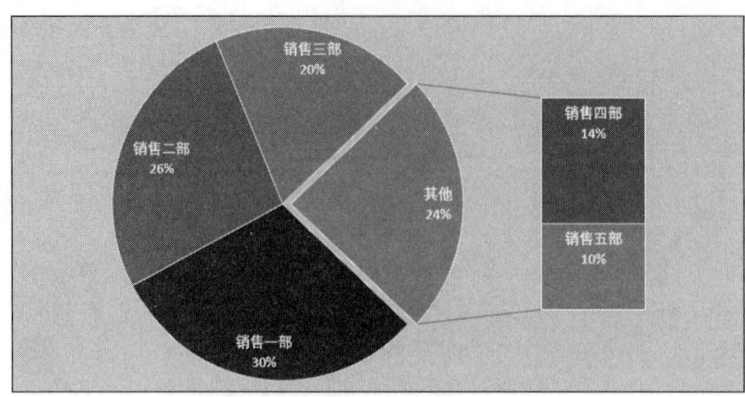

图 15-46　各部门销售贡献占比图

15.8　制作大字 KPI 并组装数据看板

按业务需求准备好所有的关键指标和动态图表后，就可以开始制作大字 KPI 并组装数据看板了。本节将详细介绍制作大字 KPI 并组装数据看板的完整流程，包括设计看板的布局架构、制作醒目的大字 KPI 和图标、调取部门 KPI 汇总表数据、规范看板标题与图表命名及组装数据看板与进行视觉美化，帮助读者掌握搭建清晰、美观的数据可视化看板的方法。

15.8.1　设计数据看板的布局架构

在制作看板组件前，需根据业务目标科学规划看板的布局架构。合理的布局架构能有效引导观看者的视线，提升数据传达效率。

（1）布局设计的 3 个原则

在设计数据看板时，需重点考虑以下 3 个关键原则。

1）核心数据优先展示：将 KPI 置于看板上方或左侧的黄金视觉区域，符合人们自上而下、从左至右的阅读习惯。

2）关键信息重点突出：对重点数据通过放大字号、加粗字体、使用对比色等方式强化视觉层级，确保观看者一目了然。

3）关联指标就近排列：关联性强的指标应就近排列，如将部门的目标完成情况与贡献占比指标放在一起进行对比，避免这些指标分散在不同区域，同时用分割线或留白来区分各个功能模块。

（2）勾勒布局设计图

在正式制作和组装数据看板之前，建议在纸上（或脑海中）预先勾勒好看板的整体布局，如图 15-47 所示。

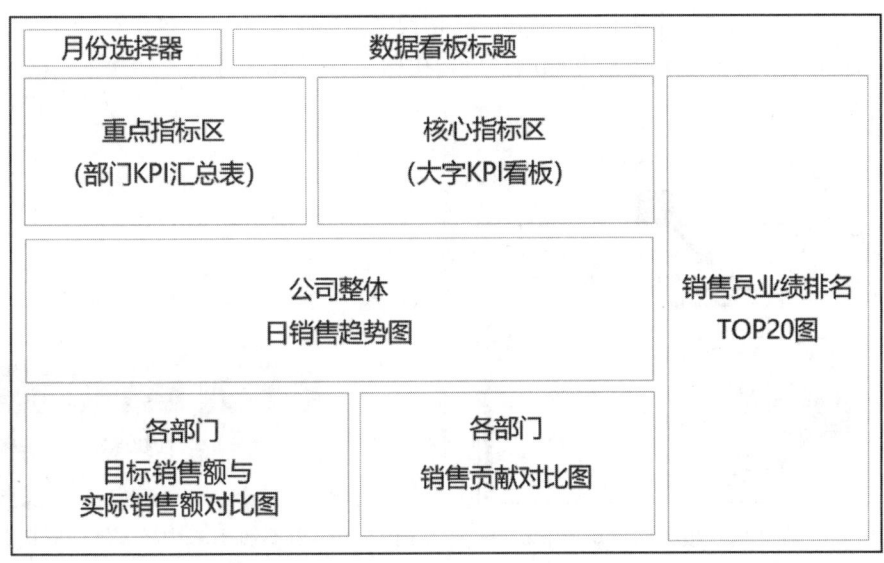

图 15-47 按业务需求勾勒看板的布局设计图

预先规划设计看板布局,就如同建筑师绘制蓝图一般,对增强视觉效果和提升工作效率都有重要影响,具体说明如下。

1)明确视觉动线:通过模块化排布引导观看者的视线自然流动。
2)规避返工风险:提前发现布局矛盾或空间不足等问题,有效避免返工风险。
3)提升协作效率:与业务方和技术团队达成共识,提升协作效率。

15.8.2　制作醒目大字 KPI 和图标

制作醒目大字 KPI 和图标,可以通过创建基础容器、动态对接数据和强化视觉处理这 3 个步骤完成。

（1）创建基础容器

创建基础容器的操作步骤如下。

1)单击"插入"选项卡下的"形状"按钮,在展开的区域中单击"矩形",在 Excel 工作表中画出所需大小的矩形,如图 15-48 所示。
2)采用同样的方法插入其他形状和文本框,并在文本框中输入待放置的 KPI 名称,如图 15-49 所示。
3)单击"插入"选项卡下的"图标"按钮,在弹出的"图像集"窗口中选择需要的图标,如图 15-50 所示。
4)插入图标后,按看板布局图将其移动到相应的位置,如图 15-51 所示。

（2）动态对接数据

动态对接数据的具体操作步骤如下。

1)选中用于放置月度目标的形状,单击边框线,然后单击编辑栏进入公式编辑状态,输入"=";单击底部的工作表标签"指标",切换至指标工作表后,单击对接月度目标的单元格(如D5);单击公式编辑栏左侧的"√"按钮,完成形状与公式计算单元格的动态对接,如图15-52所示。

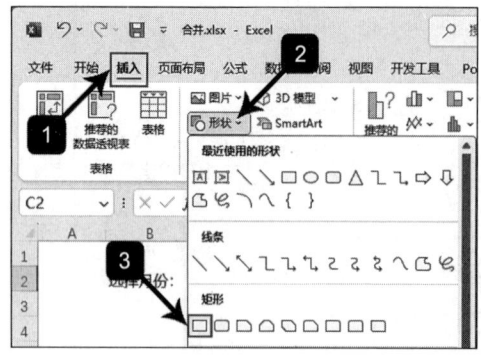

图15-48　在数据看板中插入矩形形状

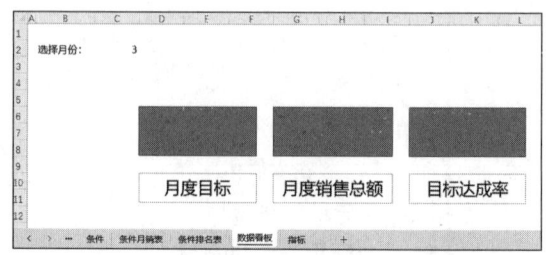

图15-49　在数据看板中插入其他形状文本框

图15-50　在数据看板中插入图标

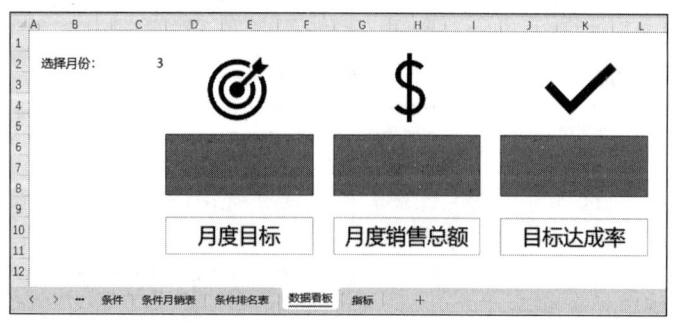

图15-51　按看板布局图将图标移动到对应的位置

第 15 章 数据建模与数据分析案例 ❖ 347

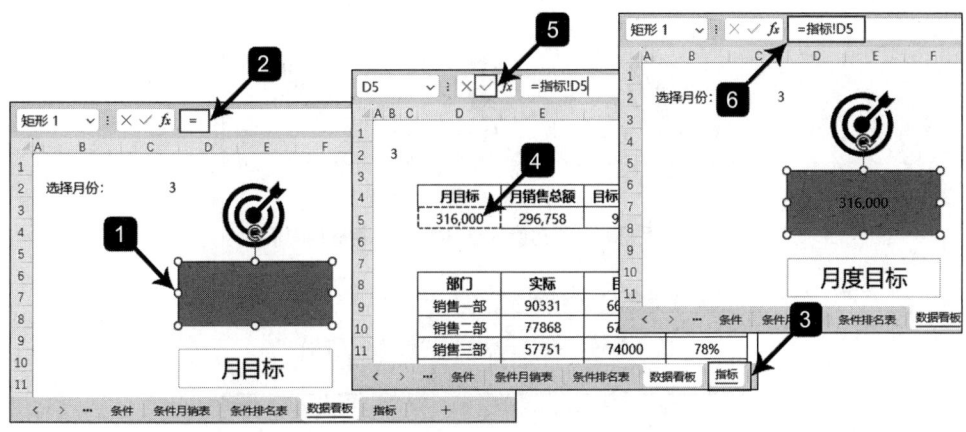

图 15-52 使用公式链接动态对接容器

2）采用同样的方法，将放置月度销售总额和目标达成率的形状与对应数据进行动态对接，公式如下：

$$月度销售总额 = 指标!E5$$
$$目标达成率 = 指标!F5$$

3）完成动态对接数据后，Excel 工作表中的显示效果如图 15-53 所示。

图 15-53 完成动态对接数据后的效果

（3）强化视觉处理

完成动态对接数据后，可通过调大字号、设置字体和进行配色美化强化视觉效果，具体操作步骤如下。

1）选中矩形，将字号调大，并设置合适的字体颜色；然后按 "Ctrl+1" 组合键，在右侧弹出的设置格式面板中选择 "无填充" "无线条"，设置后的显示效果如图 15-54 所示。

2）采用同样的方法设置文本框和图标的视觉效果，图 15-55 所示。

图 15-54　设置矩形形状的视觉效果

图 15-55　设置文本框和图标的视觉效果

15.8.3　调取部门 KPI 汇总表数据

调取部门 KPI 汇总表数据的具体操作步骤如下。

1）调取部门 KPI 汇总表之前，要先找到计算好的 KPI 数据所在的位置（即"指标"工作表的 D8:G13 单元格区域）和要调取到看板中的位置（如以"数据看板"工作表的 B4 单元格为起始点），如图 15-56 所示。

a）KPI 数据所在位置　　　　　　　　　b）调取到看板中的位置

图 15-56　提前确定 KPI 数据所在位置和调取到看板中的位置

2）因为当前看板中的 D 列已有大字 KPI 核心指标，为了给左侧放置的部门 KPI 腾出足够的空间，需要将其向右侧平移 3 列，方法为：同时选中 D:F3 列，单击鼠标右键，在弹出的快捷菜单中选中"插入"选项，如图 15-57 所示。

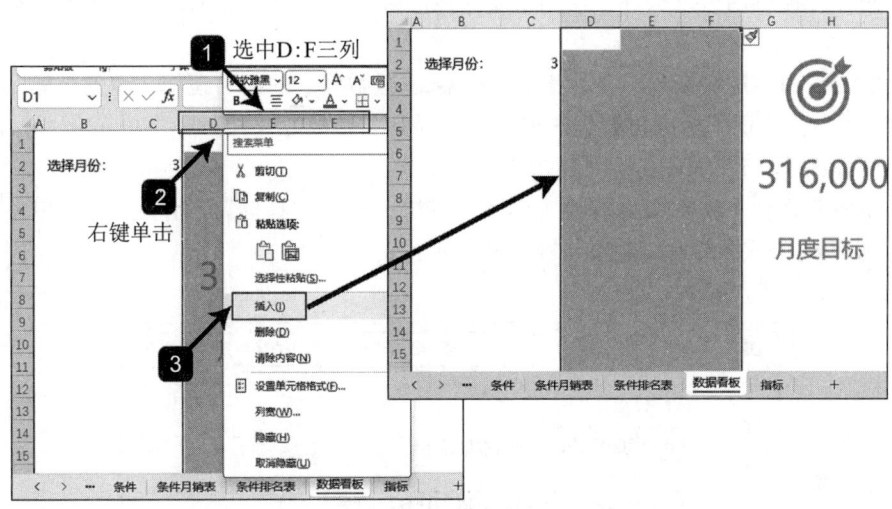

图 15-57　将大字 KPI 指标向右侧平移 3 列

3）在 B4 单元格输入公式"= 指标 !D8"，然后将公式向右、向下填充，从"指标"工作表中调取部门 KPI 汇总表数据，如图 15-58 所示。

4）在数据看板中调整部门 KPI 汇总表的行号、列宽、字体、字号和颜色，使其符合需要的视觉效果，如图 15-59 所示。

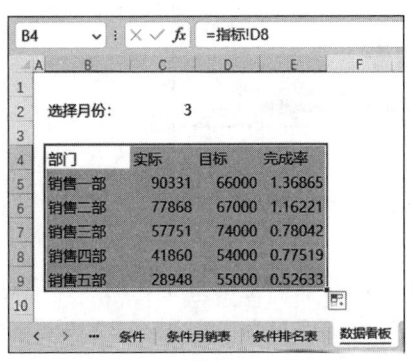

图 15-58　从"指标"工作表中调取部门 KPI 汇总表数据

图 15-59　调整部门 KPI 汇总表的行号、列宽、字体、字号和颜色

15.8.4　规范看板标题与图表命名

规范看板标题与图表命名是数据看板可视化过程中必不可少的一环，其主要作用可以

总结为以下 3 点。

1）实现标题随选择器同步更新：数据看板的主标题中包含月份信息，需要随用户选择显示指定月份的标题。

2）提升看板后期可维护性：使用动态链接的标题后，修改数据源即可快速更新看板中的标题。

3）以统一命名逻辑凸显专业水准：多个标题遵循统一的命名逻辑（涵盖指标、维度和分析方法），不仅体现了标准化管理的理念，还提升了看板专业性。

规范看板标题与图表命名的具体操作步骤如下。

1）使用公式动态生成数据看板主标题，方法为：在"指标"工作表的 D2 单元格中输入公式，使用的公式及显示效果如图 15-60 所示。

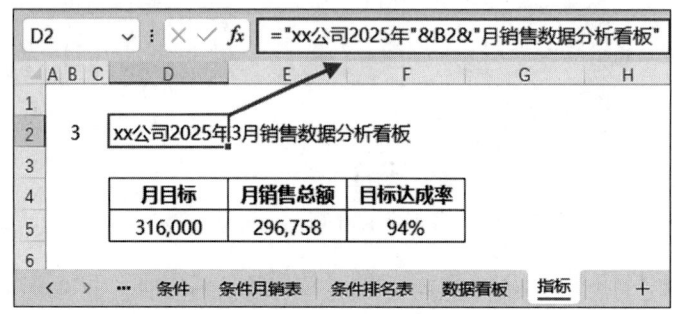

a）输入的公式

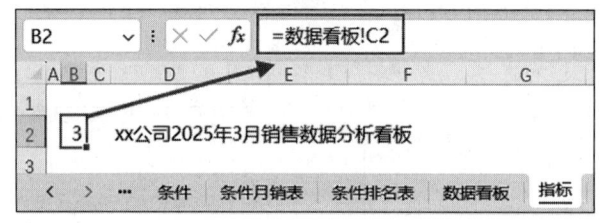

b）显示效果

图 15-60　使用公式动态生成数据看板主标题

D2 单元格公式的作用是动态链接 B2 单元格（选择器中指定的月份）的月份信息。当用户在数据看板中选择月份时，B2 单元格返回的月份会随之更新，引用了 B2 单元格的 D2 单元格也会同步更新看板主标题。

2）在 D2 单元格生成动态标题后，将它链接到数据看板中的矩形形状中即可，方法为：在数据看板中插入矩形，将其与"指标"工作表的 D2 单元格进行链接（具体方法可参考 15.8.2 节），然后设置矩形形状中的字体、字号及格式，如图 15-61 所示。

3）用同样的方式设置看板中的其他图表标题，包括日销售趋势图（具体方法可参考 15.5.4 节）、各部门目标销售额与实际销售额对比图（具体方法可参考 15.7.1 节）、各部门销售贡献占比图（具体方法可参考 15.7.2 节）、销售员业绩排名前 20（具体方法可参考 15.5.4 节）。

图 15-61　设置数据看板的主标题

4）设置好图表标题的数据看板如图 15-62 所示。

图 15-62　设置好图表标题的数据看板

15.8.5　组装数据看板并进行视觉美化

组装数据看板并进行视觉美化的关键步骤可以总结为以下 5 点。
1）按预先规划的布局架构（参见 15.8.1 节），将制作好的图表组件复制至对应区域。
2）在看板中嵌入图表时可使用网格线进行对齐，或按住 Alt 键进行快速锚定。
3）调整看板组件时可以利用对齐、组合功能或图层管理工具进行快速排布。
4）对看板选择器进行美化时，应设置 C2 单元格的自定义格式代码为 0" 月 "。
5）为看板设置合适的背景颜色，并插入区域分割线（采用白色实线，线宽为 1.5 磅）。
组装完成并进行视觉美化后的数据看板如图 15-63 所示。
使用组装方法制作完成的数据看板具备强大的数据更新能力。当数据源更新或用户在使用选择器时变更了指定条件时，仅需单击"数据"选项卡下的"全部刷新"按钮，即可一键刷新结果。掌握数据看板可视化分析技术不仅能实时洞察业务关键指标，还能快速分析锁定问题，驱动精准决策。

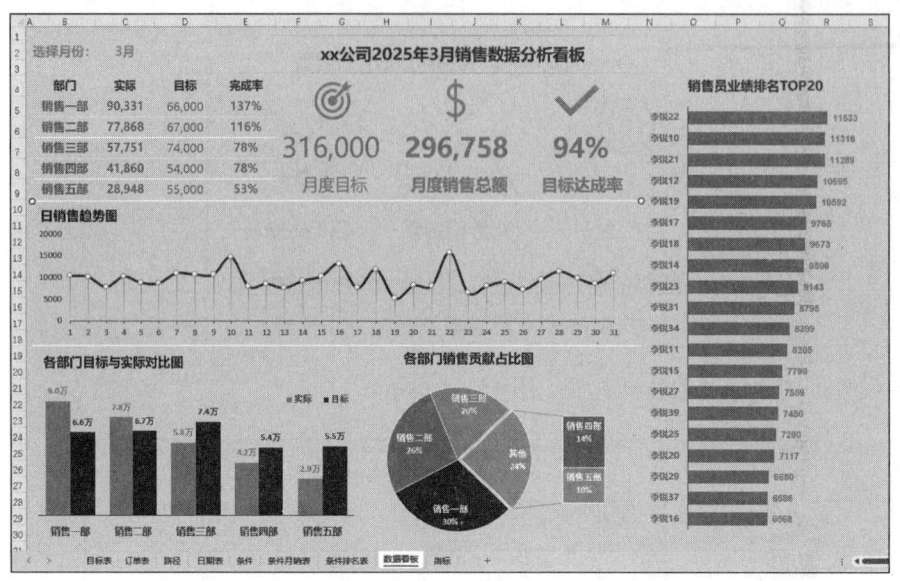

图 15-63　组装完成并进行视觉美化后的数据看板

15.9　获取更多学习资料的方法

除了本书的内容，如果你想进一步深入学习和提升数据管理、数据透视与可视化技术，我推荐你阅读我的其他两本著作。

1.《Excel 数据管理与数据透视》

这本书以"实战应用"为核心，通过结构化知识体系与场景化案例设计，帮助读者跨越从"功能熟悉"到"灵活应用"的鸿沟，真正实现学以致用。

2.《Excel 动态图表与看板可视化》

通过这本书，你将体系化掌握 Excel 图表可视化技术，学会如何创建动态图表和数据看板，提升动态交互性与数据可视化的专业展示效果。

此外，为了获取更多学习资料和资源，你可以关注我的微信服务号"**跟李锐学 Excel**"。在服务号的底部菜单中，你可以找到丰富的学习资源，或者联系小助手进行具体咨询。希望这些资源能帮助你在数据管理、数据建模以及数据分析与可视化领域取得更大的进步！